好好学 Python 从零基础到项目实战

刘宇宙 刘艳 编著

清華大学出版社
北京

内 容 简 介

本书以 Python 3.9 为基础，结合丰富动手练习与项目实战，通俗易懂地介绍了 Python 编程与实际开发的重要知识点，内容包括：Python 环境构建、数据类型、运算符和表达式、数据结构和控制流、函数、序列、多线程编程、正则表达式、面向对象编程、文件操作、网络编程、邮件收发、数据库操作，并提供 Python 爬虫、自然语言处理、区块链开发、图片处理与文件处理项目，各章还安排了程序调试、问题解答、牛刀小试、练习题等内容，以帮助读者学会处理程序异常，解答学习困惑，巩固知识，提升开发技能。

本书以生活化场景为对象展开教学，边讲解边示范，很适合从未有过编程经验的读者，本书的内容丰富，技术新颖，涉及知识面较广，对于想转行 Python 编程的读者也很有参考价值，希望本书可以帮助读者快速登堂入室，成为编程高手。

本书封面贴有清华大学出版社防伪标签，无标签者不得销售。
版权所有，侵权必究。举报：010-62782989，beiqinquan@tup.tsinghua.edu.cn。

图书在版编目（CIP）数据

好好学 Python：从零基础到项目实战/刘宇宙，刘艳编著.—北京：清华大学出版社，2021.4
ISBN 978-7-302-57722-5

I. ①好… II. ①刘… ②刘… III. ①软件工具—程序设计 IV. ①TP311.561

中国版本图书馆 CIP 数据核字（2021）第 052484 号

责任编辑：王金柱
封面设计：王　翔
责任校对：闫秀华
责任印制：杨　艳

出版发行：清华大学出版社
网　址：http://www.tup.com.cn，http://www.wqbook.com
地　址：北京清华大学学研大厦 A 座　　邮　编：100084
社 总 机：010-62770175　　邮　购：010-62786544
投稿与读者服务：010-62776969，c-service@tup.tsinghua.edu.cn
质 量 反 馈：010-62772015，zhiliang@tup.tsinghua.edu.cn

印 装 者：三河市中晟雅豪印务有限公司
经　销：全国新华书店
开　本：190mm×260mm　　**印　张：**32　　**字　数：**819 千字
版　次：2021 年 5 月第 1 版　　**印　次：**2021 年 5 月第 1 次印刷
定　价：119.00 元

产品编号：091563-01

前　言

什么是Python，为什么要使用它？

Python是一种解释型的、面向对象的、带有动态语义的高级程序设计语言。

Python 是一种使你在编程时能够保持自己风格的程序设计语言，Python 可以使用清晰易懂的程序来实现想要的功能。如果你之前没有任何编程经历，那么既简单又强大的 Python 就是你入门的完美选择。

伴随着国家对人工智能发展的全面支持与鼓励，国际上对人工智能的重视以及国家教育部将Python加入高考科目，使得Python在中国的使用范围迅速扩大；另外，随着区块链、人工智能、大数据、云计算等技术的迅速崛起，市场对Python人才的需求让长期沉默的Python语言一下子备受众人的关注，本书可以说是应运而生。本书是以Python 3.9版本为基础编写而成的，对于想入手学习编程和想了解Python 3.9新特性的读者，推荐阅读本书。

本书的特色

本书专门针对Python新手量身定做，是编者学习和使用Python开发过程中的体会和经验总结，涵盖实际开发中重要的知识点，内容详尽，代码可读性及可操作性强。

本书主要介绍 Python 语言的类型和对象、操作符和表达式、编程结构和控制流、函数、序列、多线程、正则表达式、面向对象编程、文件操作、网络编程、邮件收发、数据库操作，并精心设计了 Python 爬虫、自然语言处理、区块链开发、图片处理和文件处理项目，各章还安排了程序调试、问题解答、牛刀小试等内容，以帮助读者学会处理程序异常，解决学习中的困惑，巩固知识，提高实战技能。

本书的一个特色是，以生活场景为对象，使用通俗易懂的描述和丰富的示例代码，边讲边示范，使读者学起来很轻松，充分感受到学习Python编程的乐趣和魅力。

本书的内容

本书共分 22 章，各章内容安排如下：

第 1 章主要介绍 Python 的起源、应用场合、前景以及 Python 3 的一些新特性。

第 2 章主要介绍 Python 的基础知识，帮助读者认识什么是程序、常量和变量、运算符和表达式以及字符串等，为后续学习相关内容做铺垫。

第 3 章重点介绍列表和元组。

第 4 章重点介绍字符串的格式化、分割、搜索等方法。

第 5 章介绍字典和集合。

第 6 章从 import 语句开始，逐步深入介绍条件语句、循环语句以及列表等一些更深层次的语句。

第 7 章主要介绍函数，函数是组织好的、可重复使用的、用来实现单一或相关联功能的代码段。

第 8 章主要介绍 Python 面向对象编程的特性，Python 从设计之初就是一门面向对象语言，它提供一些语言特性支持面向对象编程。

第 9 章将带领读者学习如何处理各种异常，以及创建和自定义异常。

第 10 章将具体讲解 Python 中日期和时间的使用。

第 11 章主要介绍正则表达式的基本使用。

第 12 章主要介绍如何使用 Python 在硬盘上创建、读取和保存文件。

第 13 章主要介绍 Python 中的多线程编程。

第 14 章主要介绍如何使用 Python 语言发送和接收邮件。

第 15 章重点介绍 Python 在网络编程方面的特性。

第 16 章重点介绍 Python 的图形化编程——GUI 编程。

第 17 章重点介绍在 Python 3 中使用 PyMySQL 连接数据库，并实现简单的增、删、改、查。

第 18 章根据前面所学的内容讲解一个网络爬虫的实战项目。

第 19 章结合爬虫、分词、词频统计等知识点实现自然语言的分词和词频统计。

第 20 章以当下很火的区块链做一个完整的 Python 实现。

第 21 章迎合当前比较火热的计算机视觉领域，引入图片处理的一些基本知识点。

第 22 章讲解不同格式文件的读写，包括 TXT、CSV、JSON、Word、XML 等文件。

教学视频与源代码下载

为方便读者学习本书，本书还免费提供了入门教学视频和源代码，读者扫描以下二维码即可下载观看学习和上机演练。

如果读者在下载过程中遇到问题，可以发邮件至 bootsaga@126.com，邮件标题为："好好学 Python：从零基础到项目实战"或加入本书公众号"图格图书"，获取更多学习资源。

读者对象

- 从未有过编程经验的 Python 初学者。
- 想转行学习 Python 和了解 Python 3.9 新特性的程序员。
- Python 网课、培训机构、大专院校的学生。

在本书交稿之际，感谢清华大学出版社的王金柱编辑，在本书编写的过程中，王编辑给予了很多指导和修改意见。感谢家人和朋友给予的安静写作环境，让笔者不被更多琐事打扰，专心于写作。感谢你们，没有你们的帮助与关心，本书不能如期完成。

由于编者水平所限，书中难免存在不尽如人意之处，敬请广大读者和业界专家不吝指教。

刘宇宙

2021 年 1 月

目　录

第1章

开始 Python 之旅

任何一个工具，它的一个最重要的、同时也是最难以做到的方面就是对那些学习使用这个工具的人在使用习惯上的影响。如果这个工具是一种编程语言，那么，这种影响不管我们是否喜欢，都将是一种思考习惯上的影响。

——Edsger Dijkstra，计算机科学家

本章主要介绍 Python 的起源、应用场合、前景以及 Python 3.9 新特性。另外，还将介绍 Python 的环境构建，然后以一个简单的 Hello World 程序开启 Python 的编程之旅。

1.1 Python 的起源

Python 的创始人为 Guido van Rossum（后文简称 Guido）。1982 年，Guido 从阿姆斯特丹大学获得数学和计算机硕士学位。尽管 Guido 算得上是一位数学家，不过他更享受计算机带来的乐趣。用 Guido 的话说，尽管他拥有数学和计算机双料资质，不过他更倾向于做计算机相关的工作，并热衷于做所有和编程相关的活儿。

Guido 接触并使用过 Pascal、C、Fortran 等语言，这些语言的基本设计原则是让机器运行得更快。在 20 世纪 80 年代，虽然 IBM 和苹果已经掀起了个人计算机浪潮，但是那时候个人计算机的配置很低，比如早期的 Macintosh 只有 8MHz 的 CPU 主频和 128KB 的 RAM，一个大的数组就能占满内存，因此所有编译器的核心都是做优化，以便让程序能够运行。为了提高效率，程序员不得不像计算机一样思考，以便写出更符合机器口味的程序，在那个时代，程序员恨不得榨取计算机每一寸的能力，有人甚至认为 C 语言的指针是在浪费内存。至于动态类型、内存自动管理、面向对象等就不要想了，这些只会让你的计算机陷入瘫痪。

这种编程方式让 Guido 感到苦恼。虽然 Guido 知道如何用 C 语言写出一个功能，但整个编写过程却需要耗费大量时间。Guido 还可以选择 Shell，Bourne Shell 作为 UNIX 系统的解释器已经存在很久了。UNIX 的管理员常常用 Shell 写一些简单的脚本，以进行系统维护的工作，比如定期备份、文件系统管理等。在 C 语言中，许多上百行的程序在 Shell 中只用几行就可以完成。然而，Shell 的本质是调用命令，它不是一个真正的语言，比如 Shell 没有数值型的数据类型，运用加法运算都很复杂。

总之，Shell 不能全面调动计算机的功能。

Guido 希望有一种语言能够像 C 语言一样全面调用计算机的功能接口，又可以像 Shell 一样轻松编程。ABC 语言让 Guido 看到了希望，该语言是由荷兰的数学和计算机研究所开发的，Guido 曾经在该研究所工作，并参与了 ABC 语言的开发。与当时大部分语言不同的是，ABC 语言以教学为目的，目标是“让用户感觉更好”，希望通过 ABC 语言让语言变得容易阅读、容易使用、容易记忆、容易学习，并以此激发人们学习编程的兴趣。

ABC 语言尽管已经具备了良好的可读性和易用性，不过始终没有流行起来。当时，ABC 语言编译器需要配置比较高的计算机才能运行，而这些计算机的使用者通常精通计算机，他们考虑更多的是程序的效率，而不是学习难度。ABC 语言不能直接操作文件系统，尽管用户可以通过文本流等方式导入数据，不过 ABC 无法直接读写文件。输入输出的困难对于计算机语言来说是致命的。你能想象一款打不开车门的跑车吗？

1989 年，为了打发圣诞节假期，Guido 开始写 Python 语言的编译器。Python 这个名字来自于 Guido 所挚爱的电视剧——Monty Python’s Flying Circus，他希望这个新语言 Python 能够符合他的理想：创造一种介于 C 和 Shell 之间，功能全面、易学易用、可拓展的语言。Guido 作为一个语言设计爱好者，已经尝试过设计语言，这次不过是一种纯粹的 hacking 行为。

1991 年，第一个 Python 编译器诞生。该编译器是用 C 语言实现的，并且能够调用 C 语言的库文件。Python 诞生时便具有类、函数、异常处理，包含表和词典在内的核心数据类型以及模块为基础的拓展系统。

Python 的很多语法来自于 C，却又受 ABC 语言的强烈影响。来自 ABC 语言的一些规定至今还富有争议（比如强制缩进），不过这些语法规定让 Python 容易理解。另一方面，Guido 聪明地选择让 Python 服从一些惯例，特别是 C 语言的惯例，比如回归等号赋值。Guido 认为“常识”确定的东西没有必要过度纠结。

Python 从一开始就特别在意可拓展性。Python 可以在多个层次上拓展，在高层可以直接引入.py 文件，在底层可以引用 C 语言的库。程序员可以使用 Python 快速编写 .py 文件作为拓展模块。当性能是重点考虑的因素时，程序员可以深入底层写 C 程序，将编译的.so 文件引入 Python 中使用。Python 就像使用钢筋建房一样，要先规定好大的框架，程序员可以在此框架下相当自由地拓展或更改。

最初，Python 完全由 Guido 本人开发，后来逐渐受到 Guido 同事的欢迎，他们迅速反馈使用意见，并参与 Python 的改进。Guido 和一些同事构成了 Python 的核心团队，他们将自己大部分业余时间用于 hack Python，Python 逐渐拓展到了研究所外。Python 将许多机器层面的细节隐藏交给编译器处理，并凸显逻辑层面的编程思考，程序员使用 Python 时可以将更多时间用于程序逻辑的思考，而不是具体细节的实现，这一特征吸引了广大程序员。Python 开始流行起来了。

1.2 Python 的应用场合

Python 是一门比较注重效率的语言，不复杂，读和写都非常方便，所以才有“人生苦短，我用 Python”这样的调侃。云计算和大数据方面对 Python 人才的需求也在持续增加。当前比较火热的区块链就大量使用 Python 做具体实现。

Python 在云计算方面的用途很大，比如云计算中 IaaS（Infrastructure as a Service，基础设施即服务）层的很多软件都大量使用 Python，云计算的其他服务都建立在 IaaS 服务的基础上。

下面这些使用比较广泛的软件就大量使用 Python。

（1）Google 深度学习框架 TensorFlow 全由 Python 实现。

（2）深度学习框架 Caffe 由 Python 实现。

（3）开源神经网络库 Keras。

（4）开源云计算技术（OpenStack）。

（5）Amazon s3 命令行管理工具（s3cmd）。

（6）深度学习框架 PyTorch。

在大数据领域，Python 的使用也越来越广泛。Python 在数据处理方面有如下优势：

（1）异常快捷的开发速度，代码非常少。

（2）丰富的数据处理包，无论是正则，还是 HTML 解析、XML 解析，用起来都非常方便。

（3）内部类型使用成本很低，不需要许多额外操作（Java、C++用一个 Map 都很费劲）。

（4）公司中大量数据处理工作不需要面对非常大的数据。

（5）巨大的数据不是语言所能解决的，需要处理数据的框架（如 Hadoop），Python 虽然小众，但是有处理大数据的框架，一些框架也支持 Python。

（6）编码问题处理起来非常方便。

除了在人工智能、区块链、云计算和大数据领域的应用外，很多网站也是用 Python 开发的，很多大公司（如 Google、Yahoo 以及 NASA）都大量使用 Python。

我们熟知的 AlphaGo 就是 Google 用 TensorFlow 实现的，Facebook 也是扎克伯格用 Python 开发出来的，后来的 Twitter 也是用 Python 写的，实际上 Python 是国外很多大公司（如 Google）使用的主要语言。

“龟叔”给 Python 的定位如图 1-1 所示，为“优雅”“明确”“简单”。Python 程序看上去总是简单易懂，初学者学 Python 不但容易入门，而且将来深入下去可以编写非常复杂的程序。

图 1-1　Python 的定位

Python 的哲学就是简单、优雅、明确，尽量写容易看明白的代码，尽量将代码写得更少。

Python 是一个简单、解释型、交互式、可移植、面向对象的超高级语言，这是对 Python 语言的简单描述。

Python 有一个交互式的开发环境，Python 的解释运行大大节省了每次编译的时间。Python 语法简单，内置几种高级数据结构（如字典、列表等），使用起来特别简单。Python 具有大部分面向对象语言的特征，可完全进行面向对象编程。Python 可以在 MS-DOS、Windows、Windows NT、Linux、Solaris、Amiga、BeOS、OS/2、VMS、QNX 等多种操作系统上运行。

目前，Python 有两个版本，一个是 2.x 版，另一个是 3.x 版，这两个版本是不兼容的。3.x 版不考虑对 2.x 版代码的向后兼容，并且从 2020 年 1 月 1 日起，Python 官方已不再维护 2.x 版，基于此，3.x 是所有公司的必然选择。在编写本书时，Python 的最新稳定版本是 3.9.0，本书中的示例和讲解的内容都是基于这个版本进行的。建议读者安装 3.8 以上的版本，这样学习本教程中的内容才会更加容易。

1.3 Python 3.9 的新特性

最新的 Python 3.9 版本，有如下新特性：

1. 为 dict 增加合并运算符

合并运算符（|）与更新运算符（|=）已经被加入内置的 dict 类，它们为现有的 dict.update 和{**d1, **d2}字典合并方法提供了补充。

2. 新增用于移除前缀和后缀的字符串方法

增加了 str.removeprefix(prefix)和 str.removesuffix(suffix)用于方便地从字符串中移除不需要的前缀或后缀，还增加了 bytes、bytearray 以及 collections.UserString 的对应方法。

3. 标准多项集中的类型标注泛型

在类型标注中可以使用内置多项集类型如 list 和 dict 作为通用类型而不必从 typing 导入对应的大写形式类型名（如 List 和 Dict）。标准库中的其他一些类型现在同样也是通用的，如 queue.Queue。

4. 新的解析器

Python 3.9 使用基于 PEG 的新解析器替代 LL(1)。新解析器的性能与旧解析器大致相当，但 PEG 在设计新语言特性时的形式比 LL(1)更灵活。

5. 新增模块 zoneinfo

zoneinfo 模块为标准库引入了 IANA 时区数据库。它添加了 zoneinfo.ZoneInfo，这是一个基于系统时区数据的实体 datetime.tzinfo 实现。

6. 改进的 ast 模块

将 indent 选项添加到 dump()，这允许它产生多行缩进的输出。添加了 ast.unparse()作为 ast 模块中的一个函数，它可被用来反解析 ast.AST 对象并产生相应的代码字符串，当它被解析时将会产生一个等价的 ast.AST 对象。为 AST 节点添加了文档字符串，其中包含 ASDL 签名，可被用来构造对应的节点。

7. datetime

datetime.date 的 isocalendar()以及 datetime.datetime 的 isocalendar()等方法现在将返回 namedtuple()而不是 tuple。

8. 对 math.gcd()函数进行了扩展以处理多个参数

在之前的版本中，它只支持两个参数。增加了 math.lcm():返回指定参数的最小公倍数。增加了 math.nextafter():返回从 x 往 y 方向的下一个浮点数值。增加了 math.ulp():返回一个浮点数的最小有效比特位。

9. 增加了新的 random.Random.randbytes 方法

该方法可生成随机字节串。

10. 性能优化

相对于 Python 3.8，3.9 版本中的性能又有了一些提升，如对于匹配 long 的值执行速度现在加快了约 1.87 倍，使用 UTF-8 和 ASCII 编解码器解码短 ASCII 字符串现在加快了约 15%。

11. 弃用了部分命令

如 distutils 的 bdist_msi 命令现在已被弃用，改用 bdist_wheel；parser 和 symbol 模块已被弃用并将在未来的 Python 版本中移除；ast 类 Suite、Param、AugLoad 和 AugStore 已被弃用并将在未来的 Python 版本中被移除；random.shuffle()的 random 形参已被弃用。

12. 移除了部分命令

如 unittest.mock.__version__上的错误版本已经被移除；array.array:tostring()和 fromstring()方法已被移除，它们分别是 tobytes()和 frombytes()的别名，自 Python 3.2 起已被弃用；未写入文档的 sys.callstats()函数已被移除；ElementTree 模块中 ElementTree 和 Element 等类的 getchildren()和 getiterator()方法已被移除；json.loads()的 encoding 形参已被移除；typing.NamedTuple 类的_field_types 属性已被移除；html.parser.HTMLParser 类的 unescape()方法已被移除（它自 Python 3.4 起已被弃用），应当使用 html.unescape()来将字符引用转换为对应的 unicode 字符。

1.4　如何学习 Python

学习 Python 时，建议找一些搭档一起学习和讨论，这样效果会更好。若能尝试将一些内容讲给他人听，则效果更佳，在讲述的过程中你会思考更多。在学习的过程中，对于遇到的例子最好能逐步形成自己先思考的习惯，思考后再看看给出的示例是怎样的，在这个过程中或许能找到比示例更好的处理方法。此外，练习题最好也能动手完成。

在写代码时，千万不要用“复制”“粘贴”把代码从页面粘贴到你的计算机上。写程序讲究感觉，需要一个字母一个字母地把代码敲进去。在敲代码的过程中，初学者经常会敲错，所以需要仔细检查、对照，这样才能以最快的速度掌握如何写程序。在编写代码的过程中，宁愿写得慢或多写几遍，刚开始学习或许很吃力，但随着慢慢积累和熟悉，后面会越来越快，越来越顺畅。若习惯复制代码，或许很长一段时间后依然只会复制代码，而不能熟悉相关内容，速度也提升不了。

语言的发展总是不断变化的，任何一门语言要让大家持续不断地使用，都需要不断更新。语言本身需要不断更新，学习者也要不断学习语言本身的新东西，这样才能与时俱进，跟上语言的发展。

Python 作为一门不断发展与普及的语言，还在不断更新中。如果要了解有关最新发布的版本和相关工具的内容，http://www.python.org 就是一个聚宝盆。加入一些 Python 学习社区或找到一些有共同爱好的人一起学习交流是非常好的学习 Python 的方式。正所谓集思广益，一起思考与学习的人多了，大家能接触和学到的知识就会更多。在互联网时代，更应该发挥网络互联的作用，通过网络学习更新颖、更与时俱进的知识。

以下网址可以帮助读者更好地学习 Python：

（1）http://www.liaoxuefeng.com/

（2）http://www.runoob.com/python3/python3-tutorial.html

1.5 构建 Python 开发环境

“工欲善其事，必先利其器”。在开始编程前，需要先准备好相关工具。下面简要介绍如何下载和安装 Python。

Python 的安装软件可以从 Python 官方网站下载，地址为 https://www.python.org/downloads/。建议下载软件时从对应的官方网站下载，这样比较权威，而且更加安全。

1.5.1 在 Windows 系统中安装 Python

在 Windows 系统中安装 Python 可以参照下面的步骤。

特别提醒：在 Windows 操作系统上安装 Python 3.9 版本时，Windows 操作系统需要是 Windows 8 以上版本，Windows 8 以下的版本安装都会失败。

步骤 01 打开 Web 浏览器（如百度、Google、火狐等浏览器），访问 https://www.python.org/ downloads/，进入网页，应该可以看到如图 1-2 所示的页面，单击图中箭头和下画线标注的地方，进入对应软件的下载页面即可进行软件的下载。

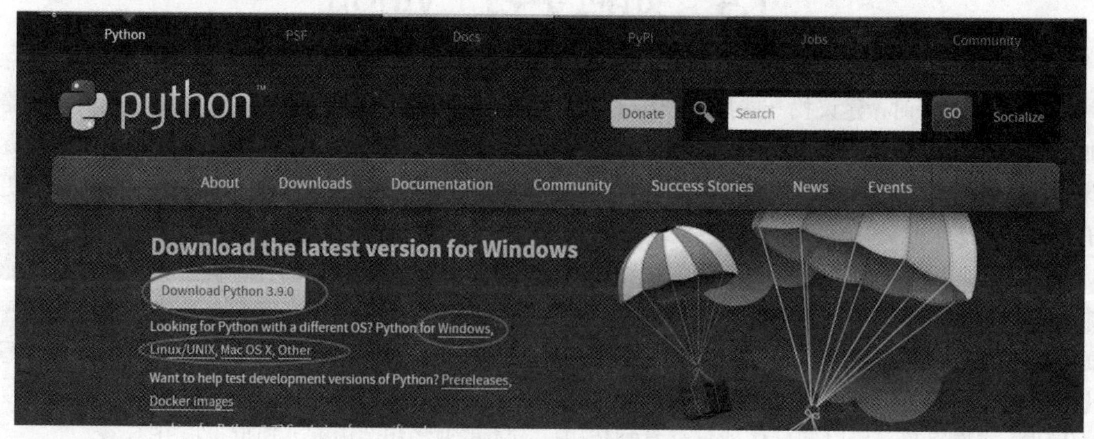

图 1-2 Python 官方网站下载页面

步骤 02 下载软件后，接下来进行软件的安装。

（1）双击下载好的软件，或者选中并右击下载好的软件，在弹出的菜单中选择“打开”选项，可以看到如图 1-3 所示的界面。底部的第一个复选框默认自动勾选，保持勾选状态即可，Add Python 3.9 to PATH 复选框默认不勾选，需要手动勾选，可以将 Python 的安装路径添加到环境变量中，勾选后，后面可省去该操作。如果希望将 Python 安装到指定路径下，请单击 Customize installation 选项。如果单击 Install Now 选项，系统会直接开始安装 Python，并安装到默认路径下。（此处建议安装到自己指定的目录。）

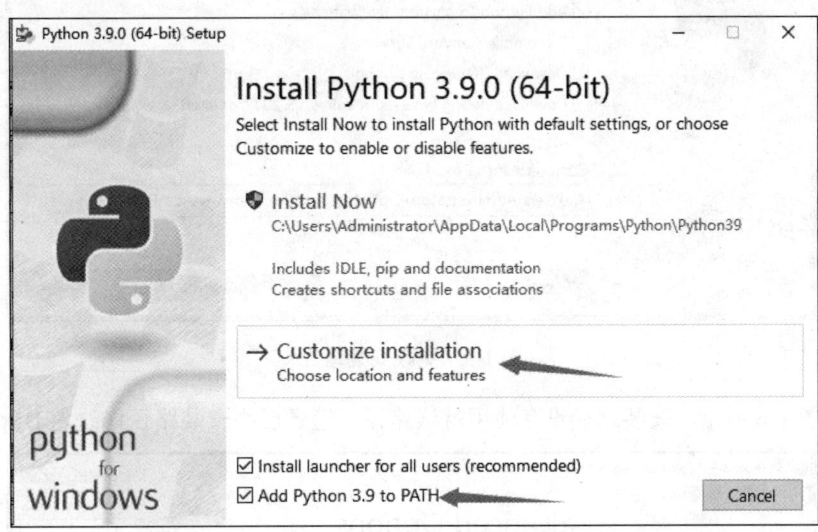

图 1-3　安装 Python

（2）单击 Customize installation 选项后，会看到如图 1-4 所示的界面。此处没什么需要注意的，直接单击 Next 按钮即可。

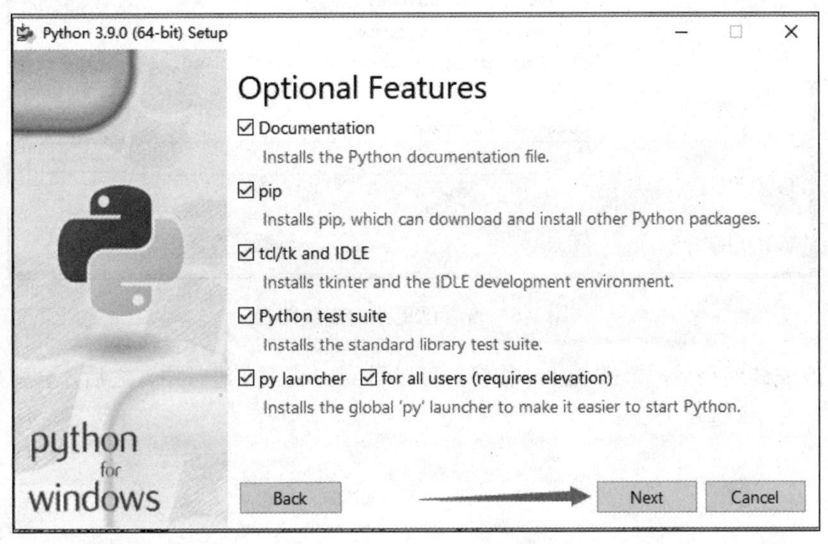

图 1-4　单击 Next 按钮

（3）在图 1-5 所示的界面中，第一个箭头指向的是系统默认的 Python 安装路径，若需要更改默认安装路径，则可单击第二个箭头所指的 Browse 按钮。

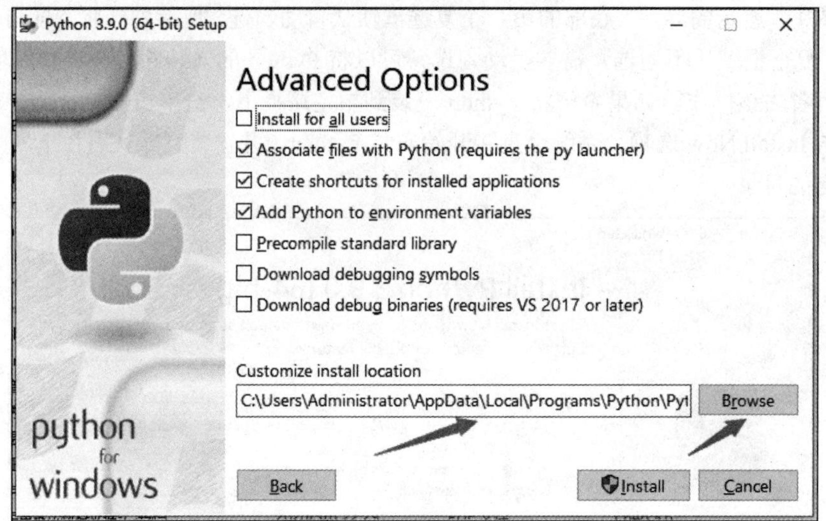

图 1-5　更改安装路径

（4）如图 1-6 所示，安装路径没有使用默认路径，笔者已将安装路径修改为 D:\python\ py39。

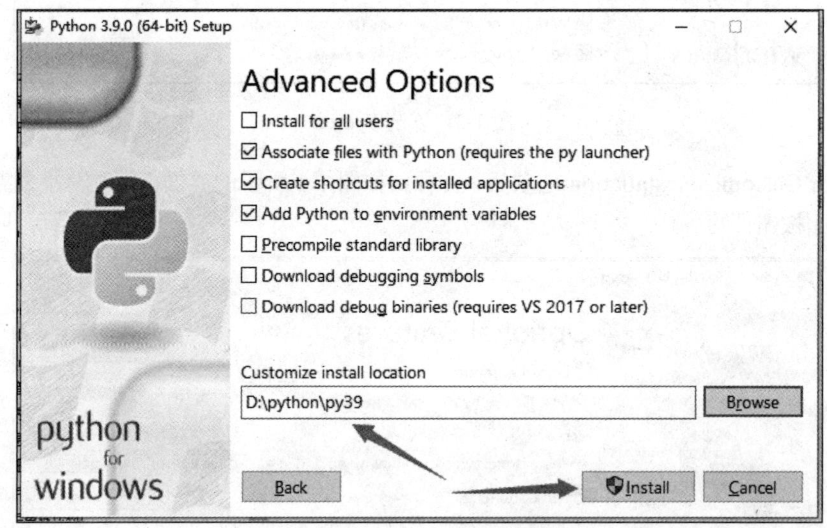

图 1-6　查看已更改的安装路径

（5）更改安装路径后，单击 Install 按钮，可以看到安装正在进行中，之后，会弹出如图 1-7 所示的界面。

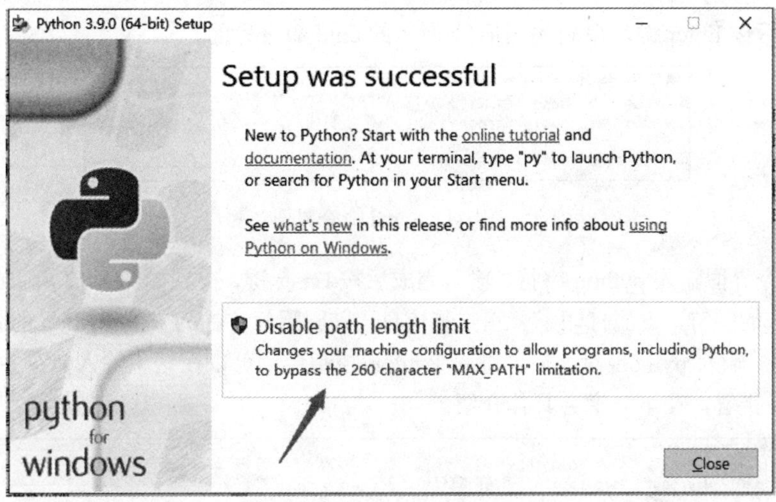

图 1-7　安装完成

（6）单击如图 1-7 所示中的 Disable path length limit 即可进入到如图 1-8 所示的安装成功界面。单击 Close 按钮，安装工作就完成了。Python 的安装是不是很简单？

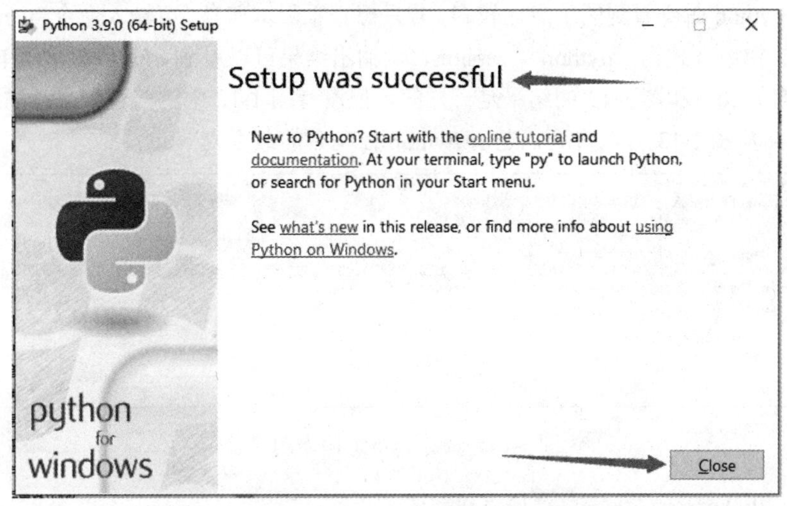

图 1-8　安装成功

步骤 03 软件安装成功后，查看你安装的软件是否能成功运行（此处以 Windows 10 操作系统为例，其他相关系统可以查找对应信息进行查看）。

单击计算机上的“开始”按钮，可以看到如图 1-9 所示的输入框，在输入框中输入 cmd 三个字符，如图 1-10 所示。

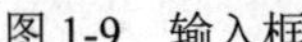

图 1-9　输入框

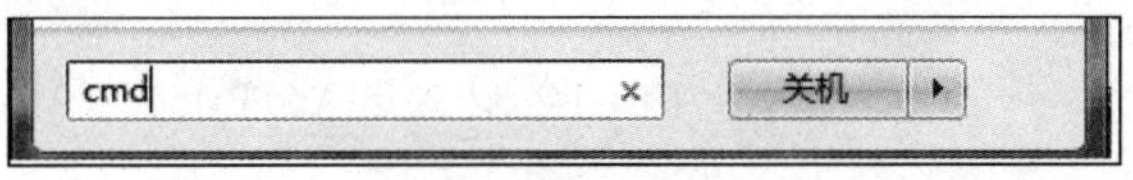

图 1-10　输入 cmd

输入 cmd 后按 Enter 键，得到如图 1-11 所示的 cmd 命令界面。

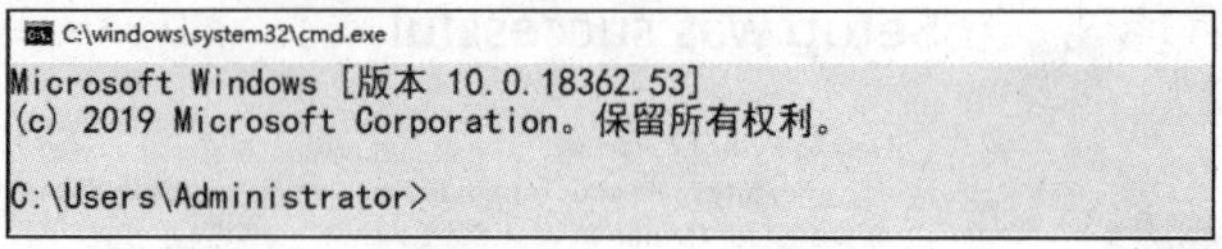

```
C:\windows\system32\cmd.exe
Microsoft Windows [版本 10.0.18362.53]
(c) 2019 Microsoft Corporation。保留所有权利。

C:\Users\Administrator>
```

图 1-11　cmd 命令界面

在 cmd 命令界面输入 python 字符，输入完成后按 Enter 键，得到如图 1-12 所示的界面。其中，方框所示为输入的字符，下面打印了一些安装信息，椭圆圈标注的为安装 Python 的版本，当前安装的是 3.9.0 版本。输入 python 命令后，进入 Python 控制台，可以在这里输入命令并得到相应结果，此处不做进一步讲解，在下一章会具体介绍。

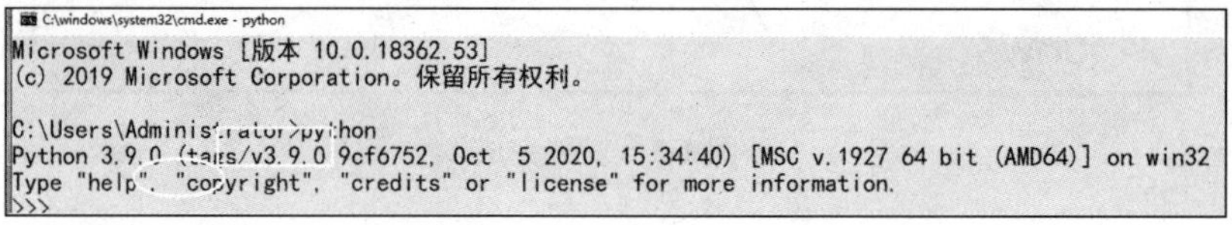

```
C:\windows\system32\cmd.exe - python
Microsoft Windows [版本 10.0.18362.53]
(c) 2019 Microsoft Corporation。保留所有权利。

C:\Users\Administrator>python
Python 3.9.0 (tags/v3.9.0:9cf6752, Oct  5 2020, 15:34:40) [MSC v.1927 64 bit (AMD64)] on win32
Type "help", "copyright", "credits" or "license" for more information.
>>>
```

图 1-12　输入 Python 命令

此处输入 python 命令看到的信息比较多，若只想查看版本信息，可输入命令--version，如图 1-13 所示。该命令的使用方式为：python --version。从输出结果可以看到，信息非常简单明了，结果为 Python，版本是 3.9.0，和图 1-12 的结果是一样的，但没有图 1-12 中的其他信息。注意 version 前面有两个“-”符。从图 1-13 可以看到，退出 Python 控制台的命令为 exit()。

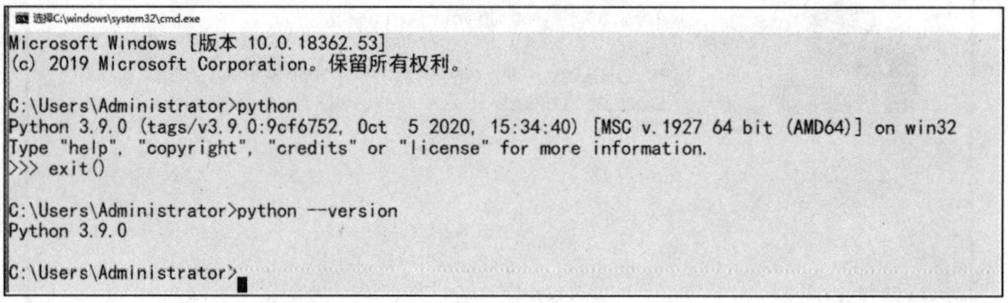

```
选择C:\windows\system32\cmd.exe
Microsoft Windows [版本 10.0.18362.53]
(c) 2019 Microsoft Corporation。保留所有权利。

C:\Users\Administrator>python
Python 3.9.0 (tags/v3.9.0:9cf6752, Oct  5 2020, 15:34:40) [MSC v.1927 64 bit (AMD64)] on win32
Type "help", "copyright", "credits" or "license" for more information.
>>> exit()

C:\Users\Administrator>python --version
Python 3.9.0

C:\Users\Administrator>
```

图 1-13　查看 Python 版本的信息

到此为止，Python 开发环境总算是搭建完成了。

请注意，若在安装时没有勾选图 1-3 中的 Add Python 3.9 to PATH 复选框，则在图 1-12 中操作时会得到如图 1-14 所示的结果。

```
C:\windows\system32\cmd.exe
Microsoft Windows [版本 10.0.18362.53]
(c) 2019 Microsoft Corporation。保留所有权利。

C:\Users\Administrator>python
'python' 不是内部或外部命令，也不是可运行的程序
或批处理文件。

C:\Users\Administrator>
```

图 1-14　未勾选 Add Python 3.9 to PATH 复选框显示的结果

Windows 会根据 Path 环境变量设定的路径查找 python.exe，如果没找到就会报错。因此，如果在安装时漏掉了勾选 Add Python 3.9 to PATH 复选框，就要手动把 python.exe 所在的路径添加到 Path 中。

如果不喜欢手动修改环境变量，可以把 Python 安装程序重新运行一遍，务必记得勾选 Add Python 3.9 to PATH 复选框。

如果想尝试添加环境变量，可以执行以下操作。

步骤 01 选择“开始”→“计算机”（找到计算机就可以），选中并右击计算机，在弹出的菜单中单击“属性”，弹出如图 1-15 所示的界面。

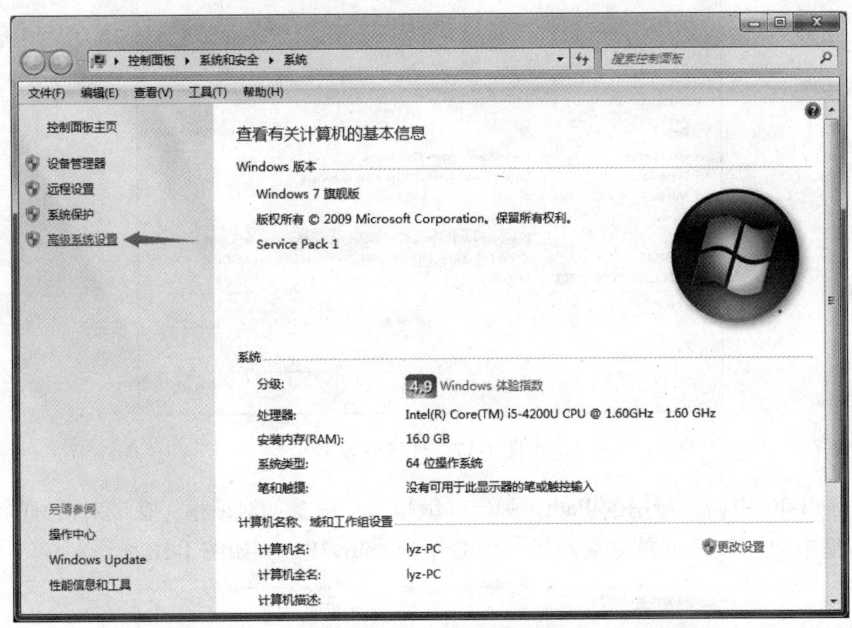

图 1-15　计算机属性

步骤 02 单击“高级系统设置”（图中箭头所指），弹出如图 1-16 所示的“系统属性”对话框。

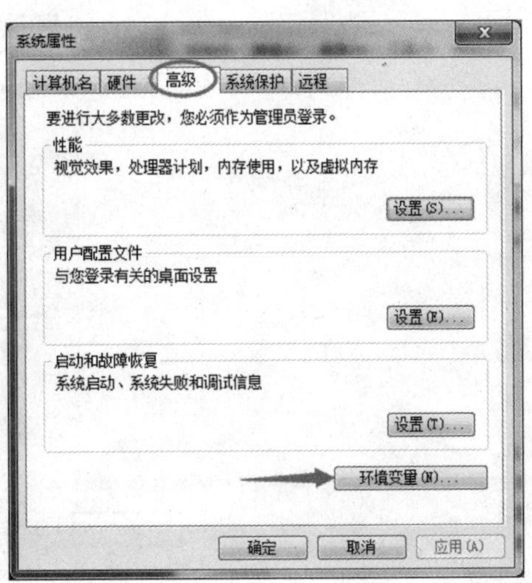

图 1-16　系统属性

步骤 03 该对话框默认显示“高级”选项卡，如果进入后显示的不是“高级”选项卡，可手动选择“高级”选项卡。在该对话框的右下角单击“环境变量”按钮，得到如图 1-17 所示的界面。

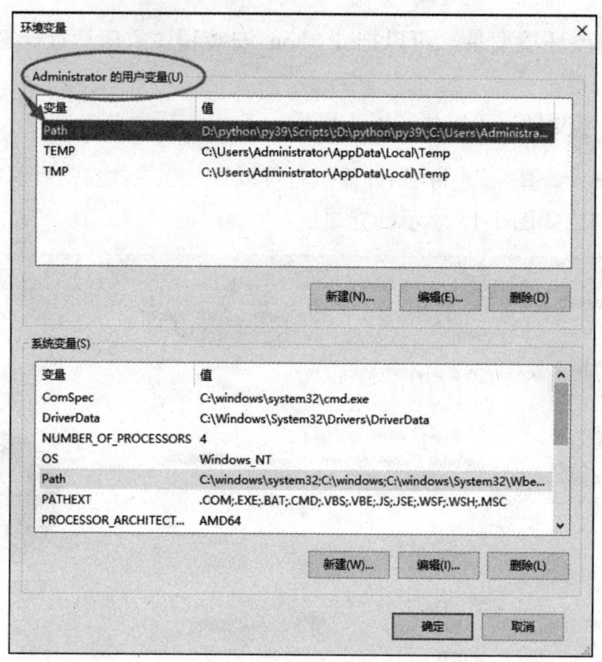

图 1-17　环境变量

步骤 04 双击图 1-17 中箭头所指的 Path，弹出“编辑用户变量”对话框，在该对话框的“变量值”输入框中加入 Python 的安装路径（如 D:\python\py39），如图 1-18 所示。

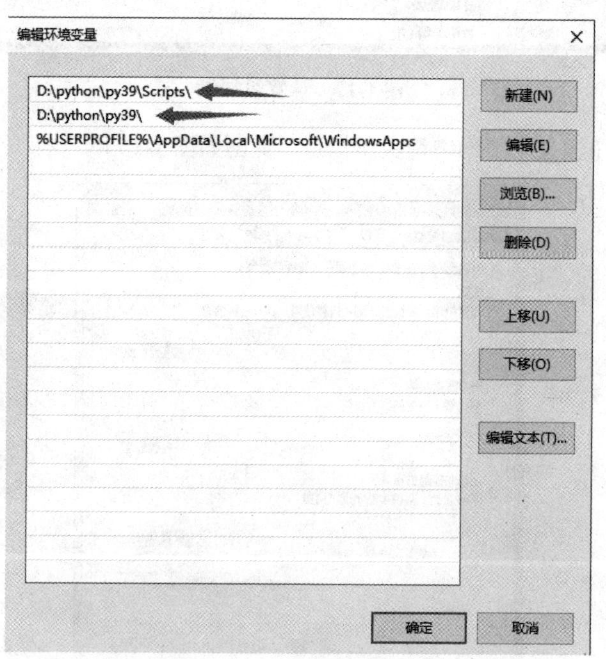

图 1-18　编辑用户变量

注 意

变量值中的内容以\结尾，如 D:\python\py39\。单击“确定”按钮可回到图 1-19，在图 1-19 中单击“确定”按钮，可回到图 1-18，在图 1-18 中单击“确定”按钮，环境变量就添加成功了。接下来就可以按照图 1-11~图 1-14 所示进行操作。

至此，在 Windows 上安装 Python 就结束了。

1.5.2 在 Linux、UNIX 系统和 Mac 中安装 Python

提 示

如果你正在使用 Linux 系统，而且有 Linux 系统管理经验，自行安装 Python 3 就没有问题，否则请换回 Windows 系统。

在绝大多数 Linux 和 UNIX 系统中，Python 解释器已经存在了，但是预装的 Python 版本一般都比较低，很多 Python 的新特性都没有，必须重新安装新版本。

如果你正在使用 Mac，系统是 OS X 10.8~10.10，系统自带的 Python 版本是 2.7。

由于 Linux、UNIX 和 Mac 的版本比较多，并且在各版本下的安装有所差异，此处为不误导大家，就不提供讲解安装过程了，大家可根据自己所使用的版本到网上查找相关资源，得到更明确的安装指导和帮助。

1.5.3 其他版本

除了官方提供的 Python 版本外，还有多个版本可供选择，最有名的为 ActivePython，使用于 Linux、Windows、Mac OS X 以及多个 UNIX 内核版本。ActivePython 是由 ActiveState 发布的 Python 版本。这个版本的内核与使用于 Windows 中的标准 Python 发布版本相同，而 ActivePython 包含许多额外独立的可用工具。如果用的是 Windows 系统，那么 ActivePython 值得尝试一下。

Stackless Python 是 Python 的重新实现版本，基于原始的代码，也包含一些重要的内部改动。对于入门用户来说，两者并没有多大区别，标准的发布版反而更好用。Stackless Python 最大的优点是允许深层次递归，并且多线程执行更加高效。不过这些都是高级特性，一般用户并不需要。

Jython 和 IronPython 与以上版本有很大的不同——它们都是其他语言实现的 Python。Jython 利用 Java 实现，运行在 Java 虚拟机中；IronPython 利用 C#实现，运行于公共语言运行时的.NET 和 Mono 中。

1.6 从 Hello World 开始

经过前面几个小节的介绍，现在你是否跃跃欲试？下面将带你进入 Python 的实战。

英文的“你好，世界”怎么说呢？“Hello,world”。怎么在 Python 中将这个效果展现出来呢？其实很简单。

安装好 Python 后，在“开始”菜单栏中会自动添加一个 Python 3.9 的文件夹，单击该文件夹会出现如图 1-19 所示的子目录。

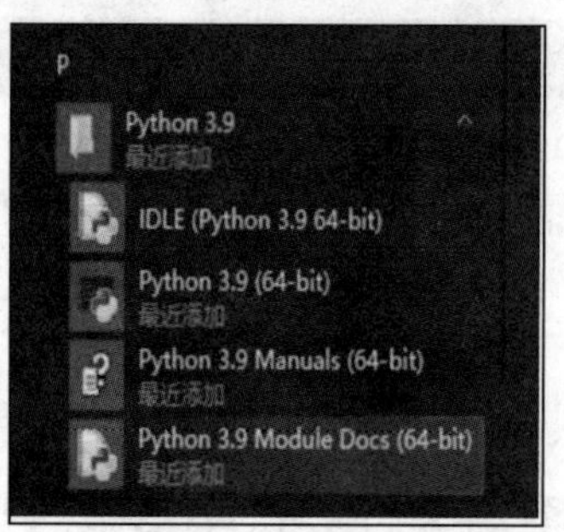

图 1-19　Python 菜单

可以看到，Python 目录下有 4 个子目录，从上到下依次是 IDLE、Python 3.9、Python 3.9 Manuals 和 Python 3.9 Module Docs。IDLE 是 Python 集成开发环境，也称交互模式，具备基本的 IDE 功能，是非商业 Python 开发的不错选择；Python 3.9 是 Python 的命令控制台，窗口跟 Windows 下的命令窗口一样，不过只能执行 Python 命令；Python 3.9 Manuals 是帮助文档，不过是全英文的；Python 3.9 Module Docs 是模块文档，单击后会跳转到一个网址，可以查看目前集成的模块。本书若无特别指出，示例都是在 IDLE 中执行的。

下面正式进入 Hello world 的世界。打开交互模式，如图 1-20 所示。

```
Python 3.9.0 Shell
File Edit Shell Debug Options Window Help
Python 3.9.0 (tags/v3.9.0:9cf6752, Oct  5 2020, 15:34:40) [MSC v.1927 64 bit
(AMD64)] on win32
Type "help", "copyright", "credits" or "license()" for more information.
>>> 
```

图 1-20　Python 交互模式

>>>表示在 Python 交互式环境下。在 Python 交互式环境下只能输入 Python 代码并立刻执行。

在交互式环境下输入 print ('Hello,world!')，按回车键后，可以看到输出了“Hello,world!”，如图 1-21 所示。此处 print 后面带了括号，表示 print 是一个函数（函数的概念将会在后面的章节单独进行讲解），单引号里面的叫字符串。如果要让 Python 打印指定的文字，就可以用 print()函数。把要打印的文字用单引号或双引号括起来，但单引号和双引号不能混用。

```
Python 3.9.0 Shell
File Edit Shell Debug Options Window Help
Python 3.9.0 (tags/v3.9.0:9cf6752, Oct  5 2020, 15:34:40) [MSC v.1927 64 bit
(AMD64)] on win32
Type "help", "copyright", "credits" or "license()" for more information.
>>> print('Hello,world!')
Hello,world!
>>>
```

图 1-21　Python 输入输出

1.7　调　试

在计算机前阅读本书是一个好主意，你可以边看书边试验书中的示例。每当学习新的语言特性时，应当尝试犯错误，因为错误会帮助你记住所学的内容，也会帮助你在日后的应用中少走弯路。就像俗话说的：吃一堑长一智。

我们以 1.6 节的“Hello,world!”为例，将 print ('Hello,world!')修改为 print ('Hello,world!)，去掉后面的单引号，在交互模式下测试一下。

输入以下语句：

```
print('Hello,world!)
```

可以看到，屏幕输出结果如图 1-22 所示。

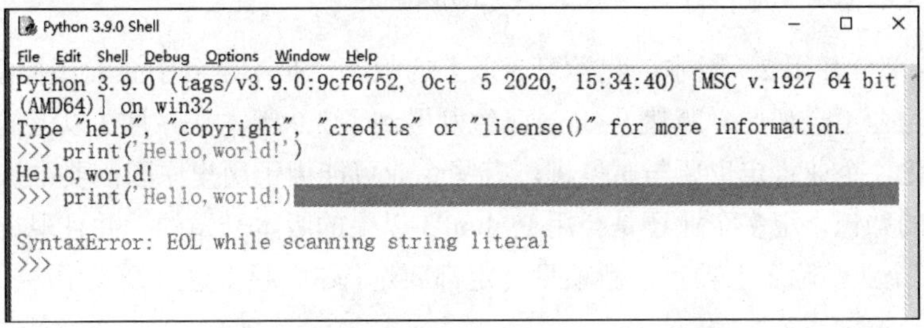

```
Python 3.9.0 Shell
File Edit Shell Debug Options Window Help
Python 3.9.0 (tags/v3.9.0:9cf6752, Oct  5 2020, 15:34:40) [MSC v.1927 64 bit
(AMD64)] on win32
Type "help", "copyright", "credits" or "license()" for more information.
>>> print('Hello,world!')
Hello,world!
>>> print('Hello,world!)

SyntaxError: EOL while scanning string literal
>>>
```

图 1-22　Python 错误尝试 1

输出了一行红色的信息，内容如下：

```
SyntaxError: EOL while scanning string literal
```

这是什么意思呢？如果不明白，可以先借助网络或其他工具查找，后面见得多了就知道是什么意思了。这在本书中是第一次碰到，解释一下，意思为：语法错误，当扫描字符串时发生错误。

通过这个错误，看到相关的错误信息时应当能很快知道问题的原因。

若把第一个单引号去除又会发生什么情况呢，是否会和上面报同样的错误？下面动手实践一下。

输入以下语句：

```
print(Hello,world!')
```

运行结果如图 1-23 所示。

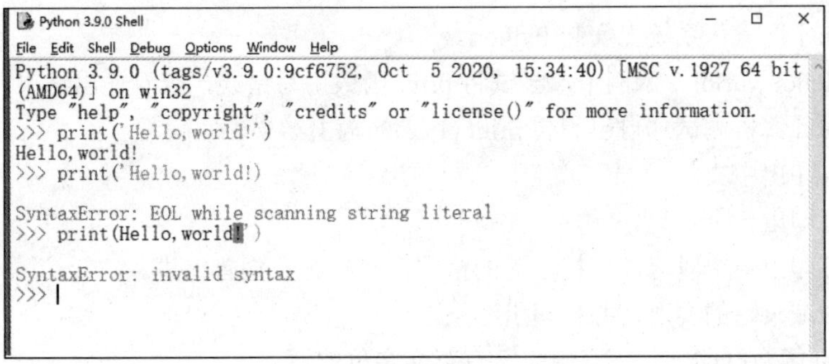

```
Python 3.9.0 Shell
File Edit Shell Debug Options Window Help
Python 3.9.0 (tags/v3.9.0:9cf6752, Oct  5 2020, 15:34:40) [MSC v.1927 64 bit
(AMD64)] on win32
Type "help", "copyright", "credits" or "license()" for more information.
>>> print('Hello,world!')
Hello,world!
>>> print('Hello,world!)

SyntaxError: EOL while scanning string literal
>>> print(Hello,world!')

SyntaxError: invalid syntax
>>>
```

图 1-23　Python 错误尝试 2

可以看到，错误信息和图 1-22 报的不一样。大家可以通过犯错发现更多有趣的现象，此处就不再列举更多的例子了。

1.8 答疑解惑

本章介绍了 Python 的发展历程、Python 的安装和一个简单示例的相关操作，虽然是入门知识，但是在操作过程中也会遇到问题。下面结合笔者的经验和其他人的分享做一些问题解答。

（1）要学习本书的内容，一定要安装最新版本的 Python 吗？

答：建议安装最新版本。毕竟技术在不断更新，对于新手来说，学习最新版本一般是最好的切入方式，若不想安装最新版本，建议安装 3 以上的版本。

（2）企业大部分都用 2.7 版本，我学习 3 以上的版本，是不是到了企业还得学习 2.7?

答：大部分企业不会如此。既然 Python 已经发展到了 3.9 版本，并且 3 以上的版本比 2 版本有了不少改进和优化，企业肯定也要与时俱进，有些企业可能由于历史原因需要维护老项目，需要用到 Python 2 版本的知识，更多企业还是会用 Python 3 以上的版本开发的。并且现在官方已经不维护 2.x 版本了，对于企业，除了老项目，新项目肯定都要选择 3.x 版本进行开发了。

（3）下载后出现 modify setup 和 setup failed，重新下载也是这样，该怎么办呢？

答：该问题出现的原因一般是操作系统版本太低。建议大家学习时安装主流的系统，这样大部分软件安装时就不会存在操作系统版本低或操作系统不兼容等问题。

1.9 课后思考与练习

章节回顾：

回顾一下 Python 的发展历程，即起源、应用场景。

思考并解决如下问题：

（1）在本地安装 Python 最新版本，安装好后卸载，卸载后再安装，尽量关注一下各个步骤的细节。

（2）尝试在不同操作系统上安装 Python。

（3）在“Hello, world!”示例中，尝试将 print 函数拼写错误，查看输出结果。

（4）不要用计算机测试，自己想想 print (1+2)的输出结果。

（5）尝试打印出中文。

（6）尝试打印出一个长句。

（7）尝试打印出一个段落，保持段落的格式，有换行和句首缩进。

（8）思考加减乘除的实现，并打印出结果。

（9）用 print 函数打印一句既有中文又有英文字母的话。

（10）查阅相关资料，打印出混合运算的结果表达式。

第2章 Python编程基础

丑陋的程序和丑陋的吊桥一样：他们都容易坍塌，因为人类（尤其是工程师们）的审美定义跟人们对复杂事物的处理和理解密切相关。一种编程语言如果不能使你写出优美的代码，那它也就不能使你写出好的程序。

——Eric S.Raymond

本章主要介绍Python的基础知识，为后续章节学习相关内容做铺垫。

2.1 认识程序

随着假期的结束，同学们迎来了一个新的学期。为了迎接这一新学期的到来，Python快乐学习班的31位同学决定来一次户外旅游以促进同学之间的友谊。当然，在户外旅游之前，需要先选定游玩地点，熟悉目的地名，知道去哪里游玩，将会经过哪里。学习编程语言也一样，在学习之前要先了解程序、调试、语法错误、运行错误、语义错误等知识。

2.1.1 程　序

我们都知道，出门旅行肯定要选择交通工具，现在常用的交通工具有飞机、火车、轮船、汽车等，我们会根据自己的喜好和一些其他因素选择对应的交通工具。

编程语言也一样，我们选择一门编程语言就相当于选择一种交通工具，那么，编程语言的“交通”工具是什么呢？是程序。

程序是指根据语言提供的指令按照一定的逻辑顺序对获得的数据进行运算，并最终返回给我们的指令和数据的组合。在这里，运算的含义是广泛的，既包括数学计算之类的操作（如加、减、乘、除），又包括寻找和替换字符串之类的操作。数据依据不同的需要组成不同的形式，处理后的数据也可能以另一种方式体现。

程序是用语言写成的，语言分高级语言和低级语言。

低级语言有时叫机器语言或汇编语言。计算机真正“认识”并能够执行的代码，在我们看来是一串 0 和 1 组成的二进制数字，这些数字代表指令和数据。早期的计算机科学家就是用这些枯燥乏味的数字编程。低级语言的出现是计算机程序语言的一大进步，它用英文单词或单词的缩写代表计算机执行的指令，使编程的效率和程序的可读性都有了很大提高，但它仍然和机器硬件关联紧密，不符合人类的语言和思维习惯，而且要想把用低级语言写的程序移植到其他平台，就必须重写。

高级语言的出现是程序语言发展的必然结果，也是计算机语言向人类的自然语言和思维方式逐步靠近和模拟的结果。由于高级语言是对人类逻辑思维的描述，用高级语言写程序会感到比较自然，读起来也比较容易，因此现在大部分程序都是用高级语言写的。

高级语言设计的目的是让程序按照人类的思维和语言习惯书写，是面向人的，而不是面向机器，我们用着方便，但机器却无法读懂，更谈不上运行。所以，用高级语言写的程序必须经过“翻译”程序的处理，将其转换成机器可执行的代码，才能运行在计算机上。如果想把高级语言写的程序移植到其他的平台，只需在它的基础上做少量更改就可以了。

高级语言翻译成机器代码有两种方法，即解释和编译。

解释型语言是边读源程序边执行。高级语言就是源代码。解释器每次会读入一段源代码，并执行它，接着再读入并执行，如此重复，直到结束，图 2-1 显示了解释型语言的执行方式。这个有点类似在乡村里搭乘公交，只要碰到路上有人等公交，就停下来载人。

图 2-1　解释型语言的执行方式

编译型语言是将源代码完整地编译成目标代码后才能执行，以后在执行时不需要再编译。图 2-2 显示了编译型语言的执行方式，这个有点类似我们乘坐的直达车，所有要乘车的人都从起点上车，中途不再搭载其他乘客。

图 2-2　编译型语言的执行方式

2.1.2 调　试

每当远游时，司机肯定要做几件事情，如检查发动机是否正常、检查油箱、检查各项安全系统和液压系统等，为的是尽可能减少在路途中发生意外情况。

编程也是一样的，需要经常做检查。有一些问题编译器会帮助我们检查出来，问题查出后，简单地可以直接解决，对于稍微复杂的，需要通过调试来解决。

程序是很容易出错的。程序错误被称为 Bug，查找 Bug 的过程称为调试（debugging）。我们在

第 1 章中已经介绍过一个很简单的调试示例。

2.1.3　语法错误——南辕北辙

在生活中与人相处时，经常会碰到这样的情况，你想向某人表达某种意思，但某人听了半天都不清楚你想表达什么，或是仍然没有明白你的真正意思，等他明白后，用一种更简单明白的方式复述一下你的意思，突然就让你想表达的内容变得简单易懂了，这时你可能才恍然大悟，原来表达的方式错误了。

程序编写中，这种错误发生的次数比生活中出现的次数多很多，一般称为语法错误（syntax errors）。Python 程序在语法正确的情况下才能运行，否则解释器会显示对应错误信息。语法指的是程序的结构和程序构造的规则。比如第 1 章的（'Hello,world!'），括号中的单引号开头和结尾必须是严格成对的，执行时才能正确。如果输入('Hello,world!)或(Hello,world!')就会报错，这就属于语法错误。

在阅读文章或听人讲话时，对于大多数的语法错误，并不会影响我们看到的或听到的信息的正确性。Python 的编译执行并不如人类这么宽容，程序执行过程中，只要出现一处语法错误，Python 就会显示错误信息并退出，从而不再继续编译。就如我们去乘坐高铁或飞机，若没有购买车票或购买的票不满足进站要求，就无法进入。

在编程生涯的开始阶段，可能每踏出一步都会碰到大量语法方面的错误，但随着经验的积累，犯错会逐步减少，很多错误遇到一两次并成功解决后，后面再遇到类似的问题就能快速定位，或是在问题出现前就规避了。

2.1.4　运行错误——突然停止

Python 快乐学习班的同学在奔跑的“集合号”内愉悦地欣赏着沿途的风景，同学们在愉快地聊着某个话题，但此时交通工具突然慢慢停下来了，此时司机对读者宣布说，交通工具抛锚了。例如，轮胎破损、没油了、发动机坏了等。

在 Python 中经常会遇到类似的错误，称为运行时错误（runtime errors）。

即使有时看起来编写得非常完美的程序，在运行的过程中也会有出现错误的情况。在我们的印象中，计算机是善于精确计算的，那怎么会出错？答案是计算机确实经常出错，不过出错的根源不是计算机，而是我们人类。计算机是由人类设计的，是我们人类设计出来的一种工具，它本质上和电视机、汽车等是一样的，是人类生活中的一种辅助工具。鉴于现在计算机软硬件的理论水平、工业制造水平、使用者的水平等一些内在、外在的因素，出现错误并不稀奇，且程序越复杂，出现错误的概率越大。错误的种类很多，如内存用尽、除数为零的除法等。Python 为了把错误的影响降至最低，提供了专门的异常处理语句，这部分内容会在后续章节中介绍。

2.1.5　语义错误——答非所问

在现实生活中，时不时会遇到这样的情况：你明明想表达 A 的意思，但与你沟通的人可能理解成 B 的意思了，或者说的是 A 意思，却被听者听成 B 意思了。这种情况多在语言表述不清楚或看问题角度不同时发生。我们经常将这种情况调侃为思想没在一个维度。

在 Python 代码的编写过程中也经常会发生类似的问题，此类问题称为语义错误（semantic errors）。

程序发生语义错误时，并不会立即给我们反馈，它会继续执行，不会发出错误信息，这种错误需要我们自己去发现，需要去比对输出的结果和我们的预期是否一致才能判定，否则可能就一直错误下去，直到被发现。

这种错误的发生大多是因为我们对代码的运行机制了解得不够，自以为编写的代码是按自己预想的方式运行的，但实际上计算机编译出来的代码是按另外一种方式运行的。还有可能是你解决问题的思路本身就是错的，写出来的程序执行的结果当然会是错的。

查找语义错误并没有那么容易，它需要你根据结果进行推理，推理的过程有的简单，有的复杂，具体需要查看程序是怎么设计的，编写是否复杂，是否容易弄明白程序到底在做什么。

2.2 数据类型

计算机是可以做快速、高精度数学计算的机器，工程师们设计的计算机程序也可以处理各种数值，并且计算机能处理的不仅仅是数值，还有文本、图形、音频、视频、网页等各种各样的数据对象。在程序设计时，对于不同的对象需要定义不同的对象类型，Python 3.x 中有 6 种标准的对象类型：Number（数字）、String（字符串）、List（列表）、Tuple（元组）、Sets（集合）、Dictionary（字典），本节将首先讲解 Number（数字）类型，其他 5 种对象类型将在后续章节介绍。

Python 3.x 支持 3 种不同的 Number（数字）类型：整数类型（int）、浮点数类型（float）、复数类型（complex）。

2.2.1 整　型

整数类型（int）通常称为整型或整数，一般直接用 int 表示，是正整数、0 和负整数的集合，并且不带小数点。在 Python 3.x 中，整型没有限制大小，可以当作 long（长整型）类型使用，所以 Python 3.x 没有 Python 2.x 的 long 类型。

例如，Python 快乐学习班的同学准备去户外旅游了，同学们商讨后决定坐“集合号”大巴去往“Python 库”游玩。同学们高高兴兴坐上了大巴准备出发，现在需要统计有多少同学在车上，于是班长吩咐统计委员小萌清点一下人数，小萌花了一分钟逐个点了一遍，总计 31 人，小萌在 Python 学习群中输入 31，以告知所有同学该消息。与此同时，小萌想起在 Python 的交互窗口中也可以输入数值，于是小萌在交互模式下输入：

```
>>> 31
31
```

这里输入的 31 就是整型，对于编译器，识别到的是整型。

随着“集合号”的前行，大巴来到了“数据类型”服务区，司机 PyCharm 通知同学们将在“数据类型”服务区停留片刻后方可继续上路。同学们也感觉是时候做个内存清除了，有需要的同学纷纷下车。片刻后，同学们纷纷上车了，班长再次吩咐小萌清点一下人数。小萌苦笑一下，看来又得花一分钟清点人数了，为什么不叫一个人帮忙从车的另一头清点呢？于是小萌叫小智帮忙从另一头清点一下人数。半分钟后，小萌和小智在车中间碰上了，小智告诉小萌他的计数是 15 人，小萌自己清点的也是 15 人，小萌在交互模式下输入：

```
>>> 15 + 15
30
```

小萌准备把数字报告给班长，突然想到上次报告的是 31 人，这次是 30 人，数字不对啊，小萌在交互模式下输入：

```
>>> 31 - 30
1
```

怎么少了一人呢？小萌突然慌了，然后仔细一想，原来是把自己忘加上了，于是再次输入：

```
>>> 15 + 15 + 1
31
```

这次没问题了，人全部到齐。于是小萌在 Python 学习群发送了一条和上次一样的 31 的消息。班长看到消息后，示意司机可以发车了，突然又想到了什么，叫司机先等等。因为走了一段路程了，到达目的地还有一段距离，同学们路上可能会口渴及饥饿，于是吩咐强壮的小强和活泼的小娜去服务区的“Number”店买一大包 TensorFlow 糖，给每人配备一根 Keras 能量棒和两瓶 Caffe 水。每人两瓶 Caffe 水，一共要买多少瓶呢？小娜在交互模式下输入：

```
>>> 31 * 2
62
```

一共要买 62 瓶 Caffe 水，小强轻易就扛起这 62 瓶 Caffe 水。

Keras 能量棒每人一根，要购买多少根？小娜在交互模式下输入：

```
>>> 31 * 1
31
```

一共要购买 31 根，小娜轻轻提上，随手拿了一大包 TensorFlow 糖。

东西都买回来了，Caffe 水好分，给每人两瓶就是，Keras 能量棒也简单，每人派发一根就是。这一大包 TensorFlow 糖该怎么分呢？看包装袋上有总颗数，一共有 155 颗，每人多少颗呢？小娜在交互模式下输入：

```
>>> 155 / 31
5.0
```

结果出来了，给每人发 5 颗 TensorFlow 糖就可以了。于是小娜蹦蹦跳跳地发糖去了，此时发完 Caffe 水的小强也帮忙一起发糖，每人给 5 颗。TensorFlow 糖终于发完了，小娜感觉惬意极了，也坐下来好好补充能量了。小娜突然感觉有什么不对劲，有 155 颗糖，分给 31 人，每人 5 颗 TensorFlow 糖没错，但从 Python 交互模式下看到的结果怎么是 5.0 呢？假如有 156 颗糖，Python 交互模式下得到的计算结果会是怎样的呢？于是小娜输入如下数据：

```
>>> 156 / 31
5.032258064516129
```

如果按这个计算结果分发 TensorFlow 糖，就没有办法平均分了，小娜我可是没有办法弄出带这么多位小数的糖果。这种结果是怎么来的呢？

原因是：对于 Python 的整数除法，除法（/）计算结果是浮点数，即使两个整数恰好能整除，结果也是浮点数，即最终结果会带上小数位。如果只想得到整数的结果，舍弃小数部分，可以使用地板除（//），整数的地板除（//）永远是整数，除不尽时会舍弃小数部分。

更改前面输入的数据：

```
>>> 155 // 31
5
```

这时得到的计算结果就不带小数位了，即不是浮点数了。再看看用 156 做计算的结果：

```
>>> 156 // 31
5
```

155 和 156 对 31 做地板除的结果都是 5，这个也不对啊。156 除以 31 应该还要剩余一个，怎么会一点不剩。

因为地板除（//）只取结果的整数部分，对这个问题，Python 提供了一个余数运算，可以得到两个整数相除的余数，在 Python 中叫取模（%），下面看看 155 和 156 对 31 的取模：

```
>>> 155 % 31
0
>>> 156 % 31
1
```

这次的计算结果就符合自己的预期了。假如有 156 颗 TensorFlow 糖，平均分发给 31 个小伙伴，就会多出 1 颗。

2.2.2 浮点型

浮点类型（float）一般称为浮点型，由整数部分与小数部分组成，也可以使用科学计数法表示。

比如，小娜还在静静思考中，班长突然打断了她的思维，问小娜在服务区的“Number”店购物总共花了多少钱。小娜理了一下思绪，每瓶 Caffe 水 5.3 元，一共 62 瓶，Caffe 水总共多少钱呢？在交互模式下输入：

```
>>> 5.3*62
328.59999999999997
```

计算得到的结果怎么这么长？小娜有点想不明白了，不过冷静一思考，原来是这么一回事：整型和浮点型在计算机内部存储的方式不同，整型运算永远是精确的，而浮点型运算可能会有四舍五入的误差。对该结果做四舍五入，保留一位小数，结果是 328.6，就没有偏差了。

小娜：“班长，328.6 元。”

班长：“这么便宜，是所有的吗？”

小娜：“是 Caffe 水的。”

班长："那总共多少钱？"

Keras 能量棒每根 6.5 元，一共 31 根，在交互模式输入：

```
>>> 6.5*31
201.5
```

Caffe 水加 Keras 能量棒，再加上 TensorFlow 糖的 30 元，加起来的总额如下：

```
>>> 5.3*62+6.5*31+30
560.0999999999999
```

计算结果又出现了前面浮点计算的问题，应该这么输入：

```
>>> 328.6+201.5+30
560.1
```

这个计算结果就好看多了，也符合了预期结果形式。

小娜把购物花费的总额 560.1 元报告给了班长。

小娜又开始思考了，浮点数相乘的结果这么奇怪，那浮点数除法计算的结果会是怎样的呢？小娜立刻进行实践，在交互模式下输入：

```
>>> 155/31.0
5.0
```

得到的计算结果和 155 除以 31 的计算结果是一样的，那 156 除以 31.0 得到的计算结果又是怎样的呢？在交互模式下输入：

```
>>> 156/31.0
5.032258064516129
```

得到的计算结果和 156 除以 31 也是一样的。那做地板除和取模的结果又是怎样的呢？在交互模式下输入：

```
>>> 156 // 31.0
5.0
>>> 156 % 31.0
1.0
```

从计算结果可以看出，结果也都是浮点型的。

2.2.3 复 数

复数由实数部分和虚数部分构成，可以用 a + bj 或 complex(a,b)表示，复数的实部 a 和虚部 b 都是浮点型。

Python 支持复数，不过 Python 的复数我们当前阶段使用或接触得比较少，此处就不再具体讲解，读者有一个概念即可，有兴趣可以自行查阅相关资料。

2.2.4 数据类型转换

在现实生活中，我们都经历过换零钱的操作，特别是在不支持移动支付的地区或国家，必须要随时准备好一些零钱。换零钱的操作就是将一张面额大些的钱，换算成等额或不等额的面额更小的钱的过程。如将 50 元换成 2 张 20 元，10 张 1 元（有一些地方可能要收取一些手续费，如换 50 元需要收取 2 元，实际 50 元只能换取 48 元零钱）。

在编程的过程中，也有类似这样的转换过程，不过不是换零操作，而是类型转换的操作。比如将整型转换为浮点型，浮点型转换为整型。一般将浮点型转换为整型会丢失精度，在实际操作中需要注意。

对数据内置的类型进行转换，只需要将数据类型作为函数名即可。

在 Python 中，数据类型转换时有如下 4 个函数可以使用：

- int(x) 将 x 转换为一个整数。
- float(x) 将 x 转换为一个浮点数。
- complex(x) 将 x 转换为一个复数，实数部分为 x，虚数部分为 0。
- complex(x, y) 将 x 和 y 转换为一个复数，实数部分为 x，虚数部分为 y。x 和 y 是数字表达式。

比如，小娜去“Number”店购物，购物总支出金额是 560.1 元，“Number”店的老板为免除找零的麻烦，让小娜支付 560 元即可，即支付一个整数，舍弃小数部分，可以理解为将浮点型转换为整型了，表示如下：

```
>>> int(560.1)
560
```

很容易就得到了转换后的结果。

在实际生活中，金钱的操作必须用浮点型进行记账，就需要使用 float 函数。在交互模式下输入：

```
>>> float(560.1)
560.1
```

这样转换后得到的就是浮点型数据。

不过这个计算结果的小数位还是大于 0，仍然涉及找零的问题，要得到小数位为 0 的结果，该怎么办呢？把 int 函数放入 float 函数中是否可以呢？在交互模式下输入：

```
>>> float(int(560.1))
560.0
```

这里的执行过程是这样的：先把 560.1 通过 int 函数取整，得到整型 560，再通过 float 函数将 560 转换成浮点型 560.0，就得到了我们想要的结果。当然，这里虽然得到了最终想要的结果，但输入的字符看起来有点复杂。这其实是函数的嵌套，后面会进行具体介绍，此处做了解即可。

2.2.5 常　量

所谓常量，就是不能改变现有值的量，可以直接拿来使用，常量对应的值是固定的，不会发生变更。比如常用的数学常数 π 就是一个常量。在 Python 中，通常一般用全部大写的变量名表示常量。

Python 中有两个比较常见的常量，即 PI 和 E。

- PI：数学常量 pi（圆周率，一般以 π 表示）。
- E：数学常量 e，即自然对数。

这两个常量将会在后续章节中使用，具体的用法在使用中体现。

2.3　变量和关键字

编程语言最强大的功能之一是操纵变量。变量（variable）是一个需要熟知的概念，如果你觉得数学让你抓狂，而担心编程语言中的变量也会让你抓狂，这倒没有必要，因为 Python 中的变量其实很好理解，变量就是代表某个值的名字。

2.3.1　变　量

把一个值赋值给一个名字，这个值会存储在内存中，这块内存就称为变量。在大多数语言中，把这种操作称为“给变量赋值”或“把值存储在变量中”。

比如，Python 快乐学习班的同学乘坐“集合号”大巴出去游玩，大巴是一个实实在在存在的物体，要占据空间，而“集合号”是我们给它的一个名字，这个名字可以更改为“空间一号”或是其他。在这里，大巴相当于值，“集合号”相当于变量。

在 Python 中，变量指向各种类型值的名字，以后再用到这个值时，直接引用名字即可，不用再写具体的值。比如对 Python 快乐学习班的同学说上“集合号”了，读者就都知道要上大巴了。

变量的使用环境非常宽松，没有明显的变量声明，而且类型不是必须固定。可以把一个整数赋值给变量，也可以把字符串、列表或字典赋给变量。比如这里“集合号”指的是一辆大巴，但我们同样可以用“集合号”指代一艘船、一架飞机或一栋建筑等。

那什么是赋值呢？

在 Python 中，赋值语句用等号（=）表示，可以把任意数据类型赋值给变量。比如，要定义一个名为 xiaomeng 的变量，对应值为 XiaoMeng，可按下述方式操作：

```
>>> xiaomeng = 'XiaoMeng'
>>>
```

提　示
字符串必须以引号标记开始，并以引号标记结束。

此操作解释：xiaomeng 是我们创建的变量，=是赋值语句，XiaoMeng 是变量值，变量值需要用单引号或双引号标记。整句话的意思是：创建一个名为 xiaomeng 的变量并给变量赋值为 XiaoMeng（注意这里的大小写）。

这里读者可能会疑惑，怎么前面输入后按回车键就能输出内容，而在上面的示例中按回车键后没有任何内容输出，只是跳到输入提示状态下。

在 Python 中，对于变量，不能像数据类型那样，输入数值就立马能看到结果。对于变量，需要使用输出函数。还记得前面讲的 print()吗？print()是输出函数，上面的示例中没有使用输出函数，屏幕上当然不会有输出内容。要有输出应该怎么操作呢？我们尝试如下：

```
>>> print(xiaomeng)
XiaoMeng
```

成功打印出了结果。但为什么输入的是 print(xiaomeng)，结果却输出 XiaoMeng 呢？这就是变量的好处，可以只定义一个变量名，比如名为 xiaomeng 的变量，把一个实际的值赋给这个变量，比如实际值 XiaoMeng，计算机中会开辟出一块内存空间存放 XiaoMeng 这个值，当我们让计算机输出 xiaomeng 时，在计算机中，xiaomeng 这个变量实际上指向的是值为 XiaoMeng 的内存空间。就像对 Python 快乐学习班的同学说“集合号”，Python 快乐学习班的同学们就知道那指的是他们乘坐的大巴。

在使用变量前需要对其赋值。没有值的变量是没有意义的，编译器也不会编译通过。这就如你碰见一个人就对他说“集合号”，别人肯定会以为你是疯子。

例如，定义一个变量为 abc，不赋任何值，输入及结果如下：

```
>>> abc
Traceback (most recent call last):
  File "<stdin>", line 1, in <module>
NameError: name 'abc' is not defined
```

输出结果解释：提示我们名称错误，名称 abc 没有定义。

同一个变量可以反复赋值，而且可以是不同类型的变量，输入如下：

```
>>> a = 123
>>> a
123
>>> a = 'ABC'
>>> print(a)
ABC
```

这种变量本身类型不固定的语言称为动态语言，与动态语言对应的是静态语言。静态语言在定义变量时必须指定变量类型，对静态语言赋值时，赋值的类型与指定的类型不匹配就会报错。和静态语言相比，动态语言更灵活。

这里提到变量类型的概念，在 2.2 节提到 Python 3 中有 6 种标准对象类型，那么，对于定义的一个变量，怎么知道它的类型是什么？

在 Python 中，提供了一个内置的 type 函数帮助识别一个变量的类型，如在交互模式下输入：

```
>>> type('Hello,world!')
<class 'str'>
```

这里的<class 'str'>指的是 Hello 这个变量值的类型是 str（字符串）类型的。

按同样方式，可以测试 50 这个值的类型是什么。在交互模式下输入：

```
>>> type(50)
<class 'int'>
```

计算机反馈的结果类型是整型（int）。再继续测试 5.0 的类型是什么：

```
>>> type(5.0)
<class 'float'>
```

计算机反馈的结果类型是浮点型（float）。再继续测试 test type 的类型是什么：

```
>>> a = 'test type'
>>> type(a)
<class 'str'>
```

计算机反馈的结果类型是字符串类型（str）。

只要是用双引号或单引号括起来的值，都属于字符串。在交互模式下输入：

```
>>> type('test single quotes')
<class 'str'>
>>> type("test double quote")
<class 'str'>
>>> type("100")
<class 'str'>
>>> type("3.0")
<class 'str'>
>>> b = '3'
>>> type(b)
<class 'str'>
>>> b = '100'
>>> type(b)
<class 'str'>
>>> c = '3.0'
>>> type(c)
<class 'str'>
```

计算机反馈的结果类型都是字符串类型（str）。

注意不要把赋值语句的等号等同于数学中的等号。比如对于下面的两行代码：

```
a = 100
a = a + 200
```

这里同学们可能会有疑问，a=a + 200 是什么等式？这个从以前的学习经验来看是不成立的，在计算机里面怎么就成立了。这里首先要声明，计算机不是人脑，在很多事情的处理上，计算机并不遵循我们眼睛看到的那种规则，计算机有计算机的思维逻辑。

在编程语言中，a=a + 200 的计算规则是：赋值语句先计算右侧的表达式 a + 200，得到结果 300，再将结果值 300 赋给变量 a。由于 a 之前的值是 100，重新赋值后，a 的值变成 300。我们通过交互模式做验证，输入如下：

```
>>> a = 100
>>> a = a + 200
>>> print(a)
300
```

由输出结果看到，所得结果和前面推理结果一致。

理解变量在计算机内存中的表示也非常重要。在交互模式下输入：

```
>>> a = '123'
```

这时，Python 解释器做了两件事情：

（1）在内存中开辟一块存储空间，这个存储空间中存放'123'这三个字母对应的字符串。

（2）在内存中创建了一个名为 a 的变量，并把它指向'123'字符串对应的内存空间。

也可以把一个变量 a 赋值给另一个变量 b，这个操作实际上是把变量 b 指向变量 a 所指向的数据，例如下面的代码：

```
>>> a = '123'
>>> b = a
>>> a = '456'
>>> print(b)
```

最后一行打印出变量 b 的内容到底是'123'还是'456'呢？如果从数学逻辑推理，得到的结果应该是 b 和 a 相同，都是'456'，但是实际上，继续往下走，会看到交互模式下打印出的 b 的值是'123'。

当然，这里我们不急于问为什么，先一行一行执行代码，看看到底是怎么回事。

首先执行 a='123'，解释器在内存中开辟一块空间，存放字符串'123'，并创建变量 a，把 a 指向'123'，如图 2-3 所示。

接着执行 b=a，解释器创建了变量 b，并把 b 也指向字符串'123'，如图 2-4 所示，此时 a 和 b 都指向了字符串'123'。

再接着执行 a = '456'，解释器在内存中继续开辟一块空间，开辟的新空间用于存放字符串'456'，a 的指向更改为字符串'456'，b 的指向不变，如图 2-5 所示。

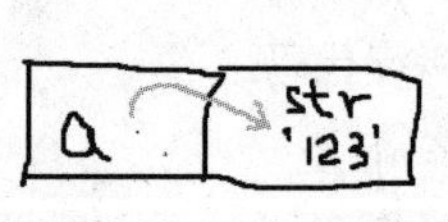

图 2-3　a 指向'123'

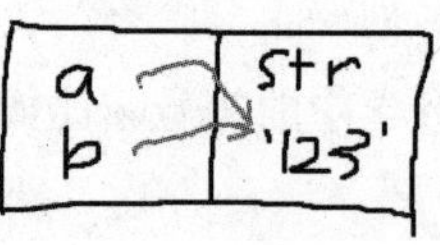

图 2-4　a、b 指向'123'

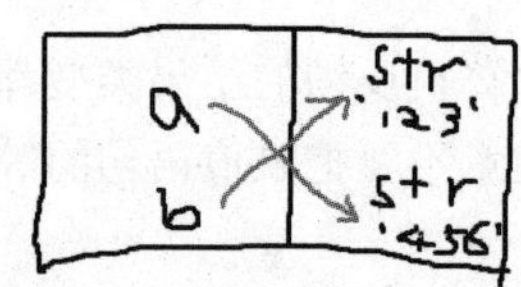

图 2-5　a 指向'456'，b 不变

最后执行 print(b)，输出变量 b 的结果，由图 2-5 可见，变量 b 指向的是字符串'123'，所以 print(b) 得到的结果是 123。

2.3.2 变量名称

在程序编写时，选择有意义的名称为变量名是一个非常好的习惯，这不但便于以此标记变量的用途，还可以在有多个变量时，易于区分各个变量。就如我们每个人，都被取了一个不那么普通的名字，就是为了方便别人记忆或识别。

在 Python 中，变量名是由数字或字符组成的任意长度的字符串，且必须以字母开头。使用大写字母是合法的，在命名变量时，为避免变量使用过程中出现一些如拼写上的低级错误，建议变量名中的字母都用小写，因为 Python 是严格区分大小写的。

举个例子来说，若用 Name 和 name 作为变量名，那 Name 和 name 就是两个不同的变量。在交互模式下输入如下：

```
>>> name = 'study python is happy'
>>> Name = 'I agree with you'
>>> print(name)
study python is happy
>>> print(Name)
I agree with you
```

在 Python 中，一般用下画线“_”连接多个词组。Python 变量的标准命名规则使用的不是驼峰命名规则。所谓驼峰命名规则，就是一个变量名由多个单词组成时，除第一个单词的首字母小写外，其余单词的首字母都大写。如 happy_study, just_do_it 就是 Python 中的标准变量命名方式，如果写成驼峰命名方式，则对应形式如：happyStudy，justDoIt。在交互模式输入 Python 标准变量命名方式如下：

```
>>> happy_study = 'stay hungry stay foolish'
>>> print(happy_study)
stay hungry stay foolish
```

在 Python 的命名规则中，变量名不能以数字开头，给变量取名时，若变量的命名不符合 Python 的命名规则，解释器就会显示语法错误。在交互模式下输入：

```
>>> 2wrongtest = 'just for test'
  File "<stdin>", line 1
    2wrongtest='just for tes
             ^
SyntaxError: invalid syntax
```

该示例提示语法错误，错误信息为无效的语法，错误原因为 2wrongtest 这个变量不是以字母开头的。再在交互模式下输入：

```
>>> xiaoming@me = 'surprised'
  File "<stdin>", line 1
SyntaxError: can't assign to operator
```

该示例提示语法错误，错误信息为不能做指定操作，错误原因是变量名 xiaoming@me 中包含了一个非法字符“@”。

Python 不允许使用 Python 内部的关键字作为变量名，在交互模式下输入：

```
>>> and='use and as variable name'
SyntaxError: invalid syntax
```

and 是 Python 内部的一个关键字，因此出现错误。其实读者若仔细观察，在交互模式下输入 and 时，and 这个变量的字体会变成淡红色，而正常变量的字体是黑色的，这是因为在交互模式下定义变量时，系统会自动校验变量是否是 Python 的关键字。

2.3.3 Python 关键字

所谓关键字，是一门编程语言中预先保留的标识符，每个关键字都有特殊的含义。编程语言众多，但每种语言都有相应的关键字，Python 也不例外。

在 Python 中，自带了一个 keyword 模块（模块的概念在后续章节会介绍），用于检测关键字。可以通过 Python 的交互模式做如下操作获取关键字列表：

```
>>> import keyword
>>> keyword.kwlist
['False', 'None', 'True', 'and', 'as', 'assert', 'async', 'await', 'break',
'class', 'continue', 'def', 'del', 'elif', 'else', 'except', 'finally', 'for', 'from',
'global', 'if', 'import', 'in', 'is', 'lambda', 'nonlocal', 'not', 'or', 'pass',
'raise', 'return', 'try', 'while', 'with', 'yield']
```

由上面的输出结果可以看到，在 Python 3.9 中共有 35 个关键字，这些关键字都不能作为变量名来使用。整理成更直观的形式如下：

```
False      None       True    and     as      assert   break
class      continue   def     del     elif    else     except
finally    for        from    global  if      import   in
nonlocal   lambda     is      not     or      pass     raise
return     try        while   with    yield   async    await
```

注　意

Python 是一种动态语言，根据时间在不断变化，关键字列表将来有可能会更改。所以读者在使用 Python 时，若不确定某个变量名是否为 Python 的关键字，就可以通过使用 keyword 模块进行查看及校对。

2.4 语　句

语句是 Python 解释器可以运行的一个代码单元，也可以理解为可以执行的命令，就是我们希望计算机做出的行为动作，是我们给计算机传达的信息。如我们目前已经使用了两种语句：print 打印语句和赋值语句。

赋值语句有两个作用：一是建立新的变量，二是将值赋予变量。任何变量在使用时都必须赋值，否则会被视为不存在的变量。

文字的描述并不那么好理解什么是语句，下面通过具体的示例来辅助理解什么是语句。

Python 快乐学习班的同学乘坐在“集合号”上已经行驶一段时间了，没有吃早点的小萌此时已经感觉有点饥饿了，于是小萌在交互模式下输入：

```
>>> advice = 'boss,we want have a lunch'
```

刚输入完成，小萌就停下了，仔细思考了一番，突然意识到自己输入的不就是语句吗？建立了新的变量，给变量赋了值。前面也已经做过不少示例了，再看看还用过什么语句。在交互模式下写的第一个程序不就是 print 语句吗？对了，还可以知道这个语句中 advice 变量的类型是什么。于是小萌在交互模式下输入：

```
>>> type(advice)
<class 'str'>
```

在这个语句中，advice 的类型是字符串（str）。还有什么类型的赋值语句呢？对了，前面还学习了整型和浮点型，在交互模式下输入：

```
>>> money = 99999999
>>> type(money)
<class 'int'>
>>> spend = 1.11111111
>>> type(spend)
<class 'float'>
```

不错，把之前学习的内容温习了一下。于是小萌又在交互模式下输入如下：

```
>>> so happy
SyntaxError: invalid syntax
```

对于此类错误，相信你已经能够轻松地找到问题所在了，变量是一定要赋值的。在交互模式下重新输入：

```
>>> print('so happy,it is a perfect forenoon')
so happy,it is a perfect forenoon
```

小萌突然感觉有人站在自己旁边，原来是小智。小智盯着交互模式输入界面，突然说道：“这个用状态图展示会更直观”。说完就帮小萌画了一个变量状态图，如图 2-6 所示。

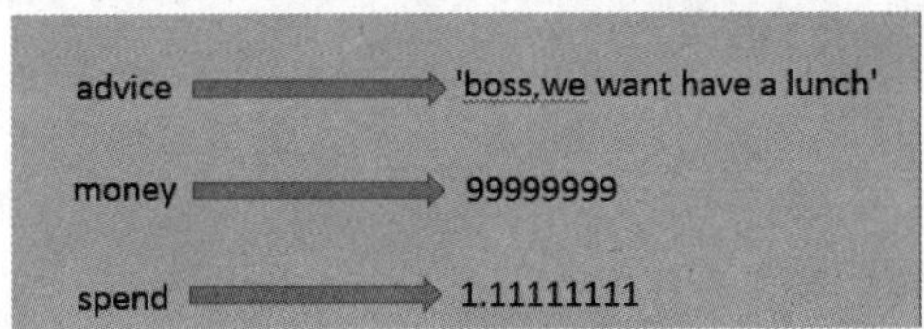

图 2-6 变量的状态图

一般情况下，我们用状态图表示变量的状态。左边是变量名称，右边是变量值。状态图显示了赋值语句的最终操作结果。

计算机中的语句，就如我们生活中的信息传递，我们可以通过对话、发短信、打电话、发语音、视频、微信、发邮件等的方式来传递信息，这需要信息的发起者和传递的信息内容，而接收者可能是对的，也可能是错误的，也就会出现有回应和没有回应的情况，也会出现回应错误的情况等。

2.5 表达式

表达式是值、变量和操作符的组合。单独一个值可以视为表达式，单独的变量也可以视为表达式。

表达式和语句一般不容易区分，很多人会将两者混在一起。那么语句和表达式之间有什么区别呢？

其实可以这么去理解：表达式是某事，只是一件事情，不涉及行为动作，而语句就是做某事，也就是告诉计算机做什么，是计算机的一种行为动作。比如 3*3 的结果是 9，而执行语句 print(3*3)输出结果也是 9。但这两者的区别在哪里呢？我们先在交互模式下输入这两者如下：

```
>>> 3 * 3
9
>>> print(3 * 3)
9
```

在交互模式下，可以看到结果是一样的。这是因为解释器总是输出所有表达式的值（内部都使用相同的函数对结果进行呈现，后面会有详细介绍）。但是一般情况下，Python 不会这么做，毕竟 3*3 这样的表达式不能做什么有趣的事情，而语句 print(3*3)会有一个显式的输出结果 9。

语句和表达式之间的区别在赋值时表现得更加明显，就是有明显的赋值的动作。因为语句不是表达式，所以没有值可供交互式解释器输出。比如在交互模式下输入：

```
>>> a = 100
>>>
>>> 10 * 10
100
```

从输入结果可以看到，赋值语句输入完成后，下面立刻出现了新的提示输入符，而不是立刻输出变量的值或有什么直观结果展示出来。表达式输入完成后，下面立刻得到了结果。不过对于赋值语句，有些东西已经变了，变量 a 现在绑定了一个值 100，也就是在内存中开辟了一块存储地址，里面存放了一个 100 的值，如果后面要使用 100 这个结果，直接用 a 这个变量来代表即可。而对于 10*10，产生的结果就是我们在屏幕上看到的结果，不占据任何空间，若要使用 100 这个结果，还得继续写成 10*10 的形式。

这是语句特性的一般定义：它们改变了事物。比如，赋值语句改变了变量，print 语句改变了屏幕显示的内容。

赋值语句可能是所有计算机程序设计语言中最重要的语句类型，尽管现在还难以说清赋值语句的重要性。变量就像临时的“存储器”（就像厨房中的锅碗瓢盆一样，可以用来盛放不同的东西），其强大之处在于，在操作变量时并不需要知道存储了什么值。比如，即使不知道 x 和 y 的值到底是多少，也会知道 x*y 的结果就是 x 和 y 的乘积。所以，可以通过多种方法使用变量，而不需要知道在程序运行时，最终存储的值是什么。

2.6 运算符和操作对象

运算符和操作对象是计算机编程中必不可少的组成元素，所有计算都涉及运算符和操作对象，本节将介绍 Python 中的运算符和操作对象。

2.6.1 什么是运算符和操作对象

运算符是一些特殊符号的集合，前面学习的加（+）、减（-）、乘（*）、除（/）、地板除（//）、取模（%）等都是运算符。操作对象是由运算符连接起来的对象。加、减、乘、除 4 种运算符是我们从小学就开始接触的，不过在计算机语言中，乘除的写法和之前的写法不一样，这个要记住。读者可以快速回忆一下，在计算机中的乘除是怎么样的，自己去做一个纵向比对，看看计算机的乘除和未接触计算机之前的乘除的差异，借此加深自己的记忆。

Python 支持以下 7 种运算符：

（1）算术运算符。

（2）比较（关系）运算符。

（3）赋值运算符。

（4）逻辑运算符。

（5）位运算符。

（6）成员运算符。

（7）身份运算符。

接下来分别进行介绍。

2.6.2 算术运算符

表 2-1 为算术运算符的描述和实例。假设变量 a 为 10，变量 b 为 5。

表 2-1 算术运算符

运 算 符	描 述	实 例
+	加：两个对象相加	a + b 输出结果为 15
–	减：得到负数或一个数减去另一个数	a – b 输出结果为 5
*	乘：两个数相乘或返回一个被重复若干次的字符串	a * b 输出结果为 50
/	除：x 除以 y	a / b 输出结果为 2.0
%	取模：返回除法的余数	a % b 输出结果为 0
**	幂：返回 x 的 y 次幂	a**b 为 10 的 5 次方，输出结果为 100000
//	取整除（地板除）：返回商的整数部分	9//2 输出结果为 4，9.0//2.0 输出结果为 4.0

下面进行实战。在交互模式下做如下练习：

```
>>> a = 10
>>> b = 5
>>> print(a + b)
15
>>> print(a - b)
5
>>> print(a * b)
50
>>> print(a / b)
2.0
>>> print(a ** b)
100000
>>> print(9 // 2)
4
>>> print(9.0 // 2.0)
4.0
```

此处的加、减、乘、除、取模、地板除前面都已经做过详细介绍，较好理解。但是幂运算的计算形式，与在数学中学习的乘方运算的形式不一样，数学中是 a^2 这样的形式，幂运算是 a**2 的形式。有没有更好的方式让人更容易记住这个符号呢？

有一个很好的例子，相信读者经常会被问到你的操作系统是 32 位还是 64 位的，或在安装某个软件时，经常会被问到是否支持 64 位操作系统等。

为什么会出现 32 位和 64 位的操作系统，并且现在读者都趋向于安装 64 位的软件？

先看交互模式下的两个输入：

```
>>> 2 ** 32 / 1024 / 1024 / 1024
4.0
>>> 2 ** 64 / 1024 / 1024 / 1024
17179869184.0
```

第一个输入，2**32 是 2 的 32 次方，这是 32 位操作系统最大支持内存的字节数，除以第一个 1024 是转换为 KB，1KB=1024B，除以第二个 1024 是转换为 MB，1MB=1024KB，除以第三个 1024 是转换为 GB，1GB=1024MB。这个结果告诉我们，32 位的操作系统最大只能支持 4GB 的内存，现在手机都是 4GB 内存的标配了，计算机 4GB 的内存怎么够用呢？所以读者都趋向于选择 64 位操作系统。

2.6.3 比较运算符

表 2-2 为比较运算符的描述和实例。以下假设变量 a 为 10、变量 b 为 20。所有比较运算符返回 1 表示真，返回 0 表示假，与特殊的变量 True 和 False 等价。注意大写的变量名。

表 2-2　比较运算符

运 算 符	描　述	实　例
==	等于：比较对象是否相等	(a == b) 返回 False
!=	不等于：比较两个对象是否不相等	(a != b) 返回 True
>	大于：返回 x 是否大于 y	(a > b) 返回 False
<	小于：返回 x 是否小于 y。所有比较运算符返回 1 表示真，返回 0 表示假，与特殊的变量 True 和 False 等价。注意大写的变量名	(a < b) 返回 True
>=	大于等于：返回 x 是否大于等于 y	(a >= b) 返回 False
<=	小于等于：返回 x 是否小于等于 y	(a <= b) 返回 True

下面进行实战。

```
>>> a = 10
>>> b = 20
>>> a == b
False
>>> a != b
True
>>> a > b
False
>>> a < b
True
>>> a >= b
False
>>> a <= b
True
>>> a + 10 >= b
True
>>> a + 10 > b
False
>>> a<=b-10
True
>>> a < b - 10
False
>>> a == b - 10
True
```

小智：小萌，注意到比较运算的特色了吗？

小萌：比较运算只返回 True 和 False 两个值。

小智：对的，能看出比较运算符两边的值和比较的结果有什么特色吗，特别是对于==、<、>、<=、>=这 5 个比较运算符的结果？

小萌：让我仔细观察观察，对于这些比较运算，只要左边和右边的操作数满足操作符的条件，结果就是 True，不满足就是 False。

小智：你理解的没错，其实可以通俗地理解为，比较结构符合大家的心理预期，结果就是 True，不符合就是 False。比如上面的例子中 a<b，即 10<20，符合大家的预期，就返回 True；对于 a==b，即 10==20，大家一眼就能看出这两者不相等，就返回 False。

> **提　示**
>
> 在一些地方，会用 1 代表 True、0 代表 False，这是正确也是合理的表示方式。大家可以理解为开和关，就像我们在物理中所学的电源的打开和关闭一样。后面会有更多地方用 1 和 0 代表 True 和 False。

另外，在 Python 2 中，有时会看到<>符号。和!=一样，<>也表示不等于，在 Python 3 中已去除该符号。

2.6.4 赋值运算符

表 2-3 为赋值运算符的描述和实例。假设变量 a 为 10，变量 b 为 20。

表 2-3 赋值运算符

运 算 符	描 述	实 例
=	简单的赋值运算符	c = a + b，将 a + b 的运算结果赋值给 c
+=	加法赋值运算符	c += a，等效于 c = c + a
-=	减法赋值运算符	c -= a，等效于 c = c - a
*=	乘法赋值运算符	c *= a，等效于 c = c * a
/=	除法赋值运算符	c /= a，等效于 c = c / a
%=	取模赋值运算符	c %= a，等效于 c = c % a
**=	幂赋值运算符	c **= a，等效于 c = c ** a
//=	取整（地板）除赋值运算符	c //= a，等效于 c = c // a

下面进行实战。

```
>>> a = 10
>>> b = 20
>>> c = 0
>>> c = a + b
>>> print(c)
30
>>> c += 10
>>> print(c)
40
>>> c -= a
>>> print(c)
30
>>> c *= a
>>> print(c)
```

```
300
>>> c /= a
>>> print(c)
30.0
>>> c %= a
>>> print(c)
0.0
>>> c = a ** 5
>>> print(c)
100000
>>> c //= b
>>> print(b)
20
>>> print(c)
5000
```

2.6.5　位运算符

位运算符是把数字看作二进制进行计算的。表 2-4 为 Python 中位运算符的描述和实例。假设变量 a 为 60，变量 b 为 13。

表 2-4　位运算符

运 算 符	描　述	实　例
&	按位与运算符：若参与运算的两个值的两个相应位都为 1，则该位的结果为 1；否则为 0	(a & b) 输出结果为 12，二进制解释：0000 1100
|	按位或运算符：只要对应的两个二进制位有一个为 1，结果位就为 1	(a | b) 输出结果为 61，二进制解释：0011 1101
^	按位异或运算符：当两个对应的二进制位相异时，结果为 1	(a ^ b) 输出结果为 49，二进制解释：0011 0001
~	按位取反运算符：对数据的每个二进制位取反，即把 1 变为 0，把 0 变为 1	(~a) 输出结果为-61，二进制解释：1100 0011
<<	左移动运算符：运算数的各个二进制位全部左移若干位，由<<右边的数指定移动的位数，高位丢弃，低位补 0	a << 2 输出结果为 240，二进制解释：1111 0000
>>	右移动运算符：把>>左边运算数的各个二进制位全部右移若干位，>>右边的运算数指定移动的位数	a >> 2 输出结果为 15，二进制解释：0000 1111

下面进行实战。

```
>>> a = 60
>>> b = 13
>>> c = 0
>>> c = a & b
>>> print(c)
```

```
12
>>> c = a | b
>>> print(c)
61
>>> c = a ^ b
>>> print(c)
49
>>> c = ~a
>>> print(c)
-61
>>> c = a << 2
>>> print(c)
240
>>> c = a >> 2
>>> print(c)
15
```

2.6.6 逻辑运算符

Python 语言支持逻辑运算符，表 2-5 为逻辑运算符的描述和实例，假设变量 a 为 10，变量 b 为 20。

表 2-5 逻辑运算符

运 算 符	逻辑表达式	描 述	实 例
and	x and y	布尔“与”：如果 x 为 False，x and y 就返回 False；否则返回 y 的计算值	(a and b) 返回 20
or	x or y	布尔“或”：如果 x 不等于 0，就返回 x 的值；否则返回 y 的计算值	(a or b) 返回 10
not	not x	布尔“非”：如果 x 为 True，就返回 False；如果 x 为 False，就返回 True	not(a and b) 返回 False

下面进行实战。

```
>>> a = 10
>>> b = 20
>>> a and b
20
>>> a or b
10
>>> not a
False
>>> not b
False
>>> not -1
```

```
False
>>> not False
True
>>> not True
False
```

2.6.7 成员运算符

除之前介绍的运算符外，Python 还支持成员运算符，表 2-6 为成员运算符的描述和实例。

表 2-6　成员运算符

运 算 符	描　述	实　例
in	如果在指定的序列中找到值，就返回 True；否则返回 False	如果 x 在 y 序列中，就返回 True
not in	如果在指定的序列中没有找到值，就返回 True；否则返回 False	如果 x 不在 y 序列中，就返回 True

下面进行实战。

```
>>> a = 10
>>> b = 5
>>> list = [1, 2, 3, 4, 5]
>>> print(a in list)
False
>>> print(a not in list)
True
>>> print(b in list)
True
>>> print(b not in list)
False
```

你可能会疑惑 list 是什么，list 是一个集合，此处不做具体讲解，后面章节会有详细介绍。

2.6.8 身份运算符

身份运算符用于比较两个对象的存储单元，表 2-7 为身份运算符的描述和实例。

表 2-7　身份运算符

运 算 符	描　述	实　例
is	is 判断两个标识符是否引用自一个对象	x is y，如果 id(x)等于 id(y)，is 返回结果 1
is not	is not 用于判断两个标识符是否引用自不同对象	x is not y，如果 id(x)不等于 id(y)，is not 就返回结果 1

下面进行实战。

```
>>> a = 10
```

```
>>> b = 10
>>> print(a is b)
True
>>> print(a is not b)
False
>>> b = 20
>>> print(a is b)
False
>>> print(a is not b)
True
```

提　示

后面已对变量 b 重新赋值，因而输出结果与前面不太一致。

2.6.9　运算符的优先级

表 2-8 列出了从最高到最低优先级的所有运算符。

表 2-8　运算符的优先级

运 算 符	描　述
**	指数（最高优先级）
~、+、-	按位翻转、一元加号和减号（最后两个的方法名为 +@ 和 -@）
*、/、%、//	乘、除、取模和取整除
+、-	加法、减法
>>、<<	右移、左移运算符
&	位与
^、|	位运算符
<=、<、>、>=	比较运算符
==、!=	等于运算符
=、%=、/=、//=、-=、+=、*=、**=	赋值运算符
is、is not	身份运算符
in、not in	成员运算符
not、or、and	逻辑运算符

当一个表达式中出现多个操作符时，求值的顺序依赖于优先级规则。Python 中运算符的优先级规则遵守数学操作符的传统规则。

小智：“小萌，你还记得以前所学的数学里面操作符的优先级规则是怎样的吗？”

小萌：“还记得，就是有括号先算括号里的，无论是括号里还是括号外的，都是先乘除、后加减。”

在 Python 中有更多操作运算符，可以使用缩略词 PEMDAS 帮助记忆部分规则。

（1）括号（Parentheses，P）拥有最高优先级，可以强制表达式按照需要的顺序求值，括号中的表达式会优先执行，也可以利用括号使得表达式更加易读。

例如，对于一个表达式，想要执行完加减后再做乘除运算，在交互模式下输入如下：

```
>>> a = 20
>>> b = 15
>>> c = 10
>>> d = 5
>>> e = 0
>>> e = (a - b) * c / d
>>> print('(a-b)*c/d=', e)
(a-b)*c/d= 10.0
```

顺利达到了我们想要的结果，如果不加括号会怎样呢？

```
>>> e = a - b * c / d
>>> print('a-b*c/d=', e)
a-b*c/d= -10.0
```

结果与前面完全不同了，这里根据先乘除后加减进行运算。如果表达式比较长，加上括号就可以使得表达式更易读。

```
>>> e = a + b + c - c * d
>>> print('a+b+c-c*d=', e)
a+b+c-c*d= -5
```

以上输入没有加括号，表达式本身没有问题，但看起来不太直观。如果进行如下输入：

```
>>> e = (a + b + c) - (c * d)
>>> print('(a+b+c)-(c*d)=', e)
(a+b+c)-(c*d)= -5
```

这样看起来就非常直观。运算结果还是一样的，但我们一看就能明白该表达式的执行顺序是怎样的。

（2）乘方（Exponentiation，E）操作拥有次高的优先级，例如：

```
>>> 2 ** 1 + 2
4
>>> 2 ** (1 + 2)
8
>>> 2 ** 2 * 3
12
>>> 2 * 2 ** 3
16
>>> 2 ** (2 * 3)
64
```

以上结果解释：2 的一次方为 2，加 2 后结果为 4；1 加 2 等于 3，2 的 3 次方结果为 8；2 的 2

次方为 4，4 乘以 3 等于 12；2 的 3 次方为 8，2 乘以 8 等于 16；2 乘以 3 等于 6，2 的 6 次方为 64。

（3）乘法（Multiplication，M）和除法（Division，D）优先级相同，并且高于有相同优先级的加法（Addition，A）和减法（Subtraction，S），例如：

```
>>> a + b * c - d
165
>>> a * b / c + d
35.0
```

（4）优先级相同的操作按照自左向右的顺序求值（除了乘方外），例如：

```
>>> a + b - c + d
30
>>> a + b - c - d
20
```

其他运算符的优先级在实际使用时可以自行尝试判断。若通过观察判断不了，则可以在交互模式下通过实验进行判断。

2.7 字符串操作

字符串是 Python 中最常用的数据类型。我们可以使用引号（'或"）创建字符串。

通常字符串不能进行数学操作，即使看起来像数字也不行。字符串不能进行除法、减法和字符串之间的乘法运算。下面的操作都是非法的。

```
>>> 'hello' / 3
Traceback (most recent call last):
  File "<stdin>", line 1, in <module>
TypeError: unsupported operand type(s) for /: 'str' and 'int'
>>> 'world' - 1
Traceback (most recent call last):
  File "<stdin>", line 1, in <module>
TypeError: unsupported operand type(s) for -: 'str' and 'int'
>>> 'hello' * world
Traceback (most recent call last):
  File "<stdin>", line 1, in <module>
NameError: name 'world' is not defined
>>> 'hello' - 'world'
Traceback (most recent call last):
  File "<stdin>", line 1, in <module>
TypeError: unsupported operand type(s) for -: 'str' and 'str'
```

字符串可以使用操作符+，但功能和数学中不一样，它会进行拼接（concatenation）操作，即将前后两个字符首尾连接起来。

例如：

```
>>> string1 = 'hello'
>>> string2 = 'world'
>>> print(string1 + string2)
helloworld
```

由输出结果看到，输出结果把对应字符串首尾连接成一个新的字符串。不过输出的字符紧紧挨着，看起来不怎么好看，能不能在两个单词间加一个空格，使输出结果更美观一些呢？

如果想让字符串之间有空格，就可以建一个空字符变量插在相应的字符串之间，让字符串隔开，或者在字符串中加入相应的空格。在交互模式下输入如下：

```
>>> string1 = 'hello'
>>> string2 = 'world'
>>> space = ' '
>>> print(string1 + space + string2)
hello world
```

或者

```
>>> string1 = 'hello'
>>> string2 = ' world'
>>> print(string1 + string2)
hello world
```

这些是字符串的一些简单操作，在后续章节中会介绍更多、更实用的字符串操作。

小智："小萌，你有没有发现进行了这么多操作，操作中都没有出现中文，这是怎么回事呢？"

小萌："是啊，虽说一直用英文操作，在编码时可以学习英文，但很多时候我还是喜欢用中文表达。我们目前没有操作中文，是因为 Python 不支持中文吗？"

Python 是支持中文的。正如我们前面所说，字符串也是一种数据类型，但是对于字符串而言，比较特殊的一点是有编码的问题。

因为计算机只能处理数字，其实只认识 0 和 1，即二进制数。如果要处理文本，就必须先把文本转换为数字。最早的计算机在设计时采用 8 比特（bit）为 1 字节（byte），所以 1 字节（8 位）能表示的最大整数是 255（二进制数 11111111 等于十进制数 255，简单表示为 2**8-1=255）。如果要表示更大的整数，就必须用更多字节。比如 2 字节（16 位）可以表示的最大整数是 65535（2**16-1），4 字节（32 位）可以表示的最大整数是 4294967295（2**32-1）。

由于计算机是美国人发明的，因此最早只有 127 个字母被编码到计算机里，也就是大小写英文字母、数字和一些符号，这个编码表被称为 ASCII 编码。例如，大写字母 A 的编码是 65，小写字母 z 的编码是 122。

要处理中文，显然一个字节是不够的，至少需要两个字节，而且不能和 ASCII 编码冲突，所以中国制定了 GB2312 编码，用来把中文编进去。

可以想象，全世界有上百种语言，日本把日文编到 Shift_JIS 里，韩国把韩文编到 Euc-kr 里，各国有各国的标准，就不可避免地出现冲突。结果就是，在多语言混合的文本中就会显示乱码。

于是，Unicode 应运而生。Unicode 把所有语言都统一到一套编码里，这样就不会有乱码问题了。Unicode 标准在不断发展，最常用的是用 2 字节表示一个字符（如果要用到非常生僻的字符，就需要 4 字节）。现代操作系统和大多数编程语言都直接支持 Unicode。

下面我们来看 ASCII 编码和 Unicode 编码的区别：ASCII 编码是 1 字节，而 Unicode 编码通常是 2 字节。

字母 A 用 ASCII 编码是十进制数 65，二进制数 01000001。

字符 0 用 ASCII 编码是十进制数 48，二进制数 00110000。注意字符 0 和整数 0 是不同的。

汉字“中”已经超出了 ASCII 编码的范围，用 Unicode 编码是十进制数 20013，二进制数 01001110 00101101。

如果把 ASCII 编码的 A 用 Unicode 编码，只需要在前面补 0 就可以，因此 A 的 Unicode 编码是 00000000 01000001。

新的问题又出现了：如果统一成 Unicode 编码，乱码问题从此消失了。但是写的文本基本上全部是英文时，用 Unicode 编码比 ASCII 编码多一倍存储空间，在存储和传输上十分不划算。

本着节约的精神，又出现了把 Unicode 编码转化为“可变长编码”的 UTF-8 编码。UTF-8 编码把一个 Unicode 字符根据不同的数字大小编码成 1～6 字节，常用的英文字母被编码成 1 字节，汉字通常是 3 字节，只有很生僻的字符才会被编码成 4～6 字节。如果要传输的文本包含大量英文字符，用 UTF-8 编码就能节省空间，如表 2-9 所示。

表 2-9 各种编码方式比较

字　符	ASCII	Unicode	UTF-8
A	01000001	00000000 01000001	01000001
中	×	01001110 00101101	11100100 10111000 10101101

从表 2-9 可以发现，UTF-8 编码有一个额外的好处，就是 ASCII 编码实际上可以看成是 UTF-8 编码的一部分，所以只支持 ASCII 编码的大量历史遗留软件可以在 UTF-8 编码下继续工作。

搞清楚 ASCII、Unicode 和 UTF-8 的关系后，我们可以总结一下现在计算机系统通用的字符编码工作方式：在计算机内存中，统一使用 Unicode 编码，当需要保存到硬盘或需要传输时，可以转换为 UTF-8 编码。

例如，用记事本编辑时，从文件读取的 UTF-8 编码被转换为 Unicode 编码到内存；编辑完成后，保存时再把 Unicode 转换为 UTF-8 保存到文件，如图 2-7 所示。

浏览网页时，服务器会把动态生成的 Unicode 编码转换为 UTF-8 再传输到浏览器中，如图 2-8 所示。

我们经常看到很多网页的源码上有类似<meta charset="UTF-8" />的信息，表示该网页用的是 UTF-8 编码。

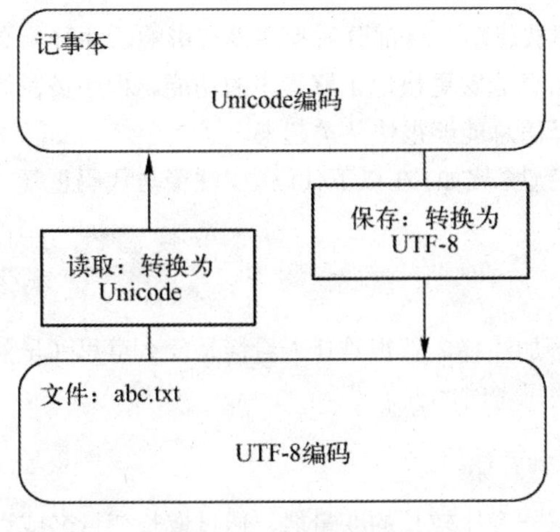

图 2-7　编码转换

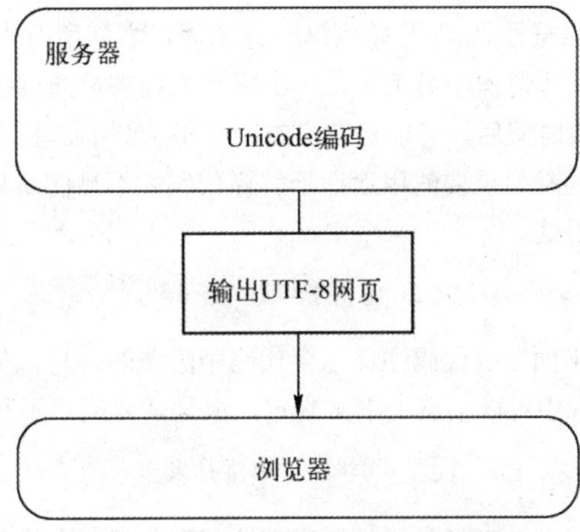

图 2-8　服务器、浏览器中的编码转换

在最新的 Python 3 版本中，字符串是用 UTF-8 编码的。也就是说，Python 3 的字符串支持多语言。比如在交互模式下输入：

```
>>> print('你好，世界！')
你好，世界！
>>> print('馕鱍')
馕鱍
```

可以看到，在 Python 3 中，简单和复杂的中文字符都可以正确输出。

提　示

Python 2 中默认的编码格式是 ASCII，在没修改编码格式时无法正确输出中文，在读取中文时会报错。Python 2 使用中文的语法是在字符串前面加上前缀 u。

2.8　注　释

注释是代码的辅助部分，是帮助代码阅读者更好地理解代码的辅助工具。

当程序在逐步变得更大、更复杂时，程序阅读的困难性也在逐步增加。程序的各部分之间紧密衔接，想依靠部分代码了解整个程序的功能变得更困难。在现实中，要快速弄清楚一段代码在做什么、为什么这么做并不容易，经常需要仔细研究一段时间。

因此，在程序中加入描述性的语言记录并解释程序在做什么是一个不错的主意。这种语言记录称为注释（comments），注释一般以“#”符号开始。

注释可以单独占一行，也可以放在语句行的末尾。比如在交互模式下输入：

```
>>> # 打印 1+1 的结果
>>> print(1 + 1)
2
>>> print(1 + 1) # 打印 1+1 的结果
2
```

从符号“#”开始到这一行末尾，之间所有内容都被忽略，这部分对程序没有影响。注释信息主要是方便程序员工作，一个新来的程序员通过注释信息能够更快地了解程序的功能。程序员在经过一段时间后，可能对自己的程序不了解了，利用注释信息能够很快熟悉起来。

注释最重要的用途在于解释代码并不显而易见的特性。比如，在以下代码中，注释与代码重复，毫无用处。

```
>>> r = 10    #将10赋值给r
```

下面这段代码注释包含代码中隐藏的信息，如果不加注释，就很难让人看懂是什么意思（虽然在实际中可以根据上下文判定，但是需要浪费不必要的思考时间）。

```
>>> r = 10    #半径，单位是米
```

当然，有时为了更加直观地阅读代码，会给变量取一个比较长的变量名，通过取长变量名或许可以减少注释，但长变量名或许会让复杂表达式更难阅读，所以在取长变量名或增加注释这两者之间需要权衡取舍。

一般在编码时，注释不是必需的，但是好的注释可以为编写的代码增添不少色彩。能把注释写得漂亮的程序员，一定是一个优秀的程序员。

2.9 牛刀小试——九九乘法表逆实现

借助网络工具，用 Python 实现打印九九乘法表，打印结果从大到小输出。

思考点拨：

从简单方向思考，要实现九九乘法表，需要用到如下知识点：

（1）数字相乘，如何实现反序遍历输出。

（2）赋值，数字相乘后的结果怎么赋值。

（3）最终得到的结果怎么以更美观的方式打印出来。

提　示

需要使用到后续章节的内容，本章代码用于示例使用，不做更多具体的实现介绍，有兴趣的读者可以先自行做相关研究。

实现代码如下：

```
>>> for i in range(9,0,-1):
...     for j in range(1,i+1):
...         print("%d*%d=%2d" % (j,i,i*j),end=" ")
...     print (" ")
```

在交互模式下执行，得到输出结果如下：

```
1*9=9 2*9=18 3*9=27 4*9=36 5*9=45 6*9=54 7*9=63 8*9=72 9*9=81
```

```
1*8=8 2*8=16 3*8=24 4*8=32 5*8=40 6*8=48 7*8=56 8*8=64
1*7=7 2*7=14 3*7=21 4*7=28 5*7=35 6*7=42 7*7=49
1*6=6 2*6=12 3*6=18 4*6=24 5*6=30 6*6=36
1*5=5 2*5=10 3*5=15 4*5=20 5*5=25
1*4=4 2*4=8 3*4=12 4*4=16
1*3=3 2*3=6 3*3=9
1*2=2 2*2=4
1*1=1
```

2.10　调　试

这里通过设置一些错误让读者认识在编写代码过程中的常见问题，以帮助读者熟悉和解决实际遇到的问题。

（1）还记得数字类型转换吗？用 int()转换一个字符，会得到怎样的结果呢？尝试一下，在交互模式下输入：

```
>>> int('hello')
Traceback (most recent call last):
  File "<stdin>", line 1, in <module>
ValueError: invalid literal for int() with base 10: 'hello'
```

开动大脑，思考一下这段语句的功能。

（2）在变量和关键字中，若变量被命名为关键字会怎样呢？输入如下：

```
>>> class = '你好'
  File "<stdin>", line 1
    class='你好'
         ^
SyntaxError: invalid syntax
```

（3）在算术运算符中，若除数为 0，结果会怎样呢？输入如下：

```
>>> 9 / 0
Traceback (most recent call last):
  File "<stdin>", line 1, in <module>
ZeroDivisionError: division by zero
```

这里的除数与数学中的一样，不能为 0。

2.11　答疑解惑

（1）关键字那么多，我需要全部记住吗？

答：可以不用刻意记忆，随着你逐步学习，会碰到一些常用的关键字，见多了自然就熟悉了。

对于一些不常用的，见到了再回头看是否属于关键字。总之，关键字可以在学习和使用中慢慢记忆。

（2）这么多运算符，都需要熟练使用吗？

答：能熟练使用当然最好，若不能全部熟练使用，也要有所了解，在实际解决问题时知道应该使用什么运算符。当然，也可以碰到具体问题时再详细研究。

（3）字符串的操作只有本章介绍的这些吗？

答：字符串还有很多操作，本章介绍的只是一些入门操作，后面的章节会详细介绍。

2.12 课后思考与练习

章节回顾：

（1）回顾数据类型相关的概念，如整型、浮点型和数据类型转换。

（2）回顾变量和关键字相关的概念，并尝试记住这些关键字。

（3）回顾运算符和操作对象，并通过不断调试熟悉各种运算符。

（4）回顾字符串的操作及注释，了解编码方式，尝试写注释。

思考并解决如下问题：

（1）实现数字的加、减、乘、除、地板除等操作。

（2）自定义变量，做变量的赋值和值的变更，并查看变量类型。

（3）打印一条语句，让它尽可能复杂。

（4）通过表达式实现加、减、乘、除、地板除等操作。

（5）结合各种运算符，对数字进行各种运算符的操作。

（6）结合各种运算符，对字符串进行各种操作。

（7）小萌和小智约定，明天小智送一颗糖给小萌，并从后天起，小智每天比前一天多送一倍的糖给小萌，到第 16 天（包含这天），小萌一共可以收到多少颗糖？

（8）用 4 个 2 与各种运算符进行运算，得到的最大数是多少？

（9）结合本章所学，并查阅相关资料，看看下面的代码输出结果是什么，并对结果进行解释。

```
>>> habit = 'Python 是一门很有用的编程语言\n 我想学好它'
>>> print(habit)
#你认为的结果是
>>> len(habit)
#你认为的结果是
```

（10）自己设计一个语句，使该语句中既有数字的加减乘除等操作，也包含运算符的操作，还有字符串的操作。

第3章

列表和元组

程序应该是写给其他人读的，让机器来运行它只是一个附带功能。

—— Harold Abelson and Gerald Jay Sussman，计算机科学家和作者，
出自《The Structure and Interpretation of Computer Programs》

本章将引入一个新概念——数据结构。数据结构是通过某种方式（如对元素进行编号）组织在一起的数据元素的集合，这些元素可以是数字或字符。在 Python 中，最基本的数据结构是序列（Sequence）。Python 包含 6 种内建序列，即列表、元组、字符串、Unicode 字符串、buffer 对象和 xrange 对象。本章重点讨论最常用的两种，即列表和元组。

随着“集合号”的不断前行，我们来到了今天的旅游目的地——Python 库。“集合号”在指定地方停止，Python 快乐学习班的所有同学需要转乘景区的“序列号”旅游大巴通往目标景点。并由专门的导游带领他们进行参观。

导游为便于带领 Python 快乐学习班的同学游玩，给每个人一个号码牌，编号从 0 开始，一直到 30 号。

为了便于导游及早大概熟悉读者的面孔，导游安排读者根据编号对号入座，并从 0 号开始排队上“序列号”大巴，同学们根据序号排队上车并在对应座位号上坐下。

导游为便于读者相互照应，将 31 名同学根据序号分成六组，前五组每组 5 名同学，最后一组 6 名同学。即第一组 0 至 4 号，第二组 5 至 9 号，第三组 10 至 14 号，第四组 15 至 19 号，第五组 20 至 24 号，第六组 25 至 30 号。

Python 快乐学习班的所有同学都上车了，读者也都清楚自己所在的组别了，“序列号”大巴启动向景点出发了。

看到这里你可能会有疑问，这是想干什么呢？别急，这里我们将引出本章的第一个知识点——通用序列操作。

3.1 通用序列操作

在讲解列表和元组之前，本节先介绍 Python 中序列的通用操作，这些操作在列表和元组中都会用到。

Python 中所有的序列都可以进行一些特定操作，包括索引（indexing）、分片（slicing）、序列相加（adding）、乘法（multiplying）、成员资格、长度、最小值和最大值。

3.1.1 索 引

序列是 Python 中最基本的数据结构。序列中的每个元素都有一个数字下标，代表它在序列中的位置，这个位置就是索引。

在序列中，第一个元素的索引下标是 0，第二个元素的索引下标是 1，以此类推，直到最后一个元素。

比如上面“序列号”大巴的所有同学，就已经被分配了从 0 到 30 的索引下标。我们也可以称 Python 快乐学习班的所有同学已经组成了一个序列，每个同学的序号代表了他在序列中的位置。

序列中所有元素都是有编号的，从 0 开始递增。可以通过编号分别对序列的元素进行访问。

比如对于“序列号”大巴上的第二组的成员，他们的序号分别是 5、6、7、8、9，将这 5 个序号放在一个字符串中，该字符串赋给变量 group_2，意为第二组。

现对 group_2 做如下操作：

```
>>> group_2='56789'        #定义变量 group_2，并赋值 56789
>>> group_2 [0]            #根据编号取元素，使用格式为：在方括号中输入所取元素的编号值
'5'
>>> group_2 [1]
'6'
>>> group_2 [2]
'7'
```

由输出结果可以看到，序列中的元素下标是从 0 开始的，从左向右，从 0 开始依自然顺序编号，元素可以通过编号访问。获取元素的方式为：在定义的变量名后加方括号，在方括号中输入所取元素下标的编号值。

就如“序列号”大巴上的所有同学，目前已经从 0 编号到 30，每个序号对应一位同学。程序中的序列也是如此。

这里的编号就是索引，可以通过索引获取元素。所有序列都可以通过这种方式进行索引。

提 示

字符串本质是由字符组成的序列。索引值为 0 的指向字符串中的第一个元素。比如在上面的示例中，索引值为 0 指向字符串 56789 中的第一个字符 5，索引值为 1 指向字符 6，索引值为 2 指向字符 7，等等。

上面的示例是从左往右顺序通过下标编号获取序列中的元素，也可以通过从右往左的逆序方式

获取序列中的元素，其操作方式如下：

```
>>> group_2[-1]
'9'
>>> group_2[-2]
'8'
>>> group_2[-3]
'7'
>>> group_2[-4]
'6'
```

由输出结果可以看到，Python的序列也可以从右开始索引，并且最右边的元素索引下标值为-1，从右向左逐步递减。

在Python中，从左向右索引称为正数索引，从右向左索引称为负数索引。使用正数索引时，Python从索引下标为 0 的元素开始计数，往后依照正数自然数顺序递增，直到最后一个元素。使用负数索引时，Python 会从最后一个元素开始计数，从-1 开始依照负数自然数顺序递减，最后一个元素的索引编号是-1。

提　示

在 Python 中，做负数索引时，最后一个元素的编号不是-0，与数学中的概念一样，-0=0，-0 和 0 都指向序列中下标为 0 的元素，即序列中的第一个元素。

从上面的几个示例可以看到，进行字符串序列的索引时都定义了一个变量，其实不定义变量也可以。下面来看一个例子，在交互模式下输入：

```
>>> '56789'[0]
'5'
>>> '56789'[1]
'6'
>>> '56789'[-1]
'9'
>>> '56789'[-2]
'8'
```

由输出结果可以看到，对序列可以不定义变量，直接使用索引。直接使用索引操作序列的效果和定义变量的效果是一样的。

读者在实际使用时可以依照个人的习惯操作，但建议读者定义变量，因为定义变量只需要赋一次值，后续直接操作变量即可。

如果函数返回一个序列，是否可以直接对结果进行索引操作呢？在此以 input 输入函数作为示例，在交互模式下输入：

```
>>> try_fun=input()[0]
test
```

```
>>> try_fun
't'
```

这里直接对函数的返回结果进行了索引操作。此处提前引入了函数和 input 输入函数的概念，稍做了解即可。

注意，使用索引既可以进行变量的引用操作，也可以直接操作序列，还可以操作函数的返回序列。

3.1.2 分 片

序列的索引用来对单个元素进行访问，但若需要对一个范围内的元素进行访问，使用序列的索引进行操作就相对麻烦了，这时我们就需要有一个可以快速访问指定范围元素的索引实现。

Python 中提供了分片的实现方式，所谓分片，就是通过冒号相隔的两个索引下标指定索引范围。

比如“序列号”大巴上的同学被分成了 6 组，若把所有同学的序号放在一个字符串中，若想要取得第二组所有同学的序号，根据前面的做法，就需要从头开始一个一个下标地去取，这样做起来不但麻烦，也耗时。若使用分片的方式，则可以快速获取所有同学的序号。

把所有同学的序号放在一个字符串中，各个序号使用逗号分隔，现要取得第二组所有同学的序号并打印出来。在交互模式下输入：

```
>>> student='0,1,2,3,4,5,6,7,8,9,10,11,12,13,14,15,16,17,18,19,20,21,22,23,
24,25, 26,27,28,29,30'
>>> student[10:19]        #取得第二组所有同学的序号，加上逗号分隔符，需要取得 10 个字符
'5,6,7,8,9'
>>> student[-17:-1]       #负数表明从右开始计数，取得最后一组所有 6 名同学的序号
'25,26,27,28,29,3'
```

由操作结果可以看到，分片操作既支持正数索引，也支持负数索引，并且对于从序列中获取指定部分元素非常方便。

分片操作的实现需要提供两个索引作为边界，第一个索引下标所指的元素会被包含在分片内，第二个索引下标的元素不被包含在分片内。这个操作有点像数学里的 $a \leqslant x < b$，x 是我们需要得到的元素，a 是分片操作中的第一个索引下标，b 是第二个索引下标，b 不包含在 x 的取值范围内。

接着上面的示例，假设需要得到最后一组所有 6 名同学的序号，使用正数索引可以这样操作：

```
>>> student='0,1,2,3,4,5,6,7,8,9,10,11,12,13,14,15,16,17,18,19,20,21,22,23,
24,25,26,27,28,29,30'
>>> student[66:83]  #取得最后一组所有 6 名同学的序号
'25,26,27,28,29,30'
```

由输出结果可以看到，很方便地得到了最后一组所有 6 名同学的序号。

观察得到的结果，使用正数索引得到的最后一组所有 6 名同学的序号和使用负数索引得到最后一组所有 6 名同学的序号有一些差异，使用正数索引得到的结果中，最后的两个字符是 30，而使用负数索引得到的结果中，最后一个字符是 3，没有 30 这个字符串存在。为什么结果会不一致？我们观察结果得知，是使用负数索引的结果不对。

使用负数索引得到的结果没有输出最后一个元素。我们尝试使用索引下标 0 作为最后一个元素的下一个元素，输入如下：

```
>>> student[-17:0]
''
```

结果没有输出最后一个元素。再试试使用索引 0 作为最后一个元素的下一个元素，输入如下：

```
>>> number[-3: 0]
 []
```

输出结果有点奇怪，返回的是一个空字符串。这是为什么？

在 Python 中，只要在分片中最左边的索引下标对应的元素比它右边的索引下标对应的元素晚出现在序列中，分片结果返回的就会是一个空序列。比如在上面的示例中，索引下标-17 代表字符串序列中倒数第 17 个元素，而索引下标 0 代表第 1 个元素，倒数第 17 个元素比第 1 个元素晚出现，即排在第 1 个元素后面，所以得到的结果是空序列。

那怎么通过负数索引的方式取得最后一个元素呢？

Python 提供了一条捷径，使用负数分片时，若要使得到的分片结果包括序列结尾的元素，只需将第二个索引值设置为空即可。在交互模式下输入：

```
>>> student[-17:]  #取得最后一组所有 6 名同学的序号
 '25,26,27,28,29,30'
```

由输出结果看到，此时使用负数索引得到的结果和使用正数索引的结果已经一致了。

正数索引是否可以将第 2 个索引值设置为空呢，会得到怎样的结果？在交互模式下输入：

```
>>> student[66:]  #取得最后一组所有 6 名同学的序号
'25,26,27,28,29,30'
```

由输出结果可以看到，正数索引也可以将第 2 个索引值设置为空，结果是会取得第 1 个索引下标之后的所有元素。

如果将分片中的两个索引值都设置为空，所得的结果又是怎样的呢？在交互模式下输入：

```
>>> student[:]  #取得整个数组
'0,1,2,3,4,5,6,7,8,9,10,11,12,13,14,15,16,17,18,19,20,21,22,23,
24,25,26,27,28,29,30'
```

由输出结果可以看到，将分片中的两个索引都设置为空，得到的结果是整个序列值，这种操作其实等价于直接打印出该变量。

进行分片时，分片的开始和结束点都需要指定（无论是直接还是间接），用这种方式取连续的元素没有问题，但若要取序列中不连续的元素就比较麻烦，或者直接不能操作。

比如要取一个整数序列中的所有奇数，以一个序列的形式展示出来，用前面当前所学的方法就不能实现了。

这里我们先引入列表的概念，首先介绍创建列表，关于列表的更多内容会在下一节中展开介绍。

创建列表和创建普通变量一样，用一对方括号括起来就创建了一个列表，列表里面可以存放数据或字符串，数据或字符串之间用逗号隔开，逗号隔开的各个对象就是列表的元素，列表中的元素下标从 0 开始。以下示例就是创建了一个列表：

```
>>> number[0: 10: 1]
[1, 2, 3, 4, 5, 6, 7, 8, 9, 10]
```

由上面的示例可以看到，分片包含另一个数字。这种方式就是步长的显式设置。看起来和隐式设置步长没什么区别，得到的结果也和之前一样。但若将步长设置为比 1 大的数，结果会怎样呢？请看以下示例：

```
>>>
student=[0,1,2,3,4,5,6,7,8,9,10,11,12,13,14,15,16,17,18,19,20,21,22,23,24,25,26,
27,28, 29,30]
```

对 student 列表做如下操作，在交互模式下输入：

```
>>> student
[0, 1, 2, 3, 4, 5, 6, 7, 8, 9, 10, 11, 12, 13, 14, 15, 16, 17, 18, 19, 20, 21,
22, 23, 24, 25, 26, 27, 28, 29, 30]
>>> student[0]
0
>>> student[1:4]
[1,2, 3]
>>> student[-3:-1]
[28, 29]
>>> student[-3:]
[28, 29, 30]
>>> student[:]
[0, 1, 2, 3, 4, 5, 6, 7, 8, 9, 10, 11, 12, 13, 14, 15, 16, 17, 18, 19, 20, 21,
22, 23, 24, 25, 26, 27, 28, 29, 30]
```

接下来我们看看如何从 student 中取得所有的奇数。

对于上面描述的情况，Python 为我们提供了另一个参数——步长（step length），该参数通常是隐式设置的。在普通分片中，步长默认是 1。分片操作就是按照这个步长逐个遍历序列中的元素，遍历后返回开始和结束点之间的所有元素。也可以理解为默认步长是 1，在交互模式下输入：

```
>>> student[0:10:1]
[0,1, 2, 3, 4, 5, 6, 7, 8, 9]
```

由输出结果可以看到，分片包含另一个数字。这种方式就是步长的显式设置。将步长设置为 1 时得到的结果和不设置步长时得到的结果是一致的。但若将步长设置为比 1 大的数，得到的结果会怎样呢？交互模式中输入：

```
>>> student[0:10:2]
[0, 2, 4, 6, 8]
```

由输出结果可以看到，将步长设置为 2 时，所得到的是偶数序列，若想要得到奇数序列该怎么办呢？在交互模式下尝试如下：

```
>>> student[1:10:2]
[1, 3, 5, 7, 9]
```

由输出结果可以看到，所得到的结果就是我们前面想要的奇数序列。

步长设置为大于 1 的数时，会得到一个跳过某些元素的序列。例如，我们上面设置的步长为 2，得到的结果序列是从开始到结束，每个元素之间隔 1 个元素的结果序列。还可以这样使用：

```
>>> student[:10:3]
[0, 3, 6, 9]
>>> student[2:6:3]
[2,5 ]
>>> student[2:5:3]
[2]
>>> student[1:5:3]
[1, 4]
```

由输出结果可以看到，步长的使用方式是非常很灵活的。可以根据自己的需要，非常便利地从列表序列中得到自己想要的结果序列。

除了上面的使用方式，还可以设置前面两个索引为空。操作如下：

```
>>> student[::3]
[0, 3, 6, 9, 12, 15, 18, 21, 24, 27, 30]
```

上面的操作将序列中每 3 个元素的第 1 个提取出来，前面两个索引都设置为空。如果将步长设置为 0，会得到什么结果呢？在交互模式下输入：

```
>>> student[::0]
Traceback (most recent call last):
  File "<pyshell#79>", line 1, in <module>
    student[::0]
ValueError: slice step cannot be zero
```

由输出结果可以看到，程序执行出错，错误原因是步长不能为 0。

既然步长不能为 0，那步长是否可以为负数呢？请看下面的例子：

```
>>> student[10:0:-2]
[10, 8, 6, 4, 2]
>>> student[0:10:-2]
[]
>>> student[::-2]
[30, 28, 26, 24, 22, 20, 18, 16, 14, 12, 10, 8, 6, 4, 2, 0]
>>> student[5::-2]
[5, 3, 1]
```

```
>>> student[:5:-2]
[30, 28, 26, 24, 22, 20, 18, 16, 14, 12, 10, 8, 6]
>>> student[::-1]
[30, 29, 28, 27, 26, 25, 24, 23, 22, 21, 20, 19, 18, 17, 16, 15, 14, 13, 12,
11, 10, 9, 8, 7, 6, 5, 4, 3, 2, 1, 0]
>>> student[10:0:-1]          #第二个索引为 0，取不到序列中的第一个元素
[10, 9, 8, 7, 6, 5, 4, 3, 2,1]
>>> student[10::-1]           #设置第二个索引为空，可以取到序列的第一个元素
[10, 9, 8, 7, 6, 5, 4, 3, 2, 1,0]
>>> student[2::-1]        #设置第二个索引为空，可以取到序列的第一个元素
[2, 1, 0]
>>> student[2:0:-1]        #第二个索引为 0，取不到序列中的第一个元素
[2,1]
```

查看上面的输出结果，使用负数步长时的结果跟使用正数步长的结果是相反的。

这就是 Python 中正数步长和负数步长的不同之处。对于正数步长，Python 会从序列的头部开始从左向右提取元素，直到序列中的最后一个元素；而对于负数步长，则是从序列的尾部开始从右向左提取元素，直到序列的第一个元素。正数步长必须让开始点小于结束点，否则得到的结果序列是空的；而负数步长必须让开始点大于结束点，否则得到的结果序列也是空的。

提　示

使用负数步长时，要取得序列的第一个元素，即索引下标为 0 的元素，需要设置第二个索引为空。

3.1.3 序列相加

序列支持加法操作，使用加号可以进行序列的连接操作，在交互模式下输入：

```
>>> [1, 2, 3] + [4, 5, 6]
[1, 2, 3, 4, 5, 6]
>>> a = [1, 2]
>>> b = [5, 6]
>>> a + b
[1, 2, 5, 6]
>>> s = 'hello,'
>>> w = 'world'
>>> s + w
'hello,world'
```

由输出结果可以看到，数字序列可以和数字序列通过加号连接，连接后的结果还是数字序列；字符串序列也可以通过加号连接，连接后的结果还是字符串序列。

数字序列是否可以和字符串序列相加呢，相加的结果又是怎样的呢？在交互模式下输入：

```
>>> [1, 2] + 'hello'
Traceback (most recent call last):
 File "<stdin>", line 1, in <module>
TypeError: can only concatenate list (not "str") to list
>>> type([1, 2])        #取得[1,2]的类型为list
<class 'list'>
>>> type('hello')       #取得 hello 的类型为字符串
<class 'str'>
```

由输出结果可以看到，数字序列和字符串序列不能通过加号连接。错误提示的信息是：列表只能和列表相连。

提　示

只有类型相同的序列才能通过加号进行序列连接操作，不同类型的序列不能通过加号进行序列连接操作。

3.1.4　乘　法

在 Python 中，序列的乘法和我们在数学中学习的乘法需要分开理解。

在 Python 中，用一个数字 n 乘以一个序列会生成新的序列。在新的序列中，会将原来的序列将首尾相连重复 n 次，得到一个新的变量值，赋给新的序列，这就是序列中的乘法。在交互模式下输入：

```
>>> 'hello' * 5
'hellohellohellohellohello'
>>> [7] * 10
[7, 7, 7, 7, 7, 7, 7, 7, 7, 7]
```

由输出结果可以看到，序列被重复了对应的次数首尾相连，而不是做了数学中的乘法运算。

在 Python 中，序列的乘法有什么特殊之处呢？

如果要创建一个重复序列，或要重复打印某个字符串 n 次，就可以像上面的示例一样乘以一个想要得到的序列长度的数字，这样可以快速得到需要的列表，非常方便。

空列表可以简单通过两个方括号（[]）表示，表示里面什么东西都没有。如果想创建一个占用 10 个或更多元素的空间，却不包括任何有用内容的列表，该怎么办呢？可以像上面的示例一样乘以 10 或对应的数字，得到需要的空列表，也很方便。

如果要初始化一个长度为 n 的序列，就需要让每个编码位置上都是空值，此时需要一个值代表空值，即里面没有任何元素，可以使用 None。None 是 Python 的内建值，确切含义是“这里什么也没有”。例如，在交互模式下输入：

```
>>> sq=[None] * 5  #初始化 sq 为含有 5 个 None 的序列
>>> sq
[None, None, None, None, None]
```

由输出可以看到，Python 中的序列乘法可以帮助我们快速做一些初始化操作。通过序列的乘法做重复操作、空列表和 None 初始化的操作十分方便。

3.1.5 成员资格

所谓成员资格，是指某个序列是否是另一个序列的子集，该序列是否满足成为另一个序列的成员的资格。

为了检查一个值是否在序列中，Python 为我们提供了 in 这个特殊的运算符。in 运算符和前面讨论过的运算符有些不同。in 运算符用于检验某个条件是否为真，并返回检验结果，检验结果为真，则返回 True，为假，则返回 False。这种返回运算结果为 True 或 False 的运算符称为布尔运算符，返回的真值称为布尔值。关于布尔运算符的更多内容会在后续章节中进行介绍。

下面看看 in 运算符的使用示例，在交互模式下输入：

```
>>> greeting = 'hello,world'
>>> 'w' in greeting   #检测 w 是否在字符串中
True
>>> 'a' in greeting
False
>>> users = ['xiaomeng', 'xiaozhi', 'xiaoxiao']
>>> 'xiaomeng' in users  #检测字符串是否在字符串列表中
True
>>> 'xiaohuai' in users
False
>>> numbers = [1, 2, 3, 4, 5]
>>> 1 in numbers  #检测数字是否在数字列表中
True
>>> 6 in numbers
False
>>> eng = '** Study python is so happy!**'
>>> '**' in eng  #检测一些特殊字符是否在字符串中
True
>>> '$' in eng
False
>>> 'a' in numbers
False
>>> 3 in greeting
Traceback (most recent call last):
  File "<stdin>", line 1, in <module>
TypeError: 'in <string>' requires string as left operand, not int
```

由上面的输出结果可以看到，使用 in 可以很好地检测字符或数字是否在对应的列表中。

通过代码示例同时也可以看出，数字类型不能在字符串类型中使用 in 进行成员资格检测，检测时会报错误；字符串类型可以在数字列表中使用 in 进行成员资格检测，检测时不会报错误。

3.1.6 长度、最小值和最大值

Python 为我们提供了快速获取序列长度、最大值和最小值的内建函数，对应的内建函数分别为 len、max 和 min。

这 3 个函数该怎么使用呢？在交互模式下输入：

```
>>> numbers=[300,200,100,800,500]
>>> len(numbers)
5
>>> numbers[5]
Traceback (most recent call last):
  File "<pyshell#154>", line 1, in <module>
    numbers[5]
IndexError: list index out of range
>>> numbers[4]
500
>>> max(numbers)
800
>>> min(numbers)
100
>>> max(5,3,10,7)
10
>>> min(7,0,3,-1)
-1
```

由输出结果可以看到，len 函数返回序列中所包含元素的个数，也称为序列长度。个数统计是从 1 开始的，要注意和索引下标区分开，如果用最大元素个数的数值作为索引下标去获取最后一个元素，结果会报错，这是因为索引下标是从 0 开始的，最大元素个数减去 1 后得到的数值才是最大的索引下标。

max 函数和 min 函数分别返回序列中值最大和值最小的元素。

在上面的示例中，前面几个函数的输入参数都是序列，可以理解为直接对序列做计算操作。而后面的两个 max 和 min 函数中，传入的参数不是一个序列，而是多个数字，在这种情况下，max 函数的操作方式是直接求取多个数字中的最大值，min 函数的操作方式是直接求取多个数字中的最小值。

3.2 列　表

前面已经用了很多次列表，可以看出列表的功能是比较强大的。本节将讨论列表不同于元组和字符串的地方，列表的内容是可变的（mutable），列表有很多比较好用、比较独特的方法，本节将一一进行介绍。

3.2.1 更新列表

序列所拥有的特性，列表都有。在 3.1 节中所介绍的有关序列的操作，如索引、分片、相加、乘法等操作都适用于列表。本节将介绍一些序列中没有而列表中有的方法，这些方法的作用都是更新列表，如元素赋值、增加元素、删除元素、分片赋值和列表方法等。

1. 元素赋值

前面的章节已经大量使用了赋值语句，赋值语句是最简单的改变列表的方式，如 a=2 就属于一种改变列表的方式。

创建一个列表，列表名为 group，group 中存放“序列号”上第一组所有 5 名同学的序号，通过编号标记某个特定位置的元素，对该位置的元素重新赋值，如 group[1]=9，就可以实现元素赋值。

拿“序列号”上所有同学的序号来举例，第一组 5 名同学的序号分别是 0、1、2、3、4。由于某种需要，需要序号为 1 的同学与序号为 9 的同学交换一下位置及所在的组，对于 1 和 9 号同学，各自交换一下座位即可，而导游则将序号为 9 的同学纳入第一组，序号为 1 的同学纳入第二组。

这个生活场景读者应该不难理解。而对于计算机来说，比这个生活场景更简单。创建列表 group，赋值[0,1,2,3,4]后，计算机就在内存中为 group 变量开辟了一块内存空间，内存空间中存放数据的形式如图 3-1 所示。

当执行 group[1]=9 后，计算机会找到 group 变量，并找到索引下标为 1 的内存地址，将内存为 1 的地址空间的值擦除，再更改上 9 这个值，就完成了赋值操作，如图 3-2 所示。

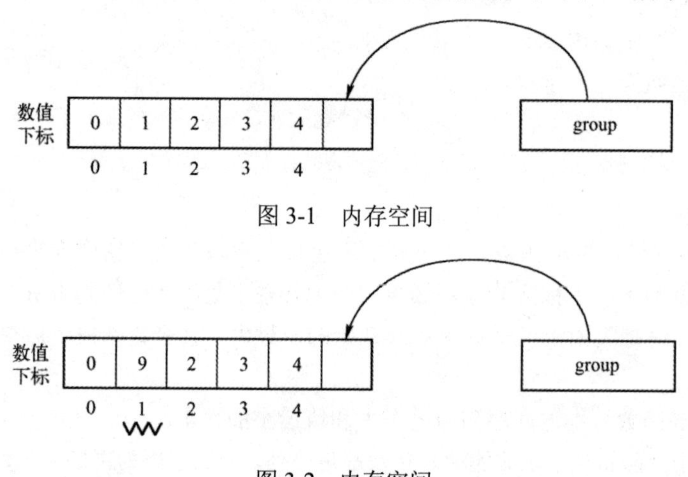

图 3-1 内存空间

图 3-2 内存空间

在图 3-2 中可以看到，下标为 1 对应的数值已经更改为 9 了，此处为便于读者观察，在下标为 1 处用了一个波浪线作为特别提示。从此时开始，group 列表中的值就变更为 0、9、2、3、4 了，后续再对 group 操作，就是在这个列表值的基础上进行操作了。

用代码实现上述操作如下：

```
>>> group=[0,1,2,3,4]
>>> group[1]=9        #索引下标为 1 的元素重新赋值为 9
>>> group
[0, 9, 2, 3, 4]
```

```
>>> group[3]=30      #同理，可以将索引下标为 3 的元素重新赋值为 30
>>> group
[0, 9, 2, 30, 4]
```

这里不要忘记索引下标的编号是从 0 开始的。

由输出结果可以看到，可以根据索引下标编号对列表中某个元素重新赋值。

既然可以重新赋值，是否可以对列表中的元素赋不同类型的值呢？对上面得到的 group 列表，在交互模式下做如下尝试：

```
>>> group[2]='xiaomeng'      #对编号为 2 的元素赋值，赋一个字符串
>>> group
[0, 9, 'xiaomeng', 30, 4]
>>> type(group)
<class 'list'>
>>> type(group[1])           #别忘了查看类型函数的使用
<class 'int'>
>>> type(group[2])
<class 'str'>
```

由输出结果可以看到，可以对一个列表中的元素赋以不同类型的值。在上面的示例中，列表 group 中既有 int 类型的值，也有 str 类型的值。

假如对列表赋值时，使用的索引下标编号超过了列表中的最大索引下标编号，是否可以赋值成功？得到结果会是怎样的？继续对 group 列表操作，group 列表中当前有 5 个元素，最大索引下标是 4，即 group[4]，这里尝试对 group[5]赋值，在交互模式下输入：

```
>>> group
[0, 9, 'xiaomeng', 30, 4]
>>> group[5]='try'
Traceback (most recent call last):
  File "<pyshell#134>", line 1, in <module>
    group[5]='try'
IndexError: list assignment index out of range
```

在上面的示例中，group 列表的最大索引下标编号是 4，当给索引下标编号为 5 的元素赋值时出错，错误提示的信息是：列表索引超出范围。

提　示
不能为一个不存在元素的位置赋值，若强行赋值，程序会报错。

2. 增加元素

由上面元素赋值的示例可以看到，不能为一个不存在的元素位置赋值，列表一旦创建，就不能再向这个列表中增加元素了。

不能向列表中增加元素这种情况可能会让我们比较难堪，毕竟在实际项目应用中，一个列表到

底要创建为多大，经常是不能预先知道的。

那么，这种问题该怎么处理呢？列表增加元素的操作在实际应用中会有比较多的应用场景，也是一个高频次的操作，Python 中是否提供了对应的方法帮助我们做这件事情呢？

答案是肯定的。接着上面的示例，下面尝试将字符串 try 添加到 group 列表中。在交互模式下输入：

```
>>> group
[0, 9, 'xiaomeng', 30, 4]
>>> group.append('try')
>>> group
[0, 9, 'xiaomeng', 30, 4, 'try']
```

由示例输出结果看到，在 Python 中提供了一个 append()方法，该方法可以帮助我们解决前面遇到的困惑。

append()方法是一个用于在列表末尾添加新对象的方法。append()方法的语法格式如下：

```
list.append(obj)
```

此语法中，list 代表列表，obj 代表需要添加到 list 列表末尾的对象。

提　　示
append()方法的使用方式是 list.append(obj)，list 要为已经创建的列表，obj 不能为空。

对于 append()方法的使用，需要补充说明：append()方法操作列表时，返回的列表不是一个新列表，而是直接在原来的列表上做修改，然后将修改过的列表直接返回。如果是创建新列表，就会多出一倍的存储空间。以 group 列表为例，未使用 append()方法之前，group 列表中的内容是[0, 9, 'xiaomeng', 30, 4]，这是已经占用了一块存储空间的值。使用 append()方法后，若创建了新列表，就会在内存中再开辟一块新的存储空间，新开辟的存储空间中存放的内容是[0, 9, 'xiaomeng', 30, 4, 'try']，和原列表比起来，就相当于增加了一倍的存储空间。而直接修改列表的情形会是这样的：内容是[0, 9, 'xiaomeng', 30, 4]的存储空间继续占有，使用 append()方法后，会在现有的存储空间中增加一小块内存，用来存放新增加的 try 字符串，相对于原列表，仅仅增加了 try 字符串所占据的存储，而不是增加一倍的存储空间。

使用 append()方法，可以向列表中增加各种类型的值。

继续操作 group 列表，append()使用的示例如下：

```
>>> group
[0, 9, 'xiaomeng', 30, 4, 'try']
>>> group.append('test')            #向列表添加字符串
>>> group
[0, 9, 'xiaomeng', 30, 4, 'try', 'test']
>>> group.append(3)                 #向列表添加数字
>>> group
[0, 9, 'xiaomeng', 30, 4, 'try', 'test',3]
```

3. 删除元素

由上面的示例输出接口可以得知：可以向数字序列中添加字符串，也可以向字符串序列中添加数字。

前面学习了向列表中增加元素，可以使用 append()方法来实现。列表中既然可以增加元素，那是否可以删除元素呢？

继续操作 group 列表，示例如下：

```
>>> group
[0, 9, 'xiaomeng', 30, 4, 'try', 'test']
>>> len(group)        #使用序列中获取长度的函数
7
>>> del group[6]     #删除最后一个元素，注意索引下标与序列长度的关系
>>> print('删除最后一个元素后的结果：',group)
删除最后一个元素后的结果： [0, 9, 'xiaomeng', 30, 4, 'try']
>>> len(group)
6
>>> group
[0, 9, 'xiaomeng', 30, 4, 'try']
>>> del group[2]     #删除索引下标为 2 的元素
>>> print('删除索引下标为 2 的元素后的结果：',group)
删除索引下标为 2 的元素后的结果： [0, 9, 30, 4, 'try']
>>> len(group)
5
```

由输出结果可以看到，使用 del 可以删除列表中的元素。

上面的示例中使用 del 删除了 group 列表中的第 7 个元素，删除元素后，原来有 7 个元素的列表会变成有 6 个元素的列表。

使用 del 除了可以删除列表中的字符串，也可以删除列表中的数字。

继续操作 group 列表，在交互模式下输入：

```
>>> group
[0, 9, 30, 4, 'try']
>>> len(group)
5
>>> del group[3]
>>> print('删除索引下标为 3 的元素后的结果：',group)
删除索引下标为 3 的元素后的结果： [0, 9, 30, 'try']
>>> len(group)
4
```

由输出结果可以看到，已经从 group 列表中删除了对应的数字。

除了删除列表中的元素，del 还能用于删除其他元素，具体将在后续章节做详细介绍。

4. 分片赋值

分片赋值是列表一个强大的特性。已经在 3.1 节讲解过分片的定义与实现。

在继续往下之前需要补充一点：如前面所说，通过 a=list()的方式可以初始化一个空的列表。但若写成如下形式：

```
list(str)或 a=list(str)
```

则 list()方法会将字符串 str 转换为对应的列表，str 中的每个字符将被转换为一个列表元素，包括空格字符。list()方法可以直接将字符串转换为列表。该方法的一个功能就是根据字符串创建列表，有时这么操作会很方便。list()方法不仅适用于字符串，所有类型的序列它都适用。

```
>>> list('北京将举办 2020 年的冬奥会')
['北', '京', '将', '举', '办', '2', '0', '2', '0', '年', '的', '冬', '奥', '会']
>>> greeting=list('welcome to beijing')
>>> greeting
['w', 'e', 'l', 'c', 'o', 'm', 'e', ' ', 't', 'o', ' ', 'b', 'e', 'i', 'j', 'i',
'n', 'g']
>>> greeting[11:18]
['b', 'e', 'i', 'j', 'i', 'n', 'g']
>>> greeting[11:18]=list('china')
>>> greeting
['w', 'e', 'l', 'c', 'o', 'm', 'e', ' ', 't', 'o', ' ', 'c', 'h', 'i', 'n', 'a']
```

由输出结果可以看到，可以直接使用 list()将字符串变换为列表，也可以通过分片赋值直接对列表进行变更。

示例中我们首先将字符串“北京将举办 2020 年的冬奥会”使用 list()方法转变为列表，接着将字符串“welcome to beijing”也使用 list()方法转变为列表，并将结果赋值给 greeting 列表。最后通过分片操作变更 greeting 列表中索引下标编号为 11 到 18 之间的元素，即将 beijing 替换为 china。

除了上面展示的功能，分片赋值还有什么强大的功能呢？先看下面的示例：

```
>>> greeting = list('hi')
>>> greeting
['h', 'i']
>>> greeting[1:] = list('ello')
>>> greeting
['h', 'e', 'l', 'l', 'o']
```

分析如下：首先给 greeting 列表赋值['h', 'i']，后面通过列表的分片赋值操作将编号 1 之后的元素变更，即将编号 1 位置的元素替换为 e，但是编号 2 之后没有元素，怎么能操作成功呢？并且一直操作到编号为 4 的位置呢？

这就是列表的分片赋值的另一个强大的功能：可以使用与原列表不等长的列表将分片进行替换。

除了分片替换，列表的分片赋值还有哪些新功能呢？接着看下面的示例：

```
>>> field = list('ae')
```

```
>>> field
['a', 'e']
>>> field[1: 1] = list('bcd')
>>> field
['a', 'b', 'c', 'd', 'e']
>>> goodnews = list('北京将举办冬奥会')
>>> goodnews
['北', '京', '将', '举', '办', '冬', '奥', '会']
>>> goodnews[5: 5] = list('2022 年的')
>>> goodnews
['北', '京', '将', '举', '办', '2', '0', '2', '2', '年', '的', '冬', '奥', '会']
```

由输出结果可以看到，使用列表的分片赋值功能，可以在不替换任何原有元素的情况下在任意位置插入新元素。读者可自行尝试在上面示例的其他位置进行操作。

当然，上面的示例程序的实质是“替换”了一个空分片，实际发生的操作是在列表中插入了一个列表。

该示例的使用是否让你想起了前面使用过的 append()方法，不过分片赋值比 append()方法的功能强大很多，append()方法只能在列表尾部增加元素，不能指定元素的插入位置，并且一次只能插入一个元素；而分片赋值可以在任意位置增加元素，并且支持一次插入多个元素。

看到这里，是否同时想起了前面删除元素的操作，分片赋值是否支持类似删除的功能呢？

分片赋值中也提供了类似删除的功能。示例如下：

```
>>> field = list('abcde')
>>> field
['a', 'b', 'c', 'd', 'e']
>>> field[1: 4] = []
>>> field
['a', 'e']
>>> field = list('abcde')
>>> del field[1: 4]
>>> field
['a', 'e']
>>> goodnews = list('北京将举办 2022 年的冬奥会')
>>> goodnews
['北', '京', '将', '举', '办', '2', '0', '2', '2', '年', '的', '冬', '奥', '会']
>>> goodnews[5: 11] = []
>>> goodnews
['北', '京', '将', '举', '办', '冬', '奥', '会']
```

从上面的输出结果可以看到，通过分片赋值的方式，将想要删除的元素赋值为空列表，可以达到删除对应元素的效果。并且列表中的分片删除和分片赋值一样，可以对列表中任意位置的元素进行删除。

3.2.2 嵌套列表

目前，我们接触到的列表都是一维的，也就是一个列表里面有多个元素，每个元素对应一个数值或一个字符串。那么，列表中是否可以有列表呢，这里就引入了多维列表的概念。

所谓多维列表，就是列表中的元素也是列表。就如“序列号”大巴上的同学，目前分成了 6 个小组，对于“序列号”大巴，我们可以看成是一个列表，6 个小组也可以看成在“序列号”大巴里的 6 个列表，每个列表中又分别存放了各个同学的序号。

在交互模式下表示如下：

```
>>> bus=[[0,1,2,3,4],[5,6,7,8,9],[10,11,12,13,14],[15,16,17,18,19],[20,21,22,23,24],[25,26, 27,28,29,30]]
>>> bus
[[0, 1, 2, 3, 4], [5, 6, 7, 8, 9], [10, 11, 12, 13, 14], [15, 16, 17, 18, 19], [20, 21, 22, 23, 24], [25, 26, 27, 28, 29, 30]]
>>> group1=bus[0]
>>> group1  #取得第一组所有同学的序号
[0, 1, 2, 3, 4]
>>> type(group1)
<class 'list'>
>>> group2=bus[1]  #取得第二组所有同学的序号
>>> group2
[5, 6, 7, 8, 9]
>>> type(group2)
<class 'list'>
>>> group6=bus[5]  #取得第三组所有同学的序号
>>> group6
[25, 26, 27, 28, 29, 30]
>>> type(group6)
<class 'list'>
>>> number0=group1[0]   #取得 0 号同学的序号
>>> number0
0
>>> number30=group6[5]  #取得 30 号同学的序号
>>> number30
30
```

由操作结果得知，在列表中可以嵌套列表，嵌套的列表取出后还是列表。多维列表的操作和一维列表差不多，只不过操作多维列表时，需要先逐步得到多维列表中的一维列表元素，拿到一维列表元素后，其操作方式就如同一维列表了。当然，也可以对多维列表做分片操作，本书不做具体示例演示。

3.2.3 列表方法

方法是与对象有紧密联系的函数，对象可能是列表、数字，也可能是字符串或其他类型的对象。方法的调用语法格式如下：

```
对象.方法(参数)
```

比如前面用到的 append()方法就是这种形式的，由列表方法的语法和前面 append()方法的示例可知，方法的调用方式是将对象放到方法名之前，两者之间用一个点号隔开，方法后面的括号中可以根据需要带上参数。除了语法上有一些不同，方法调用和函数调用很相似。

列表中有 append()、extend()、index()、sort()等常用的方法，下面逐一进行介绍。

1. append()

append()方法的语法格式如下：

```
list.append(obj)
```

此语法中，list 代表列表，obj 代表待添加的对象。

append()方法在前面已经介绍过，该方法的功能是在列表的末尾添加新对象。

在实际项目应用中，列表中的 append()方法是使用频率最高的一个方法，涉及列表操作的，都或多或少需要用到 append()方法进行元素的添加。

2. extend()

extend()方法的语法格式如下：

```
list.extend(seq)
```

此语法中，list 代表被扩展列表，seq 代表需要追加到 list 中的元素列表。

extend()方法用于在列表末尾一次性追加另一个列表中的多个值（用新列表扩展原来的列表），也就是列表的扩展。

在 extend()方法的使用过程中，list 列表会被更改，但不会生成新的列表。

使用该方法的示例如下：

```
>>> a=['hello','world']
>>> b=['python','is','funny']
>>> a.extend(b)
>>> a
['hello', 'world', 'python', 'is', 'funny']
```

由操作结果可知，extend()方法很像序列连接的操作。

extend()方法和序列相加有什么不同之处？先看看下面的示例：

```
>>> a=['hello','world']
>>> b=['python','is','funny']
>>> a+b
```

```
['hello', 'world', 'python', 'is', 'funny']
>>> a
['hello', 'world']
>>> a.extend(b)
>>> a
['hello', 'world', 'python', 'is', 'funny']
```

由输出结果可以看到，使用序列相加和使用 extend()得到的结果是相同的，但使用序列相加时，并不改变任何变量的值，而使用 extend()方法时，会更改变量的值。

由此我们得出，extend()方法和序列相加的主要区别是：extend()方法修改了被扩展的列表，如这里的 a，执行 a.extend(b)后，a 的值变更了；原始的连接操作会返回一个全新的列表，如上面的示例中，a 与 b 的连接操作返回的是一个包含 a 和 b 副本的新列表，而不会修改原始的变量。

上述示例也可以使用前面学习的分片赋值来实现，在交互模式下输入：

```
>>> a=['hello','world']
>>> b=['python','is','funny']
>>> a[len(a):]=b
>>> a
['hello', 'world', 'python', 'is', 'funny']
```

可以看到，最终得到的结果和使用 extend()方法一样，不过看起来没有 extend()方法易懂，这里只是作为一个演示示例，在实际项目开发过程中，不建议使用该方式。

在实际项目应用中，extend()方法也是一个使用频率较高的方法，特别是在涉及多个列表的合并时，使用 extend()方法非常便捷。

3. index()

index()方法的语法格式如下：

```
list.index(obj)
```

此语法中，list 代表列表，obj 代表待查找的对象。

index()方法用于从列表中搜索某个值，返回列表中找到的第一个与给定参数匹配的元素的索引下标位置。

使用该方法的示例如下：

```
>>> field=['hello', 'world', 'python', 'is', 'funny']
>>> print('hello 的索引位置为：',field.index('hello'))
hello 的索引位置为： 0
>>> print('python 的索引位置为：',field.index('python'))
python 的索引位置为： 2
>>> print('abc 的索引位置为：',field.index('abc'))
Traceback (most recent call last):
  File "<pyshell#221>", line 1, in <module>
    print('abc 的索引位置为：',field.index('abc'))
```

```
ValueError: 'abc' is not in list
```

由输出结果可以看到，当使用 index()方法搜索字符串 hello 时，index()方法返回字符串 hello 在列表中的索引位置 0；使用 index()方法搜索字符串 python 时，index()方法返回字符串 python 在序列中的索引位置 2，索引得到的位置跟元素在序列中的索引下标编号一样。如果搜索的是列表中不存在的字符串，就会出错，所以对于不在列表中的元素，用 index()方法操作会报错。

在实际项目应用中，index()方法的使用不是很多，在功能上，使用 in 可以达到和 index()相同的功能，除非要返回搜索对象的具体索引位置时，才考虑使用 index()方法，其他情形使用 in 会更高效和便捷。

4. insert()

insert()方法的语法格式如下：

```
list.insert(index,obj)
```

此语法中，list 代表列表，index 代表对象 obj 需要插入的索引位置，obj 代表要插入列表中的对象。

insert()方法用于将对象插入列表。

使用该方法的示例如下：

```
>>> num=[1,2,3]
>>> print('插入之前的 num：',num)
插入之前的 num： [1, 2, 3]
>>> num.insert(2,'插入位置在 2 之后，3 之前')
>>> print('插入之后的 num：',num)
插入之后的 num： [1, 2, '插入位置在 2 之后，3 之前', 3]
```

由上面的操作过程及输出结果可以看到，insert()方法操作列表是非常方便的。

与 extend()方法一样，insert()方法的操作也可以使用分片赋值实现。

```
>>> num=[1,2,3]
>>> print('插入之前的 num：',num)
插入之前的 num： [1, 2, 3]
>>> num[2:2]=['插入位置在 2 之后，3 之前']
>>> print('插入之后的 num：',num)
插入之后的 num： [1, 2, '插入位置在 2 之后，3 之前', 3]
```

输出结果和 insert()操作的结果一样，但看起来没有使用 insert()容易理解。

在实际项目应用中，insert()方法较多地用于在列表指定位置插入指定元素，多用于单个元素的插入，当涉及大量元素插入时，使用分片赋值要更好一些。

5. sort()

sort()方法的语法格式如下：

```
list.sort(func)
```

此语法中，list 代表列表，func 为可选参数。如果指定该参数，就会使用该参数的方法进行排序。

sort()方法用于对原列表进行排序，如果指定参数，就使用参数指定的比较方法进行排序。

使用该方法的示例如下：

```
>>> num=[5,8,1,3,6]
>>> num.sort()
>>> print('num 调用 sort 方法后：',num)
num 调用 sort 方法后： [1, 3, 5, 6, 8]
```

由上面输出的结果可知，sort()方法改变了原来的列表，即 sort()方法是直接在原来列表上做修改的，而不是返回一个已排序的新的列表。

我们前面学习过几个改变列表却不返回值的方法（如 append()方法），不能将操作结果赋给一个变量，这样的行为方式在有一些情况下是非常合常理并且很有用的。如果用户只是需要一个排好序的列表的副本，同时又需要保留列表原本结构不变时，使用不修改列表结构的方法就很有必要了。操作示例如下：

```
>>> num=[5,8,1,3,6]
>>> n=num.sort()
>>> print('变量 n 的结果是:',n)
变量 n 的结果是： None
>>> print('列表 num 排序后的结果是:',num)
列表 num 排序后的结果是： [1, 3, 5, 6, 8]
```

由输出结果可以看到，输出结果和我们预期的不一样。这是因为 sort()方法修改了列表 num，但 sort()方法是没有返回值的，或返回的就是一个 None，所以我们最后看到的是已排序的 num 和 sort()方法返回的 None。

要想实现结构不改变的 num 变量，又要使 num 变量值排序，正确的实现方式是先把 num 的值赋给变量 n，然后使用 sort()方法对 n 进行排序，在交互模式下输入：

```
>>> num=[5,8,1,3,6]
>>> n=num                                    #将列表 num 赋值给 n
>>> n.sort()
>>> print('变量 n 的结果是:',n)
变量 n 的结果是： [1, 3, 5, 6, 8]
>>> print('num 的结果是:',num)               #num 也被排序了
num 的结果是： [1, 3, 5, 6, 8]
>>> num=[5,8,1,3,6]
>>> n=num[:]                             #将列表 num 切片后赋值给 n
>>> n.sort()
>>> print('变量 n 的结果是:',n)
变量 n 的结果是： [1, 3, 5, 6, 8]
>>> print('num 的结果是:',num)               #num 保持原样
```

```
num 的结果是: [5, 8, 1, 3, 6]
```

由上面的执行结果可以看到，通过直接将变量 num 的值赋给变量 n，对 n 使用 sort()方法排序后，原来的 num 变量也被排序了，这是为什么呢？

这是因为在内存的分配中，num 变量创建时，计算机为 num 变量分配了一块内存，用于存放 num 指向的变量值，当执行 n=num 时，计算机并没有再开辟一块新的内存用于存放变量 n 所指向的变量值，而是将 n 指向了与 num 相同的一块内存地址，也就是这时变量 num 和 n 都是指向同一块内存地址。所以当使用 sort()方法对 n 做排序后，内存中的值发生变化，所以最后打印出来的 num 变量值也是排序后的变量值。

同时也可以看到，将 num 分片后的值赋给变量 n 后，对 n 进行排序的结果不影响 num 的变量值。这是因为对 num 分片后赋值给变量 n 时，变量 n 开辟的是一块新的内存空间，也就是变量 n 指向的内存与变量 num 不是同一块了，所有对变量 n 的操作不会影响变量 num。

在项目实战时，要注意该类问题的处理，若不想更改原列表的数据结构，又想对变量值做排序，可以对原列表分片后赋给一个新变量，对新变量进行排序即可。

在 Python 中，sort()方法有一个有同样功能的函数——sorted 函数。该函数可以直接获取列表的副本进行排序，sorted 函数的使用方式如下：

```
>>> num=[5,8,1,3,6]
>>> n=sorted(num)
>>> print('变量 n 的操作结果是:',n)
变量 n 的操作结果是: [1, 3, 5, 6, 8]
>>> print('num 的结果是:',num)    #num 保持原样
num 的结果是: [5, 8, 1, 3, 6]
```

执行结果和前面操作的一样。sorted 函数可以用于任何序列，返回结果都是一个列表。例如下面的操作：

```
>>> sorted('python')
['h', 'n', 'o', 'p', 't', 'y']
>>> sorted('321')
['1', '2', '3']
```

在实际项目应用中，sort()方法应用频率不是很高，在需要涉及一些稍微简单的排序时会使用 sort()方法，很多时候可能需要开发者自己实现有针对性的排序方法。

6. copy()

copy()方法的语法格式如下：

```
list.copy()
```

此语法中，list 代表列表，不需要传入参数。

copy()方法用于复制列表，类似于 a[:]。使用该方法的示例如下：

```
>>> field=['study','python','is','happy']
```

```
>>> copyfield=field.copy()
>>> print('复制操作结果:',copyfield)
复制操作结果: ['study', 'python', 'is', 'happy']
```

操作结果和该方法的意思一样，是原原本本的复制操作。

对于前面遇到的 sort()方法中的困惑，可以通过 copy()方法来解决，具体实现如下：

```
>>> num=[5,8,1,3,6]
>>> num
[5, 8, 1, 3, 6]
>>> n=num.copy()
>>> n
[5, 8, 1, 3, 6]
>>> n.sort()
>>> n
[1, 3, 5, 6, 8]
>>> num
[5, 8, 1, 3, 6]
```

由输出结果可以看到，调用 copy()方法后，对 n 进行排序，并不影响 num 变量的值。

在实际项目应用中，copy()方法的使用频率不是很高，但 copy()方法是一个比较有用的方法，在列表的结构复制上很好用，效率也比较高。

由上面的示例看到，调用 pop 方法移除元素时，在交互模式下会告知我们移除了哪个元素，如上面示例中的 funny、is。移除 funny 时未传参数，默认移除最后一个；is 的移除则是根据传入的编号 3 进行的。

使用 pop 方法可以实现一种常见的数据结构——栈。

栈的原理就像堆放盘子一样，一次操作一个盘子，要将若干盘子堆成一堆，只能在一个盘子的上面放另一个盘子；要拿盘子时，只能从顶部一个一个往下拿，最后放入的盘子是最先被拿的。栈也是这样，最后放入栈的最先被移除，称为 LIFO（Last In First Out），即后进先出。

栈中的放入和移除操作有统一的称谓——入栈（push）和出栈（pop）。Python 没有入栈方法，但可以使用 append 方法代替。pop 方法和 append 方法的操作结果恰好相反，如果入栈（或追加）刚刚出栈的值，最后得到的结果就不会变，例如以下操作：

```
>>> num = [1, 2, 3]
>>> num.append(num.pop())        #追加默认出栈的值
>>> print('num 追加默认出栈值的操作结果：',num)
num 追加默认出栈值的操作结果： [1, 2, 3]
```

由上面的操作结果看到，通过追加默认出栈的值得到的列表和原来是一样的。

7. remove()

remove()方法的语法格式如下：

```
list.remove(obj)
```

此语法中，list 代表列表，obj 为列表中要移除的对象。

remove()方法用于移除列表中某个值的第一个匹配项。使用该方法的示例如下：

```
>>> good=['女排','精神','中国','精神','学习','精神']
>>> >>> print('移除前列表 good：',good)
移除前列表 good： ['女排', '精神', '中国', '精神', '学习', '精神']
>>> good.remove('精神')
>>> print('移除后列表 good：',good)
移除后列表 good： ['女排', '中国', '精神', '学习', '精神']
>>> good.remove('happy')  #删除列表中不存在的元素
Traceback (most recent call last):
  File "<pyshell#238>", line 1, in <module>
    good.remove('happy')
ValueError: list.remove(x): x not in list
```

由输出结果可以看到，remove()只移除列表中找到的第一个匹配值，找到的第二个之后的匹配值不会被移除。

通过查看上面定义的列表，通过计数，可以知道列表中有 3 个“精神”，调用移除方法 remove()后，删除了第一个，后面两个仍然在列表中。

同时，不能移除列表中不存在的值，系统会告知移除的对象不在列表中。

此处需要补充一点：remove()方法没有返回值，是一个直接对元素所在位置变更的方法，它修改了列表却没有返回值。

在实际项目应用中，remove()方法的使用频率不高。

8. pop()

pop()方法的语法格式如下：

```
list.pop(obj=list[-1])
```

此语法中，list 代表列表，obj 为可选择的参数，代表要移除列表元素的对象。

pop()方法用于移除列表中的一个元素，并且返回该元素的值。

在使用 pop()方法时，若没有指定需要移除的元素，则默认移除列表中的最后一个元素。pop()方法的使用示例如下：

```
>>> field=['hello', 'world', 'python', 'is', 'funny']
>>> field.pop()  #不传参数，默认移除最后一个元素
'funny'
>>> print('移除元素后的 field：',field)
移除元素后的 field： ['hello', 'world', 'python', 'is']
>>> field.pop(3)  #移除编号为 3 的元素
'is'
>>> print('移除元素后的 field：',field)
移除元素后的 field： ['hello', 'world', 'python']
```

```
>>> field.pop(0)
'hello'
>>> print('移除元素后的 field: ',field)
移除元素后的 field:  ['world', 'python']
```

由输出结果可以看到，调用 pop()方法移除元素时，在交互模式下会告知我们此次操作移除了哪个元素，如上面示例中的 funny、is。在对 field 变量使用 pop()方法的过程中，有一处没有指定移除哪个元素，结果默认移除了 funny 这个元素，即列表的最后一个元素；is 的移除则是根据传入的索引下标编号 3 进行的。

提　示

在 Python 中，pop()方法是唯一一个既能修改列表又能返回元素值（除了 None）的列表方法。

使用 pop()方法可以实现一种常见的数据结构——栈。

栈的原理就像堆放盘子一样，一次操作一个盘子，要将若干盘子堆成一堆，只能在一个盘子的上面放另一个盘子；要拿盘子时，只能从顶部一个一个地往下拿，最后放入的盘子是最先被拿的。栈也是这样，最后放入栈的元素最先被移除，称为 LIFO（Last In First Out），即后进先出。

栈中的放入和移除操作有统一的称谓——入栈（push）和出栈（pop）。Python 没有入栈方法，但可以使用 append()方法代替。pop()方法和 append()方法的操作结果恰好相反，如果入栈（或追加）刚刚出栈的值，最后得到的结果就不会变，例如：

```
>>> num=[1,2,3]
>>> num.append(num.pop())          #追加默认出栈的值
>>> print('num 追加默认出栈值的操作结果: ',num)
num 追加默认出栈值的操作结果:  [1, 2, 3]
```

由操作结果可以看到，通过追加默认出栈的值得到的列表和原来的是一样的。

在实际项目应用中，pop()方法的使用频率并不高，但不能以此否认 pop()方法的使用价值，pop()是一个非常有使用价值的方法，在一些问题的处理上它有独特的功能特性，读者在使用时可以多加留意。

9. reverse()

reverse()方法的语法格式如下：

```
list.reverse()
```

此语法中，list 代表列表，该方法不需要传入参数。

reverse()方法用于反向列表中的元素。使用该方法的示例如下：

```
>>> num=[1,2,3]
>>> print('列表反转前 num: ',num)
列表反转前 num:  [1, 2, 3]
>>> num.reverse()
```

```
>>> print('列表反转后: ',num)
列表反转后:  [3, 2, 1]
```

由输出结果可以看到，该方法改变了列表但不返回值（和前面的 remove()方法一样）。

> **提　示**
>
> 如果需要对一个序列进行反向迭代，那么可以使用 reversed 函数。这个函数并不返回列表，而是返回一个迭代器（Iterator）对象（该对象在后面会详细介绍），可以通过 list 函数把返回的对象转换为列表，例如:
>
> >>> num = [1, 2, 3]
>
> >>> print('使用 reversed 函数翻转结果: ', list(reversed(num)))
>
> 使用 reversed 函数翻转结果: [3, 2, 1]
>
> 输出结果对原序列反向迭代了。

在实际项目应用中，reverse()方法一般会配合 sort()方法一起使用，目的是更方便于排序，为排序节省时间或内存开销，对于不同业务场景会有不同的节省方式。

10. clear()

clear()方法的语法格式如下：

```
list.clear()
```

此语法中，list 代表列表，不需要传入参数。

clear()方法用于清空列表，类似于 del a[:]。使用该方法的示例如下：

```
>>> field=['study','python','is','happy']
>>> field.clear()
>>> print('field 调用 clear 方法后的结果:',field)
field 调用 clear 方法后的结果: []
```

由操作结果看到，clear()方法会清空整个列表，调用该方法进行清空操作很简单，但也要小心，因为一不小心就可能把整个列表都清空了。

在实际项目应用中，clear()方法一般应用在涉及大量列表操作，且类别元素比较多的场景中，在列表元素比较多时，一般会涉及分批次的操作，每批次操作时，为减少对内存的占用，一般会使用 clear()方法先清空列表，高效且快速。

11. count()

count()方法的语法格式如下：

```
list.count(obj)
```

此语法中，list 代表列表，obj 代表列表中统计的对象。

count()方法用于统计某个元素在列表中出现的次数。使用该方法的示例如下：

```
>>> field=list('hello,world')
>>> field
['h', 'e', 'l', 'l', 'o', ',', 'w', 'o', 'r', 'l', 'd']
>>> print('列表 field 中，字母 o 的个数：',field.count('o'))  #统计列表中的字符个数
列表 field 中，字母 o 的个数： 2
>>> print('列表 field 中，字母 l 的个数：',field.count('l'))
列表 field 中，字母 l 的个数： 3
>>> print('列表 field 中，字母 a 的个数：',field.count('a'))
列表 field 中，字母 a 的个数： 0
>>> listobj=[123, 'hello', 'world', 123]
>>> listobj=[26, 'hello', 'world', 26]
>>> print('数字 26 的个数：',listobj.count(26))
数字 26 的个数： 2
>>> print('hello 的个数：',listobj.count('hello'))#统计字符串个数
hello 的个数： 1
>>> ['a','c','a','f','a'].count('a')
3
>>> mix=[[1,3],5,6,[1,3],2,]
>>> print('嵌套列表 mix 中列表[1,3]的个数为：',mix.count([1,3]))
嵌套列表 mix 中列表[1,3]的个数为：2
```

在实际项目应用中，count()方法用得比较少，是一个低频使用的方法。

12. 高级排序

如果希望元素按特定方式进行排序（不是 sort 方法默认的按升序排列元素），就可以自定义比较方法。

sort 方法有两个可选参数，即 key 和 reverse。要使用它们，就要通过名字指定，我们称之为关键字参数。例如下面的示例：

```
>>> field = ['study', 'python', 'is', 'happy']
>>> field.sort(key=len)                        #按字符串由短到长排序
>>> field
>>> field.sort(key=len, reverse=True)          #按字符串由长到短排序，传递两个参数
>>> field
['python', 'study', 'happy', 'is']
['is', 'study', 'happy', 'python']
>>> num = [5, 8, 1, 3, 6]
>>> num.sort(reverse=True)                     #排序后逆序
>>> num
[8, 6, 5, 3, 1]
```

由上面的操作结果可知，sort 方法带上参数后的操作是很灵活的，可以根据自己的需要灵活使用该方法。关于自定义函数，后续章节会有更详细的介绍。

在实际项目应用中，高级排序应用的场景比较多，也各有特色，不同的项目会有不同的需求场景，需要视具体项目而定。

3.3 元 组

Python 的元组与列表类似，不同之处在于元组的元素不能修改（前面多次提到的字符串也是不能修改的）。创建元组的方法很简单：如果你使用逗号分隔了一些值，就会自动创建元组。

例如，我们做如下输入：

```
>>> 1, 2, 3
(1, 2, 3)
>>> 'hello', 'world'
('hello', 'world')
```

上面的操作中使用逗号分隔了一些值，得到的输出结果就是元组。

在实际应用中，元组定义的标准形式是：用一对圆括号括起来，括号中各个值之间通过逗号分隔。

在交互模式下输入：

```
>>> 5,6,7
(5, 6, 7)
>>> (5,6,7)
(5, 6, 7)
>>> 'hi','python'
('hi', 'python')
>>> ('hi','python')
('hi', 'python')
```

通过以上这些方式都可以创建元组，不过为了统一规范，建议读者在创建元组时加上圆括号，这样更便于理解。

在 Python 中，还可以创建空元组，在交互模式下输入：

```
>>> ()
()
```

如果圆括号中不包含任何内容，就是一个空元组。

如果要创建包含一个值的元组，实现方式是怎样的呢？在交互模式下尝试如下：

```
>>> (1)
1
```

由输出结果可以看到，这不是元组。

在 Python 中，创建只包含一个值的元组的方式有一些奇特，那就是必须在括号中的元素后加一个逗号或者直接在元素后面加一个逗号，交互模式下输入：

```
>>> 1,
(1,)
>>> (1,)
(1,)
```

由输出结果可以看到，逗号的添加是很重要的，只使用圆括号括起来并不能表明所声明的内容是元组。

接下来介绍元组的一些相关操作。

3.3.1　tuple()函数

在 Python 中，tuple()函数是针对元组操作的，功能是把传入的序列转换为元组并返回得到的元组，若传入的参数序列是元组，就会将传入参数原样返回。

tuple()函数作用在元组上的功能，与 list()函数作用在列表上的功能类似，都是以一个序列作为参数。tuple()函数把参数序列转换为元组，list()函数把参数序列转换为列表。在交互模式下输入：

```
>>> tuple(['hello', 'world'])
('hello', 'world')
>>> tuple('hello')
('h', 'e', 'l', 'l', 'o')
>>> tuple(('hello', 'world'))  #参数是元组
('hello', 'world')
```

由上面的输出结果可以看到，tuple()函数传入元组参数后，得到的返回值就是传入的参数。

在 Python 中，可以使用 tuple()函数将列表转换为元组，也可以使用 list()函数将元组转换为列表，即可以通过 tuple()函数和 list()函数实现元组和列表的相互转换。在交互模式下输入：

```
>>> tuple(['hi','python'])        #列表转元组
('hi', 'python')
>>> list(('hi', 'python')) #元组转列表
['hi', 'python']
```

由输出结果可以看到，列表和元组是可以相互转换的。

在实际项目应用中，列表和元组的相互转换非常多，属于 Python 学习中基本必须掌握的技能之一。

3.3.2　元组的基本操作

元组也有一些属于自己的基本操作，如访问元组、元组组合、删除元组、索引和截取等操作。修改元组、删除元组和截取元组等操作和列表中的操作有一些不同。

1. 访问元组

元组的访问比较简单，直接通过索引下标即可访问元组中的值，在交互模式下输入：

```
>>> strnum=('hi','python',2017,2018)
>>> print('strnum[1] is:',strnum[1])
strnum[1] is: python
>>> print('strnum[3] is:',strnum[3])
strnum[3] is: 2018
>>> numbers=(1,2,3,4,5,6)
>>> print('numbers[5] is:',numbers[5])
numbers[5] is: 6
>>> print('numbers[1:3] is:',numbers[1:3])
numbers[1:3] is: (2, 3)
```

由输出结果可以看到，元组的访问是比较简单的，和列表的访问类似。

访问元组是比较普通的应用，也是元组必备的功能。

2. 修改元组

在前面已经明确指出，元组中的元素不允许修改，但是可以对元组进行连接组合，在交互模式下输入：

```
>>> greeting=('hi','python')
>>> yearnum=(2018,)
>>> print ("合并结果为: ", greeting+yearnum)
合并结果为: ('hi', 'python', 2018)
```

由输出结果可以看到，可以对元组进行连接组合操作。

这里读者可能会奇怪元组怎么可以进行组合，其实元组连接组合的实质是生成了一个新的元组，并非是修改了原本的某一个元组。

3. 删除元组

在前面已经明确指出，元组中的元素不允许修改，删除也属于修改的一种，也就是说，元组中的元素是不允许删除的，但可以使用 del 语句删除整个元组，在交互模式下输入：

```
>>> greeting=('hi','python')
>>> greeting
('hi', 'python')
>>> print('删除元组 greeting 前: ',greeting)
删除元组 greeting 前: ('hi', 'python')
>>> del greeting
>>> print('删除元组 greeting 后: ',greeting)
Traceback (most recent call last):
  File "<pyshell#281>", line 1, in <module>
```

```
    print('删除元组greeting后：',greeting)
NameError: name 'greeting' is not defined
>>> greeting
Traceback (most recent call last):
  File "<pyshell#282>", line 1, in <module>
    greeting
NameError: name 'greeting' is not defined
```

由以上输出结果可以看到，可以删除元组，元组被删除后，若继续访问元组，程序会报错，报错信息告诉我们 greeting 没有定义，即前面定义的变量在这个时候已经不存在了。所以元组虽然不可以修改，但是整个元组可以被删除。

4. 元组的索引和截取

元组也是一个序列，可以通过索引下标访问元组中指定位置的元素，也可以使用分片的方式得到指定的元素。元组通过分片的方式得到的序列结果也是元组。在交互模式下输入：

```
>>> field=('hello','world','welcome')
>>> field[2]
'welcome'
>>> field[-2]
'world'
>>> field[1:]
('world', 'welcome')
```

3.3.3 元组内置函数

在 Python 中，为元组提供了一些内置函数，如计算元素个数、返回最大值、返回最小值、列表转换等函数。

len(tuple)函数用于计算元组中元素的个数。len(tuple)函数的使用方式如下：

```
>>> greeting=('hello','world','welcome')
>>> len(greeting)
3
>>> greeting=('hello',)
>>> len(greeting)
1
>>> greeting=()
>>> len(greeting)
0
```

由以上操作可以看到，元组中计算元素个数的函数和序列是相同的，都是通过 len()函数实现的。

max(tuple)函数用于返回元组中元素的最大值，使用方式如下：

```
>>> number=(39,28,99,88,56)
```

```
>>> max(number)
99
>>> tup=('6', '3', '8')
>>> max(tup)
'8'>>>
mix=(38,26,'77')
>>> mix
(38, 26, '77')
>>> max(mix)
Traceback (most recent call last):
  File "<pyshell#296>", line 1, in <module>
    max(mix)
TypeError: '>' not supported between instances of 'str' and 'int'
```

由输出结果可以看到，max(tuple)函数既可以应用于数值元组，也可以应用于字符串元组，但是不能应用于数值和字符串混合的元组中。

min(tuple)函数用于返回元组中元素的最小值，使用方式如下：

```
>>> number=(39,28,99,88,56)
>>> min(number)
28
>>> tup=('6', '3', '8')
>>> min(tup)
'3'
>>> mix=(38,26,'77')
>>> mix
(38, 26, '77')
>>> min(mix)
Traceback (most recent call last):
  File "<pyshell#298>", line 1, in <module>
    min(mix)
TypeError: '<' not supported between instances of 'str' and 'int'
```

由输出结果可以看到，min(tuple)函数既可以应用于数值元组，也可以应用于字符串元组，但是同样不能应用于数值和字符串混合的元组中。

3.4　列表与元组的区别

列表与元组的区别在于元组的元素不能修改。元组一旦初始化就不能修改，而列表则不同，想要修改哪里就可以修改哪里。

那么问题来了，不可变的元组有什么意义？

从程序的安全性角度考虑，因为元组不可变，所以代码更安全。在程序开发中，对于一些不希望被改变的变量会被恶意或不留意地修改的问题，使用元组就可以解决。所以在项目中，如果能用元组代替列表，就尽量使用元组。看下面的示例：

```
>>> t = ('a', 'b', ['A', 'B'])
>>> t[2][0] = 'X'
>>> t[2][1] = 'Y'
>>> t
('a', 'b', ['X', 'Y'])
```

此处使用了嵌套列表，一个列表中包含另一个列表，也可以称为二维数组。一个单一的列表称为一维数组，还有三维、四维等多维数组，不过一般一维和二维数组用得最多，三维以上的数组基本很少用到。

取二维数组中元素的方式为：先取得二维数组里嵌套的数组，如上例中的 t[2]，取得的是['A', 'B']，t[2]是一个一维数组，从一维数组中获取元素是通过 a[0]的方式，因而从 t[2]中取得编号为 0 的元素的方式是 t[2][0]。

上面的元组定义时有 3 个元素，分别是'a'、'b'和一个 list 列表。不是说元组一旦定义就不可变了吗？怎么后来又变了？

别急，我们先看看定义时元组包含的 3 个元素，如图 3-3 所示。

当我们把 list 列表的元素'A'和'B'修改为'X'和'Y'后，元组如图 3-4 所示。

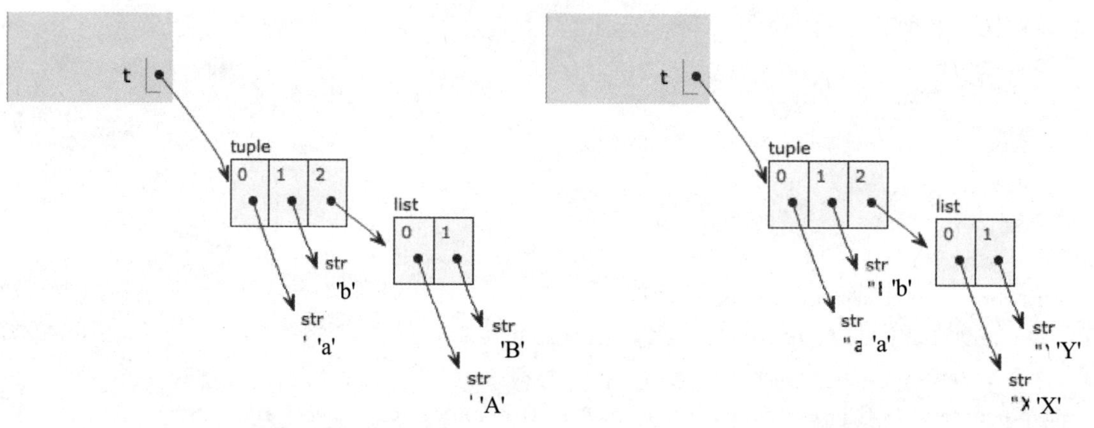

图 3-3　元组定义　　　　图 3-4　元组“修改”

表面上看，元组的元素确实变了，其实变的不是元组的元素，而是 list 列表的元素。元组一开始指向的 list 列表并没有改成别的 list 列表，所以元组的“不变”是指每个元素的指向永远不变，如指向'a'就不能改成指向'b'，指向一个 list 就不能改成指向其他对象，但指向的 list 列表本身是可变的。

理解了“指向不变”后，创建一个内容不变的 tuple 该怎么做？这时必须保证 tuple 的每个元素本身也不能改变。

3.5　牛刀小试——实现杨辉三角

杨辉三角，是二项式系数在三角形中的一种几何排列，出现于中国南宋数学家杨辉 1261 年所著的《详解九章算法》一书中。杨辉三角是中国数学史上的一个伟大成就。

思考点拨：

（1）每个数等于它上方两数之和。

（2）每行数字左右对称，由 1 开始逐渐变大。

（3）第 n 行的数字有 n 项。

（4）前 n 行共[(1+n)n]/2 个数。

（5）第 n 行的 m 个数可表示为 C(n−1, m−1)，即为从 n−1 个不同元素中取 m−1 个元素的组合数。

（6）第 n 行的第 m 个数和第 n−m+1 个数相等，为组合数性质之一。

（7）每个数字等于上一行的左右两个数字之和，可用此性质写出整个杨辉三角。

实现示例(yh_triangle.py)：

```
# 生成杨辉三角的一行
def create_line(l_list):
    line_list = [1]
    for x in range(1, len(l_list)):
        line_list.append(l_list[x] + l_list[x - 1])
    line_list.append(1)
    return line_list


# 打印
def print_line(line_list, width_v):
    s = ""
    for x in line_list:
        s += str(x) + "  "
    print(s.center(width_v))


lines = [1]
row = int(input("输入行数："))
# 设置打印宽度
width = row * 4
for x in range(row):
    print_line(lines, width)
    lines = create_line(lines)
```

执行示例如下：

```
输入行数：5
        1
      1   1
    1   2   1
  1   3   3   1
1   4   6   4   1
```

3.6 调　试

这里通过设置一些错误让读者认识在编写代码过程中的常见问题，以帮助读者熟悉和解决实际遇到的问题。

（1）对序列中的元素进行访问时，输入序列中不存在的编号，如在 greeting='Hello'示例中输入 greeting[10]，会得到什么结果？输入 greeting[-10]又会得到什么结果？在交互模式下进行验证：

```
>>> greeting = 'hello'
>>> len(greeting)  #获取字符串长度
5
>>> greeting[10]   #编号超过最大长度编号
Traceback (most recent call last):
  File "<stdin>", line 1, in <module>
IndexError: string index out of range
>>> greeting[5] #字符串长度为 5，但最大编号不是 5
Traceback (most recent call last):
  File "<stdin>", line 1, in <module>
IndexError: string index out of range
>>> greeting[len(greeting)-1] #最大编号是字符串长度减 1
'o'
>>> greeting[-10]
Traceback (most recent call last):
  File "<stdin>", line 1, in <module>
IndexError: string index out of range
>>> greeting[-1]
'o'
>>> greeting[-5]
'h'
```

从以上输出结果看出，以正数索引时，编号从 0 开始，最后一个元素的编号是 len(str)-1；以负数索引时，从-1 开始，可以取到-len(str)的元素。

当索引超出范围时，Python 会报一个 IndexError 错误，即索引越界错误。要确保索引不越界，记得最后一个元素的索引是 len(str) - 1。

（2）分片操作中，索引值大于列表的最大编号时，操作会报错吗？结果是怎样的？在交互模式下进行如下输入：

```
>>> number = [1, 2, 3, 4, 5, 6, 7, 8, 9, 10]
>>> number[7: 15]
[8, 9, 10]
>>> number[-100: -1]
[1, 2, 3, 4, 5, 6, 7, 8, 9] #最后一个元素没有取到
```

由以上操作结果看到没有报错，并且超出部分没有输出任何内容。这里要声明一点，分片操作不存在索引越界的问题，分片操作对不存在的编号返回空值，存在的就返回对应值。所以 number[7:15]返回[8, 9, 10]，number[-100:-1]返回[1, 2, 3, 4, 5, 6, 7, 8, 9]。

（3）输入以下代码会得到什么结果？

```
>>> max(a, b, c)
Traceback (most recent call last):
  File "<stdin>", line 1, in <module>
NameError: name 'a' is not defined
>>> max('a','b','c')
'c'
```

第一个输出错误信息，因为 a、b、c 没有定义，这个操作要注意字符串的表示形式。第二个输出结果为 c，max 不但能操作数字，而且能操作字符，字符按字典排序取值。

3.7 答疑解惑

（1）通用序列操作真的通用吗？

答：这个是不用质疑的，已经有很多前辈试验并得出结论。如果有问题，我们可以自己试验证明，毕竟计算机目前还没有学会撒谎。

（2）如何选择使用列表还是元组？

答：list 和 tuple 是 Python 内置的有序集合，一个可变，一个不可变。根据需要选择使用其中的一种，建议如我们在介绍两者区别时所讲述的：因为元组不可变，所以代码更安全，如果可能，能用元组代替列表就尽量用元组。

3.8 课后思考与练习

本章主要讲解了列表和元组，在本章结束前回顾一下学到的概念。

（1）通用序列的基本操作有哪些？

（2）列表有哪些操作和方法？

（3）元组有哪些基本操作？内置函数如何使用？

（4）列表与元组的区别是什么？

思考并解决如下问题：

（1）自定义一个变量，并赋值 china，然后进行索引，观察各索引位置的输出值。

（2）自定义一个变量，并任意赋一个值，对变量进行分片。

（3）定义两个序列，对序列相加。

（4）定义多个序列，对序列相加。

（5）定义不同的变量，对变量做乘法操作。

（6）定义不同的变量，取得变量的长度、最小值和最大值。

（7）自定义一个列表，对列表进行重新赋值、增加元素、删除元素等操作。

（8）自定义一个列表，计算各个元素在列表中出现的次数，并打印各个元素在列表中出现的位置。

（9）自定义一个列表，对列表重新排序后复制给另一个列表，再对原列表做删除元素、增加元素、反转列表、清空列表等操作。

（10）自定义一个元组，对元组进行访问，并对元组进行修改、删除、索引、截取等操作。

（11）用负数步长对列表和元组进行分片。

（12）用索引取出下面 list 的指定元素：

```
field = [
    ['hello', 'world', 'welcome'],
    ['study', 'Python', 'is', 'funny'],
    ['good', 'better', 'best']
]

# 输出hello:
print(?)
# 输出Python:
print(?)
# 输出best:
print(?)
```

第 4 章

字 符 串

性能的关键是精简，而不是一堆的优化用例。除非有真正显著的效果，否则一定要忍住你那些蠢蠢欲动的小微调的企图。

—— Jon Bently 和 M. Douglas McIlroy，同为贝尔实验室的科学家

前面的章节已经介绍过字符串的部分内容，如字符串的创建、索引和分片。本章将进一步讲解字符串，主要介绍字符串的格式化、分割、搜索等方法。

Python 快乐学习班的同学乘坐“序列号”大巴来到了今天的第一个景点——字符串主题游乐园。在这里他们将看到字符串魔幻般的变化，以及字符串的各种好玩的技巧。下面就让我们和 Python 快乐学习班的全体同学开始进入字符串主题游乐园进行“观赏”学习。

4.1 字符串的简单操作

字符串是 Python 中最常用的类型之一。在 Python 中，可以使用单引号（'）或双引号（"）创建字符串。只使用一对单引号或一对双引号创建的字符串一般称为空字符串。一般要赋给字符串一个值，这样才是比较完整地创建了字符串。例如：

```
>>> ''                  #创建单引号引起的空字符串
''
>>> ""                  #创建双引号引起的空字符串
''
>>> 'hello'             #创建单引号引起的非空字符串
'hello'
>>> "python"            #创建双引号引起的非空字符串
```

```
'python'
>>> empy=''                    #创建空字符串，将字符串赋给变量 empy
>>> say='hello,world'   #创建非空字符串，并将字符串赋给变量 say
```

由输出结果可以看到，字符串的创建非常灵活，可以使用各种方式进行创建。

在 Python 中，标准序列的所有操作（如索引、分片、成员资格、求长度、取最小值和最大值等）对字符串都适用，在第 3 章中，这些操作的使用示例就是直接用字符串做演示的。不过字符串是不可变的，所以字符串做不了分片赋值。在交互模式下输入：

```
>>> say='just do it'
>>> say
'just do it'
>>> say[-2:]
' it'
>>> say[-2:]='now'
Traceback(most recent call last):
  File "<pyshell#12>", line 1, in <module>
say[-2:]='now'
TypeError: 'str' object does not support item assignment
```

由输出结果可以看到，字符串不能通过分片赋值更改，若更改会报错，错误提示我们 str 对象不支持局部更改。这是因为字符串是一个整体，通过分片赋值方式赋值会破坏这个整体，因而引发异常，同时也验证了字符串是不可变的。

在前面所讲解的示例中，对字符串的输出，都是在一个输出语句中只输出一行，若想要在一个输出语句中将输出的字符串内容自动换行，该怎么实现？先看如下示例：

```
>>> print('读万卷书，\n 行万里路。')
读万卷书，
行万里路。
```

由输出结果可以看到，输入的一行内容，最终打印的结果变为两行了。当然，也可以发现输入的字符串中使用了一个之前的操作中没有使用过的\n。\n 这两个字符在这里有什么特殊含义呢？

在 Python 的语法中，字符\n 表示的是换行，是 Python 中指定的转义字符。在任何字符串中，遇到\n 就代表换行的意思。Python 中有很多转义字符，表 4-1 列出了一些常用的转义字符。

表 4-1　Python 中的转义字符

转义字符	描　述	转义字符	描　述
\（在行尾时）	续行符	\n	换行
\\	反斜杠符号	\v	纵向制表符
\'	单引号	\t	横向制表符
\"	双引号	\r	回车
\a	响铃	\f	换页
\b	退格（Backspace）	\oyy	八进制数，yy 代表的字符，如\o12 代表换行
\e	转义	\xyy	十六进制数，yy 代表的字符，如\x0a 代表换行
\000	空	\other	其他字符以普通格式输出

例如，对于前面的示例，虽然输入的字符串是用引号引起的，但输出的结果却不带引号了。假如要输出的结果也是被引号引起的，如需要输入的结果形式如下，需要怎样操作？

```
'读万卷书'
'行万里路'
```

操作示例如下：

```
>>> print(''读万卷书'\n'行万里路'')    #不使用转义字符，全用单引号
  SyntaxError: invalid syntax
>>> print(""读万卷书"\n"行万里路"")    #不使用转义字符，全用单引号
SyntaxError: invalid syntax
>>> print("'读万卷书'\n'行万里路'")    #不使用转义字符，字符串用双引号引起，里面都用单引号
'读万卷书'
'行万里路'
>>> print('"读万卷书"\n"行万里路"')    #不使用转义字符，字符串用单引号引起，里面都用双引号
"读万卷书"
"行万里路"
>>> print('\'读万卷书\'\n\'行万里路\'')     #使用\'转义字符
'读万卷书'
'行万里路'
```

由输出结果可以看到，都使用单引号或都使用双引号，执行都会报错；在单引号中使用双引号或双引号中使用单引号都可以得到我们预期的结果，但不便于阅读和代码的理解，也容易出错；使用\'转义字符也可以得到我们预期的结果，但看起来相对直观，相对于前面的方式，使用转义字符更好一些。

在 Python 中进行字符串的操作时，如果涉及需要做转义的操作，建议使用转义字符。

对于表 4-1 中的这些转义字符无须刻意去记忆，了解即可，对于一些比较常用的转义字符，在实际使用中用多了就自然而然熟悉了，而对于不常用的，遇到的时候查找相关资料即可。

4.2 字符串格式化

在实际项目应用中，字符串的格式化操作应用得非常广，特别是在项目的调试及项目日志的打印中，都需要通过字符串的格式化方式来得到更精美的打印结果。本节将介绍 Python 中字符串格式化的方式。

4.2.1 经典的字符串格式化符号——百分号（%）

当你第一眼看到百分号（%）这个符号时，你可能会想到运算符中的取模操作。在做运算时，这么理解是没有问题的，但在字符串操作中，百分号（%）还有一个更大的用途，就是字符串的格式化。百分号（%）是 Python 中最经典的字符串格式化符号，也是 Python 中最古老的字符串格式化符号，这是 Python 格式化的 OG（original generation），伴随着 python 语言的诞生。

先看看百分号（%）做字符串格式化的一些示例：

```
>>> print('hi,%s' % 'python')
hi,python
>>> print('一年有%s 个月' % 12)
一年有 12 个月
```

由上面输出结果可以看到，在做字符串的格式化时，百分号（%）左边和右边分别对应了一个字符串，左边放置的是一个待格式化的字符串，右边放置的是要被格式化的值。

为便于美观，一般书写方式是在%的左边和右边各加一个空格，以便于指明这是在做格式化，当然，不加空格也可以，执行时并不会报错。

被格式化的值可以是一个字符串或数字。

待格式化字符串中的%s 部分称为转换说明符，表示该位置需要放置被格式化的对象，通用术语为占位符。可以想象成在学校上自习，有的同学为避免自己的位置被其他同学占据，当离开座位时，通常会放一个物品在这个位置上，其他人过来时，若看到有物品在这个位置上，就知道这个位置已经有人了。这里就可以把%s 当作我们使用的物品，作为一个占位的声明，放物品在位置上的同学就相当于百分号（%）右边的值。

在前面列举的示例中，%s 也是有具体含义的，%s 表示的意思是百分号（%）右边要被格式化的值会被格式化为字符串，%s 中的 s 指的是 str，即字符串。如果百分号（%）右边要被格式化的值不是字符串，就会使用字符串中的 str()方法将非字符串转换为字符串。如示例中就将整数值 12 转换为字符串了，这种方式对大多数数值都有效。

若需要将数据转换为其他格式，该用怎样的方式处理？Python 为我们提供了多种格式化符号，如表 4-2 所示。

表 4-2 字符串格式化符号

符 号	描 述	符 号	描 述
%c	格式化字符及其 ASCII 码	%f	格式化浮点数字，可指定精度值
%s	格式化字符串	%e	用科学计数法格式化浮点数
%d	格式化整数	%E	作用同%e，用科学计数法格式化浮点数
%u	格式化无符号整型	%g	%f 和%e 的简写
%o	格式化无符号八进制数	%G	%f 和 %E 的简写
%x	格式化无符号十六进制数	%p	用十六进制数格式化变量的地址
%X	格式化无符号十六进制数（大写）		

根据表 4-2，“一年有 12 个月”这个示例可以使用以下两种方式来表示：

```
>>> print('一年有%s 个月' % 12)          #使用%s 作为 12 的占位符
一年有 12 个月
>>> print('一年有%d 个月' % 12)          #使用%d 作为 12 的占位符
一年有 12 个月
```

由输出结果可以看到，对于整数类型，可以使用%s 将整数类型格式化为字符串类型，也可以使用%d 将变量直接格式化为整数类型。

上面讲解了整型的格式化，浮点型的格式化是怎样的呢？

在 Python 中，浮点型的格式化使用字符%f 进行，例如：

```
>>> print('圆周率 PI 的值为: %f' % 3.14)
圆周率 PI 的值为: 3.140000
```

由输出结果可以看到，结果中有很多位小数，但指定的被格式化的值只有两位小数。这里怎么让格式化的输出和指定的被格式化的值一致呢？

仔细查看表 4-2 可知，%f 在使用时，可以指定精度值。在 Python 中，使用%f 时，若不指定精度，则默认输出 6 位小数。若需要以指定的精度输出，比如上面想要得到输出 2 位小数的结果，就要指定精度为 2，指定精度为 2 的格式如下：

```
%.2f
```

指定精度的输出的基本格式：在百分号（%）后面跟上一个英文格式下的句号，接着加上希望输出的小数位数，最后加上浮点型格式化字符 f。

例如，上面圆周率输出的示例可以更改为如下的格式化输出：

```
>>> print('圆周率 PI 的值为: %.2f' % 3.14)
圆周率 PI 的值为: 3.14
```

由输出结果可以看到，输出的结果已经符合预期结果了。

对于表 4-2 中所列举的字符串格式化符号，并不是所有的都比较常用，其中比较常用的只有%s、%d、%f 三个，%e 和%E 在科学计算中使用得比较多，对于其他字符串格式化符号，大概了解即可，有兴趣也可以自行研究。

假如要输出类似 1.23%这样格式的结果，通过格式化的方式该怎么处理？直接使用加号连接符连接一个百分号可以吗？在交互模式下尝试如下：

```
>>> print('今天的空气质量比昨天提升了: %.2f' % 1.23+'%')
今天的空气质量比昨天提升了: 1.23%
```

由输出结果可以看到，使用加号连接符连接百分号的方式可以得到最终结果，但编写的代码看起来怪怪的，也不太美观，有没有更美观的编写方式？在交互模式下尝试如下：

```
>>> print('今天的空气质量比昨天提升了: %.2f%%' % 1.23)
今天的空气质量比昨天提升了: 1.23%
```

由输出结果可以看到，用上面这种方式也得到了想要的结果。不过从输入代码中可以看到，字符 f 后面使用了两个百分号（%），打印出来的结果只有一个百分号（%），这是怎么回事？

在 Python 中，字符串格式转化时，遇到的第一个百分号（%）指的是转换说明符，如果要输出百分号这个字符，就需要使用%%的形式才能得到百分号字符（%）。使用%%这种方式的效果如下：

```
>>> print('输出百分号:%s' % '%')
输出百分号:%
```

4.2.2 元组的字符串格式化

格式化操作符的右操作数可以是任何元素，但如果右操作数是元组或映射类型（如字典，下一章进行讲解），那么字符串格式化的方式将会有所不同。目前尚未涉及映射（字典），这里先了解元组的字符串格式化。

如果右操作数是元组，元组中的每个元素都会被单独格式化，每个值都需要对应的一个占位符。例如：

```
>>> print('%s 年的冬奥会将在%s 举行，预测中国至少赢取%d 枚金牌' % ('2022','北京',5))
2022 年的冬奥会将在北京举行，预测中国至少赢取 5 枚金牌
>>> print('%s 年的冬奥会将在%s 举行，预测中国至少赢取%d 枚金牌' % ('2022','北京')) #少一个值
Traceback (most recent call last):
  File "<stdin>", line 1, in <module>
    print('%s 年的冬奥会将在%s 举行，预测中国至少赢取%d 枚金牌' % ('2022','北京'))
TypeError: not enough arguments for format string
>>> print('%s 年的冬奥会将在%s 举行，预测中国至少赢取枚金牌' % ('2022','北京',5)) #少一个占位符
Traceback(most recent call last):
  File "<pyshell#5>", line 1, in <module>
    print('%s 年的冬奥会将在%s 举行，预测中国至少赢取枚金牌' % ('2022','北京',5))
TypeError: not enough arguments for format string
>>> print('%s 年的冬奥会将在%s 举行，预测中国至少赢取%d 枚金牌' % ['2022','北京',5])
Traceback(most recent call last):
  File "<pyshell#7>", line 1, in <module>
    print('%s 年的冬奥会将在%s 举行，预测中国至少赢取%d 枚金牌' % ['2022','北京',5])
TypeError: not enough arguments for format string
>>> print('%s 年的冬奥会将在北京举行' % ['2022'])
['2022']年的冬奥会将在北京举行
>>> print('%s 年的冬奥会将在北京举行' % '2022')
2022 年的冬奥会将在北京举行
>>> print('%s 年的冬奥会将在北京举行' % ['2022','北京'])
['2022', '北京']年的冬奥会将在北京举行
```

由输出结果可以看到，在有多个占位符的字符串中，可以通过元组传入多个待格式化的值。若字符串中有多个占位符，但给的待格式化的值的格式不对或数量不对，执行报错。若字符串中占位符的个数少于给定元组中元素的个数，执行报错。若使用列表代替元组，列表仅代表一个值。

在前面一些示例的演示后，接下来介绍占位符的一些基本使用说明。注意，占位符中各项的顺序是至关重要的。

（1）%字符：标记占位符开始。

（2）最小字段宽度（可选）：转换后的字符串至少应该具有该值指定的宽度。如果是*，宽度就会从元组中读出。

（3）转换标志（可选）：-表示对齐；+表示在转换值之前要加上正负号；“”（空白字符）表示正数之前保留空格；0 表示转换值位数不够时用 0 填充。

（4）点（.）后跟精度值（可选）：如果转换的是实数，精度值表示出现在小数点后的位数；

如果转换的是字符串，该数字就表示最大宽度；如果是*，精度就会从元组中读出。

（5）转换类型：参见表 4-2。

下面将分别讨论。

1. 简单字符串格式化

在交互模式下输入：

```
>>> print('圆周率 PI 的值为：%.2f' % 3.14)
圆周率 PI 的值为：3.14
>>> print('石油价格为每桶：$%d' % 96)
石油价格为每桶：$96
```

由输出结果可以看到，简单的字符串格式化只需要在占位符中标识转换类型。

2. 格式化时指定字段宽度和精度

占位符包括对字段格式化时字段宽度和精度的指定。字段宽度是转换后的值所保留的最小字符个数，字符精度是数字转换结果中应该包含的小数位数或字符串转换后的值所能包含的最大字符个数。

在交互模式下输入：

```
>>> print('圆周率 PI 的值为：%10f' % 3.141593)                #字段宽度为 10
圆周率 PI 的值为：3.141593                       #字符串宽度为 10，被字符串占据 8 个空格，
剩余两个空格
>>> print('保留 2 位小数，圆周率 PI 的值为：%10.2f' % 3.141593)       #字段宽度为 10
保留 2 位小数，圆周率 PI 的值为：3.14                    #字符串宽度为 10，字符串占据 4 个，
剩 6 个
>>> print('保留 2 位小数，圆周率 PI 的值为：%.2f' % 3.141593)     #输出，没有字段宽度参
数
保留 2 位小数，圆周率 PI 的值为：3.14
>>> print('字符串精度获取：%.5s' % ('hello world'))          #打印字符串前 5 个字符
字符串精度获取：hello
```

由输出结果可知，占位符中的字段宽度和精度值都是整数，宽度和精度之间通过点号（.）分隔。字段宽度和精度两个参数都是可选参数，如果给出精度，在精度值前就必须包含点号。

接着看以下代码：

```
>>> print('从元组中获取字符串精度：%*.*s' % (10,5,'hello world'))
从元组中获取字符串精度：     hello             #输出字符串宽度为 10、精度为 5
>>> print('从元组中获取字符串精度：%.*s' % (5,'hello world'))
从元组中获取字符串精度：hello                  #输出精度为 5
```

由输出结果可以看到，可以使用*作为字段宽度或精度（或两者都用*），数值会从元组中读出。

3. 符号、对齐和 0 填充

开始介绍之前先看一个示例：

```
>>> print('圆周率PI的值为：%010.2f' % 3.141593)
圆周率PI的值为：0000003.14
```

输出结果是不是怪怪的，这个我们称之为“标表”。在字段宽度和精度之前可以放置一个“标表”，可以是零、加号、减号或空格。零表示用 0 进行填充。

减号（-）用来左对齐数值，例如：

```
>>> print('圆周率PI的值为：%10.2f' % 3.14)
圆周率PI的值为：      3.14
>>> print('圆周率PI的值为：%-10.2f' % 3.14)
圆周率PI的值为：3.14      #此处右侧为多出的空格
```

从输出结果看到，使用减号时，数字右侧多出了额外的空格。

空白（“ ”）表示在正数前加上空格，例如：

```
>>> print(('% 5d' % 10) + '\n' + ('% 5d' % -10))
   10
  -10
```

由输出结果可以看到，该操作可以用于对齐正负数。

加号（+）表示无论是正数还是负数都表示出符号，例如：

```
>>> print(('宽度前加加号：%+5d' % 10) + '\n' + ('宽度前加加号：%+5d' % -10))
宽度前加加号：  +10
宽度前加加号：  -10
```

该操作也可以用于数值的对齐。

4.2.3 format 字符串格式化

从 Python 3.6 开始，引入了另外一种字符串格式化的方式，形式为 str.format()。str.format()是对百分号（%）格式化的改进。使用 str.format()时，替换字段部分使用花括号表示。在交互模式下输入：

```
>>> 'hello,{}'.format('world')
'hello,world'
>>> print('圆周率PI的值为：{0}'.format(3.141593))
圆周率PI的值为：3.141593
>>> print('圆周率PI的值为：{0:.2f}'.format(3.141593))
圆周率PI的值为：3.14
>>> print('圆周率PI的值为：{pi}'.format(pi=3.141593))
圆周率PI的值为：3.141593
>>> print('{}年的冬奥会将在{}举行，预测中国至少赢取{}枚金牌'.format('2022','北京
',5))
2022年的冬奥会将在北京举行，预测中国至少赢取5枚金牌
>>> print('{0}年的冬奥会将在{1}举行，预测中国至少赢取{2}枚金牌'.format('2022','北京
',5))
```

```
2022年的冬奥会将在北京举行，预测中国至少赢取5枚金牌
>>> print('{0}年的冬奥会将在{2}举行，预测中国至少赢取{1}枚金牌'.format ('2022',5,'
北京'))
2022年的冬奥会将在北京举行，预测中国至少赢取5枚金牌
>>> print('{year}年的冬奥会将在{address}举行'.format(year='2022',address='北京
'))
2022年的冬奥会将在北京举行
```

由输出结果可以看到，str.format()的使用形式为：用一个点号连接字符串和格式化值，多于一个的格式化值需要用元组表示。字符串中，带格式化的占位符用花括号（{}）表示。

花括号中可以没有任何内容，没有任何内容时，若有多个占位符，则元组中元素的个数需要和占位符的个数一致。

花括号中可以使用数字，数字指的是元组中元素的索引下标，字符串中花括号中的索引下标不能超过元组中最大的索引下标，元组中的元素值可以不全部使用。如以下示例：

```
>>> print('{0}年的冬奥会将在{2}举行'.format('2022',5,'beijing','sh'))
2022年的冬奥会将在beijing举行
```

花括号中可以使用变量名，在元组中对变量名赋值。花括号中的所有变量名，在元组中必须要有对应的变量定义并被赋值。元组中定义的变量可以不出现在字符串的花括号中。如下面的示例所示：

```
>>> print('{year}年的冬奥会将在{address}举行'.format(year='2022',address='北京',
num=5))
2022年的冬奥会将在北京举行
```

4.2.4 f字符串格式化

从Python 3.6开始，引入了一种新的字符串格式化字符：_f-strings_，格式化字符串。

使用f字符串做格式化可以节省很多的时间，使格式化更容易。f字符串格式化也称为“格式化字符串文字”，因为f字符串格式化是开头有一个f的字符串文字，即使用f格式化字符串时，需在字符串前加一个f前缀。

f字符串格式化包含了由花括号括起来的替换字段，替换字段是表达式，它们会在运行时计算，然后使用format()协议进行格式化。

_f-strings_使用方式如下：

```
>>> f'hello,{world}'
'hello,world'
>>> f'{2*10}'
'20'
>>> year = 2022
>>> address = '北京'
>>> gold = 5
>>> f'{year}年的冬奥会将在{address}举行，预测中国至少赢取{gold}枚金牌'
```

```
'2022 年的冬奥会将在北京举行，预测中国至少赢取 5 枚金牌'
>>> print(f'{year}年的冬奥会将在{address}举行，预测中国至少赢取{gold}枚金牌')
2022 年的冬奥会将在北京举行，预测中国至少赢取 5 枚金牌
```

由输出结果可以看到，使用 f 做字符串格式化也是非常方便的。

在 Python 中，使用百分号（%）、str.format()形式可以格式化的字符串，都可以使用 f 字符串格式化实现。

提　示
在后续章节中，会更多地使用 str.format()和 f 的形式做格式化，百分号（%）格式化的方式能不用就不用。

4.2.5 f-string 字符串格式化

f-string（或者称为“格式化字符串”）在 Python 3.6 版本中加入的，虽然这一特性非常方便，但是开发者发现 f-string 对调试没有帮助。因此，Eric V. Smith 为 f-string 添加了一些语法结构，使其能够用于调试。

在过去，f-string 这样使用：

```
>>> name='xiaomeng'
>>> number=1001
>>> print(f'name={name}, number={number}')
name=xiaomeng, number=1001
```

在 Python 3.8 中，可以使用如下方式（更加简洁）：

```
>>> name='xiaomeng'
>>> number=1001
>>> print(f'{name=}, {number=}')
name='xiaomeng', number=1001
```

f 字符串格式可以更方便地在同一个表达式内进行输出文本和值或变量的计算，而且效率更高。

在过去，f-string 这样使用：

```
>>> x=5
>>> print(f'{x+1}')
6
```

在 Python 3.9 中，可以输出表达式及计算结果，操作如下：

```
>>> x=5
>>> print(f'{x+1=}')
x+1=6
```

对于小数，若需要输出指定位数，可以如下操作：

```
>>> import math
```

```
>>> print(f'{math.pi=}')
math.pi=3.141592653589793
>>> print(f'{math.pi=:.3}') # 输出 3 位数，小数位两位
math.pi=3.14
```

由输出可以看到，对于小数的输出，:.3 中的 3 是指输出的总位数，而不是指小数位数，在使用过程中需要注意。

4.3 字符串方法

本节将介绍字符串方法，字符串的方法非常多，这是因为字符串从 string 模块中“继承”了很多方法。本节只介绍一些常用的字符串方法，全部的字符串方法可以参见附录 A。

4.3.1 split()方法

split()方法通过指定分割符对字符串进行切片。split()方法的语法格式如下：

```
str.split(st="", num=string.count(str))
```

此语法中，str 代表指定检索的字符串；st 代表分割符，默认为空格；num 代表分割次数。返回结果为分割后的字符串列表。

如果参数 num 有指定值，就只分割 num 个子字符串。这是一个非常重要的字符串方法，用来将字符串分割成序列。

该方法的使用示例如下：

```
>>> say='stay hungry stay foolish'
>>> print('不提供任何分割符分割后的字符串：',say.split())
不提供任何分割符分割后的字符串： ['stay', 'hungry', 'stay', 'foolish']
>>> print('根据字母 t 分割后的字符串：',say.split('t'))
根据字母 t 分割后的字符串： ['s', 'ay hungry s', 'ay foolish']
>>> print('根据字母 s 分割后的字符串：',say.split('s'))
根据字母 s 分割后的字符串： ['', 'tay hungry ', 'tay fooli', 'h']
>>> print('根据字母 s 分割 2 次后的字符串：',say.split('s',2))
根据字母 s 分割 2 次后的字符串： ['', 'tay hungry ', 'tay foolish']
```

由输出结果可以看到，split()方法支持各种方式的字符串分割。如果不提供分割符，程序就默认把所有空格作为分割符。split()方法中可以指定分割符和分割次数，若指定分割次数，则从左往右检索和分割符匹配的字符，分割次数不超过指定分割符被匹配的次数；若不指定分割次数，则所有匹配的字符都会被分割。

在实际项目应用中，split()方法应用的频率比较高，特别是在文本处理或字符串处理的业务中，经常需要使用该方法做一些字符串的分割操作，以得到某个值。

4.3.2 strip()方法

strip()方法用于移除字符串头尾指定的字符，strip()方法的语法格式如下：

```
str.strip([chars])
```

该语法中，str 代表指定检索的字符串，chars 代表移除字符串头尾指定的字符，chars 可以为空。strip()方法有返回结果，返回结果是字符串移除头尾指定的字符后所生成的新字符串。

若不指定字符，则默认为空格。

该方法的使用示例如下：

```
>>>say=' stay hungry stay foolish '  #字符串前后都带有空格
>>> print(f'原字符串：{say},字符串长度为:{len(say)}')
原字符串： stay hungry stay foolish ,字符串长度为:26
>>> print(f'新字符串：{say.strip()},新字符串长度为：{len(say.strip())}')
新字符串：stay hungry stay foolish,新字符串长度为：24
>>> say='--stay hungry stay foolish--'
>>> print(f'原字符串：{say},字符串长度为:{len(say)}')
原字符串：--stay hungry stay foolish--,字符串长度为:28
>>> print(f'新字符串：{say.strip("-")},新字符串长度为：{len(say.strip("-"))}')
新字符串：stay hungry stay foolish,新字符串长度为：24
>>> say='--stay-hungry-stay-foolish--'
>>> print(f'原字符串：{say},字符串长度为:{len(say)}')
原字符串：--stay-hungry-stay-foolish--,字符串长度为:28
>>> print(f'新字符串：{say.strip("-")},新字符串长度为：{len(say.strip("-"))}')
新字符串：stay-hungry-stay-foolish,新字符串长度为：24
```

由输出结果可以看到，strip()方法只移除字符串头部和尾部能匹配到的字符，中间的字符不会移除。

在实际项目应用中，strip()方法使用得比较多，特别在对字符串进行合法性校验时，一般都会先做一个移除首尾空格的操作。当字符串不确定在首尾是否有空格时，一般也会先用 strip()方法操作一遍。

4.3.3 join()方法

join()方法用于将序列中的元素以指定字符串连接成一个新字符串。join()方法的语法格式如下：

```
str.join(sequence)
```

此语法中，str 代表指定的字符串，sequence 代表要连接的元素序列。返回结果为指定字符串连接序列中元素后生成的新字符串。

该方法的使用示例如下：

```
>>> say=('stay hungry','stay foolish')
>>> new_say=','.join(say)
```

```
>>> print(f'连接后的字符串列表：{new_say}')
连接后的字符串列表：stay hungry,stay foolish
>>> path_str='d:','python','study'
>>> path='/'.join(path_str)
>>> print(f'python file path:{path}')
python file path:d:/python/study
>>> num=['1','2','3','4','a','b']
>>> plus_num='+'.join(num)
>>> plus_num
'1+2+3+4+a+b'
>>> num=[1,2,3,4]
>>> mark='+'
>>> mark.join(num)
Traceback (most recent call last):
  File "<pyshell#39>", line 1, in <module>
    mark.join(num)
TypeError: sequence item 0: expected str instance, int found
>>> num.join(mark)
Traceback (most recent call last):
  File "<pyshell#40>", line 1, in <module>
    num.join(mark)
AttributeError: 'list' object has no attribute 'join'
```

由输出结果可以看到，join()方法只能对字符串元素进行连接，用 join()方法进行操作时，调用和被调用的对象必须都是字符串，任意一方不是字符串，最终操作结果都会报错。

在实际项目应用中，join()方法应用得也比较多，特别是在做字符串的连接时，使用 join()方法的效率比较高，占用的内存空间也小。在路径拼接时，使用 join()是个不错的选择。

4.3.4 find()方法

find()方法用于检测字符串中是否包含指定的子字符串。find()方法的语法格式如下：

```
str.find(str, beg=0, end=len(string))
```

此语法中，str 代表指定检索的字符串，beg 代表开始索引的下标位置，默认为 0；end 代表结束索引的下标位置，默认为字符串的长度。返回结果为匹配字符串所在位置的最左端索引下标值，如果没有找到匹配字符串，就返回-1。

该方法的使用示例如下：

```
>>> say='stay hungry,stay foolish'
>>> print(f'say 字符串的长度是:{len(say)}')
say 字符串的长度是:24
>>> say.find('stay')
0
```

```
>>> say.find('hun')
5
>>> say.find('sh')
22
>>> say.find('python')
-1
```

由输出结果可以看到，使用 find()方法时，如果找到字符串，就返回该字符串所在位置最左端的索引下标值，若字符串的第一个字符是匹配的字符串，则 find()方法返回的索引下标值是 0，如果没找到字符串，则返回-1。

find()方法还可以接收起始索引下标参数和结束索引下标参数，用于表示字符串查找的起始点和结束点，例如：

```
>>> say='stay hungry,stay foolish'
>>> say.find('stay',3)           #提供起点
12
>>> say.find('y',3)              #提供起点
3
>>> say.find('hun',3)            #提供起点
5
>>> say.find('stay',3,10)        #提供起点和终点
-1
>>> say.find('stay',3,15)        #提供起点和终点
-1
>>> say.find('stay',3,18)        #提供起点和终点
12
```

由输出结果可以看到，find()方法可以只指定起始索引下标参数查找指定子字符串是否在字符串中，也可以指定起始索引下标参数和结束索引下标参数查找子字符串是否在字符串中。

在实际项目应用中，find()方法的使用不是很多，一般在想要知道某个字符串在另一个字符串中的索引下标位置时使用较多，其余情形使用比较少。

4.3.5 lower()方法

lower()方法用于将字符串中所有大写字母转换为小写。lower()方法的语法格式如下：

```
str.lower()
```

此语法中，str 代表指定检索的字符串，该方法不需要参数。返回结果为字符串中所有大写字母转换为小写后生成的字符串。

该方法的使用示例如下：

```
>>> field='DO IT NOW'
>>> print('调用 lower 得到字符串：',field.lower())
```

```
调用 lower 得到字符串： do it now
>>> greeting='Hello,World'
>>> print('调用 lower 得到字符串：',greeting.lower())
调用 lower 得到字符串：hello,world
```

由输出结果可以看到，使用 lower()方法后，字符串中所有的大写字母都转换为小写字母了，小写字母保持小写。

如果想要使某个字符串不受大小写影响，都为小写，就可以使用 lower()方法做统一转换。如果想要在一个字符串中查找某个子字符串并忽略大小写，也可以使用 lower()方法，操作如下：

```
>>> field='DO IT NOW'
>>> field.find('It')          #field 字符串不转换为小写字母，找不到匹配字符串
-1
>>> field.lower().find('It')  #field 字符串先转换为小写字母，但 It 不转为小写字母，找不到匹配字符串
-1
>>> field.lower().find('It'.lower())  #都使用 lower()方法转换成小写字母后查找
3
```

由输出结果可以看到，使用 lower()方法，对处理那些忽略大小写的字符串匹配非常方便。

在实际项目应用中，lower()方法的应用也不是很多，lower()方法的主要应用场景是将字符串中的大写字母转换为小写字母，或是在不区分字母大小写时比较字符串，其他场景应用相对少。

4.3.6 upper()方法

upper()方法用于将字符串中的小写字母转换为大写字母。upper()方法的语法格式如下：

```
str.upper()
```

此语法中，str 代表指定检索的字符串，该方法不需要参数。返回结果为小写字母转换为大写字母的字符串。

该方法的使用示例如下：

```
>>> field='do it now'
>>> print('调用 upper 得到字符串：',field.upper())
调用 upper 得到字符串： DO IT NOW
>>> greeting='Hello,World'
>>> print('调用 upper 得到字符串：',greeting.upper())
调用 upper 得到字符串： HELLO,WORLD
```

由输出结果可以看到，字符串中的小写字母全部转换为大写字母了。

如果想要使某个字符串不受大小写影响，都为大写，就可以使用 upper()方法做统一转换。如果想要在一个字符串中查找某个子字符串并忽略大小写，也可以使用 upper()方法，操作如下：

```
>>> field='do it now'
```

```
>>> field.find('It')                        #都不转换为大写，找不到匹配字符串
-1
>>> field.upper().find('It')                #被查找的字符串不转换为大写，找不到匹配字符串
-1
>>> field.upper().find('It'.upper())        #使用 upper()方法转换为大写后查找
3
```

由输出结果可以看到，使用 upper()方法，对处理那些忽略大小写的字符串匹配非常方便。

在实际项目应用中，upper()方法的应用也不是很多，upper()方法的主要应用场景是将字符串中的小写字母都转换为大写字母，或是在不区分字母大小写时比较字符串，其他场景应用相对少。

4.3.7 replace()方法

replace()方法用于做字符串替换。replace()方法的语法格式如下：

```
str.replace(old, new[, max])
```

此语法中，str 代表指定检索的字符串；old 代表将被替换的子字符串；new 代表新字符串，用于替换 old 子字符串；max 代表可选字符串，如果指定了 max 参数，则替换次数不超过 max 次。

返回结果为将字符串中的 old（旧字符串）替换成 new（新字符串）后生成的新字符串。

该方法的使用示例如下：

```
>>> field='do it now,do right now'
>>> print('原字符串：',field)
原字符串： do it now,do right now
>>> print('新字符串：',field.replace('do','Just do'))
新字符串： Just do it now,Just do right now
>>> print('新字符串：',field.replace('o','Just',1))
新字符串： dJust it now,do right now
>>> print('新字符串：',field.replace('o','Just',2))
新字符串： dJust it nJustw,do right now
>>> print('新字符串：',field.replace('o','Just',3))
新字符串： dJust it nJustw,dJust right now
```

由输出结果可以看到，使用 replace()方法时，若不指定第 3 个参数，则字符串中所有匹配到的字符都会被替换；若指定第 3 个参数，则从字符串的左边开始往右进行查找匹配并替换，达到指定的替换次数后，便不再继续查找，若字符串查找结束仍没有达到指定的替换次数，则结束。

从 Python 3.9 开始，对 replace()方法做了一些修复，对如下示例，Python 3.9 之前的操作结果形式为：

```
>>> "".replace("", "python", 1)
''
>>> "".replace("", "python", 2)
''
```

由输出结果看到，对形如"".replace("",s,n) 的操作，对于所有非零的 n，返回的是空字符串而不是 python 这个字符串，这样的结果会使用户感到困惑，很容易导致应用程序的不一致行为，从 Python 3.9 开始，输出结果修正为如下：

```
>>> "".replace("", "python", 1)
'python'
>>> "".replace("", "python", 2)
'python'
```

由输出结果看到，从 Python 3.9 开始，对形如"".replace("",s,n) 的操作，对于所有非零的 n，返回的是字符串 s，对之前的问题已经做了修复，也解决了广大用户的困惑。

在实际项目应用中，replace()方法的应用不多，遇到需要使用稍微复杂的替换时，可以查阅相关文档。

4.3.8 swapcase()方法

swapcase()方法的语法格式如下：

```
str.swapcase()
```

此语法中，str 代表指定检索的字符串，该方法不需要参数。返回结果为大小写字母转换后生成的新字符串。

swapcase()方法用于对字符串中的大小写字母进行转换，将字符串中的大写字母转换为小写字母、小写字母转换为大写字母。

该方法的使用示例如下：

```
>>> field='Just do it,NOW'
>>> print('原字符串：',field)
原字符串： Just do it,NOW
>>> print('调用 swapcase 方法后得到的字符串：',field.swapcase())
调用 swapcase 方法后得到的字符串： jUST DO IT,now
```

由输出结果可以看到，调用 swapcase()方法后，输出结果中的大写字母变为小写字母、小写字母变为大写字母。该方法进行大小写转换非常方便。

在实际项目应用中，swapcase()方法应用得比较少。

4.3.9 translate()方法

translate()方法的语法格式如下：

```
str.translate(table[, deletechars])
```

此语法中，str 代表指定检索的字符串；table 代表翻译表，翻译表通过 maketrans()方法转换而来；deletechars 代表字符串中要过滤的字符列表。返回结果为翻译后的字符串。

translate()方法根据参数 table 给出的表（包含 256 个字符）转换字符串的字符，将要过滤掉的字符放到 del 参数中。

该方法的使用示例如下：

```
>>> intab='adefs'
>>> outtab='12345'
>>> trantab=str.maketrans(intab,outtab)
>>> st='just do it'
>>> print('st 调用 translate 方法后：',st.translate(trantab))
st 调用 translate 方法后： ju5t 2o it
```

由输出结果可以看到，使用 translate()方法后，有几个字符被替换成数字了，被替换的字符既在 intab 变量中，又在 st 变量中，如图 4-1 所示。对于既在 intab 又在 st 中的字符，使用 outtab 中对应的字符替换。由图 4-1 可知，intab 中的字符 d 和 s 对应 outtab 中的字符 2 和 5，所以最后输出字符串中的 d 被替换成 2、s 被替换成 5，这样就得到了最后我们看到的字符串 js5t 2o it。

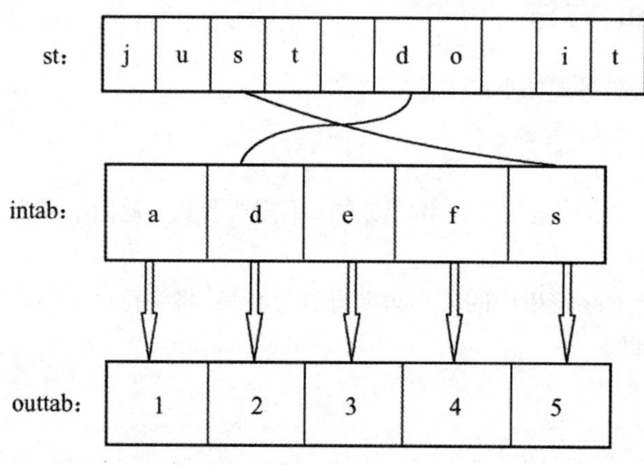

图 4-1　字符串对应关系

translate()方法和 replace()方法一样，可以替换字符串中的某些部分。但和 replace()方法不同的是，translate()方法只处理单个字符，而 translate()方法的可以同时进行多个替换，有时比 replace()方法的效率高很多。

在实际项目应用中，translate()方法的使用属于比较高级的应用，学有余力的读者可以多做一些深入了解。

4.3.10 移除前缀和后缀方法

从 Python 3.9 开始，增加了 str.removeprefix(prefix)和 str.removesuffix(suffix)用于方便地从字符串移除不需要的前缀或后缀。看如下使用示例：

```
>>> exp_str = 'learn_python'
>>> print(f'移除前缀 learn_得到结果：{exp_str.removeprefix("learn_")}')
移除前缀 learn_得到结果：python
>>> print(f'移除后缀_python 得到结果：{exp_str.removesuffix("_python")}')
移除后缀_python 得到结果：learn
```

由输出结果可以看到，使用 Python 内置的方法，可以很方便的从字符串中移除指定的前缀或后缀。

4.4 牛刀小试——变形金刚

已知一个字符 hello，运用前面所学的知识并结合网络资源，打印如下结果：

（1）hello 的字符串长度；（2）HELLO；（3）Hello；（4）hEllo；（5）HeLLO；（6）h,llo；（7）使 hello_world 只输出 hello；（8）使 hello_world 只输出 world。

示例如下，此处将使用第 7 章才讲解的 str_transformers()函数来实现：

```
>>> def str_transformers():
        old_str = 'hello'
        print(f'the length of old_str is:{len(old_str)}')
        print(f'upper old_str is:{old_str.upper()}')
        print(f'title old_str is:{old_str.title()}')
        new_str = old_str.replace('e', 'E')
        print(f'new_str is:{new_str}')
        print(f'swap case new_str is:{new_str.swapcase()}')
        print(f'use \',\' join old_str is:{",".join(old_str.split("e"))}')
    rep_str = 'hello_world'
    print(f'移除后缀_world得到结果：{rep_str.removesuffix("_world")}')
    print(f'移除前缀hello_得到结果：{rep_str.removeprefix("hello_")}')


>>> str_transformers()
```

打印结果如下：

```
>>> str_transformers()
the length of old_str is: 5
upper old_str is: HELLO
title old_str is: Hello
new_str is: hEllo
swap case new_str is: HeLLO
use ',' join old_str is: h,llo
移除后缀_world得到结果：hello
移除前缀hello_得到结果：world
```

4.5 调 试

这里通过设置一些错误让读者认识在编写代码过程中的常见问题，以帮助读者熟悉和解决实际遇到的问题。

（1）使用格式化整数的占位符格式化字符串，例如：

```
>>> print ('hello,%d' % 'world')
Traceback (most recent call last):
  File "<stdin>", line 1, in <module>
TypeError: %d format: a number is required, not str
```

输出结果告诉我们需要一个数字，而不是字符串。

（2）在使用%f 输出圆周率的示例中，若更改为使用%d 输出，结果会怎样？输入如下：

```
>>> print ('圆周率 PI 的值为：%d' % 3.14)
圆周率 PI 的值为：3
```

结果把小数点后的数值都抛弃了。

（3）在用 0 填充的示例中，把 010 的第一个 0 更改为其他数字，看看输出结果。再在精度之前添加一个 0 或大于 0、小于 0 的数字，看看输出结果。

```
>>> print ('圆周率 PI 的值为：%06.2f' % 3.141593)
圆周率 PI 的值为：003.14
>>> print ('圆周率 PI 的值为：%16.2f' % 3.141593)
圆周率 PI 的值为：            3.14
>>> print ('圆周率 PI 的值为：%.02f' % 3.141593)
圆周率 PI 的值为：3.14
>>> print ('圆周率 PI 的值为：%.12f' % 3.141593)
圆周率 PI 的值为：3.141593000000
>>> print ('圆周率 PI 的值为：%.-12f' % 3.141593)
Traceback (most recent call last):
  File "<stdin>", line 1, in <module>
ValueError: unsupported format character '-' (0x2d) at index 11
```

由输出结果看到，将宽度前面的 0 更改为其他数字会认作宽度值，而不是填充值。在精度前面加 0 对结果没有影响；若添加大于 0 的数字，则作为小数的实际位数输出，位数不够后面补 0；若添加小于 0 的数字，则报异常。

4.6 答疑解惑

（1）字符串格式化在项目实战中一般用于做什么？

答：一般用于输入信息的格式化，比如程序中的查询语句，经常需要查看一个查询语句查找到了多少记录。对于我们而言，不可能每次都手动执行查询语句，这时就可以用字符串格式化语句将查询结果格式化到字符串中，我们查看输出结果即可。

（2）本章中列举的字符串方法很常用吗？

答：这个要看接触的是什么样的工作内容，基本上都会经常用到，读者在使用过程中慢慢会发现这一点，基于实战经验的积累，在平时使用频率都比较高。当然，有一些这里没有列举出来的方法，在实际使用中也会经常用到，读者用到时可以自己查看相关资料。

4.7 课后思考与练习

本章主要讲解了字符串，在本章结束前回顾一下学到的概念。

（1）字符串有哪些基本操作？
（2）字符串格式化的方式有哪些？
（3）字符串比较常用的方法有哪些，该怎么使用？

尝试思考并解决如下问题：

（1）自定义一个字符串，并做字符串的格式化输出。
（2）自定义一个变量，实现整数、浮点数等的格式化输出。
（3）定义一个变量，做格式化输出的对齐，对不齐的部分用空格或其他对应符号填充。
（4）使用 find()和 index()方法对字符串进行索引，比对两者的异同。
（5）使用 join()方法实现多个字符串的连接。
（6）定义一个变量，将变量中的大写字母转化为小写字母、小写字母转化为大写字母。
（7）定义一个变量，对变量特定位置的字符进行替换。
（8）定义一个变量，对变量按指定字符分割，之后将分割结果按指定字符连接。
（9）小智的智商从去年的 100 分提升到了今年的 132 分，请计算小智智商提升的百分比，并用字符串格式化显示出“xx.x%”的形式，保留一位小数。
（10）尝试将本章中示例用到的%都换成带'f'前缀的形式做格式化输出。

第5章

字典和集合

编程是两队人马在竞争：软件工程师努力设计出最大最好的连白痴都会使用的程序，而宇宙在拼命制造最大最好的白痴。到目前为止，宇宙是胜利者。

——Rick Cook

本章将介绍一种通过名字引用值的数据结构，这种结构类型称为映射（mapping）。字典是 Python 中唯一内建的映射类型，是另一种可变容器模型，可存储任意类型的对象。

集合和字典类似，但集合没有映射。

Python 快乐学习班的同学“参观”学习完字符串主题园后，他们来到字典屋。在“序列号”大巴上时，导游给每位同学编了一个序号，在字典屋，Python 快乐学习班的同学将通过序号找到同学的名称，也将通过名称找到序号。现在让我们陪同 Python 快乐学习班的同学一同进入字典屋。

5.1 字典的使用

在 Python 中，字典是一种数据结构，这种结构的功能就如它的命名一样，可以像汉语字典一样使用。

在使用汉语字典时，想查找某个汉字时，可以从头到尾一页一页地查找这个汉字，也可以通过拼音索引或笔画索引快速找到这个汉字，在汉语字典中找拼音索引和笔画索引非常轻松简单。

Python 对字典进行了构造，让我们使用时可以轻松查到某个特定的键（类似拼音或笔画索引），从而通过键找到对应的值（类似具体某个字）。

进入字典屋后，Python 快乐学习班的同学以组为单位在字典屋的几张圆形桌上坐下，第一组的五位成员分别叫小萌、小智、小强、小张、小李，序号分别是 0、1、2、3、4，为了便于接下来的演示，序号用三位数表示，不足三位前面补 0，第一组五位同学的新序号分别表示为 000、001、002、003、004。

现需要创建一个小型数据库，用于存储第一组五位同学的姓名和序号，下面我们先使用列表实现上述功能，并从列表中找到叫小智的同学的序号，示例如下：

```
>>> students=['小萌','小智','小强','小张','小李']
>>> numbers=['000','001','002','003','004']
>>> index_num=students.index("小智")
>>> print(f'小智在 students 中的索引下标是：{index_num}')
小智在 students 中的索引下标是：1
>>> xiaozhi_num=numbers[index_num]
>>> print(f'小智在 numbers 中的序号是：{xiaozhi_num}')
小智在 numbers 中的序号是：001
```

由输出结果可以看到，以上代码输出了我们想要的结果，但操作过程比较烦琐，若数据量较大时，操作起来会非常麻烦。

对于上面的示例，当学生数较多时，先要创建一个比较大的学生姓名列表，接着要创建一个和学生姓名列表有同样多元素的序号列表，一旦学生姓名列表或序号列表发生变更，就要将学号列表和学生姓名列表进行一一比对，以确保同步变更及变更的正确性。

对于上面的操作，Python 中是否提供了更简单的实现方式？能否做到像使用 index()方法一样，用类似 index()的方法返回索引位置，通过索引位置直接返回值？请看下面的示例：

```
>>> print('小智的序号是：',numbers['小智'])
小智的学号是： 001
```

可见，在 Python 中这种操作是可以实现的，但前提是需要 numbers 是字典。

5.2　创建和使用字典

在 Python 中，创建字典的语法格式如下：

```
>>> d = {key1 : value1, key2 : value2 }
```

字典由多个键及其对应的值构成的键值对组成（一般把一个键值对称为一个项）。字典的每个键值对（key/value）用冒号（:）分隔，每个项之间用逗号（,）分隔，整个字典包括在花括号({})中。空字典（不包括任何项）由两个花括号组成，如{}。

在定义的一个字典中，键必须是唯一的，一个字典中不能出现两个或两个以上相同的键，若出现，则执行直接报错，但值可以有相同的。在字典中，键必须是不可变的，如字符串、数字或元组，但值可以取任何数据类型。

下面是一个简单的字典示例：

```
>>> dict_define={'小萌': '000', '小智': '001', '小强': '002'}
>>> dict_define
{'小萌': '000', '小智': '001', '小强': '002'}
```

也可以为如下形式：

```
>>> dict_1={'abc': 456}
>>> dict_1
{'abc': 456}
>>> dict_2={'abc': 123, 98.6: 37}
>>> dict_2
{'abc': 123, 98.6: 37}
```

5.2.1 dict()函数

在 Python 中，可以用 dict()函数，通过其他映射（如其他字典）或键值对建立字典，示例如下：

```
>>> student=[('name','小智'),('number','001')]
>>> student
[('name', '小智'), ('number', '001')]
>>> type(student)
<class 'list'>
>>> student_info=dict(student)
>>> type(student_info)
<class 'dict'>
>>> print(f'学生信息：{student_info}')
学生信息：{'name': '小智', 'number': '001'}
>>> student_name=student_info['name']
>>> print(f'学生姓名：{student_name}')
学生姓名：小智
>>> student_num=student_info['number']    #从字典中轻松获取学生序号
>>> print(f'学生序号：{student_num}')
学生学号：001
```

由输出结果可以看到，可以使用 dict()函数将序列转换为字典。并且字典的操作很简单，5.1 节中期望的功能也很容易实现。

dict 函数可以通过关键字参数的形式创建字典，示例如下：

```
>>> student_info=dict(name='小智',number='001')
>>> print(f'学生信息：{student_info}')
学生信息：{'name': '小智', 'number': '001'}
```

由输出结果可以看到，通过关键字参数的形式创建了字典。

需要补充一点：字典是无序的，就是不能通过索引下标的方式从字典中获取元素，例如：

```
>>> student_info=dict(name='小智',number='001')
>>> student_info[1]
Traceback (most recent call last):
  File "<pyshell#139>", line 1, in <module>
```

```
    student_info[1]
KeyError: 1
```

由输出结果可以看到，在字典中，不能直接使用索引下标的方式（类似列表）取得字典中的元素，这是因为字典是无序的。

通过关键字创建字典是 dict()函数非常有用的一个功能，应用非常便捷，在实际项目应用中，可以多加使用。

5.2.2　字典的基本操作

字典的基本操作大部分与序列（sequence）类似，字典有修改、删除等基本操作。下面逐一进行具体的讲解。

1. 修改字典

字典的修改包括字典的更新和新增两个操作。

字典的更新，是指对已有键值对进行修改，操作结果是保持现有键值对数量不变，但其中某个或某几个的键、值或键值发生了变更。

字典的新增，指的是向字典添加新内容，操作的结果是在字典中增加至少一个新的键值对，键值对数量会比新增之前至少多一个。

字典的更新和新增操作示例如下：

```
>>> student={'小萌':'000','小智':'001','小强':'002'}
>>> print(f'更改前，student：{student}')
更改前，student：{'小萌': '000', '小智': '001', '小强': '002'}
>>> xiaoqiang_num=student['小强']
>>> print(f'更改前，小强的序号是：{xiaoqiang_num}')
更改前，小强的序号是：002
>>> student['小强']='005'  #更新小强的序号为 005
>>> xiaoqiang_num=student['小强']
>>> print(f'更改后，小强的序号是：{xiaoqiang_num}')
更改后，小强的序号是：005
>>> print(f'更改后，student：{student}')
更改后，student：{'小萌': '000', '小智': '001', '小强': '005'}
>>> student['小张']='003'  #添加一个学生
>>> xiaozhang_num=student['小张']
>>> print(f'小张的序号是：{xiaozhang_num}')
小张的序号是：003
>>> print(f'添加小张后，student：{student}')
添加小张后，student：{'小萌': '000', '小智': '001', '小强': '005', '小张': '003'}
```

由输出结果可以看到，对字典的修改和添加操作均成功。

2. 删除字典元素

此处字典元素的删除指的是显式删除，显式删除一个字典元素用 del 命令，操作示例如下：

```
>>> student={'小强': '002', '小萌': '000', '小智': '001', '小张': '003'}
>>> print(f'删除前:{student}')
删除前:{'小强': '002', '小萌': '000', '小智': '001', '小张': '003'}
>>> del student['小张']  #删除键值为“小张”的键
>>> print(f'删除后:{student}')
删除后:{'小强': '002', '小萌': '000', '小智': '001'}
```

由输出结果可以看到，变量 student 在删除前有一个键为小张，值为 003 的元素，执行删除键为小张的操作后，键为小张，值为 003 的元素就不存在了，即对应键值对被删除了。所以在字典中，可以通过删除键来删除一个字典元素。

在 Python 中，除了可以删除键，还可以直接删除整个字典，例如：

```
>>> student={'小强': '002', '小萌': '000', '小智': '001', '小张': '003'}
>>> print(f'删除前:{student}')
删除前:{'小强': '002', '小萌': '000', '小智': '001', '小张': '003'}
>>> del student  #删除整个字典
>>> print(f'删除后:{student}')
Traceback (most recent call last):
  File "<pyshell#7>", line 1, in <module>
    print(f'删除后:{student}')
NameError: name 'student' is not defined
```

由输出结果可以看到，通过删除变量 student，就删除了整个字典。字典删除后就不能进行访问了，这是因为执行 del 操作后，字典就不存在了，字典变量（如上面的 student 变量）也不存在了，继续访问不存在的变量，就会报变量没有定义的错误。

3. 字典键的特性

在 Python 中，字典中的值可以没有限制地取任何值，既可以是标准对象，也可以是用户定义的对象，但键不行。

对于字典，需要强调以下两点：

（1）在一个字典中，不允许同一个键出现两次，即键不能相同。创建字典时如果同一个键被赋值两次或以上，则最后一次的赋值会覆盖前一次的赋值，示例如下：

```
>>> student={'小萌': '000', '小智': '001', '小萌': '002'}  #小萌赋两次值，第一次 000，第二次 002
>>> print(f'学生信息: {student}')
学生信息: {'小萌': '002', '小智': '001'}    #输出结果中小萌的值为 002
```

由输出结果可以看到，示例中对键为小萌的元素做了两次赋值操作，但输出结果中只有一个键为小萌的元素，并且对应值为第二次的赋值。

（2）字典中的键必须为不可变的，可以用数字、字符串或元组充当，但不能用列表，示例如下：

```
>>> student={('name',):'小萌','number':'000'}
>>> print(f'学生信息：{student}')
学生信息：{('name',): '小萌', 'number': '000'}
>>> student={['name']:'小萌','number':'000'}
Traceback (most recent call last):
  File "<pyshell#11>", line 1, in <module>
    student={['name']:'小萌','number':'000'}
TypeError: unhashable type: 'list'
```

由输出结果可以看到，在字典中，可以使用元组做键，因为元组是不可变的。但不能用列表做键，因为列表是可变的，使用列表做键，运行时会提示类型错误。

4. len 函数

在字典中，len()函数用于计算字典中元素的个数，也可以理解为字典中键的总数，示例如下：

```
>>> student={'小萌': '000', '小智': '001', '小强': '002','小张': '003', '小李':
'004'}
>>> print(f'字典元素个数为：{len(student)}')
字典元素个数为：5
```

由输出结果可以看到，通过使用 len()函数，得到字典 student 变量中的元素个数为 5。

5. type 函数

type()函数用于返回输入的变量的类型，如果输入变量是字典就返回字典类型，示例如下：

```
>>> student={'小萌': '000', '小智': '001', '小强': '002','小张': '003', '小李':
'004'}
>>> print(f'字典的类型为：{type(student)}')
字典的类型为：<class 'dict'>
```

由输出结果可以看到，通过 type()函数得到 student 变量的类型为字典（dict）类型。

5.2.3　字典和列表比较

假如给你一个任务，让你从一堆名字中查找某个名字，找到名字后再找到这个名字对应的序号，名字和序号是一一对应的，就如此时在字典屋的Python快乐学习班的全体同学都有一个唯一的序号。

根据目前所学，可以有两种实现方式：list（列表）和 dict（字典）。

方式一：使用 list（列表）实现。如果用 list 实现，需要定义两个列表，一个列表存放名字，一个列表存放序号，并且两个列表中的元素有一一对应关系。使用列表的方式，要先在名字列表中找到对应的名字，再从序号列表中取出对应的序号，使用列表的方式会发现，当 list 列表越长时，耗时也越长。

方式二：使用 dict（字典）实现。如果用 dict 实现，只需要一个名字和序号一一对应的字典，就可以直接根据名字查找序号，无论字典有多大，查找速度都不会变。

为什么 dict 查找速度这么快？

因为在 Python 中，dict 字典的实现原理和查字典类似，而 list 的实现原理则和标准的复读机类似，只能从左往右，一个不漏地读一遍。假设字典包含 10000 个汉字，要查某一个汉字时，一种方法是把字典从第一页往后翻，每一页从左到右，从上往下查找，直到找到想要的汉字为止，这种方式就是在 list 中查找元素的方式，所以当 list 越大时，查找会越慢。另一种方法是在字典的索引表里（如部首表）查这个汉字对应的页码，然后直接翻到该页找到这个汉字。用这种方式，无论找哪个汉字，查找速度都会非常快，不会随着字典大小的增加而变慢。

dict 就是第二种实现方法，给定一个名字，比如要查找 5.2.2 节中，变量 student 中“小萌”的序号，在 dict 内部就可以直接计算出“小萌”存放序号的“页码”，也就是 000 存放的内存地址，直接取出来即可，所以速度非常快。

综上所述，list 和 dict 各有以下几个特点。

字典 dict 的特点是：

（1）查找和插入的速度极快，不会随着字典中键的增加而变慢。
（2）字典需要占用大量内存，内存浪费多。
（3）字典中的元素是无序的，即不能通过索引下标的方式从字典中取元素。

列表 list 的特点是：

（1）查找和插入时间随着列表中元素的增加而增加。
（2）列表占用空间小，浪费内存很少。
（3）列表的元素是有序的，即可以通过索引下标从列表中取元素。

所以，字典 dict 可以理解为通过空间换取时间，而列表 list 则是通过时间换取空间的。

字典 dict 可以用在很多需要高速查找的地方，在 Python 代码中几乎无处不在，正确使用 dict 非常重要，需要牢记 dict 的键必须是不可变对象。

提　示
dict 内部存放的顺序和键放入的顺序没有关系。

5.3 字典方法

像 list 列表、str 字符串等内建类型一样，字典也有方法，本节将详细介绍字典中的一些基本方法。

5.3.1 get()方法

get()方法返回字典中指定键的值，get()方法的语法格式如下：

```
dict.get(key, default=None)
```

此语法中，dict 代表指定字典，key 代表字典中要查找的键，default 代表指定的键不存在时返回的默认值。该方法返回结果为指定键的值，如果键不在字典中，就返回默认值 None。

该方法的使用示例如下：

```
>>> student={'小萌': '000', '小智': '001'}
>>> print (f'小萌的学号为: {num})')
小萌的学号为: 000)
```

由输出结果可以看到，get()方法使用起来比较简单。再看如下示例：

```
>>> st={}
>>> print(st['name'])
Traceback (most recent call last):
  File "<pyshell#28>", line 1, in <module>
    print(st['name'])
KeyError: 'name'
>>> print(st.get('name'))
None
>>> name=st.get('name')
>>> print(f'name 的值为: {name}')
name 的值为: None
```

由输出结果可以看到，用其他方法试图访问字典中不存在的项时会出错，而使用 get()方法就不会报错。使用 get()方法访问一个不存在的键时，返回 None。这里可以自定义默认值，用于替换 None，例如：

```
>>> st={}
>>> name=st.get('name','未指定')
>>> print(f'name 的值为: {name}')
name 的值为: 未指定
```

由输出结果可以看到，输出结果中用“未指定”替代了 None。

在实际项目应用中，get()方法使用非常多，在使用字典时，get()方法的使用几乎是不可避免的。

5.3.2　keys()方法

在 Python 中，keys()方法用于返回一个字典的所有键，keys()方法的语法格式如下：

```
dict.keys()
```

此语法中，dict 代表指定字典，keys()方法不需要参数。返回结果为一个字典的所有键，所有键存放于一个元组数组中，元组数组中的值没有重复的。

该方法的使用示例如下：

```
>>> student={'小萌': '000', '小智': '001'}
```

```
>>> all_keys=student.keys()
>>> print(f'字典 student 所有键为：{all_keys}')
字典 student 所有键为：dict_keys(['小萌', '小智'])
>>> print(f'字典 student 所有键为:{list(all_keys)}')  #keys()得到元组数组,转成 list,便于观看
字典 student 所有键为：['小萌', '小智']
```

由输出结果可以看到，keys()方法返回的是一个元组数组，数组中包含字典的所有键。

在实际项目应用中，keys()方法的使用也非常多，经常会遇到需要将字典中的键转化为列表做操作的应用。

5.3.3 values()方法

values()方法用于返回字典中的所有值。values()方法的语法格式如下：

```
dict.values()
```

此语法中，dict 代表指定字典，values()方法不需要参数。返回结果为字典中的所有值，所有值存放于一个列表中，与键的返回不同，值的返回结果中可以包含重复的元素。

该方法的使用示例如下：

```
>>> student={'小萌': '000', '小智': '1002','小李':'002'}
>>> all_values=student.values()
>>> print(f'student 字典所有值为：{all_values}')
student 字典所有值为：dict_values(['000', '1002', '002'])
>>> print(f'student 字典所有值为：{list(all_values)}') #values()得到元组数组，转成 list，便于观看
student 字典所有值为：['000', '1002', '002']
```

由输出结果可以看到，values()方法返回的是一个元组数组，数组中包含字典的所有值，返回的值中包含重复的元素值。

在实际项目应用中，values()方法的使用也非常多，经常会遇到需要将字典中的值转化为列表做操作的应用，并且一般会和 keys()方法一起使用。

5.3.4 key in dict 方法

在 Python 中，字典中的 in 操作符用于判断键是否存在于字典中。key in dict 方法的语法格式如下：

```
key in dict
```

此语法中，dict 代表指定字典，key 代表要在字典中查找的键。如果键在字典中，就返回 True，否则返回 False。

该方法的使用示例如下：

```
>>> student={'小萌': '000', '小智': '001'}
```

```
>>> xm_in_stu='小萌' in student
>>> print(f'小萌在 student 字典中：{xm_in_stu}')
小萌在 student 字典中：True
>>> xq_in_stu='小强' in student
>>> print(f'小强在 student 字典中：{xq_in_stu}')
小强在 student 字典中：False
```

由输出结果可以看到，使用 key in dict 方法，返回结果为对应的 True 或 False。

该方法是 Python 3.x 中才有的方法。在 Python 3.x 之前没有，在 Python 2.x 中有一个和该方法具有相同功能的方法——has_key()方法，不过 has_key()方法的使用方式和 in 不同，有兴趣的读者可以去做深入了解，此处不展开讲解。

在实际项目应用中，key in dict 方法应用也比较多，一般多用于判断某个键是否在字典中，以此来判定下一步的执行计划。

5.3.5 update()方法

update()方法用于把一个字典 A 的键值对更新到另一个字典 B 里。update()方法的语法格式如下：

```
dict.update(dict2)
```

此语法中，dict 代表指定字典，dict2 代表添加到指定字典 dict 里的字典。该方法没有任何返回值。

该方法的使用示例如下：

```
>>> student={'小萌': '000', '小智': '001'}
>>> student2={'小李':'003'}
>>> print(f'原 student 字典为：{student}')
原 student 字典为：{'小萌': '000', '小智': '001'}
>>> student.update(student2)
>>> print(f'新 student 字典为：{student}')
新 student 字典为：{'小萌': '000', '小智': '001', '小李': '003'}
>>> student3={'小李':'005'}
>>> student.update(student3)  #对相同项覆盖
>>> print(f'新 student 字典为：{student}')
新 student 字典为：{'小萌': '000', '小智': '001', '小李': '005'}
```

由输出结果可以看到，使用 update()方法，可以将一个字典中的项添加到另一个字典中，如果有相同的键就会将键对应的值覆盖。

在实际项目应用中，update()方法的使用不是很多，一般用于将两个字典合并。

5.3.6 clear()方法

clear()方法用于删除字典内的所有元素。clear()方法的语法格式如下：

```
dict.clear()
```

此语法中，dict 代表指定字典，该方法不需要参数。该函数是一个原地操作函数，没有任何返回值（返回值为 None）。

该方法的使用示例如下：

```
>>> student={'小萌': '000', '小智': '001', '小强': '002','小张': '003'}
>>> print(f'字典元素个数为：{len(student)}')
字典元素个数为：4
>>> student.clear()
>>> print(f'字典删除后元素个数为：{len(student)}')
字典删除后元素个数为：0
```

由输出结果可知，在字典中，使用 clear()方法后，整个字典内的所有元素都会被删除。

下面看两个示例。

示例 1：

```
>>> x={}
>>> y=x
>>> x['key']='value'
>>> y
{'key': 'value'}
>>> x={}
>>> y
{'key': 'value'}
```

示例 2：

```
>>> x={}
>>> y=x
>>> x['key']='value'
>>> y
{'key': 'value'}
>>> x.clear()
>>> y
{}
```

两个示例中，x 和 y 最初对应同一个字典。示例 1 中，通过将 x 关联到一个新的空字典对它重新赋值，这对 y 没有任何影响，还关联到原先的字典。若想清空原始字典中的所有元素，则必须使用 clear()方法，使用 clear()后，y 的值也被清空了。

在实际项目应用中，clear()方法的使用不是很多，一般在大批量遍历时，会使用 clear()方法清空一个字典，便于下一次遍历使用。

5.3.7 copy()方法

copy()方法用于返回一个具有相同键值对的新字典，copy()方法的语法格式如下：

```
dict.copy()
```

此语法中，dict 代表指定字典，该方法不需要参数。该方法的返回结果为一个字典的浅复制（shallow copy）。

该方法的使用示例如下：

```
>>> student={'小萌': '000', '小智': '001', '小强': '002','小张': '003'}
>>> st=student.copy()
>>> print(f'复制 student 后得到的 st 为: {st}')
复制 student 后得到的 st 为:{'小萌': '000', '小智': '001', '小强': '002', '小张': '003'}
```

由输出结果可以看到，使用 copy()方法可以将一个字典变量复制给另一个变量。

接下来，通过下面的示例介绍什么是浅复制。

```
>>> student={'小智': '001', 'info':['小张','003','man']}
>>> st=student.copy()
>>> st['小智']='1005'
>>> print(f'更改 copy 后的 st 为: {st}')
更改 copy 后的 st 为: {'小智': '1005', 'info': ['小张', '003', 'man']}
>>> print(f'原字符串为: {student}')
原字符串为: {'小智': '001', 'info': ['小张', '003', 'man']}
>>> st['info'].remove('man')
>>> print(f'变量 st 中删除 man 后, st 变为: {st}')
变量 st 中删除 man 后, st 变为: {'小智': '1005', 'info': ['小张', '003']}
>>> print(f'删除后 student 为: {student}')
删除后 student 为: {'小智': '001', 'info': ['小张', '003']}
```

由输出结果可以看到，替换副本的值时原始字典不受影响。如果修改了某个值（原地修改，不是替换），原始字典就会改变，因为同样的值也在原字典中。以这种方式进行复制就是浅复制，而使用深复制（deep copy）可以避免该问题，此处不进行讲解，感兴趣的读者可以自己查找相关资料。

在实际项目应用中，copy()方法的使用不多。当然，在用到 copy()可以实现的功能时，要毫不犹豫地使用 copy()方法。

5.3.8 fromkeys()方法

fromkeys()方法用于创建一个新字典，fromkeys()方法的语法格式如下：

```
dict.fromkeys(seq[, value]))
```

此语法中，dict 代表指定字典，seq 代表字典键值列表，value 代表可选参数，设置键序列（seq）的值。该方法的返回结果为列表。

该方法使用示例如下：

```
>>> seq=('name', 'age', 'sex')
>>> info=dict.fromkeys(seq)
```

```
>>> print (f'新的字典为:{info}')
新的字典为:{'name': None, 'age': None, 'sex': None}
>>> info=dict.fromkeys(seq, 10)
>>> print(f'新的字典为:{info}')
新的字典为:{'name': 10, 'age': 10, 'sex': 10}
```

由输出结果可以看到，fromkeys()方法使用给定的键建立新字典，每个键默认对应的值为 None。在实际项目应用中，fromkeys()方法的使用不多，更多地用于初始化一个新字典。

5.3.9 items()方法

items()方法以列表返回可遍历的（键/值）元组数组，items()方法的语法格式如下：

```
dict.items()
```

此语法中，dict 代表指定字典，该方法不需要参数。返回结果为可遍历的（键/值）元组数组。该方法的使用示例如下：

```
>>> student={'小萌': '000', '小智': '001'}
>>> print(f'调用 items 方法的结果: {student.items()}')
调用 items 方法的结果: dict_items([('小萌', '000'), ('小智', '001')])
```

由输出结果可以看到，items()方法的返回结果为一个元组数组。

在实际项目应用中，items()方法使用得不多。

5.3.10 setdefault()方法

setdefault()方法和 get()方法类似，用于获得与给定键相关联的值，setdefault()方法的语法格式如下：

```
dict.setdefault(key, default=None)
```

此语法中，dict 代表指定字典，key 代表查找的键值，default 代表键不存在时设置的默认键值。setdefault()方法返回 key 在字典中对应的值，如果键不存在于字典中，就会添加键并将值设为默认值，然后返回新设置的默认值。

该方法的使用示例如下：

```
>>> student={'小萌': '000', '小智': '001'}
>>> xq=student.setdefault('小强')
>>> print(f'小强的键值为: {xq_default}')
小强的键值为: None
>>> xz=student.setdefault('小智')
>>> print(f'小智的键值为: {xz}')
小智的键值为: 001
>>> print(f'student 字典新值为: {student}')
student 字典新值为: {'小萌': '000', '小智': '001', '小强': None}
```

由输出结果可以看到，当键不存在时，setdefault()方法返回默认值并更新字典；当键存在时，就返回与其对应的值，不改变字典。和 get()方法一样，默认值可以选择，如果不设定就为 None，如果设定就为设定的值，示例如下：

```
>>> student={'小萌': '000', '小智': '001'}
>>> xq=student.setdefault('小强')
>>> print(f'小强的键值为：{xq}')
小强的键值为：None
>>> print(f'student 为：{student}')
student 为：{'小萌': '000', '小智': '001', '小强': None}
>>> xz=student.setdefault('小张','006')
>>> print(f'小张的键值为：{xz}')
小张的键值为：006
>>> print(f'student 为：{student}')
student 为：{'小萌': '000', '小智': '001', '小强': None, '小张': '006'}
```

由输出结果可以看到，小强没有设置值，使用的是默认值，输出键值为 None；小张设置的默认值是 006，输出键值为 006。

在实际项目应用中，setdefault()方法的使用不多。

5.4　字典合并与更新运算符

从 Python 3.9 开始，添加了字典的合并（|）与更新（|=）运算符，这两个运算符已经被加入内置的 dict 类，为现有的 dict.update 和{**d1, **d2}字典合并方法提供了补充。

对于 5.3.5 中的 update 方法的操作，可以更改为如下的操作方式：

```
>>> student={'小萌': '000', '小智': '001'}
>>> student2={'小李':'003'}
>>> print(f'原 student 字典为：{student}')
原 student 字典为：{'小萌': '000', '小智': '001'}
>>> print(f'student 合并 student2 结果为：{student|student2}')
student 合并 student2 结果为：{'小萌': '000', '小智': '001', '小李': '003'}
>>> print(f'student2 合并 student1 结果为：{student2|student}')
student2 合并 student1 结果为：{'小李': '003', '小萌': '000', '小智': '001'}
>>> student |= student2    # 更新操作，效果与 dict.update 相同
>>> print(f'新 suden 字典为：{student}')
新 suden 字典为：{'小萌': '000', '小智': '001', '小李': '003'}
>>> student3={'小李':'005'}
>>> student |= student3  # 对相同项覆盖
>>> print(f'新 student 字典为：{student}')
新 student 字典为：{'小萌': '000', '小智': '001', '小李': '005'}
```

由输出结果可以看到，使用合并（|）运算符可以直接得到结果，使用更新（|=）运算符可以将一个字典中的项添加到另一个字典中，如果有相同的键就会将键对应的值覆盖。

还可以将列表中类似键值对的元素直接更新到字典中，如可以将类似[('小张', '007')]直接更新到上面的 student 对象中，但不支持合并运算。看如下操作示例：

```
>>> student={'小萌': '000', '小智': '001'}
>>> student4=[('小张','007')]
>>> student|student4  # 合并运算，报错，不支持
Traceback (most recent call last):
  File "<pyshell#60>", line 1, in <module>
    student|student4
TypeError: unsupported operand type(s) for |: 'dict' and 'list'
>>> student |= student4   # 更新运算，支持
>>> print(f'新 suden 字典为：{student}')
新 suden 字典为：{'小萌': '000', '小智': '001', '小张': '007'}
>>> student5=['小','008'] # 列表中每个元素需要类似键值对形式，非键值对，不支持
>>> student |= student5
Traceback (most recent call last):
  File "<pyshell#64>", line 1, in <module>
    student |= student5
ValueError: dictionary update sequence element #0 has length 1; 2 is required
```

由操作结果可以看到，使用更新（|=）运算符可以将类似[(value1,value2)]形式的对象直接更新到字典中，不支持合并运算操作，同时注意列表中的每个元素需要是类似键值对的形式，非键值对形式也不支持更新运算符操作。

5.5 集　合

上一节介绍了 Python 中的字典，Python 中的字典是对数学中映射概念支持的直接体现。接下来将讲解一个和字典非常相似的对象：集合。

示例如下：

```
>>> student={}
>>> print(f'student 对象的类型为:{type(student)}')
student 对象的类型为:<class 'dict'>
>>> number={1,2,3}
>>> print(f'number 对象的类型为:{type(number)}')
number 对象的类型为:<class 'set'>
```

由输出结果可以看到，这里出现了一个新的类型 set。

在 Python 中，用花括号括起一些元素，元素之间直接用逗号分隔，这就是集合。集合在 Python

中的特性可以概括为两个字：唯一。

示例如下：

```
>>> numbers={1,2,3,4,5,3,2,1,6}
>>> numbers
{1, 2, 3, 4, 5, 6}
```

由输出结果可以看到，set 集合中输出的结果自动将重复数据清除了。

需要注意的是，集合是无序的，不能通过索引下标的方式从集合中取得某个元素。例如：

```
>>> numbers={1,2,3,4,5}
>>> numbers[2]
Traceback (most recent call last):
  File "<pyshell#143>", line 1, in <module>
    numbers[2]
TypeError: 'set' object does not support indexing
```

由输出结果可以看到，在集合中使用索引下标时，执行报错，错误提示为：集合对象不支持索引。

5.5.1 创建集合

创建集合有两种方法：一种是直接把元素用花括号（{}）括起来，花括号中的元素之间用英文模式下的逗号（,）分隔；另一种是用 set(obj)方法定义，obj 为一个元素、一个列表或元组。

例如：

```
>>> numbers={1,2,3,4,5}
>>> print(f'numbers 变量的类型为:{type(numbers)}')
numbers 变量的类型为:<class 'set'>
>>> numbers
{1, 2, 3, 4, 5}
>>> name=set('abc')  #一个元素，仔细观察输出结果
>>> name
{'a', 'b', 'c'}
>>> print(f'name 变量的类型为:{type(name)}')
name 变量的类型为:<class 'set'>
>>> students=set(['小萌','小智'])    #一个列表
>>> students
{'小萌', '小智'}
>>> print(f'students 变量的类型为:{type(students)}')
students 变量的类型为:<class 'set'>
>>> stu=set(('小萌','小智'))    #一个元组
>>> stu
{'小萌', '小智'}
```

```
>>> print(f'stu 变量的类型为:{type(stu)}')
stu 变量的类型为:<class 'set'>
```

由输出结果看到，集合的创建方式是多种多样的。

5.5.2 集合方法

集合中提供了一些集合操作的方法，如添加、删除、是否存在等方法。

1. add()方法

在集合中，使用 add()方法为集合添加元素。看如下示例：

```
>>> numbers=set([1,2])
>>> print(f'numbers 变量为:{numbers}')
numbers 变量为:{1, 2}
>>> numbers.add(3)
>>> print(f'增加元素后，numbers 变量为:{numbers}')
增加元素后，numbers 变量为:{1, 2, 3}
```

由输出结果可以看到，使用 add()方法，集合可以很方便地增加元素。

2. remove()方法

在集合中，使用 remove()方法可以删除元素。例如：

```
>>> students=set(['小萌','小智','小张'])
>>> print(f'students 变量为:{students}')
students 变量为:{'小萌', '小张', '小智'}
>>> students.remove('小张')
>>> print(f'删除元素小张后，students 变量为:{students}')
删除元素小张后，students 变量为:{'小萌', '小智'}
```

由输出结果可以看到，集合中可以使用 remove()方法删除元素。

3. in 和 not in

和字典及列表类似，有时也需要判断一个元素是否在集合中。可以使用 in 和 not in 判断一个元素是否在集合中，in 和 not in 的返回结果是 True 或 False。例如：

```
>>> numbers={1,2,3,4,5}
>>> 2 in numbers
True
>>> 2 not in numbers
False
>>> 'a' in numbers
False
>>> 'a' not in numbers
```

```
True
```

由输出结果可以看到，in 和 not in 是互为相反的。

在实际项目应用中，集合的使用并不是很多，但集合的用处较大，使用时的效率也较高。

5.6 牛刀小试——字典合并与排序

有两个字典，先将字典合并，完成后对合并的字典进行排序。

大体思路：

（1）借助字典的 update 函数将字典合并。

（2）准备一个将字典转化为列表的函数（知识点：字典转化为列表）。

（3）将转化后的列表进行排序（知识点：列表排序）。

（4）将排序好的列表转化为字典（知识点：列表转化为字典）。

代码实现：

```
>>> def merge_range():
...     lan_ver = {"lan": "python", "v": "3.9"}
...     rea_ai = {"why": "hobby", "how": "do"}
...     d_merge = dict()
...     d_merge |= lan_ver
...     d_merge |= rea_ai
...     desc_list = sorted(dt2ls(d_merge), key=lambda x:x[0], reverse=True)
...     desc_dict = dict(desc_list)
...     asc_list = sorted(dt2ls(d_merge), key=lambda x:x[0], reverse=False)
...     asc_dict = dict(asc_list)
...     print(f'合并后的结果：{d_merge}')
    print(f'按照第 0 个元素降序排列：{desc_dict}' )
print(f'按照第 0 个元素升序排列：{asc_dict}' )
...
>>> def dt2ls(dic:dict):
...     """ 将字典转化为列表 """
...     keys = dic.keys()
...     values = dic.values()
...     lst = [(key, val) for key, val in zip(keys, values)]
...     return lst
...
>>> merge_range()
```

输出结果：

```
合并后的结果： {'lan': 'python', 'v': '3.9', 'why': 'hobby', 'how': 'do'}
按照第 0 个元素降序排列： {'why': 'hobby', 'v': '3.9', 'lan': 'python', 'how': 'do'}
按照第 0 个元素升序排列： {'how': 'do', 'lan': 'python', 'v': '3.9', 'why': 'hobby'}
```

5.7 调 试

下面我们通过示例进行介绍，这里通过设置一些错误让读者认识在编写代码过程中的常见问题，以帮助读者熟悉和解决实际遇到的问题。

（1）使用列表根据姓名查找学号，学号使用字符串表示，如果更改为使用数字表示会如何？例如：

```
>>> students = ['小萌', '小智', '小强', '小张', '小李']
>>> numbers = [1000, 1001, 1002, 1003, 1004]
>>> print('小智的学号是：',numbers[students.index('小智')])
小智的学号是： 001
```

输出结果和使用字符串表示的输出结果没有什么不同。不过这里数字都是以 1 开头的，若把 1 更改为 0，我们试试：

```
>>> students = ['小萌', '小智', '小强', '小张', '小李']
>>> numbers=[0000,0001,0002,0003,0004]
SyntaxError: invalid token
```

可以看出，numbers 编译不通过，告诉我们这是一个无效标记。这就是不使用数字而使用字符串的原因，使用数字碰到以 0 开头的数字就会出现问题。

（2）尝试从字典中输出一个字符宽度为 10 的元素，例如：

```
>>> student={'小萌':'1001','小智':'1002','小强':'1003'}
>>> print('小萌的学号是：%(小萌)10s' % student) #字符宽度为10
小萌的学号是：      1001
```

尝试把 10s 变换为 10d、10f、-10s、+10s，看看输出结果是怎样的。

5.8 答疑解惑

（1）在项目实战中字典用得多吗？

答：在实际项目中字典用得比较多。通过本章的学习我们知道，字典能存储键/值对信息，当遇到需要通过一个值取得另一个值时，字典就是一个很好的选择。特别在项目中，需要根据唯一标识（如 id）取得统计值的情况很多，因此需要字典结构的支持。

（2）在哪些领域使用字典比较多？

答：基本需要使用软件的领域都会使用字典结构，毕竟这是一个基本数据结构。

（3）其他语言中有字典的说法吗？

答：有。字典这种数据结构在任何编程语言中都有，不过在不同语言中定义的方式不太一样，如在 Java 中用 map 表示字典。

5.9　课后思考与练习

本章主要讲解了字典，在本章结束前回顾一下学到的概念。

（1）字典如何使用？

（2）如何创建字典，字典有哪些基本操作？

（3）字典常用的方法有哪些，该怎么使用？

思考并解决如下问题：

（1）创建一个字典，并打印出字典的内容。

（2）自定义一个字典，对字典中某个值进行修改。

（3）自定义一个字典，删除字典中某个元素，并修改另外某个元素。

（4）定义一个字典，打印出字典的长度，清空字典，再打印字典的长度。

（5）定义一个字典，对字典进行浅拷贝和深拷贝，并比对两者的异同。

（6）定义一个字典，打印其中的某个元素。

（7）定义一个字典，对字典进行遍历，打印对应的 key、value 值。

（8）定义一个字典，将字典转化为列表。

（9）用 dict 函数实现存储一个人的姓名、手机号和地址信息，字符串名称和值由自己定义和赋值。

（10）创建一个字典，里面元素的键/值全部为字符串，然后更改某个元素，更改其值为非字符串形式，如整数、浮点数或元组。

（11）定义一个字典，对字典按 key 进行排序，再对字典按 value 进行排序。

第6章

条件、循环和其他语句

当你想在你的代码中找到一个错误时，这很难；当你认为你的代码不会有错误时，这就更难了。

——Steve McConnell《代码大全》

前面的章节讲解了 Python 的一些基本概念和数据结构，通过前面的学习，读者已经具备一定的 Python 基础了。本章将逐步深入介绍条件语句、循环语句及列表推导式等一些更深层次的语句。

Python 快乐学习班的同学结束了字典屋的学习后，来到了旋转乐园。在这里，同学们要挑战如何让不断旋转的木马停止旋转，如何让旋转门结束某次旋转，还要想方设法让旋转木马一直旋转。现在就陪同 Python 快乐学习班的同学一起去挑战吧！

6.1 使用文本编辑器

到目前为止，我们都是在 Python 的交互式命令行下操作的，优点是能很快得到操作结果，不过缺点也很明显，就是没法保存操作记录。如果下次还想运行已经编写过的程序，就得重新编写一遍。更重要的一点是，稍微复杂的程序使用交互命令行操作起来会很复杂。在实际开发时，可以使用文本编辑器编写复杂的代码，写完后可以保存为一个文件，程序也可以反复运行。

这里推荐两款文本编辑器：一款是 Sublime Text，可以免费使用，但是不付费会弹出提示框，使用界面如图 6-1 所示；另一款是 Notepad++，也可以免费使用，可根据自己的需要选择中文版和英文版，使用界面如图 6-2 所示。

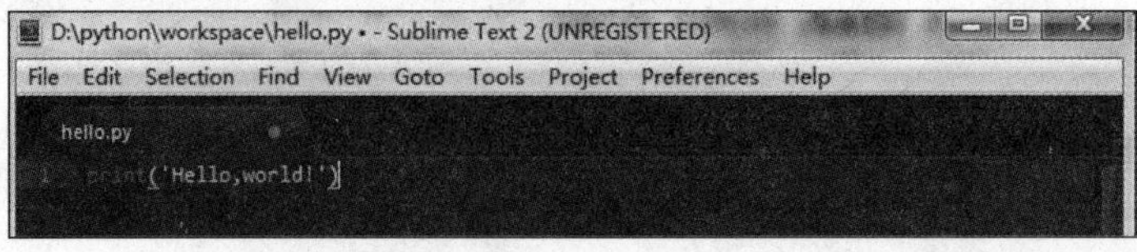

图 6-1 Sublime Text 编辑器

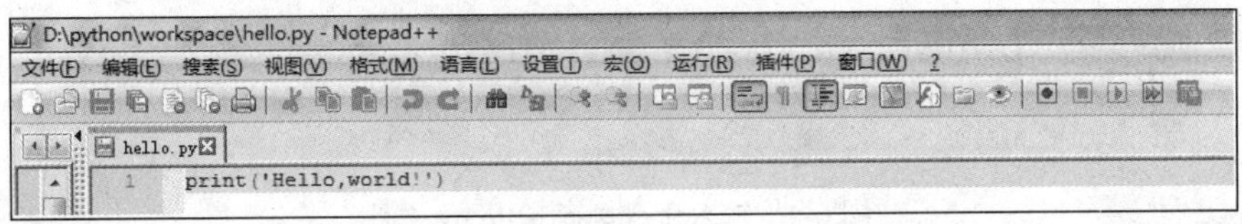

图 6-2　Notepad++编辑器

以上两个编辑器使用哪一个都可以，笔者使用的是 Notepad++编辑器，后面的示例若没有特殊说明，指的就是在 Notepad++编辑器下操作。

提　示

绝对不能使用 Word 和 Windows 自带的记事本。Word 保存的不是纯文本文件，而记事本会自动在文件开始的地方加上几个特殊字符（UTF-8 BOM），从而导致程序运行时出现莫名其妙的错误。

安装好文本编辑器后，打开编辑器，输入以下代码：

```
print('Hello,world!')
```

提　示

print 前面不要有任何空格。

输入完成后，将文本保存到指定目录（如 D:\python\workspace），保存文件名为 hello.py（文件的命名随自己的喜好，但一定要以.py 结尾）。文件名只能是英文字母、数字和下画线的组合。建议文件名有一定意义，方便记忆和日后查看。

打开命令行窗口（如在 Windows 中打开 cmd 命令窗口），把当前目录切换到 hello.py 所在的目录，如图 6-3 所示。

```
C:\Windows\system32\cmd.exe
Microsoft Windows [版本 6.1.7601]
版权所有 (c) 2009 Microsoft Corporation。保留所有权利。

C:\Users\lyz>
C:\Users\lyz>d:

D:\>cd python

D:\python>cd workspace

D:\python\workspace>dir
 驱动器 D 中的卷是 新加卷
 卷的序列号是 083F-8B79

 D:\python\workspace 的目录

2016/08/30  22:21    <DIR>          .
2016/08/30  22:21    <DIR>          ..
2016/08/30  22:01                21 hello.py
               1 个文件             21 字节
               2 个目录 93,570,289,664 可用字节

D:\python\workspace>
```

图 6-3　切换到 hello.py 所在的目录

切换到 workspace 目录下，输入 dir 命令，查看该文件夹中有哪些文件。当前窗口中该文件夹下有一个名为 hello.py 的文件。接下来在 cmd 命令窗口输入 python hello.py 命令运行 hello.py，如图 6-4 所示。

```
D:\python\workspace>python hello.py
Hello,world!

D:\python\workspace>
```

图 6-4　输入命令执行 hello.py 文件

在 cmd 命令窗口中执行 Python 文件的命令格式为：

```
python 带 py 后缀的文件名，如 hello.py
```

输入命令后按 Enter 键，即可在 cmd 命令窗口输出结果，如示例中的“Hello,world!”。

如果输入执行的文件不存在就会报错，如在上面的示例中输入 python hi.py，cmd 命令窗口就会输出如下错误：

```
D:\python\workspace>python hi.py
python: can't open file 'hi.py': [Errno 2] No such file or directory
```

该错误信息的意思是，无法打开 hi.py 文件，没有这个文件或目录。如果在操作中看到类似错误，就需要查看当前目录下是否有这个文件，如用 dir 命令查看当前文件夹下是否有对应文件。如果文件存放在另一个目录下，就要用 cd 命令切换到对应目录。

6.2　import 的使用

语言的学习只有在不断深入后才能进一步发现其中隐藏的惊人特性，即使是简单的 print()函数，在不断使用后也会发现其更多使用方式。本节将引入 import 的概念，使用 import 你将进入一个更快捷的编程模式。

6.2.1　import 语句

在讲解 import 语句之前先看一个示例：

```
import math


r=5
print('半径为 5 的圆的面积为：%.2f' %(math.pi*r**2))
```

保存文件名为 import_test.py。在 cmd 命令窗口执行如下命令：

```
D:\python\workspace>python import_test.py
半径为 5 的圆的面积为：78.54
```

上面的程序使用了 import 语句。

import math 的意思为从 Python 标准库中引入 math.py 模块，这是 Python 中定义的引入模块的方法。import 的标准语法如下：

```
import module1[, module2[,... moduleN]]
```

表示允许一个 import 导入多个模块，但各个模块间需要用逗号隔开。

当解释器遇到 import 语句时，如果模块在当前搜索路径就会被导入。搜索路径是一个解释器，会先搜索所有目录的列表。

当我们使用 import 语句时，Python 解释器怎样找到对应的文件呢？这涉及 Python 的搜索路径，搜索路径由一系列目录名组成，Python 解释器会依次从这些目录中寻找引入的模块。看起来很像环境变量，事实上可以通过定义环境变量的方式确定搜索路径。搜索路径是在 Python 编译或安装时确定的，被存储在 sys 模块的 path 变量中。查看搜索路径的方式如下：

```
import sys

print('Python 的搜索路径为：%s' % sys.path)
```

保存文件名为 import_sys.py，在 cmd 命令窗口执行结果如下：

```
D:\python\workspace>python import_sys.py
Python 的搜索路径为：['D:\\python\\workspace', 'E:\\python\\ python37\\python
37.zip', 'E:\\python\\ python37\\DLLs', 'E:\\python\\ python37\\lib',
'E:\\python\\ python37', 'E:\\python\\python37\\lib\\site-packages']
```

由以上输出结果看到，sys.path 输出了一个列表，第一项输出的是执行文件所在的目录，即我们执行 Python 解释器的目录（如果是脚本，就是运行脚本所在的目录）。

了解搜索路径的概念后，可以在脚本中修改 sys.path 引入一些不在搜索路径中的模块。

上面我们初步引入了 import 语句，除了用 import 引入模块外，还有另一种方式引入模块，先看交互模式下输入的示例：

```
>>> from math import pi
>>> print(pi)
3.141592653589793
```

上面的操作使用了 from math import pi 的方式，这是什么意思呢？

在 Python 中，from 语句可以从模块中导入指定部分到当前命名空间中，语法如下：

```
from modname import name1[, name2[, ... nameN]]
```

例如，from math import pi 语句就是从 math 模块中导入 pi 到当前命名空间，该语句不会将 math 整个模块导入。比如在 math 模块中还有 sin、exp 函数，在这个语句里这两个函数都使用不了，而在导入整个 math 模块的语句中可以使用。在交互模式下输入：

```
>>> import math
>>> print(math.pi)            #math.pi 可以被输出
3.141592653589793
>>> print(math.sin(1))        #math.sin(1)可以被输出
0.8414709848078965
>>> print(math.exp(1))        #math.exp(1)可以被输出
2.718281828459045
```

```
>>> from math import pi
>>> print (pi)              #pi 可以被输出
3.141592653589793
>>> print(sin(1))           #sin(1)不可以被输出
Traceback (most recent call last):
  File "<stdin>", line 1, in <module>
NameError: name 'sin' is not defined
>>> print(exp(1))           #exp(1)不可以被输出
Traceback (most recent call last):
  File "<stdin>", line 1, in <module>
NameError: name 'exp' is not defined
```

由以上输出结果可知，如果导入模块，就会得到模块中所有对象；如果指定导入某个对象，就只能得到该对象。

这样做的好处是什么呢？先看如下示例：

```
>>> import math
>>> print(math.pi)
3.141592653589793
>>> print(pi)
Traceback (most recent call last):
  File "<stdin>", line 1, in <module>
NameError: name 'pi' is not defined
>>> from math import pi
>>> print(pi)
3.141592653589793
```

由上面的输出结果可知，如果在导入 math 模块时访问 pi 对象，需要使用 math.pi，直接使用 pi 访问不了，会报错。使用 import 语句后，可以直接访问 pi 对象，不需要加上模块名进行访问。

如果要访问模块中多个对象，是否需要一个一个导入呢？如果要访问 math 中的 pi 和 sin，是否要写两个 from math import 语句？例如：

```
from math import pi
from math import sin
```

当然不用，可以直接使用如下语句：

```
from math import pi,sin
```

可以从一个导入语句导入多个函数，多个函数之间用逗号分隔。

如果要访问模块中多个对象，是否需要一个一个导入呢？当然不用，可以直接使用如下语句：

```
from math import *
```

使用该语句可以将 math 中所有对象都引入，比如上面几种报错的情况就可以成功输出结果了，例如：

```
>>> from math import *
>>> print(pi)                        #pi 可以被输出
3.141592653589793
>>> print(sin(1))                    #sin(1)可以被输出
0.8414709848078965
>>> print(exp(1))               #exp(1)可以被输出
2.718281828459045
```

由输出结果看到，pi、sin、exp 等函数都可以被正确输出了。这是一个简单地将项目中所有模块都导入的方法。在实际开发中，这种声明不建议过多使用，这样不利于编写清晰、简单的代码。只有想从给定模块导入所有功能时才使用这种方式。

除了上述几种方式外，还可以为模块取别名，例如：

```
>>> import math as m
>>> m.pi
3.141592653589793
```

由输出结果看到，给模块取别名的方式为：在导出模块的语句末尾增加一个 as 子句，as 后面跟上别名名称。

既然可以为模块取别名，当然也可以为函数取别名，例如：

```
>>> from math import pi as p
>>> p
3.141592653589793
```

由输出结果可知，我们为 pi 取了别名为 p，为函数取别名的方式和为模块取别名的方式类似，也是在语句后面加上 as，as 后跟上别名名称。

6.2.2　使用逗号输出

我们在前面的章节已经看到许多使用逗号输出的示例，例如：

```
>>> student='小智'
>>> print('学生称呼：',student)
学生称呼： 小智
```

这种方式还可以输出多个表达式，只要将多个表达式用逗号隔开就行，例如：

```
>>> greeting='大家好！'
>>> intriduce='我叫小智，'
>>> comefrom='我来自智慧城市。'
>>> print(greeting,intriduce,comefrom)
大家好！ 我叫小智， 我来自智慧城市。
```

由输出结果看到，不使用格式化的方式也可以同时输出文本和变量值。

6.3 别样的赋值

之前我们介绍了很多赋值语句，在实际使用中，赋值语句还有很多特殊用法，掌握这些用法对于提高编程水平很有帮助。

6.3.1 序列解包

前面已经有不少赋值语句的示例，比如变量和数据结构成员的赋值，不过赋值的方法不止这些，例如：

```
>>> x,y,z=1,2,3
>>> print(x,y,z)
1 2 3
```

由输出结果看到，可以多个赋值操作同时进行。后面再遇到对多个变量赋值时，就不需要对一个变量赋完值再对另一个变量赋值了，用一条语句就可以搞定，例如：

```
>>> x,y,z=1,2,3
>>> x,y=y,x
>>> print(x,y,z)
2 1 3
```

由输出结果看到，x 和 y 的值交换了，所以可以交换两个或多个变量的值。

在 Python 中，交换所做的事情叫作序列解包（sequence unpacking）或可选迭代解包，即将多个值的序列解开，然后放到变量序列中。可以通过下面的示例理解：

```
>>> nums=1,2,3
>>> nums
(1, 2, 3)
>>> x,y,z=nums
>>> x              #获得序列解开的值
1
>>> print(x,y,z)
1 2 3
```

由输出结果看到，序列解包后，变量获得了对应的值。

再看另一个示例：

```
>>> student={'name':'小萌','number':'000'}
>>> key,value=student.popitem()
>>> key
'number'
>>> value
'000'
```

由输出结果可知，此处作用于元组，使用 popitem 方法将键-值作为元组返回，返回的元组可以直接赋值到两个变量中。

序列解包允许函数返回一个以上的值并打包成元组，然后通过一个赋值语句进行访问。这里有一点要注意，解包序列中的元素数量必须和放置在赋值符号“=”左边的数量完全一致，否则 Python 会在赋值时引发异常，例如：

```
>>> x,y,z=1,2,3
>>> x,y,z
(1, 2, 3)
>>> x,y,z=1,2
Traceback (most recent call last):
  File "<stdin>", line 1, in <module>
ValueError: not enough values to unpack (expected 3, got 2)
>>> x,y,z=1,2,3,4,5
Traceback (most recent call last):
  File "<stdin>", line 1, in <module>
ValueError: too many values to unpack (expected 3)
```

由以上输出结果看到，当右边的元素数量和左边的变量数量不一致时，执行结果就会报错。错误原因是没有足够的值解包（左边变量多于右边元素）或多个值未解包（左边变量少于右边元素）。

注　意
在操作序列解包时，要保证左边和右边的数量相等。

6.3.2　链式赋值

6.3.1 小节介绍了可以对序列解包，序列解包在对不同变量赋不同的值时非常有用，赋相同的值时用序列解包也可以实现。其实还可以使用其他方法，如链式赋值（Chained Assignment），示例如下：

```
>>> x=y=z=10
>>> x
10
```

由输出结果可知，可以通过多个等式为多个变量赋同一个值，这种方法叫作链式赋值。

链式赋值是将同一个值赋给多个变量。

上面的语句效果和下面的语句效果一样：

```
>>> x=10
>>> y=x
>>> y
10
```

由输出结果可知，既可以使用链式方式赋值，又可以单独赋值，显然链式方法更简洁。

6.3.3 增量赋值

我们在第 2 章讲解了赋值运算符。使用赋值运算符时没有将表达式写成类似 x=x+1 的形式，而是将表达式放置在赋值运算符（=）的左边（如将 x=x+1 写成 x+=1），这种写法在 Python 中叫作增量赋值（Augemented Assignment）。这种写法对*（乘）、/（除）、%（取模）等标准运算符都适用，例如：

```
>>> x=5
>>> x+=1   #加
>>> x
6
>>> x-=2 #减
>>> x
4
>>> x*=2 #乘
>>> x
8
>>> x/=4  #除
>>> x
2.0
```

由操作结果可以看到，使用增量赋值相对于赋值操作看上去更简洁。

增量赋值除了适用于数值类型外，还适用于二元运算符的数据类型，例如：

```
>>> field ='Hello,'
>>> field += 'world'
>>> field
'Hello,world'
>>> field*=2
>>> field
'Hello,worldHello,world'
```

由操作结果可知，增量赋值操作也可以用于字符串。

增量赋值可以让代码在很多情况下更易读，也可以帮助我们写出更紧凑、简练的代码。

6.4 语句块

语句块并非一种语句，语句块是一组满足一定条件时执行一次或多次的语句。语句块的创建方式是在代码前放置空格缩进。

同一段语句块中每行语句都要保持同样的缩进，如果缩进不同，Python 编译器就会认为不属于同一个语句块或认为是错误的。

在 Python 中，冒号（:）用来标识语句块的开始，语句块中每一个语句都需要缩进（缩进量相同）。当退回到和已经闭合的块一样的缩进量时，表示当前语句块已经结束了。

6.5　条件语句

到目前为止，我们编写的程序都是简单地按语句顺序一条一条执行的。本节将介绍让程序选择执行语句的方法。

6.5.1　布尔变量的作用

布尔变量我们在第 2 章已经有所接触，第 2 章的运算符中多处提到的 True、False 就是布尔变量，布尔变量一般对应的是布尔值（也称作真值，布尔值这个名字是根据对真值做过大量研究的 George Boole 命名的）。

下面的值在作为布尔表达式时，会被解释器看作假（False）：

```
False  None 0  "" () [] {}
```

换句话说，标准值 False 和 None、所有类型的数字 0（包括浮点型、长整型和其他类型）、空序列（如空字符串、空元组和空列表）以及空字典都为假。其他值都为真，包括原生的布尔值 True。

Python 中所有值都能被解释为真值，这可能会让你不太明白，但理解这点非常有用。在 Python 中，标准的真值有 True 和 False 两个。在其他语言中，标准的真值为 0（表示假）和 1（表示真）。事实上，True 和 False 只不过是 1 和 0 的另一种表现形式，作用相同，例如：

```
>>> True
True
>>> False
False
>>> True == 1
True
>>> False == 0
True
>>> True+False+2
3
```

由上面的输出结果看到，在 Python 中，True 和 1 等价，False 和 0 等价。

布尔值 True 和 False 属于布尔类型，bool 函数可以用来转换其他值，例如：

```
>>> bool('good good study')
True
>>> bool('')
False
>>> bool(3)
True
>>> bool(0)
False
>>> bool([1])
True
>>> bool([])
False
>>> bool()
```

```
False
```

由输出结果看到，可以用 bool 函数做 boolean 值转换。

因为所有值都可以用作布尔值（真值），所以几乎不需要对它们进行显式转换，Python 会自动转换这些值。

提　示

尽管[]和""都为假，即 bool([])==bool("")==False，不过它们本身不相等，即[]!=""。其他不同类型的假值也是如此，如()!=False。

6.5.2 if 语句

真值可以联合使用，首先看如下代码：

```
# if 基本用法

if (greeting := 'hello') == 'hello':
    print('hello')
```

该示例执行结果如下：

```
hello
```

该示例为 if 条件执行语句的一个实现示例。如果条件（在 if 和冒号之间的表达式）判定为真，后面的语句块（本例中是 print 语句）就会被执行；如果条件判定为假，语句块就不会被执行。

上述示例代码的执行过程如图 6-5 所示。

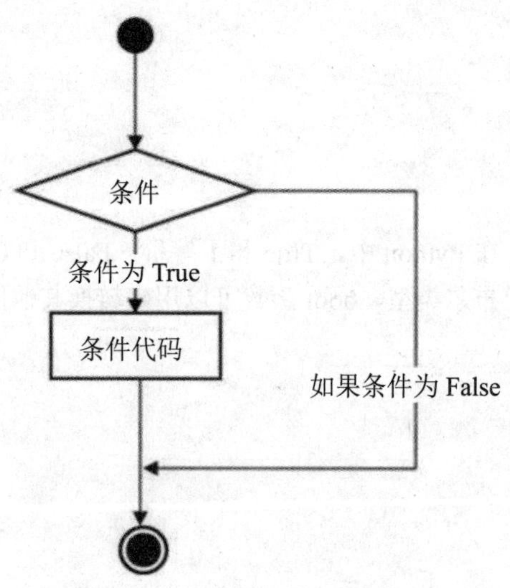

图 6-5　if 条件语句执行过程

图 6-5 中的小黑点为 if 语句的起点，往后执行到条件语句（条件语句如 greeting == 'hello'），如果条件为真，就执行条件代码，然后结束这个 if 条件语句；如果条件为假，就跳过这段条件代码，

这个 if 条件语句直接结束。

在 if 语句块中还可以执行一些复杂操作，例如（文件名为 if_use.py）：

```
# if 基本用法
if (greeting := 'hello') == 'hello':
    student={'小萌': '000', '小智': '001', '小强': '002', '小张': '003'}
    print(f'字典元素个数为：{len(student)}')
    student.clear()
    print(f'字典删除后元素个数为：{len(student)}')
```

以上程序执行结果为：

```
字典元素个数为：4 个
字典删除后元素个数为：0 个
```

此处的 if 语句块由多条语句组成，编写过程中要注意保持语句的缩进一致，否则在执行时会报错。

if 语句的条件判定除了使用==外，还可以使用>（大于）、<（小于）、>=（大于等于）、<=（小于等于）等条件符表示大小关系。除此之外，还可以使用各个函数或方法返回值作为条件判定。使用条件符的操作和使用==一样，使用函数或表达式的操作在后续章节会逐步介绍。

6.5.3　else 子句

在 if 语句的示例中，当 greeting 的值为 hello 时，if 后面的条件执行结果为 true，进入下面的语句块中执行相关语句。如果 greeting 的值不是 hello，就不能进入语句块，如果想显示相关提示，比如告诉我们 greeting 的值不为 hello 或执行的不是 if 中的语句块，该怎么办呢？例如（文件命名 if_else_use.py）：

```
if (greeting := 'hi') == 'hello':
    print('hello')
else:
    print('该语句块不在 if 中，greeting 的值不是 hello')
```

这段程序加入了一个新条件子句——else 子句。之所以叫子句，是因为 else 不是独立语句，只能作为 if 语句的一部分。使用 else 子句可以增加一种选择。

该程序的输出结果如下：

```
该语句块不在 if 中，greeting 的值不是 hello
```

由输出结果看到，if 语句块没有被执行，执行的是 else 子句中的语句块。同 if 语句一样，else 子句中的语句块也可以编写复杂语句。

提　示
在 else 子句后面没有条件判定。

6.5.4 elif 子句

在 else 子句的示例中，如果除 if 条件外，还有多个子条件需要判定，该怎么办呢？

Python 为我们提供了一个 elif 语句，elif 是 else if 的简写，意思为具有条件的 else 子句，例如（文件命名 if_elif_use.py）：

```
if (num := 10) > 10:
    print('num 的值大于 10')
elif 0<=num<=10:
    print('num 的值介于 0 和 10 之间')
else:
    print('num 的值小于 0')
```

由以上程序可知，elif 需要和 if、else 子句联合使用，不能独立使用，并且必须以 if 语句开头，可以选择是否以 else 子句结尾。

程序输出结果如下：

```
num 的值介于 0 和 10 之间
```

由输出结果得知，这段程序执行的是 elif 子句中的语句块，即 elif 子句的条件判定结果为 true，所以执行这个子句后的语句块。

6.5.5 嵌套代码块

我们前面讲述了 if 语句、else 子句和 elif 子句，这几个语句可以进行条件的选择判定，不过我们在实际项目开发中经常需要一些更复杂的操作，例如（文件命名 if_nesting_use.py）：

```
if (num := 10) % 2 == 0:
    if num % 3 == 0:
        print ("你输入的数字可以整除 2 和 3")
    elif num % 4 == 0:
        print ("你输入的数字可以整除 2 和 4")
    else:
        print ("你输入的数字可以整除 2，但不能整除 3 和 4")
else:
    if num % 3 == 0:
        print ("你输入的数字可以整除 3，但不能整除 2")
    else:
        print  ("你输入的数字不能整除 2 和 3")
```

由上面的程序可知，在 if 语句的语句块中还存在 if 语句、语句块以及 else 子句，else 子句的语句块中也存在 if 语句和 else 子句。

上面的程序输出结果如下：

```
你输入的数字可以整除 2，但不能整除 3 和 4
```

由输出结果可以看出，执行的是 if 语句块中 else 子句的语句块。

在 Python 中，该示例使用的这种结构的代码称作嵌套代码。所谓嵌套代码，是指把 if、else、elif 等条件语句再放入 if、else、elif 条件语句块中，作为深层次的条件判定语句。

6.5.6 更多操作

我们在第 2 章简单介绍过一些运算符，本节将对其中一些涉及条件运算的运算符做进一步讲解。

1. is：同一性运算符

is 运算符比较有趣。我们先看如下程序：

```
>>> x=y=[1,2,3]
>>> z=[1,2,3]
>>> x==y
True
>>> x==z
True
>>> x is y
True
>>> x is z
False
```

在最后一个输出语句之前，一切看起来非常美好，都在意料中，不过最后一个语句却出现了问题，为什么 x 和 z 相等却不相同呢？

这是因为 is 运算符用于判定同一性而不是相等性。变量 x 和 y 被绑定在同一个列表上，而变量 z 被绑定在另一个具有相同数值和顺序的列表上。它们的值可能相等，却不是同一个对象。

也可以从内存的角度思考，即它们所指向的内存空间不一样，x 和 y 指向同一块内存空间，z 指向另一块内存空间。

是不是看起来有些不可理喻，再看如下示例：

```
>>> x=[1,2,3]
>>> y=[1,5]
>>> x is not y
True
>>> del x[2]
>>> x
[1, 2]
>>> y[1]=2
>>> y
[1, 2]
>>> x==y
True
>>> x is y
```

```
False
```

在上面的程序中，列表 x 和 y 一开始是不同的列表，后面将列表值更改为相等，但还是两个不同的列表，即两个列表值相等却不等同。

综上所述，使用==运算符判定两个对象是否相等，使用 is 判定两个对象是否等同（是否为同一对象）。

> **提　示**
>
> 尽量避免用 is 运算符比较数值和字符串这类不可变值。由于 Python 内部操作这些对象方式的原因，使用 is 运算符的结果是不可预测的，除非你对堆栈有一定熟悉程度，否则很难预测运算结果。

2. 比较字符串和序列

字符串可以按照字母排列顺序进行比较，我们在前面的章节已经介绍过。这里介绍其他序列的比较操作。

其他序列比较的不是字符而是元素的其他类型，例如：

```
>>> [1,2]<[2,1]
True
>>> [1,2]<[1,2]
False
>>> [1,2]==[1,2]
True
```

由操作结果可知，也可以对列表进行比较操作。

如果一个序列中包括其他序列元素，比较规则也适用于序列元素，例如：

```
>>> [2,[1,2]]<[2,[1,3]]
True
```

由操作结果看到，也可以对嵌套列表进行比较操作。

3. 布尔运算符

前面我们已经讲述过不少布尔运算的操作。不过有时要检查一个以上的条件，如果按照前面的操作方式，就会多走一些弯路，例如（文件命名 boolean_oper.py）：

```
if (num := 10) <= 10:
    if num>=5:
        print('num 的值介于 5 和 10 之间')
    else:
        print('num 的值不介于 5 和 10 之间')
else:
    print('num 的值不介于 5 和 10 之间')
```

上面的程序在写法上没什么问题，但是走了一些不必要的弯路，可以将代码编写得更简洁：

```
if num <= 10 and num>=5:
    print('num 的值介于 5 和 10 之间')
else:
    print('num 的值不介于 5 和 10 之间')
```

或者：

```
if 5 <= num <= 10:
    print('num 的值介于 5 和 10 之间')
else:
    print('num 的值不介于 5 和 10 之间')
```

上面的程序明显更加简洁、易读。

and 运算符用于连接两个布尔值，并在两者都为真时返回真，否则返回假。与 and 同类的还有 or 和 not 两个运算符。

布尔运算符有一个有趣的特性：只有在需要求值时才求值。举例来说，表达式 x and y 需要两个变量都为真时才为真，如果 x 为假，表达式就立刻返回 false，无论 y 的值是多少。实际上，如果 x 为假，表达式就会返回 x 的值，否则返回 y 的值。这种行为被称为短路逻辑（short-circuit logic）或惰性求值（lazy evaluation）。布尔运算符通常被称为逻辑运算符，这种行为同样适用于 or。在表达式 x or y 中，x 为真时直接返回 x 的值，否则返回 y 的值。注意，这意味着在布尔运算符后面的代码都不会被执行。

6.5.7 断　言

在 Python 中，有一个和 if 语句工作方式非常相近的关键字，其工作方式类似如下伪代码：

```
if not condition:
    crash program
```

在 Python 中为什么需要这样的代码呢？

在没完善一个程序之前，我们不知道程序会在哪里出错，与其在运行时崩溃，不如在出现错误条件时就崩溃。一般来说，可以要求一些条件必须为真。在 Python 中，assert 关键字就能实现这种工作方式。先来看一个示例：

```
>>> x=3
>>> assert x > 0, "x is not zero or negative"
>>> assert x%2 == 0, "x is not an even number" #提示 x 不是偶数
Traceback (most recent call last):
  File "<stdin>", line 1, in <module>
AssertionError: x is not an even number
```

由上面的输出结果看到，当 assert 后面的条件为真时，程序正常运行；当 assert 后面的条件为假时，输出错误信息。错误的提示信息由我们自己定义，这个错误提示信息可以称为异常参数。assert 的异常参数是在断言表达式后添加的字符串信息，用来解释断言并更容易知道问题出在哪里。

使用 assert 断言是学习 Python 的好习惯，Python assert 断言语句的格式及用法很简单。

使用 assert 断言时，要注意以下几点：

（1）assert 断言用来声明某个条件是真的。

（2）如果你非常确信使用的列表中至少有一个元素，想要检验这一点，并在它非真时引发一个错误，那么 assert 语句是应用在这种情形下的理想语句。

（3）assert 语句失败时，会引发一个 AssertionError。

6.6 循　环

程序在一般情况下是按顺序执行的。编程语言提供了各种控制结构，允许更复杂的执行路径。循环语句允许我们多次执行一个语句或语句组。图 6-6 所示为大多数编程语言中循环语句的执行流程。

我们已经知道条件为真（或假）时程序如何执行了。若想让程序重复执行，该怎么办呢？比如输出 1～100 所有数字，是写 100 个输出语句吗？显然你不想这样做。接下来我们学习如何解决这个问题。

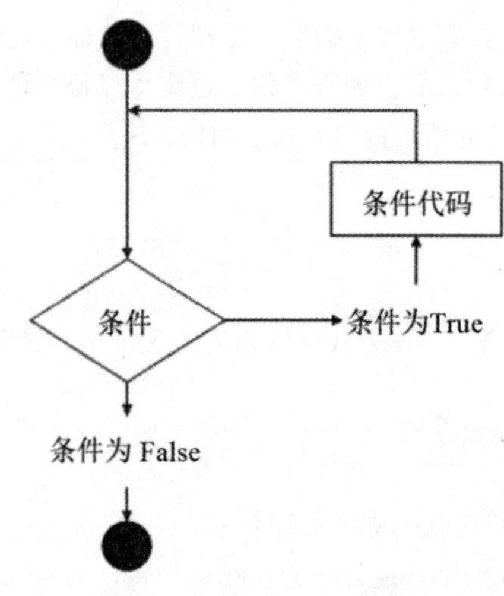

图 6-6　循环语句执行流程

6.6.1 while 循环

我们先看如何使用简单的程序输出 1～100 所有数字，程序如下（文件命名 while_use.py）：

```
n=1
while n<=100:
    print(f'当前数字是：{n}')
    n += 1
```

由输入程序看到，只需短短几行就可以实现这个功能，我们看输出结果（由于全部输出会太长，也没有必要，因此此处显示几行输出结果作为展示）：

```
当前数字是： 1
```

```
当前数字是： 2
当前数字是： 3
当前数字是： 4
当前数字是： 5
......
```

由输出结果看到，按顺序输出了对应结果。

该示例中使用了 while 关键字。在 Python 编程中，while 语句用于循环执行程序，以处理需要重复处理的任务。基本语法形式为：

```
while 判断条件：
    执行语句......
```

执行语句可以是单个语句或语句块。判断条件可以是任何表达式，所有非零、非空（Null）的值都为真（True）。当判断条件为假（False）时，循环结束。

while 循环的执行流程如图 6-7 所示。

该流程图的意思为：首先对 while 条件判定，当条件为 True 时，执行条件语句块，执行完语句块再判定 while 条件，若仍然为 True，则继续执行语句块，直到条件为 False 时结束循环。

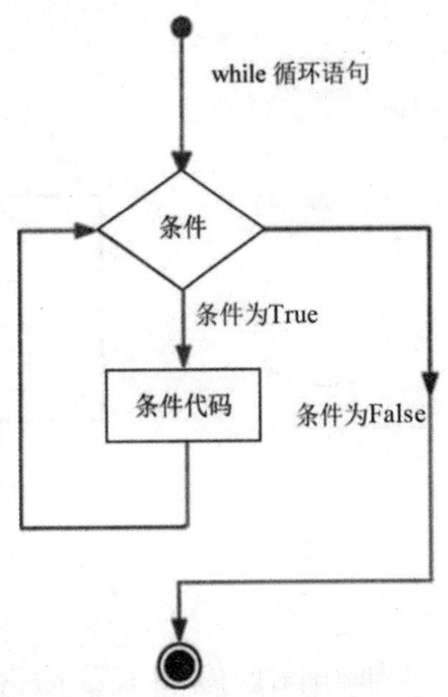

图 6-7　while 循环的执行流程

6.6.2　for 循环

我们在 6.6.1 小节讲述了 while 循环，可以看到 while 语句非常灵活，例如（exp_while.py）：

```
n=0
fields=['a','b','c']
while n<len(fields):
    print(f'当前字母是：{fields[n]}')
    n += 1
```

该代码实现的功能是将列表中的元素分别输出。该程序的实现没有什么问题，我们是否有更好的方式实现这个功能呢？答案是有，例如（for_use.py）：

```
fields=['a','b','c']
for f in fields:
    print(f'当前字母是：{f}')
```

可以看到，代码比前面使用 while 循环时更简洁，代码量也更少。程序执行的输出结果如下：

```
当前字母是： a
当前字母是： b
当前字母是： c
```

该示例使用了 for 关键字。在 Python 中，for 关键字叫作 for 循环，for 循环可以遍历任何序列的项目，如一个列表或字符串。

for 循环的语法格式如下：

```
for iterating_var in sequence:
  statements(s)
```

sequence 是任意序列，iterating_var 是序列中需要遍历的元素，statements 是待执行的语句块。

for 循环的执行流程如图 6-8 所示。

该流程图的意思为：首先对 for 条件判定，游标（后面会详细讲解这个词）指向第 0 个位置，即指向第一个元素，看 sequence 序列中是否有元素，若有，则将元素值赋给 iterating_var，接着执行语句块，若语句块中需要获取元素值，则使用 iterating_var 的值，执行完语句块后，将序列的游标往后挪一个位置，再判定该位置是否有元素，若仍然有元素，则继续执行语句块，然后序列的游标再往后挪一个位置，直到下一个位置没有元素时结束循环。

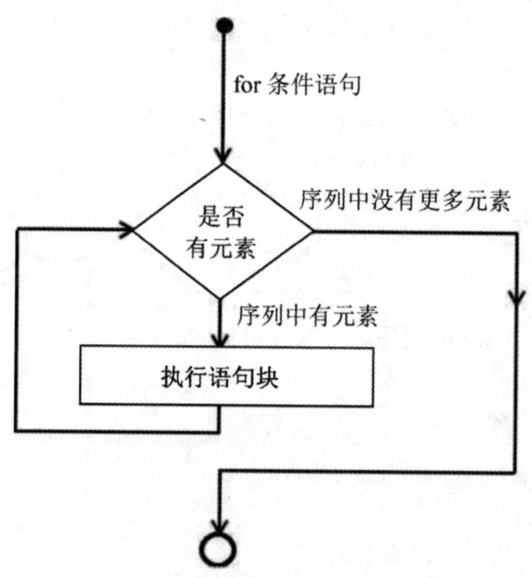

图 6-8 for 循环的执行流程

我们再看以下示例（exp_for.py）：

```
print('-----for 循环字符串-----------')
for letter in 'good':    #for 循环字符串
  print (f'当前字母 :{letter}')

print('-----for 循环数字序列-----------')
number=[1,2,3]
for num in  number:    #for 循环数字序列
   print(f'当前数字：{num}')

print('-----for 循环字典-----------')
tups={'name':'小智','number':001}
```

```
for tup in tups:   #for 循环字典
    print(f'{tup}:{tups[tup]}')
```

输出结果如下：

```
-----for 循环字符串-----------
当前字母 : g
当前字母 : o
当前字母 : o
当前字母 : d
-----for 循环数字序列-----------
当前数字： 1
当前数字： 2
当前数字： 3
-----for 循环字典-----------
number:001
name:小智
```

由上面的输入代码和输出结果可以看到，for 循环的使用还是比较方便的。

提　示
如果能使用 for 循环，就尽量不要使用 while 循环。

6.6.3　循环遍历字典元素

在 6.6.2 小节的示例中我们已经提供了使用 for 循环遍历字典的代码，代码如下（for_in.py）：

```
tups={'name':'小智','number':001}
for tup in tups:   #for 循环字典
    print(f'{ tup }:{ tups[tup]}')
```

可以看到，此处用 for 循环对字典的处理看起来有一些繁杂，是否可以使用更直观的方式处理字典呢？

还记得我们前面学习的序列解包吗？for 循环的一大好处是可以在循环中使用序列解包，例如（for_items.py）：

```
tups={'name':'小智','number':001}
for key,value in tups.items():
    print(f'{key}:{value}')
```

输出结果如下：

```
number:001
name:小智
```

由输入代码和输出结果看到，可以使用 items 方法将键-值对作为元组返回。

提　示

字典中的元素是没有顺序的。也就是说，迭代时字典中的键和值都能保证被处理，但是处理顺序不确定。这也是用 for 循环输出字典中的元素时不按照顺序输出的原因。

6.6.4 迭代工具

在 Python 中，迭代序列或其他可迭代对象时，有一些函数非常有用。下面我们介绍一些有用的函数。

1. 并行迭代

程序可以同时迭代两个序列，输入如下（iterative_use.py）：

```
student=['xiaomeng','xiaozhi','xiaoqiang']
number=[1001,1002,1003]
for i in range(len(student)):
    print(f'{student[i]}的学号是：{number[i]}')
```

程序执行结果如下：

```
xiaomeng 的学号是：1001
xiaozhi 的学号是：1002
xiaoqiang 的学号是：1003
```

在程序中，i 是循环索引的标准变量名。

在 Python 中，内建的 zip 函数用来进行并行迭代，可以把两个序列合并在一起，返回一个元组的列表，例如（zip_func_use.py）：

```
student=['xiaomeng','xiaozhi','xiaoqiang']
number=[1001,1002,1003]
for name,num in zip(student,number):
    print(f'{name}的学号是：{num}')
```

程序执行结果和前面一样。

zip 函数可以作用于任意数量的序列，并且可以应付不等长的序列，当短序列“用完”时就会停止，例如（zip_exp.py）：

```
for num1,num2 in zip(range(3),range(100)):
    print(f'zip 键值对为：{num1}{num2}')
```

程序执行结果如下：

```
zip 键值对为： 0 0
zip 键值对为： 1 1
zip 键值对为： 2 2
```

由输出结果看到，zip 函数以短序列为准，当短序列遍历结束时，for 循环就会遍历结束。

提　示

此处用到的 range 函数是 Python 3 中的函数，在 Python 2 版本中存在与这个函数功能类似的 xrange 函数。

2. 翻转和排序迭代

我们在列表中学习过 reverse 和 sort 方法，此处介绍两个类似的函数——reversed 和 sorted 函数。这两个函数可作用于任何序列或可迭代对象，但不是原地修改对象，而是返回翻转或排序后的版本。在交互模式下输入：

```
>>> sorted([5,3,7,1])
[1, 3, 5, 7]
>>> sorted('hello,world!')
['!', ',', 'd', 'e', 'h', 'l', 'l', 'l', 'o', 'o', 'r', 'w']
>>> list(reversed('hello,world!'))
['!', 'd', 'l', 'r', 'o', 'w', ',', 'o', 'l', 'l', 'e', 'h']
>>> ''.join(reversed('hello,world!'))
'!dlrow,olleh'
```

由输出结果我们看到，sorted 函数返回的是一个列表，reversed 函数返回的是一个可迭代对象。它们的具体含义不用过多关注，在 for 循环和 join 方法中使用不会有任何问题。如果要对这两个函数使用索引、分片及调用 list 方法，就可以使用 list 类型转换返回对象。

6.6.5　跳出循环

我们在前面的示例中讲过，循环会一直执行，直到条件为假或序列元素用完时才会结束。若我们想提前中断循环，比如循环的结果已经是我们想要的了，不想让循环继续执行而占用资源，有什么方法可以实现呢？

Python 提供了 break、continue 等语句可用于这种情形。

1. break

break 语句用来终止循环语句，即使循环条件中没有 False 条件或序列还没有遍历完，也会停止执行循环语句。

break 语句用在 while 和 for 循环中。

如果使用嵌套循环，break 语句就会停止执行最深层的循环，并开始执行下一行代码。

break 语句语法如下：

```
break
```

break 语句的执行流程如图 6-9 所示。

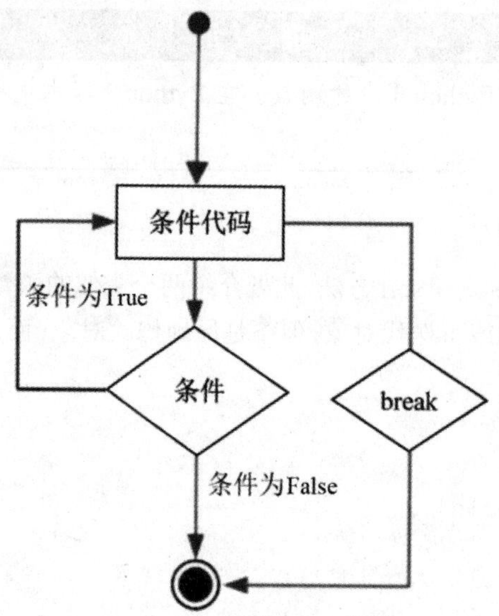

图 6-9 break 执行流程

当遇到 break 语句时，无论执行什么条件，都跳出这个循环，例如（break_use.py）：

```
for letter in 'hello':          #示例 1
    if letter == 'l':
        break
    print (f'当前字母为:{letter}')

num = 10                        #示例 2
while num > 0:
    print (f'输出数字为:{num}')
    num -= 1
    if num == 8:
        break
```

输出结果如下：

```
当前字母为: h
当前字母为: e
输出数字为: 10
输出数字为: 9
```

由输出结果看到，在示例 1 中，输出语句输出循环遍历到的字符，当遇到指定字符时，跳出 for 循环。在示例 2 中，使用 while 做条件判定，在语句块中输出满足条件的数字，当数字等于 8 时，跳出 while 循环，不再继续遍历。

2. continue

continue 语句用来告诉 Python 跳过当前循环的剩余语句，然后继续进行下一轮循环。

continue 语句用在 while 和 for 循环中。

continue 语句的语法格式如下：

```
continue
```

continue 语句的执行流程如图 6-10 所示。

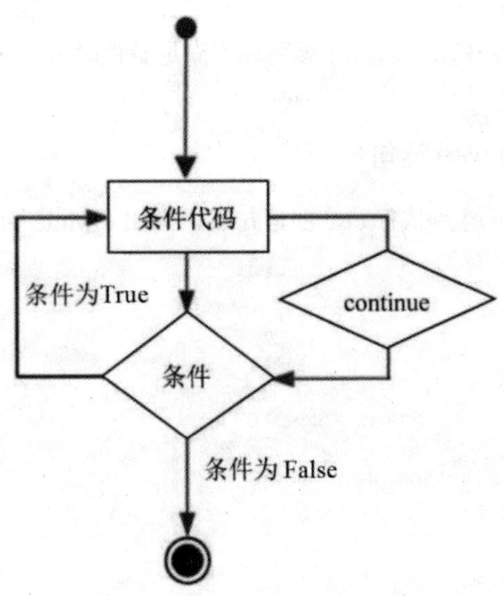

图 6-10　continue 执行流程

当执行过程中遇到 continue 语句时，无论执行条件是真还是假，都跳过这次循环，进入下一次循环，例如（continue_use.py）：

```
for letter in 'hello':     # 示例 1
   if letter == 'l':
      continue
   print(f'当前字母 :{letter}')

num = 3                  # 示例 2
while num > 0:
   num -= 1
   if num == 2:
      continue
   print (f'当前变量值 :{num}')
```

输出结果如下：

```
当前字母:h
当前字母:e
当前字母:o
当前变量值:1
当前变量值:0
```

由输出结果看到，相比于 break 语句，使用 continue 语句只是跳过一次循环，不会跳出整个循环。

6.6.6 循环中的 else 子句

在开发过程中，可能需要在 while、for 等循环不满足条件时做一些工作。该怎么实现呢？下面进行介绍。

1. 在 while 循环中使用 else 语句

在 while 条件语句为 false 时，执行 else 的语句块，例如（while_else_use.py）：

```
num = 0
while num < 3:
   print (f"{num} 小于 3")
   num += 1
else:
   print (f"{num} 大于或等于 3")
print("结束循环!")
```

执行结果如下：

```
0  小于 3
1  小于 3
2  小于 3
3  大于或等于 3
结束循环!
```

由输出结果看到，while 循环结束后执行了 else 语句中的语句块，输出“3 大于或等于 3”语句。

2. 在 for 循环中使用 else 语句

在 for 条件语句为 false 或结束后没有被 break 中断时，执行 else 的语句块，例如（for_else_use.py）：

```
names = ['xiaomeng', 'xiaozhi']
for name in names:
    if name == "xiao":
        print(f"名称：{name}")
        break
    print(f"循环名称列表 {name}")
else:
    print("没有循环数据!")
print("结束循环!")
```

程序执行结果如下：

```
循环名称列表 xiaomeng
循环名称列表 xiaozhi
没有循环数据!
结束循环!
```

由输出条件看到，for 循环结束后执行了 else 语句块中的内容。

6.7　pass 语句

Python 中的 pass 是空语句，作用是保持程序结构的完整性。

pass 语句的语法格式如下：

```
pass
```

pass 不做任何事情，只是占位语句，例如：

```
>>> pass
>>>
```

输出结果什么都没有做。

为什么使用一个什么都不做的语句呢？再来看如下代码（exp_normal.py）：

```
if (name := 'xiaomeng') == 'xiaomeng':
    print('hello')
elif name == 'xiaozhi':
    #预留，先不做任何处理
else:
    print('nothing')
```

执行程序，结果如下：

```
  File "itertor.py", line 63
    else:
       ^
IndentationError: expected an indented block
```

执行报错了，因为程序中有空代码，在 Python 中空代码是非法的。解决办法是在语句块中加一个 pass 语句。上面的代码更改为（pass_use.py）：

```
if (name := 'xiaomeng') == 'xiaomeng':
    print('hello')
elif name == 'xiaozhi':
    #预留，先不做任何处理
    pass
else:
    print('nothing')
```

再执行这段代码，得到结果如下：

```
hello
```

输出结果可以正确执行了。

6.8 牛刀小试（1）——猜字游戏编写

为巩固本章的学习内容，设计一个小游戏帮助我们系统地温习本章的知识点。

游戏内容是这样的：随便给定一个在一定范围内的数字，让用户去猜这个数字是多少，并输入自己猜测的数字，系统判断是否为给定数字。如果输入的猜测数字大于给定值，提示你输入的值大了；如果输入的值小于给定值，就提示输入的值小了；如果等于给定值，就提示你猜对了，并展示总共猜了多少次。

在看参考代码之前先思考一下，要实现这个小游戏，你会怎么做呢？

思考点拨：

先从最简单的方向思考，有 3 种情况：

（1）输入值小于给定值。
（2）输入值等于给定值。
（3）输入值大于给定值。

对于情况（1）和（3），需要继续输入；对于情况（2），输入结束。

需要提供 3 个变量：一个变量用于记录给定值，一个变量用于记录输入值，还有一个变量用于记录输入了多少次，注意输入次数至少是一次。

参考代码如下（参考代码对输入元素是否为数字做了判断，同时判断了输入数字是否超出给定的数值范围，num_guess.py）：

```
import random

number = random.randint(1, 100)
guess = 0
while True:
    num_input = input("请输入一个 1 到 100 的数字:")
    guess +=1
    if not num_input.isdigit():
        print ("请输入数字。")
    elif int(num_input)<0 or int(num_input)>=100:
        print ("输入的数字必须介于 1 到 100。")
    else:
        if number==int(num_input):
            print (f"恭喜您，您猜对了，您总共猜了 {guess} 次")
            break
        elif number>int(num_input):
            print ("您输入的数字小了。")
```

```
        elif number<int(num_input):
            print ("您输入的数字大了。")
        else:
            print ("系统发生不可预测问题，请联系管理人员进行处理。")
```

6.9 牛刀小试（2）——平方数

寻找这样的数，符合如下条件的称为平方数：

（1）不管多少位，每一位的数都相同，如 11，333。
（2）对这个数开平方，得到的结果是整数，如 4 开平方，结果是 2。

对于满足如上两点的正整数，称为平方数。
参考示例代码如下（cycle_num.py）：

```
import math

# 从 1 到 10 循环
for i in range(1, 10):
    # 从 1 到 10 循环
    for j in range(1, 10):
        # 数字 i 转化为字符串，重复 j 次
        num_str = str(i) * j
        # 数字字符串 num_str 转化为整数
        num_v = int(num_str)
        # 对整数 num_v 开平方
        cal_m = math.sqrt(num_v)
        # 开方后的结果 cal_m 根据点号（.）分割
        num_list = str(cal_m).split('.')
        # 分割后的小数位若大于 1，则不是 平方数
        if len(num_list[1]) > 1:
            print(f'{num_v} 不是平方数=================')
            continue

        print(f'-----------------{i} 是平方数.--------------')
```

执行 py 文件，输出结果如下：

```
-----------------1 是平方数.--------------
11 不是平方数=================
111 不是平方数=================
......
```

对于该示例，有兴趣的读者还可以做一些修改，比如修改为计算某个范围内有多少个平方数（如在 1 到 100 之间，有多少个平方数），读者可以自行尝试实现。

6.10 Python 程序调试

这里通过设置一些错误让读者认识在编写代码过程中的常见问题，以帮助读者熟悉和解决实际遇到的问题。

（1）在交互模式下输入 false，看会输出什么结果，并尝试解答为什么输出这样的结果。输入 true、true+false 呢？

```
>>> false
Traceback (most recent call last):
  File "<stdin>", line 1, in <module>
NameError: name 'false' is not defined
```

（2）在 while 或 for 循环中，尝试不对齐循环语句块中的语句，看看执行结果是怎样的？例如：

```
num = 10
while num > 0:
    print ('输出数字为:', num)
  num -= 1       #本行与其他行不对齐
    if num == 8:
        break
```

运行这段代码，查看输出结果是怎样的，并尝试更改为 for 循环，再次查看结果。

（3）尝试以下程序的执行结果：

```
if (name := 'xiaomeng') == 'xiaomeng':
    print('hello')
elif name == 'xiaozhi':
    print('do nothing')
        pass
else:
    print('nothing')
```

6.11 答疑解惑

（1）能不能像执行.exe 文件一样执行.py 文件呢？

答：在 Windows 上是不行的，不过在 Mac 和 Linux 上可以。方法是在.py 文件的第一行加一个特殊注释，例如：

```
#!/usr/bin/env python3
```

（2）在实际项目中，条件语句用得多还是循环语句用得多？

答：这要看什么样的项目，有一些项目的功能用条件语句更好实现，条件语句就会用得多些。若使用循环语句实现更方便，就多使用循环语句。随着越来越熟悉这些语句，可以根据自己的使用习惯和具体需求做出更好的选择。

（3）可以在循环语句中嵌套循环吗？

答：可以，循环语句也可以像条件语句一样嵌套循环语句。循环语句不但可以嵌套循环语句，而且可以嵌套条件语句，条件语句中也可以嵌套循环语句。条件语句和循环语句的使用很灵活，只要语法正确，就可以任意使用。

6.12　课后思考与练习

本章主要讲解了条件、循环和其他语句，在本章结束前回顾一下学到的概念。

（1）import 语句和 import 语句的使用。

（2）什么是序列解包、链式赋值和增量赋值？

（3）什么是条件语句？

（4）有哪些循环语句，该怎么使用，又该怎么跳出？

思考并解决如下问题：

（1）使用 import 导入随机函数，并用导入的随机函数生成随机数。

（2）a=2，b=5，不借用其他变量，交换 a、b 的值。

（3）编写代码实现：如果输入的数字大于某个值，则做事情 A，否则做事情 B。

（4）编写代码实现多区间数值的流程判定，即满足区间 A，做事情 A；满足区间 B，做事情 B；满足区间 C，做事情 C，等等。

（5）用 while 循环实现：给定 a=1，当 a 小于 100 时，则 a=a*(a+1)。

（6）用 for 循环实现冒泡排序。

（7）用 while 循环实现当满足某一条件时，跳出循环，否则循环结束后，打印出没有满足某一条件的事情发生。

（8）用 for 循环结合 continue 和 break，从一个数据列表中最快找到最接近某个给定数字的数。

（9）使用本章的知识写一个程序，判断输入的年份是否为闰年（输入函数为 input）。

（10）写一个函数，判断输入的数字是奇数还是偶数。

（11）阿姆斯特朗数。如果一个 n 位正整数等于各位数字 n 次方的和，就称该数为阿姆斯特朗数。例如，1^3 + 5^3 + 3^3 = 153。

1000 以内的阿姆斯特朗数有：1、2、3、4、5、6、7、8、9、153、370、371、407。

写一个程序，检测输入的数字是否为阿姆斯特朗数。

第7章 函 数

抽象化是一种非常的不同于模糊化的东西……抽象的目的并不是为了模糊，而是为了创造出一种能让我们做到百分百精确的新语义。

——Edsger Dijkstra

函数能够提高应用的模块性和代码的重复利用率。Python 提供了许多内置函数，开发者也可以自己创建函数。

Python 快乐学习班的同学结束旋转乐园的游玩后，导游带领他们来到函数乐高积木厅，在函数乐高积木厅，同学们只要通过想象和创意，就可以使用手中的代码块拼凑出很多神奇的函数，它们有不带参数的，有带必须参数的，有带关键字参数的，有带默认参数的，有带可变参数的，有带组合参数的。现在陪同Python 快乐学习班的同学一起进入函数乐高积木厅，开始我们的创意学习之旅。

7.1 调用函数

在程序设计中，函数是指用于进行某种计算的一系列语句的有名称的组合。定义函数时，需要指定函数的名称并编写一系列程序语句，之后可以使用名称“调用”这个函数。

前面我们已经介绍过函数调用，例如：

```
>>> print('hello world')
hello world
>>> type('hello')
<class 'str'>
>>> int(12.1)
```

```
12
```

以上代码就是函数的调用。函数括号中的表达式称为函数的参数。函数“接收”参数，并“返回”结果，这个结果称为返回值（return value）。比如上面示例中的 int(12.1)，12.1 就是“接收”的参数，得到的结果是 12，12 就是返回值。

Python 3 内置了很多有用的函数，可以直接调用。要调用一个函数，就需要知道函数的名称和参数，比如求绝对值的函数 abs 只有一个参数。可以直接从 Python 的官方网站查看文档：

https://docs.python.org/3.7/library/functions.html

进入官方网站可以看到如图 7-1 所示的页面，这里显示了 Python 3 内置的所有函数，abs()函数在第一个。从左上角可以看到这个函数是 Python 3.7 版本的内置函数。

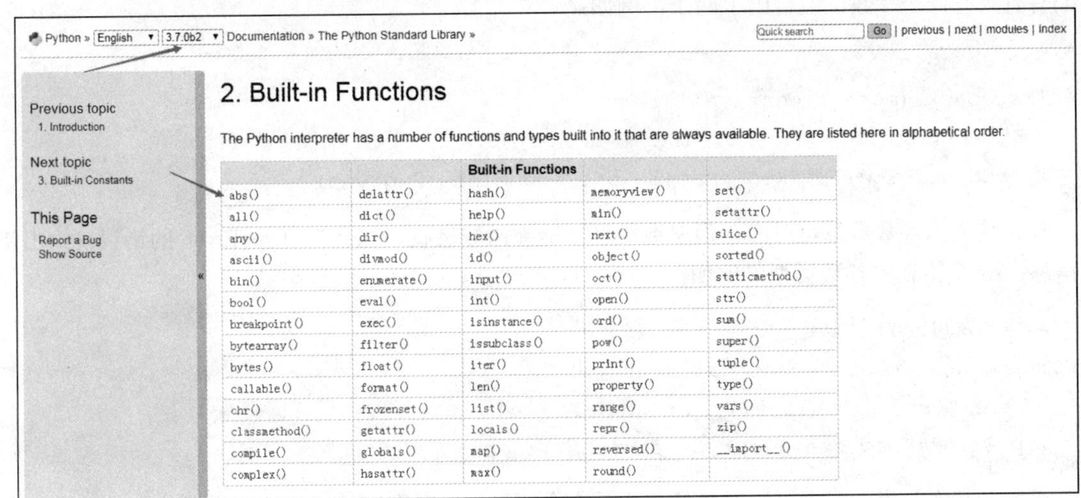

Built-in Functions				
abs()	delattr()	hash()	memoryview()	set()
all()	dict()	help()	min()	setattr()
any()	dir()	hex()	next()	slice()
ascii()	divmod()	id()	object()	sorted()
bin()	enumerate()	input()	oct()	staticmethod()
bool()	eval()	int()	open()	str()
breakpoint()	exec()	isinstance()	ord()	sum()
bytearray()	filter()	issubclass()	pow()	super()
bytes()	float()	iter()	print()	tuple()
callable()	format()	len()	property()	type()
chr()	frozenset()	list()	range()	vars()
classmethod()	getattr()	locals()	repr()	zip()
compile()	globals()	map()	reversed()	__import__()
complex()	hasattr()	max()	round()	

图 7-1 Python 官方网站

单击 abs()函数，页面会跳转到如图 7-2 所示的位置，有对 abs()函数的说明。截图中的意思是：返回一个数的绝对值。参数可能是整数或浮点数。如果参数是一个复数，就返回它的大小。

abs(*x*)

Return the absolute value of a number. The argument may be an integer or a floating point number. If the argument is a complex number, its magnitude is returned.

图 7-2 abs()函数帮助说明

除了到 Python 官方网站查看文档外，还可以在交互式命令行通过 help(abs)查看 abs 函数的帮助信息。在交互模式下输入：

```
>>> help(abs)
Help on built-in function abs in module builtins:
abs(x, /)
    Return the absolute value of the argument.
```

可以看到，输出了对应的帮助信息，但是没有官方网站的详细。

下面实际操作 abs()函数，在交互模式下输入：

```
>>> abs(20)
20
>>> abs(-20)
20
>>> abs(3.14)
3.14
>>> abs(-3.14)
3.14
```

从上面的输出结果可以看出，abs 函数用于求绝对值。

调用 abs()函数时，如果传入的参数数量不对，就会报 TypeError 的错误，Python 会明确告诉你：abs()有且只有一个参数，但给出了两个，例如：

```
>>> abs(5,6)
Traceback (most recent call last):
  File "<stdin>", line 1, in <module>
TypeError: abs() takes exactly one argument (2 given)
```

如果传入的参数数量是对的，但参数类型不能被函数接收，也会报 TypeError 的错误。给出错误信息：str 是错误的参数类型，例如：

```
>>> abs('hello')
Traceback (most recent call last):
  File "<stdin>", line 1, in <module>
TypeError: bad operand type for abs(): 'str'
```

函数名其实是指向一个函数对象的引用，完全可以把函数名赋给一个变量，相当于给这个函数起了一个“别名”，在交互模式下输入：

```
>>> fun=abs  # 变量 fun 指向 abs 函数
>>> fun(-5)  # 所以可以通过 fun 调用 abs 函数
5
>>> fun(-3.14)  # 所以可以通过 fun 调用 abs 函数
3.14
>>> fun(3.14)  # 所以可以通过 fun 调用 abs 函数
3.14
```

调用 Python 中的函数时，需要根据函数定义传入正确的参数。如果函数调用出错，就要会看错误信息，这时就要考验你的英语水平了。

7.2 定义函数

到目前为止，我们用的都是 Python 内置函数。这些 Python 内置函数的定义部分对我们来说是透明的。因此，我们只需关注这些函数的用法，而不必关心函数是如何定义的。Python 支持自定义函数，即由我们自己定义一个实现某个功能的函数。下面是自定义函数的简单规则。

（1）函数代码块以 def 关键词开头，后接函数标识符名称和圆括号“()”。
（2）所有传入的参数和自变量都必须放在圆括号中，可以在圆括号中定义参数。
（3）函数的第一行语句可以选择性使用文档字符串，用于存放函数说明。
（4）函数内容以冒号开始，并且要缩进。
（5）return [表达式]结束函数，选择性返回一个值给调用方。不带表达式的 return 相当于返回 None。

Python 定义函数使用 def 关键字，一般格式如下：

```
def 函数名（参数列表）：
    函数体
```

或者更直观地表示为：

```
def <name>(arg1, arg2,...,argN):
<statements>
```

函数的名字必须以字母开头，可以包括下画线“_”。和定义变量一样，不能把 Python 的关键字定义成函数的名字。函数内的语句数量是任意的，每个语句至少有一个空格的缩进，以表示该语句属于这个函数。函数体必须保持缩进一致，因为在函数中，缩进结束就表示函数结束。

现在已经知道定义函数的简单规则和一般格式了。下面我们进行实际操作，在文本中定义函数并调用（func_define.py）：

```
def hello():
    print('hello,world')

hello()
```

以上示例中的 hello()就是我们自定义的函数。此处为了看到执行结果，在函数定义完后做了函数的自我调用。如果不自我调用，执行该函数就没有任何输出，当然也不会报错（除非代码有问题）。

在 cmd 命令下执行以上 .py 文件，执行结果如下：

```
hello,world
```

需要注意以下几点：

（1）没有 return 语句时，函数执行完毕也会返回结果，不过结果为 None。
（2）return None 可以简写为 return。
（3）在 Python 中定义函数时，需要保持函数体中同一层级的代码缩进一致。

根据以上示例，是不是一个函数中只能有一条语句呢？除了输出操作，还能执行其他操作吗？在一个函数中可以输出多条语句，并能做相应的运算操作，以及输出运算结果。

例如，定义输出多条语句的函数并执行（print_more.py）：

```
def print_more():
    print('该函数可以输出多条语句，我是第一条。')
    print('我是第二条')
    print('我是第三条')

print_more()  #调用函数
```

执行结果如下：

```
该函数可以输出多条语句，我是第一条。
我是第二条
我是第三条
```

定义输出数字和计算的函数并执行（mix_operation.py）：

```
def mix_operation():
    a=10
    b=20
    print(a)
    print(b)
    print(a+b)
    print(f'a+b 的和等于:{a+b}')

mix_operation()   #调用函数
```

执行结果如下：

```
10
20
30
a+b 的和等于: 30
```

以上示例验证了前面的内容。

定义一个什么都不做的函数可以吗？当然可以。如果想定义一个什么都不做的空函数，可以用 pass 语句，定义如下函数并执行（do_nothing.py）：

```
def do_nothing():
        pass

do_nothing()
```

执行结果为没有任何输出。

pass 语句什么都不做，有什么用呢？实际上 pass 可以作为占位符，比如现在还没想好怎么写函数的代码，可以先放一个 pass，让代码能运行起来。

函数的目的是把一些复杂操作隐藏起来，用于简化程序的结构，使程序更容易阅读。函数在调用前必须先定义。

7.3 函数的参数

我们在 7.2 节中讲述了如何定义函数，不过只讲述了定义简单函数，还有一类函数是带参数的，称为带参数的函数。本节将探讨如何定义带参数的函数及其使用。

调用函数时可以使用以下参数类型：

（1）必须参数。

（2）关键字参数。

（3）默认参数。

（4）可变参数。

（5）组合参数。

下面我们分别进行介绍。

7.3.1 必须参数

必须参数必须以正确的顺序传入函数。调用时数量必须和声明时一样。比如需要传入 a、b 两个参数，就必须以 a、b 的顺序传入，不能以 b、a 传入，后者即使不报错，也会导致结果的错误。

定义如下函数并执行（param_one.py）：

```
def param_one(val_str):
    print(f'the param is:{val_str}')
    print(f'我是一个传入参数，我的值是：{val_str}')


param_one('hello,world')
```

执行结果如下：

```
the param is: hello,world
我是一个传入参数，我的值是： hello,world
```

我们定义了一个必须传入一个参数的函数 param_one(val_str)，传入的参数为 val_str，结果是将“hello,world”传给 val_str。

对于上例，若不传入参数或传入一个以上的参数，结果会怎样呢？例如：

```
param_one()    #不输入参数
```

执行结果如下：

```
Traceback (most recent call last):
  File "<stdin>", line 1, in <module>
TypeError: param_one() missing 1 required positional argument: 'val_str'
```

执行结果告诉我们，函数缺少一个必需的定位参数，参数类型为 val_str。

```
paramone('hello','world')    #输入超过一个参数
```

执行结果如下：

```
Traceback (most recent call last):
  File "<stdin>", line 1, in <module>
TypeError: param_one() takes 1 positional argument but 2 were given
```

执行结果告诉我们，函数只需一个位置参数却给了两个。

通过示例可以看到，对于定义的 param_one()函数，不传入参数或传入一个以上参数，都会报错。所以对于此类函数，必须传递对应正确个数的参数。

7.3.2 关键字参数

关键字参数和函数调用关系紧密，函数调用使用关键字参数确定传入的参数值。

使用关键字参数允许调用函数时参数的顺序与声明时不一致，因为 Python 解释器能够用参数名匹配参数值。

定义如下函数并执行（person_info.py）：

```
def person_info(age,name):
    print(f'年龄：{age}')
    print(f'名称：{name}')
    return

print('-------按参数顺序传入参数-------')
person_info(21,'小萌')
print('-------不按参数顺序传入参数，指定参数名-------')
person_info(name='小萌',age=21)
print('-------按参数顺序传入参数，并指定参数名-------')
person_info(age=21,name='小萌')
```

调用函数执行结果如下：

```
-------按参数顺序传入参数-------
年龄： 21
名称： 小萌
-------不按参数顺序传入参数，指定参数名-------
年龄： 21
名称： 小萌
-------按参数顺序传入参数，并指定参数名-------
年龄： 21
名称： 小萌
```

由以上输出结果可以看到，对于 person_info()函数，只要指定参数名，输入参数的顺序对结果就没有影响，都能得到正确的结果。

7.3.3 默认参数

调用函数时，如果没有传递参数，就会使用默认参数。

使用默认参数，就是在定义函数时，给参数一个默认值。如果没有给调用的函数的参数赋值，调用的函数就会使用这个默认值。

例如，定义如下函数并执行（default_param.py）：

```
def default_param(name, age=23):
    print(f'hi，我叫：{name}')
    print(f'我今年：{age}')
    return

default_param('小萌')
```

调用函数执行结果如下：

```
hi，我叫： 小萌
我今年： 23
```

从以上示例我们看到，在调用函数时没有对 age 赋值，在输出结果中使用了函数定义时的默认值。如果我们对 age 赋值，最后输出的结果会使用哪个值呢？

重新调用上面的函数：

```
default_param('小萌',21)  #函数默认 age=23
```

得到的执行结果如下：

```
hi，我叫： 小萌
我今年： 21
```

通过执行函数可以看到，执行结果使用的是我们传入的参数。由此得知：当对默认参数传值时，函数执行时调用的是我们传入的值。

把函数的默认参数放在前面是否可行呢？定义如下函数并执行（default_param_err.py）：

```
def default_param_err(age=23, name):
    print(f'hi，我叫：{name}')
    print(f'我今年：{age}')
    return

default_param_err(age=21,name='小萌')
```

执行结果如下：

```
SyntaxError: non-default argument follows default argument
```

执行结果是编译不通过，错误信息是：非默认参数跟在默认参数后面了。

这里提醒我们，默认参数一定要放在非默认参数后面。如果需要多个默认参数，该怎么办呢？

我们看以下几个函数定义的示例。

示例 1：默认参数在必须参数前（default_param_try.py）

```
def default_param_1(age=23, name, addr='shanghai'):
    print(f'hi，我叫：{name}')
    print(f'我今年：{age}')
    print(f'我现在在：{addr}')
    return

def default_param_2(age=23, addr='shanghai', name):
    print(f'hi，我叫：{name}')
    print(f'我今年：{age}')
    print(f'我现在在：{addr}')
    return

default_param_1(age=23, '小萌', addr='shanghai')
default_param_2(age=23, addr='shanghai', '小萌')
```

执行结果如下（报错了）：

```
SyntaxError: non-default argument follows default argument
```

示例 2：更改默认参数值（default_param_test.pu）

```
def default_param(name, age=23, addr='shanghai'):
    print(f'hi，我叫：{name}')
    print(f'我今年：{age}')
    print(f'我现在在：{addr}')
    return

print('-------传入必须参数-------')
default_param('小萌')
print('-------传入必须参数，更改第一个默认参数值-------')
default_param('小萌', 21)
print('-------传入必须参数，默认参数值都更改-------')
default_param('小萌', 21, 'beijing')
print('-------传入必须参数，指定默认参数名并更改参数值-------')
default_param('小萌', addr='beijing')
print('-------传入必须参数，指定参数名并更改值-------')
default_param('小萌', addr='beijing', age=23)
print('-------第一个默认参数不带参数名，第二个带-------')
default_param('小萌', 21, addr='beijing')
print('-------两个默认参数都带参数名-------')
default_param('小萌', age=23, addr='beijing')
```

```
print('-------第一个默认参数带参数名，第二个不带，报错-------')
default_param('小萌', age=23, 'beijing')
```

执行结果如下：

```
-------传入必须参数-------
hi，我叫： 小萌
我今年： 23
我现在在：shanghai
-------传入必须参数，更改第一个默认参数值-------
hi，我叫： 小萌
我今年： 21
我现在在：shanghai
-------传入必须参数，默认参数值都更改-------
hi，我叫： 小萌
我今年： 21
我现在在：beijing
-------传入必须参数，指定默认参数名并更改参数值-------
hi，我叫： 小萌
我今年： 23
我现在在：beijing
-------传入必须参数，指定参数名并更改值-------
hi，我叫： 小萌
我今年： 23
我现在在：beijing
-------第一个默认参数不带参数名，第二个带-------
hi，我叫： 小萌
我今年： 21
我现在在：beijing
-------两个默认参数都带参数名-------
hi，我叫： 小萌
我今年： 23
我现在在：beijing
-------第一个默认参数带参数名，第二个不带，报错-------
SyntaxError: positional argument follows keyword argument
```

从以上执行结果可以发现：

（1）无论有多少默认参数，默认参数都不能在必须参数之前。

（2）无论有多少默认参数，若不传入默认参数值，则使用默认值。

（3）若要更改某一个默认参数值，又不想传入其他默认参数，且该默认参数的位置不是第一个，则可以通过参数名更改想要更改的默认参数值。

（4）若有一个默认参数通过传入参数名更改参数值，则其他想要更改的默认参数都需要传入参数名更改参数值，否则报错。

（5）更改默认参数值时，传入默认参数的顺序不需要根据定义的函数中的默认参数的顺序传入，不过最好同时传入参数名，否则容易出现执行结果与预期不一致的情况。

通过以上示例可以看出，默认参数是比较有用的，通过默认参数可以帮助我们少写不少代码，比如使用上面的代码帮助某单位录入人员信息，如果有很多人的 addr 相同，就不需要传入每个人的 addr 值了。不过使用默认参数时需要小心谨慎。

7.3.4 可变参数

如果需要一个函数能够处理更多的声明参数，这些参数叫作可变参数。和前面所讲述的两种参数不同，可变参数声明时不会命名。基本语法如下：

```
def functionname([formal_args,] *var_args_tuple ):
   "函数_文档字符串"
   function_suite
   return [expression]
```

加了星号（*）的变量名会存放所有未命名的变量参数。如果变量参数在函数调用时没有指定参数，就是一个空元组。我们也可以不向可变函数传递未命名的变量。

下面通过实例说明可变函数的使用，定义如下函数并执行（person_info_var.py）：

```
def person_info_var(arg,*vartuple):
    print(arg)
    for var in vartuple:
        print(f'我属于不定长参数部分:{var}')
    return

print('------------不带可变参数------------------')
person_info_var('小萌')
print('------------带两个可变参数------------------')
person_info_var('小萌', 21, 'beijing')
print('------------带 5 个可变参数----------------')
person_info_var('小萌', 21, 'beijing', 123, 'shanghai', 'happy')
```

执行结果如下：

```
------------不带可变参数------------------
小萌
------------带两个可变参数------------------
小萌
我属于不定长参数部分: 21
我属于不定长参数部分: beijing
------------带 5 个可变参数----------------
小萌
```

```
我属于不定长参数部分: 21
我属于不定长参数部分: beijing
我属于不定长参数部分: 123
我属于不定长参数部分: shanghai
我属于不定长参数部分: happy
```

这段代码看起来很不可思议，在定义函数时只定义了两个参数，调用时却可以传入那么多参数，难道该函数使用了洪荒之力？

这其实就是可变参数的好处，我们在参数前面加了一个星号，在函数内部，参数前的星号将所有值放在同一个元组中，通过这种方式将这些值收集起来，然后使用。参数 vartuple 接收的是一个元组，调用函数时可以传入任意个数的参数，也可以不传。

在这个示例中使用了前面所学的 for 循环，通过 for 循环遍历元组。

通过这种方式定义函数，调用时是不是非常方便？我们在后续学习中会经常遇到。

也可以使用这种方式处理前面学习的关键字参数，例如（per_info.py）：

```
other = {'城市': '北京', '爱好': '编程'}
def per_info(name, number, **kw):
    print(f'名称:{name},学号:{number},其他:{kw}')


per_info('小智', 1002, 城市=other['城市'], 爱好=other['爱好'])
```

函数执行结果为：

```
名称:小智,学号:1002,其他:{'城市': '北京', '爱好': '编程'}
```

由函数执行结果看到，可以使用两个“*”号，即使用“**”处理关键字参数。函数调用时可以用更简单的方式调用，简单形式如下：

```
per_info('小智', 1002, **other)
```

函数执行结果为：

```
名称:小智,学号:1002,其他:{'城市': '北京', '爱好': '编程'}
```

执行结果和前面一样，写法上却简单了不少。此处**other 表示把 other 这个字典的所有 key-value 用关键字参数传入函数的**kw 参数中，kw 将获得一个字典，注意 kw 获得的字典是 other 复制的，对 kw 的改动不会影响函数外的 other。

7.3.5 组合参数

在 Python 中定义函数可以用必须参数、关键字参数、默认参数和可变关键字参数，这 4 种参数可以组合使用。注意定义参数的顺序必须是必须参数、默认参数、可变参数和关键字参数。

下面介绍组合参数的使用，请看如下函数定义（exp.py）：

```
def exp(p1, p2, df=0, *vart, **kw):
    print(f'p1 ={p1},p2={p2},df={df},vart={vart},kw ={kw}')
```

```
exp(1,2)
exp(1,2,c=3)
exp(1,2,3,'a','b')
exp(1,2,3,'abc',x=9)
```

函数执行结果如下：

```
p1 =1,p2=2,df=0,vart=(),kw ={}
p1 =1,p2=2,df=0,vart=(),kw ={'c': 3}
p1 =1,p2=2,df=3,vart=('a', 'b'),kw ={}
p1 =1,p2=2,df=3,vart=('abc',),kw ={'x': 9}
```

由输出结果看到，使用了组合参数，在调用函数时，Python 解释器会自动按照参数位置和参数名把对应的参数传进去。

此处还可以用 tuple 和 dict 调用上述函数，使用方式如下：

```
args = (1, 2, 3, 4)          #定义 tuple
kw = {'x': 8, 'y': '9'}      #定义 dict
exp(*args, **kw)
```

执行结果如下：

```
p1 = 1,p2= 2,df= 3,vart= (4,),kw = {'y': '9', 'x': 8}
```

由执行结果看到，任意函数都可以通过类似 func(*args,**kw)的形式调用，无论参数是如何定义的。

7.3.6 仅通过位置指定的参数

仅通过位置指定的参数是函数定义中的一个新语法，可以让程序员强迫某个参数只能通过位置来指定。这样可以解决 Python 函数定义中哪个参数是位置参数、哪个参数是关键字参数的模糊性。

仅通过位置指定的参数可以用于如下情况：某个函数接受任意关键字参数，但也能接受一个或多个未知参数。Python 的内置函数通常都是这种情况，所以允许程序员这样做，能增强 Python 语言的一致性。

看如下示例（pow_exp.py）：

```
def pow(x, y, z=None):
    r = x ** y
    if z is not None:
        r %= z
        return r


print(f'{pow(2, 10, 5)=}')
```

执行结果如下：

```
pow(2, 10, 5)=4
```

若将该示例中的函数调用语句更改为如下：

```
print(f'{pow(2, 10, z=5)=}')
```

则执行结果如下：

```
Traceback (most recent call last):
  File "<pyshell#9>", line 1, in <module>
    print(f'{pow(2, 10, z=5)=}')
TypeError: pow() got some positional-only arguments passed as keyword arguments:
'z'
```

在这个例子中，所有参数都是未知参数。在以前版本的 Python 中，z 会被认为是关键字参数。但采用上述函数定义，pow(2, 10, 5)是正确的调用方式，而 pow(2, 10, z=5)是不正确的。

也可以在变量之间插入/，正斜杠之前的变量按照纯粹的 Python 输入方法，而正斜杠之后的按照定义好的方法执行。

例如，定义如下函数（param_point_exp.py）：

```
def fun(a, b, /, c, d, *, e, f):
    print(f'{a=}, {b=}, {c=}, {d=}, {e=}, {f=}')


# 合法
fun(1, 2, 3, 4, e=5, f=6)
# 合法
fun(1, 2, 3, d=4, e=5, f=6)
# 合法
fun(1, 2, c=3, d=4, e=5, f=6)
# 不合法
fun(1, b=2, c=3, d=4, e=5, f=6)
# 不合法
fun(a=1, b=2, c=3, d=4, e=5, f=6)
```

执行结果如下：

```
a=1, b=2, c=3, d=4, e=5, f=6
a=1, b=2, c=3, d=4, e=5, f=6
a=1, b=2, c=3, d=4, e=5, f=6
Traceback (most recent call last):
  File "<pyshell#16>", line 1, in <module>
    fun(1, b=2, c=3, d=4, e=5, f=6)
TypeError: fun() got some positional-only arguments passed as keyword arguments:
```

```
'b'
    Traceback (most recent call last):
      File "<pyshell#17>", line 1, in <module>
        fun(a=1, b=2, c=3, d=4, e=5, f=6)
    TypeError: fun() got some positional-only arguments passed as keyword arguments:
'a, b'
```

由执行结果可以看到，使用指定的位置参数，可以很好地约束函数参数的位置。

7.4 执行流程

我们前面列举了不少函数的示例，不过对于函数的执行流程还需要进一步了解，以便在后续章节中学习得更轻松。

为了保证函数的定义先于首次调用执行，我们需要知道语句的执行顺序，即执行流程。

程序执行总是从第一行代码开始的，从上到下、从左到右，按顺序依次执行第一条语句。

函数定义并不会改变程序的执行流程，不过函数代码块中的语句并不是立即执行，而是等函数被程序调用时才执行。

函数调用可以看作程序执行流程中的一个迂回路径，遇到函数调用时，并不会直接继续执行下一条语句，而是跳到函数体的第一行，继续执行完函数代码块中的所有语句，再跳回原来离开的地方。

这样看似比较简单，但是会发现函数代码块中可以调用其他函数，当程序流程运行到一个函数时，可能需要执行其他函数中的语句。但当执行这个函数的语句时，又可能需要调用执行另一个函数的语句。

幸好 Python 对于程序运行到哪里有很好的记录，所以在每个函数执行结束后，程序都能跳回它离开的地方，直到执行到整个程序的结尾才会结束。

当我们看别人的 Python 代码时，不一定要一行一行按照书写顺序阅读，有时按照执行的流程阅读可以更好地理解代码的含义。

7.5 形参和实参

我们前面已经讲述过函数的参数，本节将介绍 Python 函数的两种类型的参数，一种是函数定义里的形参，一种是调用函数时传入的实参。

经常在使用一些内置函数时需要传入参数，如调用 math.sin 时，需要传入一个整型数字作为实参。有的函数需要多个参数，如 math.pow 需要两个参数，一个是基数（base），另一个是指数（exponent）。

在函数内部，会将实参的值赋给形参，例如（basic_info.py）：

```
def basic_info(age,name):
    print(f'年龄：{age}')
    print(f'名称：{name}')
```

```
    return
```

在该函数中，函数名 basic_info 后面的参数列表 age 和 name 就是实参，在函数体中分别将 age 和 name 的值传递给 age 和 name，函数体中的 age 和 name 就是形参。

> **提　示**
>
> 在函数体内都是对形参进行操作，不能操作实参，即对实参做出更改。

内置函数的组合规则在自定义函数上同样适用。例如，我们对自定义的 basic_info 函数可以使用任何表达式作为实参：

```
basic_info(21, '小萌'*2)
```

执行结果如下：

```
年龄： 21
名称： 小萌小萌
```

由执行结果看到，可以用字符串的乘法表达式作为实参。

在 Python 中，作为实参的表达式会在函数调用前执行。例如，在上面的示例中，实际上先执行'小萌'*2 的操作，将执行的结果作为一个实参传递到函数体中。

> **提　示**
>
> 作为实参传入函数的变量名称和函数定义里形参的名字没有关系。函数只关心形参的值，而不关心它在调用前叫什么名字。

7.6 变量的作用域

简单来说，作用域就是一个变量的命名空间。在 Python 中，程序的变量并不是在任何位置都可以访问的，访问权限决定于这个变量是在哪里赋值的，代码中变量被赋值的位置决定哪些范围的对象可以访问这个变量，这个范围就是命名空间。

变量的作用域决定哪一部分程序可以访问特定的变量名称。Python 中有两种基本的变量作用域：局部变量和全局变量。

下面我们分别对两种作用域的变量进行介绍。

7.6.1 局部变量

在函数内定义的变量名只能被函数内部引用，不能在函数外引用，这个变量的作用域是局部的，也称为局部变量。

定义的变量如果是在函数体中第一次出现，就是局部变量，例如（local_var.py）：

```
def local_var():
x = 100
```

```
print(x)
```

在 local_var 函数中，x 是在函数体中被定义的，并且是第一次出现，所以 x 是局部变量。

局部变量只能在函数体中被访问，超出函数体的范围访问就会报错，例如（local_func.py）：

```
def local_func():
    x=100
    print(f'变量 x：{x}')
print(f'函数体外访问变量 x：{x}')
local_func()
```

函数执行结果如下：

```
Traceback (most recent call last):
  File "D:/python/workspace/functiondef.py", line 7, in <module>
    print('函数体外访问变量 x：%s' % (x))
NameError: name 'x' is not defined
```

执行结果告诉我们，第 7 行的 x 没有定义；由输入代码可知，第 7 行语句没有在函数体中，因而执行时报错了。

如果把 x 作为实参传入函数体中，在函数体中不定义变量 x，x 会被认为是怎样的变量呢？定义如下函数并执行（func_var.py）：

```
def func_var(x):
    print (f'局部变量 x 为:{x}')
func_var(10)
```

函数执行结果如下：

```
局部变量 x 为:10
```

由执行结果看到，输出了局部变量的值。这里有一个疑问，在函数体中没有定义局部变量，x 只是作为一个实参传入函数体中，怎么变成局部变量了呢？这是因为参数的工作原理类似于局部变量，一旦进入函数体，就成为局部变量了。

如果在函数外定义了变量 x 并赋值，在函数体中能否使用 x 呢？定义如下函数并执行（func_eq.py）：

```
x = 50
def func_eq():
    print(f'x 等于:{x}')
func_eq()
```

执行结果如下：

```
x 等于:50
```

由执行结果看到，在函数体中可以直接使用函数体外的变量（全局变量，在 7.6.2 小节介绍）。

如果在函数外定义了变量 x 并赋值，将 x 作为函数的实参，在函数体中更改 x 的值，函数体外

x的值是否跟着变更呢？定义如下函数并执行（func_outer.py）：

```
x = 50
def func_outer(x):
    print(f'x等于:{x}')
    x = 2
    print(f'局部变量x变为:{x}')
func_outer(x)
print(f'x一直是:{x}')
```

执行结果如下：

```
x等于:50
局部变量x变为:2
x一直是:50
```

由输出结果看到，在函数体中更改变量的值并不会更改函数体外变量的值。这是因为调用func函数时创建了新的命名空间，它作用于func函数的代码块。赋值语句x=2只在函数体的作用域内起作用，不能影响外部作用域中的x。可以看到，函数外部调用x时，它的值并没有改变。

7.6.2 全局变量

在函数外，一段代码最开始赋值的变量可以被多个函数引用，这就是全局变量。全局变量可以在整个程序范围内访问。

我们在前面已经使用过全局变量，7.6.1小节中的x=50就是全局变量。下面看一个全局变量的示例（global_var.py）：

```
total_val = 0  # 这是一个全局变量
def sum_num(arg1, arg2):
    total_val = arg1 + arg2  # total_val在这里是局部变量
    print (f"函数内是局部变量:{total_val}")
    return total_val

def total_print():
    print(f'total的值是:{total_val}')
    return total_val

print(f'函数求和结果:{sum_num(10, 20)}')
total_print()
print (f"函数外是全局变量:{total_val}")
```

执行结果如下：

```
函数内是局部变量:30
函数求和结果:30
```

```
total 的值是:0
函数外是全局变量:0
```

由执行结果看到，全局变量可在全局使用，在函数体中更改全局变量的值不会影响全局变量在其他函数或语句中的使用。

我们再看一个函数定义并执行的示例（func_global.py）：

```
num = 100
def func_global():
    num = 200
    print(f'函数体中 num 的值为:{num}')


func_global()
print(f'函数外 num 的值为:{num}',)
```

函数执行结果为：

```
函数体中 num 的值为:200
函数外 num 的值为:100
```

由输出结果看到，我们定义了一个名为 num 的全局变量，在函数体中也定义了一个名为 num 的全局变量，在函数体中使用的是函数体中的 num 变量，在函数体外使用 num 变量时使用的是全局变量的值。

由此我们得知：函数中使用某个变量时，如果该变量名既有全局变量又有局部变量，就默认使用局部变量。

要将全局变量变为局部变量，只需在函数体中定义一个和局部变量名称一样的变量即可。能否将函数体中的局部变量变为全局变量呢？定义如下函数并执行（func_glo_1.py）：

```
num = 100
print(f'函数调用前 num 的值为:{num}')
def func_glo_1():
    global num
    num = 200
    print(f'函数体中 num 的值为:{num}')


func_glo_1()
print(f'函数调用结束后 num 的值为:{num}')
```

函数执行结果如下：

```
函数调用前 num 的值为:100
函数体中 num 的值为:200
函数调用结束后 num 的值为:200
```

由函数定义及执行结果看到，在函数体中的变量 num 前加了一个 global 关键字后，函数调用结束后，在函数外使用 num 变量时，值变为和函数体中的值一样了。

由此我们得知，要在函数中将某个变量定义为全局变量，在需要被定义的变量前加一个关键字 global 即可。

在函数体中定义 global 变量后，在函数体中对变量做的其他操作也是全局性的。定义如下函数并执行（func_glo_2.py）：

```
num = 100
print(f'函数调用前 num 的值为:{num}')
def func_glo_2():
    global num
    num = 200
    num += 100
    print(f'函数体中 num 的值为:{num}')

func_glo_2()
print(f'函数调用结束后 num 的值为:{num}')
```

函数执行结果如下：

```
函数调用前 num 的值为:100
函数体中 num 的值为:300
函数调用结束后 num 的值为:300
```

由执行结果看到，在函数体中对定义的全局变量 num 做了一次加 100 的操作，num 的值由原来的 200 变为 300，在函数体外获得的 num 的值也变为 300 了。

7.7 有返回值和无返回值函数

前面在定义函数时，有些函数使用了 return 语句，有些函数没有使用 return 语句，使用 return 语句与不使用 return 语句有什么区别呢？

由 7.2 节我们知道，若定义函数时没有使用 return 语句，则默认返回一个 None。要返回一个 None，可以只写一个 return，但要返回具体的数值，就需要在 return 后面加上需要返回的内容。对于函数的定义来说，使用 return 语句可以向外提供该函数执行的一些结果；对于函数的调用者来说，是否可以使用函数中执行的一些操作结果，就在于函数是否使用 return 语句返回了对应的执行结果。

在 Python 中，有的函数会产生结果（如数学函数），我们称这种函数为有返回值函数（fruitful function）；有的函数执行一些动作后不返回任何值，我们称这类函数为无返回值函数。

当我们调用有返回值函数时，可以使用返回的结果做相关操作；当我们使用无返回值或返回 None 的函数时，只能得到一个 None 值。

比如定义如下函数并执行（func_transfer.py）：

```
def no_return():
```

```
    print('no return 函数不写 return 语句')

def just_return():
    print('just return 函数只写 return，不返回具体内容')
    return

def return_val():
    x=10
    y=20
    z=x+y
    print('return val 函数写 return 语句，并返回求和的结果。')
    return z

print(f'函数 no return 调用结果：{no_return()}')
print(f'函数 just return 调用结果：{just_return()}')
print(f'函数 return val 调用结果：{return_val()}')
```

函数执行结果如下：

```
no return 函数不写 return 语句
函数 no return 调用结果： None
just return 函数只写 return，不返回具体内容
函数 just return 调用结果： None
return val 函数写 return 语句，并返回求和的结果
函数 return val 调用结果： 30
```

由执行结果看到，定义函数时不写 return 或只写一个 return 语句返回的都是 None。如果写了返回具体内容，调用函数时就可以获取具体内容。

7.8 为什么要引入函数

随着函数学习的不断深入，不知你是否有这样的疑问，为什么要有函数，定义函数的好处在哪里？

我们前几章都是在交互模式下编码的，代码量不大，操作也不复杂，在交互模式下操作没什么问题，唯一一点就是不能保存操作记录。随着代码量越来越大，在交互模式下操作就不方便了，后面我们引入了在文本中编辑程序，在 cmd 命令下执行的方式。

使用文本结合 cmd 命令的方式可以帮助我们记录历史记录，并能更简洁地进行代码的编辑。不过在第 6 章的学习中我们体会到，代码行数达到一定量时，把所有代码都放在一起的方式写起来和看起来都有一些难度。

引入函数后，在编写代码的过程中，可以将一些实现写成对应的函数，通过调用函数做后续操作，并且可以重复调用，使得代码更简洁、易读，一些代码也可以重复使用了。

引入函数的好处概括如下：

（1）新建一个函数，让我们有机会为一组语句命名，成为一个代码块，这样更有利于阅读代码，并且组织后的代码更容易调试。

（2）函数方法可以减少重复代码的使用，让程序代码总行数更少，之后修改代码时只需要少量修改就可以了。

（3）将一个很长的代码片段拆分成几个函数后，可以对每一个函数进行单独调试，单个函数调试通过后，再将它们组合起来形成一个完整的产品。

（4）一个设计良好的函数可以在很多程序中复用，不需要重复编写。

7.9 返回函数

我们前面讲解了函数可以有返回值，除了返回值外，函数中是否可以返回函数呢？

例如，函数定义如下（calc_sum.py）：

```
def calc_sum(*args):
    ax = 0
    for n in args:
        ax = ax + n
    return ax
```

这里定义了一个可变参数的求和函数，该函数允许传入多个参数，最后返回求得的和。如果不需要立刻求和，而是在后面的代码中根据需要再计算，怎么办呢？例如，函数定义如下（sum_late.py）：

```
def sum_late(*args):
    def calc_sum():
        ax = 0
        for n in args:
            ax = ax + n
        return ax
    return calc_sum
```

可以看到，此处返回了一个我们之前没有看过的类型的值，是返回了一个函数吗？是的，此处确实返回了一个函数。对于此处定义的函数，没有返回求和的结果，而是返回了一个求和函数。

操作执行函数：

```
print(f'调用 sum_late 的结果：{sum_late(1, 2, 3, 4)}')
calc_sum=sum_late(1, 2, 3, 4)
print(f'调用 calc_sum 的结果：{calc_sum()}')
```

得到函数的执行结果如下：

```
调用 sum_late 的结果：<function sum_late.<locals>.calc_sum at 0x000000000077DE18>
```

```
调用 calc_sum 的结果：10
```

由执行结果看到，调用定义的函数时没有直接返回求和结果，而是返回了一串字符（这个字符其实就是函数）。当执行返回的函数时，才真正计算求和的结果。

在这个例子中，在函数 sum_late 中又定义了函数 calc_sum，并且内部函数 calc_sum 可以引用外部函数 sum_late 的参数和局部变量。当 sum_late 返回函数 calc_sum 时，相关参数和变量都保存在返回的函数中，称为闭包（Closure）。这种程序结构威力极大。

有一点需要注意，当调用 sum_late()函数时，每次调用都会返回一个新的函数，即使传入相同的参数也是如此，例如：

```
f1=sum_late(1,2,3)
f2=sum_late(1,2,3)
print('f1==f2 的结果为：',f1==f2)
```

执行结果如下：

```
f1==f2 的结果为： False
```

由执行结果看到，返回的函数 f1 和 f2 不同。

我们在此处提到了闭包，什么是闭包呢？

闭包的定义：如果在一个内部函数中对外部函数（不是在全局作用域）的变量进行引用，内部函数就被认为是闭包。

在上面的示例中，返回的函数在定义内部引用了局部变量 args，当函数返回一个函数后，内部的局部变量会被新函数引用。

我们定义一个函数（func_count.py）：

```
def func_count():
    fs = []
    for i in range(1, 4):
        def f():
            return i*i
        fs.append(f)
    return fs

f1, f2, f3 = func_count()
```

该示例中，每次循环都会创建一个新函数，最后把创建的 3 个函数都返回了。执行该函数得到的结果是怎样的呢？调用 f1()、f2()和 f3()的结果是 1、4、9 吗？

我们按如下方式执行函数：

```
print(f'f1 的结果是：{f1()}')
print(f'f2 的结果是：{f2()}')
print(f'f3 的结果是：{f3()}')
```

执行结果如下：

```
f1 的结果是： 9
f2 的结果是： 9
f3 的结果是： 9
```

由执行结果看到，3 个函数返回的结果都是 9，怎么全是 9 呢？

原因在于返回的函数引用了变量 i，但它并非立刻执行。等到 3 个函数都返回时，它们所引用的变量 i 已经变成了 3，因此最终结果为 9。

> **提 示**
>
> 返回闭包时，返回函数不要引用任何循环变量或后续会发生变化的变量，否则很容易出现你意想不到的问题。

如果一定要引用循环变量，该怎么办呢？

我们定义如下函数并执行（func_count_up.py）：

```
def func_count_up():
    def f(j):
        def g():
            return j*j
        return g
    fs = []
    for i in range(1, 4):
        fs.append(f(i)) # f(i)立刻被执行，因此 i 的当前值被传入 f()
    return fs

f1, f2, f3 = func_count_up()
print(f'f1 的结果是：{f1()}')
print(f'f2 的结果是：{f2()}')
print(f'f3 的结果是：{f3()}')
```

函数执行结果如下：

```
f1 的结果是： 1
f2 的结果是： 4
f3 的结果是： 9
```

由执行结果看到，这次输出结果和我们预期的一致。此处的代码看起来有点费力，读者可以想想其他更好的办法。

7.10 递归函数

我们前面学习了在函数中返回函数，也学习了在一个函数中调用另一个函数，函数是否可以调用自己呢？答案是可以的。如果一个函数在内部调用自身，这个函数就称作递归函数。

递归函数的简单定义如下：

```
def recurision():
    return recursion()
```

这只是一个简单定义，什么也做不了。

当然，你可以尝试会发生什么结果。理论上会永远运行下去，但实际操作时可能不一会儿程序就崩溃了（发生异常）。因为每次调用函数都会用掉一点内存，在足够多的函数调用发生后，空间几乎被占满，程序就会报异常。

这类递归被称作无穷递归（infinite recursion），理论上永远不会结束。当然，我们需要能实际做事情的函数，有用的递归函数应该满足如下条件：

（1）当函数直接返回值时有基本实例（最小可能性问题）。

（2）递归实例，包括一个或多个问题最小部分的递归调用。

使用递归关键在于将问题分解为小部分，递归不能永远继续下去，因为它总是以最小可能性问题结束，而这些问题又存储在基本实例中。

函数调用自身怎么实现呢？

其实函数每次被调用时都会创建一个新命名空间，也就是当函数调用“自身”时，实际上运行的是两个不同的函数（也可以说一个函数具有两个不同的命名空间）。

我们来看一个递归示例，计算阶乘 $n! = 1\times2\times3\times\ldots\times n$，用函数 fact(n)表示，可以看出：

$$fact(n) = n! = 1\times2\times3\times\ldots\times(n-1)\times n = (n-1)!\times n = fact(n-1)\times n$$

所以，fact(n)可以表示为 n×fact(n-1)，只有 n=1 时需要特殊处理。

于是，fact(n)用递归方式定义函数如下（fact.py）：

```
def fact(n):
    if n==1:
        return 1
    return n * fact(n - 1)
```

执行该函数：

```
print(f'调用递归函数执行结果为：{fact(5)}')
```

执行结果如下：

```
调用递归函数执行结果为： 120
```

由执行结果看到，函数已正确输出 5 的阶乘的结果。

计算 fact(5)时可以根据函数定义看到计算过程：

```
===> fact(5)
===> 5 * fact(4)
===> 5 * (4 * fact(3))
```

```
===> 5 * (4 * (3 * fact(2)))
===> 5 * (4 * (3 * (2 * fact(1))))
===> 5 * (4 * (3 * (2 * 1)))
===> 5 * (4 * (3 * 2))
===> 5 * (4 * 6)
===> 5 * 24
===> 120
```

由函数定义可以得知，递归函数的优点是定义简单、逻辑清晰。

理论上，所有递归函数都可以写成循环的方式，不过循环的逻辑不如递归清晰。

使用递归函数需要注意防止栈溢出。在计算机中，函数调用是通过栈（stack）这种数据结构实现的。每当进入一个函数调用，栈就会加一层栈帧；每当函数返回，栈就会减一层栈帧。由于栈的大小不是无限的，因此递归调用的次数过多会导致栈溢出。可以试试 fact(1000)，执行结果如下：

```
Traceback (most recent call last):
  File "D:/python/workspace/functiondef.py", line 271, in <module>
    print('调用递归函数执行结果为: ',fact(1000))
  File "D:/python/workspace/functiondef.py", line 269, in fact
    return n * fact(n - 1)
  File "D:/python/workspace/functiondef.py", line 269, in fact
    return n * fact(n - 1)
  . . .
  File "D:/python/workspace/functiondef.py", line 267, in fact
    if n==1:
RecursionError: maximum recursion depth exceeded in comparison
```

由执行结果看到，执行出现异常，异常提示超过最大递归深度。

这个问题怎么解决呢？

解决递归调用栈溢出的方法是通过尾递归优化，事实上尾递归和循环的效果一样，把循环看成一种特殊尾递归函数也可以。

尾递归是指在函数返回时调用函数本身，并且 return 语句不能包含表达式。这样，编译器或解释器就可以对尾递归进行优化，使递归本身无论调用多少次都只占用一个栈帧，从而避免栈溢出的情况。

由于上面的 fact(n)函数 return n * fact(n-1)引入了乘法表达式，因此不是尾递归。要改成尾递归方式需要多一点代码，主要是把每一步乘积传入递归函数中，看如下函数定义方式（fact_iter.py）：

```
def fact(n):
    return fact_iter(n, 1)

def fact_iter(num, product):
    if num == 1:
        return product
    return fact_iter(num - 1, num * product)
```

可以看到，return fact_iter(num - 1, num * product)仅返回递归函数本身，num - 1 和 num * product 在函数调用前就会被计算，不影响函数调用。

fact(5)对应的 fact_iter(5, 1)的调用如下：

```
===> fact_iter(5, 1)
===> fact_iter(4, 5)
===> fact_iter(3, 20)
===> fact_iter(2, 60)
===> fact_iter(1, 120)
===> 120
```

由操作结果看到，调用尾递归时如果做了优化，栈就不会增长。但是尾递归函数一般只能递归 fact(997)，递归深度超过 997 后，一般会报如下错误：

```
RecursionError: maximum recursion depth exceeded in comparison
```

要能测试 fact(1000)，需要加入如下设置：

```
import sys
sys.setrecursionlimit(10000)  #例如这里设置深度为 10000
```

7.11 匿名函数

什么是匿名函数呢？

匿名函数就是不再使用 def 语句这样的标准形式定义一个函数。

- Python 使用 lambda 创建匿名函数。
- lambda 只是一个表达式，函数体比 def 简单很多。
- lambda 的主体是一个表达式，而不是一个代码块，仅能在 lambda 表达式中封装有限的逻辑。lambda 函数拥有自己的命名空间，不能访问自有参数列表之外或全局命名空间的参数。

lambda 函数的语法只包含一个语句，语句如下：

```
lambda [arg1 [,arg2,...argn]]:expression
```

匿名函数应该如何应用呢？

先看一个求两个数的和的示例。

使用 def 语句：

```
def func(x,y):
    return x+y
```

使用 lambda 表达式：

```
lambda x,y: x+y
```

由上面的代码可以看到，使用 lambda 表达式编写的代码比使用 def 语句少。这里不太明显，再看一个代码更多的示例。

比如求一个列表中大于 3 的元素。

通过过程式编程实现，也是常规的方法。在交互模式下输入如下：

```
>>> L1=[1,2,3,4,5]
>>> L2=[]
>>> for i in L1:
          if i>3:
               L2.append(i)

>>> print('列表中大于 3 的元素有：',L2)
列表中大于 3 的元素有： [4, 5]
```

通过函数式编程实现，运用 filter，给出一个判断条件（func_filter.py）：

```
def func_filter(x):
    return x>3
f_list=filter(func_filter,[1,2,3,4,5])
print('列表中大于 3 的元素有：',[item for item in f_list])
```

执行结果如下：

```
列表中大于 3 的元素有： [4, 5]
```

如果运用匿名函数，就会更加精简，一行代码即可：

```
print('列表中大于 3 的元素有:',[item for item in filter(lambda x:x>3,[1,2,3,4,5])])
```

执行结果如下：

```
列表中大于 3 的元素有： [4, 5]
```

从上面的操作可以看出，lambda 一般应用于函数式编程，代码简洁，常和 filter 等函数结合使用。

我们对上面使用 lambda 的示例进行解析。

在表达式中：

- x 为 lambda 函数的一个参数。
- :为分割符。
- x>3 则是返回值，在 lambda 函数中不能有 return，其实冒号（:）后面就是返回值。

item for item in filter 是 Python 3 中 filter 函数的取值方式，因为从 Python 3 起，filter 函数返回的对象从列表改为迭代器（filter object）。filter object 支持迭代操作，比如 for 循环：

```
for item in a_filter_object:
    print(item)
```

如果还是需要一个列表，就可以这样得到它：

```
filter_list = [item for item in a_filter_object]
```

由这些示例可以看到，匿名函数确实有它的优点。

这里有一个疑问，在什么情况下使用匿名函数呢？

一般以下情况多考虑使用匿名函数：

（1）程序一次性使用、不需要定义函数名时，用匿名函数可以节省内存中定义变量所占的空间。

（2）如果想让程序更加简洁，使用匿名函数就可以做到。

当然，匿名函数有 3 个规则要记住：

（1）一般有一行表达式，必须有返回值。

（2）不能有 return。

（3）可以没有参数，也可以有一个或多个参数。

下面看几个匿名函数的示例（在交互模式下输入）。

无参匿名函数：

```
>>> t = lambda : True #分号前无任何参数
>>> t()
True
```

带参数的匿名函数：

```
>>> lambda x: x**3 #一个参数
>>> lambda x,y,z:x+y+z #多个参数
>>> lambda x,y=3: x*y #允许参数存在默认值
```

匿名函数的调用：

```
>>> c = lambda x,y,z: x*y*z
>>> c(2,3,4)
24
>>> c = lambda x,y=2: x+y #使用了默认值
>>> c(10) #如果不输入，就使用默认值 2
12
```

7.12 偏函数

偏函数是从 Python 2.5 引入的概念，通过 functools 模块被用户调用。注意这里的偏函数和数学意义上的偏函数不一样。

偏函数是将所要承载的函数作为 partial()函数的第一个参数，原函数的各个参数依次作为 partial()

函数的后续参数，除非使用关键字参数。

通过语言描述可能无法理解偏函数怎么使用，下面举一个常见的例子说明。在这个例子里，将实现一个取余函数，取得整数 100 对不同数 m 的 100%m 的余数。编写代码如下（mod_partial.py）：

```
from functools import partial


def mod_partial(n, m):
 return n % m


mod_by_100 = partial(mod, 100)


print(f'自定义函数，100 对 7 取余结果为：{mod_partial(100, 7)}')
print(f'调用偏函数，100 对 7 取余结果为：{mod_by_100(7)}')
```

函数执行结果为：

```
自定义函数，100 对 7 取余结果为： 2
调用偏函数，100 对 7 取余结果为： 2
```

由执行结果看到，使用偏函数所需代码量比自定义函数更少、更简洁。

在介绍函数的参数时，我们讲到通过设定参数的默认值可以降低函数调用的难度。从上面的示例来看，偏函数也可以做到这一点。

7.13 牛刀小试（1）——经典排序之快速排序实现

快速排序（quick sort）是一种分治排序算法。该算法首先选取一个划分元素（partition element，也称为 pivot）；然后重排列表，将其划分为 3 部分，即 left（小于划分元素 pivot 的部分）、pivot（划分元素）、right（大于划分元素 pivot 的部分），此时划分元素 pivot 已经在列表的最终位置上；最后分别对 left 和 right 两部分进行递归排序。

其中，划分元素的选取直接影响快速排序算法的效率，通常选择列表的第一个元素、中间元素或最后一个元素作为划分元素，当然也有更复杂的选择方式。划分过程根据划分元素重排列表，是快速排序算法的关键所在。

快速排序算法的优点是原位排序（只使用很小的辅助栈），平均时间复杂度为 O(n log n)。快速排序算法的缺点是不稳定，最坏情况下时间复杂度为 $O(n^2)$。

代码实现如下（quick_sort.py）：

```
def quick_sort(num_list):
 q_sort(num_list, 0, len(num_list) - 1)


def q_sort(num_list, first, last):
 if first < last:
  split = partition(num_list, first, last)
```

```
    q_sort(num_list, first, split - 1)
    q_sort(num_list, split + 1, last)

def partition(num_list, first, last):
  # 选取列表中的第一个元素作为划分元素
  pivot = num_list[first]
  left_mark = first + 1
  right_mark = last
  while True:
    while num_list[left_mark] <= pivot:
     # 如果列表中存在与划分元素 pivot 相等的元素，让它位于 left 部分
     # 以下检测用于划分元素 pivot 是列表中的最大元素时
     # 防止 left_mark 越界
      if left_mark == right_mark:
        break
      left_mark += 1
    while num_list[right_mark] > pivot:
      # 这里不需要检测，划分元素 pivot 是列表中的最小元素时
      # right_mark 自动停在 first 处
      right_mark -= 1
    if left_mark < right_mark:
      # 此时，left_mark 处的元素大于 pivot
      # right_mark 处的元素小于等于 pivot，交换两者
      num_list[left_mark], num_list[right_mark] = num_list[right_mark],
num_list[left_mark]
    else:
      break
  # 交换 first 处的划分元素与 right_mark 处的元素
  num_list[first], num_list[right_mark] = num_list[right_mark],
num_list[first]
  # 返回划分元素 pivot 的最终位置
  return right_mark
```

函数调用示例：

```
n_list = [5, -4, 6, 3, 7, 11, 1, 2]
print(f'排序之前：{str(n_list)}')
quick_sort(n_list)
print(f'排序之后：{str(n_list)}')
```

执行结果如下：

```
排序之前：[5, -4, 6, 3, 7, 11, 1, 2]
排序之后：[-4, 1, 2, 3, 5, 6, 7, 11]
```

7.14 牛刀小试（2）——时间装饰器

在实际应用中，时间装饰器函数是使用非常频繁的一种函数，对于大部分应用，都需要使用时间装饰器来监控时间上的损耗情况。

时间装饰器的写法基本都相似，以下示例为较为普遍的写法（dec_exp.py）：

```
from functools import wraps
import time


def decorator(func):
    """
    装饰器函数
    :param func:
    :return:
    """
    @wraps(func)
    def wrapper(*args, **kwargs):
        start_time = time.time()
        ret = func(*args, **kwargs)
        end_time = time.time()
        print(f"函数名：{func.__name__}。执行时间花费：{end_time - start_time} s")
        return ret
    return wrapper


@decorator
def test_dec():
    """
    装饰器使用示例
    :return:
    """
    for i in range(3):
        time.sleep(1)


if __name__ == "__main__":
    test_dec()
```

执行 py 文件，输出结果如下：

```
函数名：test_dec。执行时间花费：3.032724380493164 s
```

装饰器的概念在该书中没有提及，有兴趣的读者可以查阅相关资料进行了解。在 Python 的实际应用中，装饰器是经常使用到的一种技术，也是一种非常灵活的技术。

7.15 调 试

前面对调试的介绍都是基于刻意犯错进行的，本章开始介绍一些调试技巧。

将一个大程序分解为小函数，自然引入了调试的检查点。如果一个函数不能正常工作，可以先考虑以下 3 点：

（1）函数获得的实参有问题，某个前置条件没有达到。

（2）函数本身有问题，某个后置条件没有达到。

（3）函数的返回值有问题或使用方式不对。

要检查第一个问题，可以在函数体开始处加上 print 语句，显示实参的值或类型，用于显示检查前置条件。

如果实参没有问题，就在每个 return 语句前添加 print 语句，显示返回值。如果有可能，手动检查返回值，使用更容易检查结果的参数调用函数。

如果函数没有问题，就检查调用代码，确保函数返回值被正确使用。

要学会充分使用 print 语句，该语句能帮我们清晰地了解函数的执行流程。

7.16 答疑解惑

（1）len()、count()、sum()三个计算函数有什么区别？

答： len()　返回对象的长度。比如 len([1,2,3])，返回值为 3。

count()　计算包含对象的个数。比如[1,1,1,2].count(1)，返回值为 3。

sum()　进行和运算。比如 sum([1,2,3])，返回值为 6。

（2）函数在项目中使用得多吗？

答： 函数在项目中使用得非常多。在项目实战中，为了方便团队开发和代码复用，我们所写的所有程序几乎都需要以函数的方式定义。一旦定义了一个函数，其他 Python 文件就可以通过 import 的方式从文件中导入这个函数直接使用，从而实现代码的复用。

（3）如何灵活使用函数？

答： 函数在 Python 中是一个很重要的概念，能灵活使用函数对我们帮助很大。要灵活使用函数，首先要能灵活编写语句，函数是语句的集合，语句写得灵活了，函数也就灵活了。语句灵活是指写出的语句所表达的意思清晰，不但单条语句意思要清晰，语句之间的关系也要清晰。当然，需要实战经验的积累和方法的尝试，才能逐渐灵活使用函数。

7.17 课后思考与练习

本章主要讲解了函数定义、函数参数、变量作用域、函数递归等内容，在本章结束前回顾一下学到的概念。

（1）如何定义函数？

（2）函数有哪些参数类型？

（3）什么是形参和实参？

（4）变量的作用域有哪些？

（5）怎么使用递归函数？

思考并解决如下问题：

（1）自定义一个函数，打印出“hello，world！”。

（2）定义一个带参数的函数，函数体中打印出对应的参数值。

（3）定义一个带参数的函数，如果传入的参数为数字，则做加减操作，否则直接打印出对应的参数值。

（4）定义一个带默认参数的函数，打印出默认参数值。

（5）定义一个带必须参数和默认参数的函数，通过函数调用更改默认参数值。

（6）定义一个带必须参数和可变参数的函数，通过传递不同的可变参数，使函数执行不同操作，比如做数值的加减、数值的乘除、字符串的相关操作等。

（7）定义一个带全局变量的函数，并对全局变量做各种操作，观察全局变量变更后，各全局变量引用处是否也变更。

（8）自己设计一个返回函数的函数，返回带必须参数、可变参数、默认参数等的函数。

（9）利用 Python 内置的 hex()函数把一个整数转换成十六进制表示的字符串。

（10）定义一个函数 quadratic(a, b, c)，接收 3 个参数，返回一元二次方程 $ax^2 + bx + c = 0$ 的两个解。（提示：计算平方根可以调用 math.sqrt()函数。）

（11）给你一个包含不同英文字母和标点符号的文本，找到其中出现最多的字母，返回的字母必须是小写形式，检查字母时不区分大小写，如在搜索中"A" == "a"。要确保不计算标点符号、数字和空格，只计算字母。

如果找到两个或两个以上具有相同频率的字母，那么返回先出现在字母表中的字母。例如，one 包含 o、n、e 每个字母一次，因此我们选择 e。

第 8 章

面向对象编程

我认为对象就像是生物学里的细胞，或者网络中的一台计算机，只能够通过消息来通信。

——Alan Kay（Smalltalk 的发明人，面向对象之父）

Python 支持创建自己的对象，Python 从设计之初就是一门面向对象语言，它提供了一些语言特性支持面向对象编程。

创建对象是 Python 的核心概念，本章将介绍如何创建对象，以及多态、封装、方法和继承等概念。

Python 快乐学习班的同学结束函数乐高积木厅的创意学习后，导游带领他们来到对象动物园。在对象动物园，将为同学们呈现各种动物对象，同学们将在这里了解各种动物所属的类别，各种动物所拥有的技能，以及它们的技能继承自哪里等知识点。现在跟随 Python 快乐学习班的同学一起进入对象动物园观摩吧！

8.1 理解面向对象编程

Python 是一门面向对象编程语言，对面向对象语言编码的过程叫作面向对象编程。

面向对象编程是一种程序设计思想，把对象作为程序的基本单元，一个对象包含数据和操作数据的函数。

面向对象程序设计把计算机程序视为一组对象的集合，每个对象都可以接收其他对象发过来的消息，并处理这些消息，计算机程序的执行就是一系列消息在各个对象之间传递。

在 Python 中，所有数据类型都被视为对象，也可以自定义对象。自定义对象数据类型就是面向对象中的类（Class）的概念。

在开始具体介绍面向对象编程技术之前，我们先了解一些面向对象编程的术语，以便在后续内容中碰到对应词时能明白这些术语的意思。

- 类：用来描述具有相同属性和方法的对象的集合。类定义了集合中每个对象共有的属性和方法。对象是类的实例。
- 类变量（属性）：类变量在整个实例化的对象中是公用的。类变量定义在类中，且在方法之外。类变量通常不作为实例变量使用。类变量也称作属性。
- 数据成员：类变量或实例变量用于处理类及其实例对象的相关数据。
- 方法重写：如果从父类继承的方法不能满足子类的需求，就可以对其进行改写，这个过程称为方法的覆盖（Override），也称为方法的重写。
- 实例变量：定义在方法中的变量只作用于当前实例的类。
- 多态（Polymorphism）：对不同类的对象使用同样的操作。
- 封装（Encapsulation）：对外部世界隐藏对象的工作细节。
- 继承（Inheritance）：即一个派生类（derived class）继承基类（base class）的字段和方法。继承允许把一个派生类的对象作为一个基类对象对待，以普通类为基础建立专门的类对象。
- 实例化（Instance）：创建一个类的实例、类的具体对象。
- 方法：类中定义的函数。
- 对象：通过类定义的数据结构实例。对象包括两个数据成员（类变量和实例变量）和方法。

和其他编程语言相比，Python 在尽可能不增加新语法和语义的情况下加入了类机制。

Python 中的类提供了面向对象编程的所有基本功能：类的继承机制允许多个基类、派生类可以覆盖基类中的任何方法，方法中可以调用基类中的同名方法。

对象可以包含任意数量和类型的数据。

8.2　类的定义与使用

8.2.1　类的定义

开始介绍前先看一个类的示例（my_class.py）：

```
class MyClass(object):
    i = 123
    def f(self):
        return 'hello world'
```

由上面的代码可以得知，类定义的语法格式如下：

```
class ClassName(object):
    <statement-1>
    .
    .
```

```
    .
    <statement-N>
```

由代码片段和类定义我们看到，Python 中定义类使用 class 关键字，class 后面紧接着类名，如示例中的 MyClass，类名通常是大写开头的单词；紧接着是（object），表示该类是从哪个类继承下来的。通常，如果没有合适的继承类，就使用 object 类，这是所有类最终都会继承的类。类包含属性（相当于函数中的语句）和方法（类中的方法大体可以理解成第 7 章所学的函数）。

> **提 示**
>
> 在类中定义方法的形式和函数差不多，但不称为函数，而称为方法。方法的调用需要绑定到特定对象上，而函数不需要。我们后面会逐步接触方法的调用方式。

8.2.2 类的使用

本节简单讲述类的使用。以 8.2.1 小节的示例为例（别忘了写开头两行），保存并执行（my_calss_use.py，程序编写完成后，需要将文件保存为后缀为.py 的文件，在 cmd 命令窗口下执行.py 文件）：

```
class MyClass(object):
    i = 123
    def f(self):
        return 'hello world'

use_class = MyClass()
print(f'调用类的属性：{use_class.i}')
print(f'调用类的方法：{use_class.f()}')
```

执行结果如下：

```
调用类的属性： 123
调用类的方法： hello world
```

由输入代码中的调用方式可知，类的使用比函数调用多了几个操作，调用类时需要执行如下操作：

```
use_class = MyClass()
```

这步叫作类的实例化，即创建一个类的实例。此处得到的 use_class 变量称为类的具体对象。再看后面两行的调用：

```
print(f'调用类的属性：{use_class.i}')
print(f'调用类的方法：{use_class.f()}')
```

这里第一行后的 use_class.i 用于调用类的属性，也就是我们前面所说的类变量。第二行后的 use_class.f()用于调用类的方法。

在上面的示例中，在类中定义 f()方法时带了一个 self 参数，该参数在方法中并没有被调用，是否可以不要呢？调用 f()方法时没有传递参数，是否表示参数可以传递也可以不传递？

对于在类中定义方法的要求：在类中定义方法时，第一个参数必须是 self。除第一个参数外，类的方法和普通函数没什么区别，如可以用默认参数、可变参数、关键字参数和命名关键字参数等。

对于在类中调用方法的要求：要调用一个方法，在实例变量上直接调用即可。除了 self 不用传外，其他参数均正常传入。

类对象支持两种操作，即属性引用和实例化。属性引用的标准语法如下：

```
obj.name
```

在语法中，obj 代表类对象，name 代表属性。

8.3　深入类

我们在前面简单介绍了类的定义和使用，本节将深入介绍类的相关内容，如类的构造方法和访问权限。

8.3.1　类的构造方法

在开始介绍前，我们对前面的示例做一些改动，代码如下（my_calss_search.py）：

```
class MyClass(object):
    i = 123
    def __init__(self, name):
        self.name = name

    def f(self):
        return 'hello,'+ self.name


use_class = MyClass('xiaomeng')
print(f'调用类的属性：{use_class.i}')
print(f'调用类的方法：{use_class.f()}')
```

程序执行结果如下：

```
调用类的属性： 123
调用类的方法： hello,xiaomeng
```

若类的实例化语句写法和之前一样，即：

```
use_class = MyClass()
```

程序执行结果如下：

```
Traceback (most recent call last):
  File "D:/python/workspace/classdef.py", line 21, in <module>
```

```
    use_class = MyClass()
TypeError: __init__() missing 1 required positional argument: 'name'
```

从代码和输出结果看到，实例化 MyClass 类时调用了__init__()方法。这里就奇怪了，我们在代码中并没有指定调用__init__()方法，怎么会报__init__()方法错误呢？

在 Python 中，__init__()方法是一个特殊方法，在对象实例化时会被调用。__init__()的意思是初始化，是 initialization 的简写。这个方法的书写方式是：先输入两个下画线，后面接着 init，再接着两个下画线，最后加上小括号。这个方法也叫构造方法。在定义类时，若不显式地定义一个__init__()方法，则程序默认调用一个无参的__init__()方法。比如以下两段代码的使用效果是一样的：

代码一（default_init_1.py）：

```
class DefaultInit(object):
    def __init__(self):
        print('类实例化时执行我，我是__init__方法。')

    def show(self):
        print ('我是类中定义的方法，需要通过实例化对象调用。')


test = DefaultInit()
print('类实例化结束。')
test.show()
```

程序执行结果如下：

```
类实例化时执行我，我是__init__方法。
类实例化结束。
我是类中定义的方法，需要通过实例化对象调用。
```

代码二（default_init_2.py）：

```
#! /usr/bin/python3
# -*-coding:UTF-8-*-

class DefaultInit(object):
    def show(self):
        print ('我是类中定义的方法，需要通过实例化对象调用。')


test = DefaultInit()
print('类实例化结束。')
test.show()
```

程序执行结果如下：

```
类实例化结束。
我是类中定义的方法，需要通过实例化对象调用。
```

由上面两段代码的输出结果看到，当代码中定义了__init__()方法时，实例化类时会调用该方法；若没有定义__init__()方法，实例化类时也不会报错，此时调用默认的__init__()方法。

在 Python 中定义类时若没有定义构造方法（__init__()方法），则在类的实例化时系统调用默认的构造方法。另外，__init__()方法可以有参数，参数通过__init__()传递到类的实例化操作上。

既然__init__()方法是 Python 中的构造方法，那么是否可以在一个类中定义多个构造方法呢？我们先看如下 3 段代码：

代码一（init_no_param.py）：

```
class DefaultInit(object):
    def __init__(self):
        print('我是不带参数的__init__方法。')


DefaultInit()
print('类实例化结束。')
```

程序执行结果如下：

```
我是不带参数的__init__方法。
类实例化结束。
```

在只有一个__init__()方法时，实例化类没有什么顾虑。

代码二（init_with_param_1.py）：

```
class DefaultInit(object):
    def __init__(self):
        print('我是不带参数的__init__方法。')

    def __init__(self, param):
        print(f'我是带一个参数的__init__方法，参数值为：{param}')


DefaultInit('hello')
print('类实例化结束。')
```

程序执行结果如下：

```
我是带一个参数的__init__方法，参数值为： hello
类实例化结束。
```

由执行结果看到，调用的是带了一个 param 参数的构造方法，若把类的实例化语句更改为：

```
DefaultInit()
```

执行结果为：

```
Traceback (most recent call last):
  File "D:/python/workspace/classdef.py", line 59, in <module>
```

```
    DefaultInit()
TypeError: __init__() missing 1 required positional argument: 'param'
```

或更改为：

```
DefaultInit('hello', 'world')
```

执行结果为：

```
Traceback (most recent call last):
  File "D:/python/workspace/classdef.py", line 61, in <module>
    DefaultInit('hello', 'world')
TypeError: __init__() takes 2 positional arguments but 3 were given
```

由执行结果看到，实例化类时只能调用带两个占位参数的构造方法，调用其他构造方法都会报错。

代码三（init_with_param_2.py）：

```
class DefaultInit(object):
    def __init__(self, param):
        print(f'我是带一个参数的__init__方法，参数值为：{param}')

    def __init__(self):
        print('我是不带参数的__init__方法。')

DefaultInit()
print('类实例化结束。')
```

程序执行结果如下：

```
我是不带参数的__init__方法。
类实例化结束。
```

由执行结果看到，调用的构造方法除了 self 外，没有其他参数。若把类的实例化语句更改为如下：

```
DefaultInit('hello')
```

执行结果为：

```
Traceback (most recent call last):
  File "D:/python/workspace/classdef.py", line 60, in <module>
    DefaultInit('hello')
TypeError: __init__() takes 1 positional argument but 2 were given
```

或更改为：

```
DefaultInit('hello', 'world')
```

执行结果为：

```
Traceback (most recent call last):
  File "D:/python/workspace/classdef.py", line 61, in <module>
    DefaultInit('hello', 'world')
TypeError: __init__() takes 2 positional arguments but 3 were given
```

由执行结果看到，实例化类时只能调用带一个占位参数的构造方法，调用其他构造方法都会报错。

由以上几个示例我们得知：一个类中可定义多个构造方法，但实例化类时只实例化最后的构造方法，即后面的构造方法会覆盖前面的构造方法，并且需要根据最后一个构造方法的形式进行实例化。建议一个类中只定义一个构造函数。

8.3.2　类的访问权限

在类内部有属性和方法，外部代码可以通过直接调用实例变量的方法操作数据，这样就隐藏了内部的复杂逻辑，例如（calss_access.py）：

```
class Student(object):
    def __init__(self, name, score):
        self.name = name
        self.score = score

    def info(self):
        print(f'学生：{self.name}；分数：{self.score}')


stu = Student('xiaomeng',95)
print (f'修改前分数：{stu.score}')
stu.info()
stu.score=0
print (f'修改后分数：{stu.score}')
stu.info()
```

程序执行结果如下：

```
修改前分数：95
学生：xiaomeng；分数：95
修改后分数：0
学生：xiaomeng；分数：0
```

由代码和输出结果看到，在类中定义的非构造方法可以调用类中构造方法实例变量的属性，调用的方式为 self.实例变量属性名，如代码中的 self.name 和 self.score。可以在类的外部修改类的内部属性。

如果要让内部属性不被外部访问，该怎么办呢？

要让内部属性不被外部访问，可以在属性名称前加两个下画线__。在 Python 中，实例的变量名如果以__开头，就会变成私有变量（private），只有内部可以访问，外部不能访问。据此，我们把 Student 类改一改（student_class_1.py）：

```
class Student(object):
    def __init__(self, name, score):
        self.__name = name
        self.__score = score

    def info(self):
        print(f'学生：{self.__name}；分数：{self.__score}')

stu = Student('xiaomeng',95)
print(f'修改前分数：{stu.__score}')
stu.info()
stu.__score = 0
print(f'修改后分数：{stu.__score}')
stu.info()
```

程序执行结果如下：

```
Traceback (most recent call last):
  File "D:/python/workspace/classdef.py", line 81, in <module>
    print('修改前分数：', stu.__score)
AttributeError: 'Student' object has no attribute '__score'
```

由执行结果看到，我们已经无法从外部访问实例变量的属性__score 了。这样有什么作用呢？

这样可以确保外部代码不能随意修改对象内部的状态，通过访问限制的保护，代码更加安全。比如上面的分数对象是一个比较重要的内部对象，如果外部可以随便更改这个值，大家都随便更改自己成绩表单中的分数，岂不是很混乱。

如果外部代码要获取类中的 name 和 score，怎么办呢？

在 Python 中，可以为类增加 get_attrs 方法，获取类中的私有变量，例如在上面的示例中添加 get_score（name 的使用方式类同）方法，代码如下（student_calss_2.py）：

```
class Student(object):
    def __init__(self, name, score):
        self.__name = name
        self.__score = score

    def info(self):
        print(f'学生：{self.__name}；分数：{self.__score}')
```

```
    def get_score(self):
        return self.__score

stu = Student('xiaomeng',95)
print(f'修改前分数：{stu.get_score()}')
stu.info()
print(f'修改后分数：{stu.get_score()}')
stu.info()
```

执行结果如下：

```
修改前分数： 95
学生：xiaomeng；分数： 95
修改后分数： 95
学生：xiaomeng；分数： 95
```

由执行结果看到，通过 get_score 方法已经可以正确得到类内部的属性值。

是否可以通过外部更改内部私有变量的值呢？

在 Python 中，可以为类增加 set_attrs 方法，修改类中的私有变量，例如更改上面示例中的 score 属性值，可以添加 set_score（name 的使用方式类同）方法，代码如下（student_calss_3.py）：

```
class Student(object):
    def __init__(self, name, score):
        self.__name = name
        self.__score = score

    def info(self):
        print(f'学生：{self.__name}；分数：{self.__score}')

    def get_score(self):
        return self.__score

    def set_score(self, score):
        self.__score = score

stu = Student('xiaomeng',95)
print(f'修改前分数：{stu.get_score()}')
stu.info()
stu.set_score(0)
print(f'修改后分数：{stu.get_score()}')
stu.info()
```

程序执行结果如下：

```
修改前分数： 95
学生：xiaomeng；分数：95
修改后分数： 0
学生：xiaomeng；分数：0
```

由程序执行结果看到，通过 set_score 方法正确更改了私有变量 score 的值。这里有个问题，原先 stu.score=0 这种方式也可以修改 score 变量，为什么要费这么大周折定义私有变量，还定义 set_score 方法呢？

在 Python 中，通过定义私有变量和对应的 set 方法可以帮助我们做参数检查，避免传入无效的参数，例如将上面的示例更改如下（student_calss_4.py）：

```
class Student(object):
    def __init__(self, name, score):
        self.__name = name
        self.__score = score

    def info(self):
        print(f'学生：{self.__name}；分数：{self.__score}')

    def get_score(self):
        return self.__score

    def set_score(self, score):
        if 0<=score<=100:
            self.__score = score
        else:
            print('请输入 0 到 100 的数字。')

stu = Student('xiaomeng',95)
print(f'修改前分数：{stu.get_score()}')
stu.info()
stu.set_score(-10)
print(f'修改后分数：{stu.get_score()}')
stu.info()
```

程序执行结果如下：

```
修改前分数： 95
学生：xiaomeng；分数：95
请输入 0 到 100 的数字。
修改后分数： 95
学生：xiaomeng；分数：95
```

由输出结果看到，调用 set_score 方法时，如果传入的参数不满足条件，就按照不满足条件的程序逻辑执行。

既然类有私有变量的说法，那么类是否有私有方法呢？

答案是肯定的，类也有私有方法。类的私有方法也是以两个下画线开头，声明该方法为私有方法，且不能在类外使用。私有方法的调用方式如下：

```
self.__private_methods
```

我们通过下面的示例进一步了解私有方法的使用（private_public_method.py）：

```
class PrivatePublicMethod(object):
    def __init__(self):
        pass

    def __foo(self):          # 私有方法
        print('这是私有方法')

    def foo(self):            # 公共方法
        print('这是公共方法')
        print('公共方法中调用私有方法')
        self.__foo()
        print('公共方法调用私有方法结束')

pri_pub = PrivatePublicMethod()
print('开始调用公共方法：')
pri_pub.foo()
print('开始调用私有方法：')
pri_pub.__foo()
```

程序执行结果如下：

```
开始调用公共方法：
这是公共方法
公共方法中调用私有方法
这是私有方法
公共方法调用私有方法结束
开始调用私有方法：
Traceback (most recent call last):
  File "D:/python/workspace/classdef.py", line 114, in <module>
    pri_pub.__foo()
AttributeError: 'PrivatePublicMethod' object has no attribute '__foo'
```

由输出结果看到，私有方法和私有变量类似，不能通过外部调用。

8.4 继　承

面向对象编程带来的好处之一是代码的重用，实现重用的方法之一是通过继承机制。继承完全可以理解成类之间类型和子类型的关系。

在面向对象程序设计中，当我们定义一个 class 时，可以从某个现有的 class 继承，定义的新 class 称为子类（Subclass），而被继承的 class 称为基类、父类或超类（Base class、Super class）。

继承的定义如下：

```
class DerivedClassName(BaseClassName):
    <statement-1>
    .
    .
    <statement-N>
```

需要注意：继承语法 class 子类名（基类名）时，//基类名写在括号里，基本类是在定义类时，在元组中指明的。

在 Python 中，继承有以下特点：

（1）在继承中，基类的构造方法（__init__()方法）不会被自动调用，需要在子类的构造方法中专门调用。

（2）在调用基类的方法时需要加上基类的类名前缀，并带上 self 参数变量。区别于在类中调用普通函数时不需要带 self 参数。

（3）在 Python 中，首先查找对应类型的方法，如果在子类中找不到对应的方法，才到基类中逐个查找。

例如（animal.py）：

```
class Animal(object):
    def run(self):
        print('Animal is running...')
```

上面定义了一个名为 Animal 的类，类中定义了一个 run()方法直接输出（没有显式定义__init__()方法，会调用默认的构造方法）。在编写 Dog 和 Cat 类时，可以直接从 Animal 类继承，定义如下（animal.py）：

```
class Dog(Animal):
    pass

class Cat(Animal):
    pass
```

在这段代码片段中，对于 Dog 来说，Animal 就是它的父类；对于 Animal 来说，Dog 就是它的子类。Cat 和 Dog 类似。

继承有什么好处？

继承最大的好处是子类获得了父类全部非私有的功能。由于在 Animal 中定义了非私有的 run()方法，因此作为 Animal 的子类，Dog 和 Cat 什么方法都没有定义，自动拥有父类中的 run()方法。

执行以上代码：

```
dog = Dog()
dog.run()

cat = Cat()
cat.run()
```

程序执行结果如下：

```
Animal is running...
Animal is running...
```

由执行结果看到，子类中没有定义任何方法，但都成功执行了 run()方法。

当然，子类可以拥有一些自己的方法，比如在 Dog 类中增加一个 eat 方法：

```
class Dog(Animal):
    def eat(self):
        print('Eating ...')

dog = Dog()
dog.run()
dog.eat()
```

以上代码执行结果如下：

```
Animal is running...
Eating ...
```

由执行结果看到，既执行了父类的方法，又执行了自己定义的方法。

子类不能继承父类中的私有方法，也不能调用父类的私有方法。父类的定义如下（完整代码见 animal_1.py）：

```
class Animal(object):
    def run(self):
        print('Animal is running...')

    def __run(self):
        print('I am a private method.')
```

子类定义不变，执行如下调用语句：

```
dog = Dog()
```

```
dog.__run()
```

执行结果如下：

```
Traceback (most recent call last):
  File "D:/python/workspace/classextend.py", line 25, in <module>
    dog.__run()
AttributeError: 'Dog' object has no attribute '__run'
```

由执行结果看到，子类不能调用父类的私有方法，子类虽然继承了父类，但是调用父类的私有方法相当于从外部调用类中的方法，因而调用不成功。

对于父类中扩展的非私有方法，子类可以拿来即用，如在父类 Animal 中增加一个 jump 方法（完整代码见 animal_2.py）：

```
class Animal(object):
    def run(self):
        print('Animal is running...')

    def jump(self):
        print('Animal is jumpping...')

    def __run(self):
        print('I am a private method.')
```

上面我们增加了一个非私有的 jump()方法，子类 Dog 和 Cat 保持原样，执行如下调用：

```
dog = Dog()
dog.run()
dog.jump()

cat = Cat()
cat.run()
cat.jump()
```

执行结果如下：

```
Animal is running...
Animal is jumpping...
Animal is running...
Animal is jumpping...
```

由执行结果看到，子类可以立即获取父类增加的非私有方法。

继承可以一级一级继承下来，就好比从爷爷到爸爸再到儿子的关系。所有类最终都可以追溯到根类 object，这些继承关系看上去就像一颗倒着的树，如图 8-1 所示。

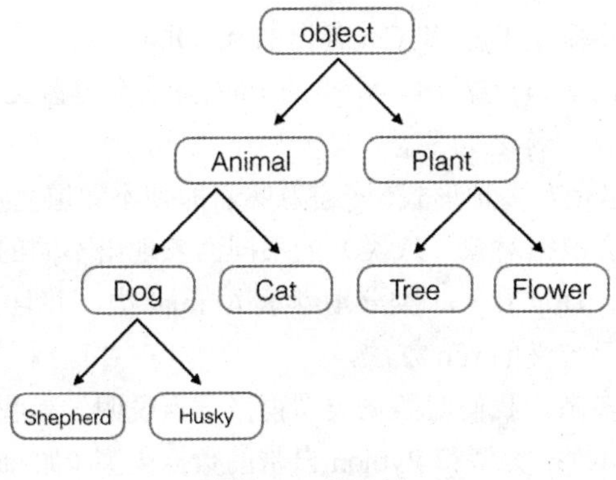

图 8-1　继承树

8.5 多　态

我们在 8.4 节讲述了继承，继承可以帮助我们重复使用代码。但对于继承中的示例，无论是 Dog 还是 Cat，调用父类的 run()方法时显示的都是 Animal is running...，如果想让结果显示为 Dog is running...和 Cat is running...，该怎么处理呢？

我们对 Dog 和 Cat 类做如下改进（完整代码见 animal_3.py）：

```
class Dog(Animal):
    def run(self):
        print('Dog is running...')


class Cat(Animal):
    def run(self):
        print('Cat is running...')
```

执行如下语句：

```
dog = Dog()
print('实例化 Dog 类')
dog.run()

cat = Cat()
print('实例化 Cat 类')
cat.run()
```

执行结果如下：

```
实例化 Dog 类
Dog is running...
实例化 Cat 类
Cat is running...
```

由执行结果看到，分别得到了 Dog 和 Cat 各自的 running 结果。

当子类和父类存在相同的 run()方法时，子类的 run()方法会覆盖父类的 run()方法，在代码运行时总是会调用子类的 run()方法，称之为多态。

多态来自于希腊语，意思是有多种形式。多态意味着即使不知道变量所引用的对象类型是什么，也能对对象进行操作，多态会根据对象（或类）的不同而表现出不同的行为。例如，我们在上面的 Animal 类中定义了 run 方法，Dog 和 Cat 类分别继承 Animal 类，并且分别定义了自己的 run 方法，最后 Dog 和 Cat 调用的是自己定义的 run 方法。

为了更好地理解什么是多态，我们对数据类型再做一点说明。当我们定义一个类时，实际上就定义了一种数据类型。定义的数据类型和 Python 自带的数据类型（如 str、list、dict）没什么两样（完整代码见 animal_4.py）。

```
a = list() # a是list类型
b = Animal() # b是Animal类型
c = Dog() # c是Dog类型
```

下面用 isinstance()方法判断一个变量是否是某个类型（完整代码见 animal_4.py）。

```
print(f'a是否为list类型：{isinstance(a, list)}')
print(f'b是否为Animal类型：{isinstance(b, Animal)}')
print(f'c是否为Dog类型：{isinstance(c, Dog)}')
```

执行结果如下：

```
a是否为list类型： True
b是否为Animal类型： True
c是否为Dog类型： True
```

由执行结果看到，a、b、c 确实分别为 list、Animal、Dog 三种类型。我们再执行如下语句（完整代码见 animal_4.py）：

```
print(f'c是否为Dog类型：{isinstance(c, Dog)}')
print(f'c是否为Animal类型：{isinstance(c, Animal)}')
```

执行结果如下：

```
c是否为Dog类型： True
c是否为Animal类型： True
```

由执行结果看到，c 既是 Dog 类型又是 Animal 类型。这怎么理解呢？

因为 Dog 是从 Animal 继承下来的，当我们创建 Dog 的实例 c 时，我们认为 c 的数据类型是 Dog，但 c 同时也是 Animal，Dog 本来就是 Animal 的一种。

在继承关系中，如果一个实例的数据类型是某个子类，那它的数据类型也可以看作是父类。但是反过来就不行，例如以下语句（完整代码见 animal_4.py）：

```
b = Animal()
print(f'b是否为Dog类型：{isinstance(b, Dog)}')
```

执行结果如下：

```
b 是否为 Dog 类型：False
```

由输出结果看到，变量 b 是 Animal 的实例化对象，是 Animal 类型，但不是 Dog 类型，也就是 Dog 可以看成 Animal，但 Animal 不可以看成 Dog。

我们再看一个示例。编写一个函数，这个函数接收一个 Animal 类型的变量，定义并执行如下函数，执行时传入 Animal 的实例（完整代码见 animal_5.py）：

```
def run_two_times(animal):
    animal.run()
    animal.run()

run_two_times(Animal())
```

执行结果如下：

```
Animal is running...
Animal is running...
```

若执行函数时传入 Dog 的实例，操作如下（完整代码见 animal_5.py）：

```
run_two_times(Dog())
```

得到执行结果如下：

```
Dog is running...
Dog is running...
```

若传入 Cat 的实例，操作如下（完整代码见 animal_5.py）：

```
run_two_times(Cat())
```

得到执行结果如下：

```
Cat is running...
Cat is running...
```

看上去没有什么特殊的地方，已经正确输出预期结果了，但是仔细想想，如果再定义一个 Bird 类型，也继承 Animal 类，定义如下（完整代码见 animal_6.py）：

```
class Bird(Animal):
    def run(self):
        print('Bird is flying the sky...')

run_two_times(Bird())
```

程序执行结果如下：

```
Bird is flying the sky...
```

```
Bird is flying the sky...
```

由执行结果我们发现，新增的 Animal 子类不必对 run_two_times()方法做任何修改。实际上，任何依赖 Animal 作为参数的函数或方法都可以不加修改地正常运行，原因就在于多态。

多态的好处是当我们需要传入 Dog、Cat、Bird 等对象时，只需要接收 Animal 类型就可以了，因为 Dog、Cat、Bird 等都是 Animal 类型，按照 Animal 类型进行操作即可。由于 Animal 类型有 run()方法，因此传入的类型只要是 Animal 类或继承自 Animal 类，都会自动调用实际类型的 run()方法。

多态的意思是对于一个变量，我们只需要知道它是 Animal 类型，无须确切知道它的子类型，就可以放心调用 run()方法。具体调用的 run()方法作用于 Animal、Dog、Cat 或 Bird 对象，由运行时该对象的确切类型决定。

多态真正的威力在于调用方只管调用，不管细节。当我们新增一种 Animal 的子类时，只要确保 run()方法编写正确即可，不用管原来的代码是如何调用的。这就是著名的“开闭”原则：对于扩展开放，允许新增 Animal 子类；对于修改封闭，不需要修改依赖 Animal 类型的 run_two_times()等函数。

很多函数和运算符都是多态的，你写的绝大多数程序也可能是，即便你并非有意这样。只要使用多态函数和运算符，多态就会消除。唯一能够毁掉多态的是使用函数显式地检查类型，如 type、isinstance 函数等。如果有可能，就尽量避免使用这些毁掉多态的方式，重要的是如何让对象按照我们希望的方式工作，无论它是否是正确的类型或类。

8.6 封 装

前面两节我们讲述了 Python 对象中的两个重点——继承和多态，本节将讲述第 3 个重点——封装。

封装是全局作用域中其他区域隐藏多余信息的原则。听起来有些像多态，使用对象而不用知道其内部细节。它们都是抽象原则，都会帮忙处理程序组件而不用过多关心细节，就像函数一样。

封装并不等同于多态。多态可以让用户对不知道类（或对象类型）的对象进行方法调用，而封装可以不用关心对象是如何构建的，直接使用即可。

前面几节的示例基本都用到封装的思想，如前面定义的 Student 类中，每个实例都拥有各自的 name 和 score 数据。我们可以通过函数访问这些数据，如输出学生的成绩，可以如下定义并执行（student.py）：

```
class Student(object):
    def __init__(self, name, score):
        self.name = name
        self.score = score


std = Student('xiaozhi',90)
def info(std):
    print(f'学生：{std.name}；分数：{std.score}')
info(std)
```

执行结果为：

```
学生：xiaozhi；分数：90
```

由输出结果看到，可以通过函数调用类并得到结果。

既然 Student 实例本身就拥有这些数据，要访问这些数据就没有必要从外面的函数访问，可以直接在 Student 类内部定义访问数据的函数，这样就把“数据”封装起来了。这些封装数据的函数和 Student 类本身是相关联的，我们称之为类的方法。于是就有了前面所写类的形式（student_0.py）：

```
class Student0(object):
    def __init__(self, name, score):
        self.name = name
        self.score = score

    def info(self):
        print(f'学生：{self.name}；分数：{self.score}')
```

要定义一个方法，除了第一个参数是 self 外，其他参数和普通函数一样。要调用一个方法，在实例变量上直接调用即可。除了 self 不用传递外，其他参数均正常传入，执行如下语句：

```
stu = Student0('xiaomeng',95)
stu.info()
```

执行结果为：

```
学生：xiaomeng；分数：95
```

这样一来，我们从外部看 Student 类，只需要知道创建实例需要给出的 name 和 score，如何输出是在 Student 类的内部定义的，这些数据和逻辑被“封装”起来了，调用很容易，但却不用知道内部实现的细节。

封装的另一个好处是可以给 Student 类增加新方法，比如我们在类的访问权限中所讲述的 get_score()方法和 set_score()方法。使用这些方法时，我们无须知道内部实现细节，直接调用即可。

8.7　多重继承

8.6 节讲述的是单继承，Python 还支持多重继承。多重继承的类定义如下：

```
class DerivedClassName(Base1, Base2, Base3):
    <statement-1>
    .
    .
    .
    <statement-N>
```

可以看到，多重继承就是有多个基类（父类或超类）。

需要注意圆括号中父类的顺序，若父类中有相同的方法名，在子类使用时未指定，Python 会从左到右搜索。若方法在子类中未找到，则从左到右查找父类中是否包含该方法。

继续以前面的 Animal 类为例，假设要实现 4 种动物：Dog（狗）、Bat（蝙蝠）、Parrot（鹦鹉）、Ostrich（鸵鸟）。

如果按照哺乳动物和鸟类分类，我们可以设计按哺乳动物分类的类层次图，如图 8-2 所示。如果按照“能跑”和“能飞”分类，我们可以设计按行为功能分类的类层次图，如图 8-3 所示。

如果要把上面的两种分类都包含进来，就得设计更多层次。

- 哺乳类：包括能跑的哺乳类和能飞的哺乳类。
- 鸟类：包括能跑的鸟类和能飞的鸟类。

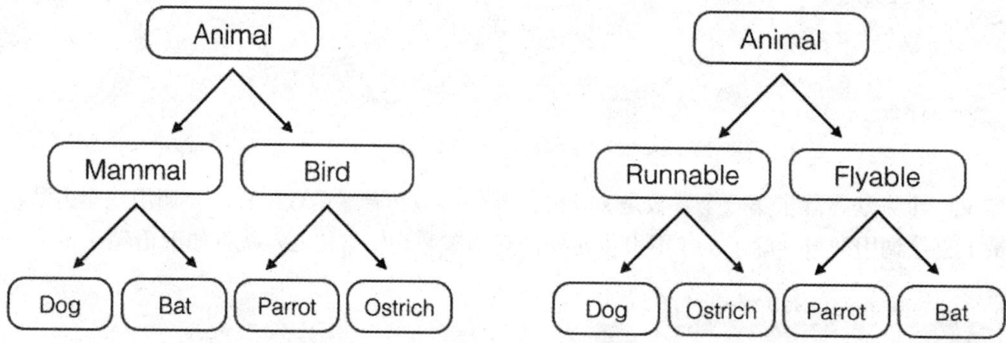

图 8-2　按哺乳动物分类的类层次图　　图 8-3　按行为功能分类的类层次图

这么一来，类的层次就复杂了。图 8-4 所示为更复杂的类层次图。

如果还要增加“宠物类”和“非宠物类”，类的数量就会呈指数增长，很明显这样设计是不行的。

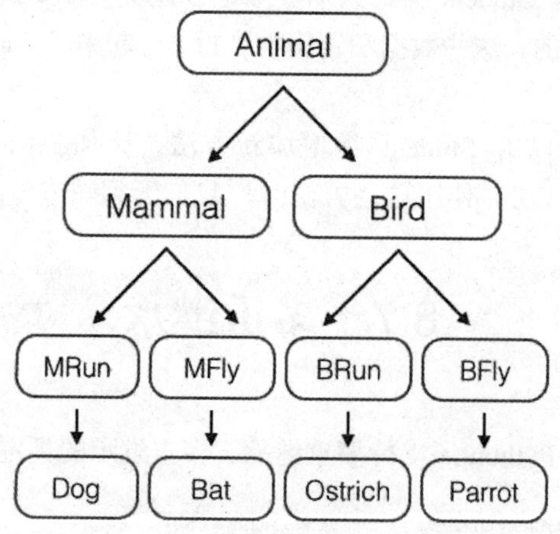

图 8-4　更复杂的类层次图

正确的做法是采用多重继承。首先，主要的类层次仍按照哺乳类和鸟类设计，设计代码如下（animal_7.py）：

```
class Animal(object):
    pass
```

```
# 大类:
class Mammal(Animal):
    pass

class Bird(Animal):
    pass

# 各种动物:
class Dog(Mammal):
    pass

class Bat(Mammal):
    pass

class Parrot(Bird):
    pass

class Ostrich(Bird):
    pass
```

接下来，给动物加上 Runnable 和 Flyable 功能。我们先定义好 Runnable 和 Flyable 类：

```
class Runnable(object):
    def run(self):
        print('Running...')

class Flyable(object):
    def fly(self):
        print('Flying...')
```

大类定义好后，对需要 Runnable 功能的动物添加对 Runnable 的继承，如 Dog：

```
class Dog(Mammal, Runnable):
    pass
```

对需要 Flyable 功能的动物添加对 Flyable 的继承，如 Bat：

```
class Bat(Mammal, Flyable):
    pass
```

这样，通过上面的多重继承，一个子类就可以继承多个父类，同时获得多个父类的所有非私有功能。

8.8 获取对象信息

当我们调用方法时可能需要传递一个参数，这个参数类型我们知道，但是对于接收参数的方法，就不一定知道是什么参数类型了。我们该怎么得知参数的类型呢？

Python 为我们提供了以下 3 种获取对象类型的方法。

1. 使用 type()函数

我们前面已经学习过 type()函数的使用，基本类型都可以用 type()判断，例如：

```
>>> type(123)
<class 'int'>
>>> type('abc')
<class 'str'>
>>> type(None)
<class 'NoneType'>
```

如果一个变量指向函数或类，用 type()函数返回的是什么类型？在交互模式下输入：

```
>>> type(abs)
<class 'builtin_function_or_method'>
>>> type(pri_pub)    #上一节定义的 PrivatePublicMethod 类
<class '__main__.PrivatePublicMethod'>
```

由输出结果看到，返回的是对应的 Class 类型。

如果我们要在 if 语句中判断并比较两个变量的 type 类型是否相同，应如下操作：

```
>>> type(123)==type(456)
True
>>> type(123)==int
True
>>> type('abc')==type('123')
True
>>> type('abc')==str
True
>>> type('abc')==type(123)
False
```

通过操作我们看到，判断基本数据类型可以直接写 int、str 等。怎么判断一个对象是否是函数呢？

可以使用 types 模块中定义的常量，在交互模式下输入：

```
>>> import types
>>> def func():
...     pass
```

```
...
>>> type(fn)==types.FunctionType
True
>>> type(abs)==types.BuiltinFunctionType
True
>>> type(lambda x: x)==types.LambdaType
True
>>> type((x for x in range(10)))==types.GeneratorType
True
```

由执行结果看到，函数的判断方式需要借助 types 模块的帮助。

2. 使用 isinstance()函数

要明确 class 的继承关系，使用 type()很不方便，通过判断 class 的数据类型确定 class 的继承关系要方便得多，这个时候可以使用 isinstance()函数。

例如，继承关系是如下形式：

```
object -> Animal -> Dog
```

即 Animal 继承 object、Dog 继承 Animal。使用 isinstance()可以告诉我们一个对象是否是某种类型。

例如，创建如下两种类型的对象：

```
>>> animal = Animal()
>>> dog = Dog()
```

对上面两种类型的对象，使用 isinstance 进行判断：

```
>>> isinstance(dog, Dog)
True
```

根据输出结果看到，dog 是 Dog 类型，这个没有任何疑问，因为 dog 变量指向的就是 Dog 对象。接下来判断 Animal 类型，使用 isinstance 判断如下：

```
>>> isinstance(dog, Animal)
True
```

根据输出结果看到，dog 也是 Animal 类型。

由此我们得知尽管 dog 是 Dog 类型，不过由于 Dog 是从 Animal 继承下来的，因此 dog 也是 Animal 类型。换句话说，isinstance()判断的是一个对象是否为该类型本身，或者是否为该类型继承类的类型。

我们可以确信，dog 还是 object 类型：

```
>>> isinstance(dog, object)
True
```

同时确信，实际类型是 Dog 类型的 dog，同时也是 Animal 类型：

```
>>> isinstance(dog, Dog) and isinstance(dog, Animal)
True
```

不过 animal 不是 Dog 类型，这个我们在 8.5 节已经讲述过：

```
>>> isinstance(animal,Dog )
False
```

提醒一点，能用 type()判断的基本类型也可以用 isinstance()判断。这个可以自己进行验证。

isinstance()可以判断一个变量是否为某些类型中的一种，判断变量是否为 list 或 tuple 的方式如下：

```
>>> isinstance([1, 2, 3], (list, tuple))
True
>>> isinstance((1, 2, 3), (list, tuple))
True
```

3. 使用 dir()

如果要获得一个对象的所有属性和方法，就可以使用 dir()函数。dir()函数返回一个字符串的 list。例如，获得一个 str 对象的所有属性和方法的方式如下：

```
>>> dir('abc')
['__add__', '__class__', '__contains__', '__delattr__', '__dir__', '__doc__',
'__eq__', '__format__', '__ge__', '__getattribute__', '__getitem__',
'__getnewargs__', '__gt__', '__hash__', '__init__', '__iter__', '__le__', '__len__',
'__lt__', '__mod__', '__mul__', '__ne__', '__new__', '__reduce__', '__reduce_ex__',
'__repr__', '__rmod__', '__rmul__', '__setattr__', '__sizeof__', '__str__',
'__subclasshook__', 'capitalize', 'casefold', 'center', 'count', 'encode',
'endswith', 'expandtabs', 'find', 'format', 'format_map', 'index', 'isalnum',
'isalpha', 'isdecimal', 'isdigit', 'isidentifier', 'islower', 'isnumeric',
'isprintable', 'isspace', 'istitle', 'isupper', 'join', 'ljust', 'lower', 'lstrip',
'maketrans', 'partition', 'replace', 'rfind', 'rindex', 'rjust', 'rpartition',
'rsplit', 'rstrip', 'split', 'splitlines', 'startswith', 'strip', 'swapcase',
'title', 'translate', 'upper', 'zfill']
```

由输出结果看到，str 对象包含许多属性和方法。

8.9 类的专有方法

我们前面讲述了类的访问权限、私有变量和私有方法，除了自定义私有变量和方法外，Python 类还可以定义专有方法。专有方法是在特殊情况下或使用特别语法时由 Python 调用的，而不是像普通方法一样在代码中直接调用。本节讲述几个 Python 常用的专有方法。

看到形如__xxx__的变量或函数名就要注意，这在 Python 中是有特殊用途的。

__init__我们已经知道怎么用了，Python 的 class 中有许多这种有特殊用途的函数，可以帮助我们定制类。下面介绍这种特殊类型的函数定制类的方法。

1. __str__

开始介绍之前，我们先定义一个 Student 类，定义如下（student_1.py）：

```
class Student(object):
    def __init__(self, name):
        self.name = name

print(Student('xiaozhi'))
```

执行结果如下：

```
<__main__.Student object at 0x0000000000D64198>
```

执行结果输出一堆字符串，一般人看不懂，没有什么可用性。怎样才能输出得好看呢？

我们只需要定义好__str__()方法，返回一个易懂的字符串就可以了。重新定义上面的示例（student_2.py）：

```
class Student(object):
    def __init__(self, name):
        self.name = name

    def __str__(self):
        return f'学生名称: {self.name}'

print(Student('xiaozhi'))
```

执行结果为：

```
学生名称: xiaozhi
```

由执行结果看到，这样输出的实例不但易懂，而且是我们想要的。

如果在交互模式下输入如下：

```
>>> s = Student('xiaozhi')
>>> s
<__main__.Student object at 0x00000000030EC550>
```

由执行结果看到，输出的实例还跟之前一样，不容易识别。

这是因为直接显示变量调用的不是__str__()，而是__repr__()，两者的区别在于__str__()返回用户看到的字符串，而__repr__()返回程序开发者看到的字符串。也就是说，__repr__()是为调试服务的。

解决办法是再定义一个__repr__()。通常，__str__()和__repr__()的代码是一样的，所以有一个偷懒的写法（student_3.py）：

```
class Student(object):
```

```
    def __init__(self, name):
        self.name = name

    def __str__(self):
        return f'学生名称: {self.name}'
    __repr__ = __str__
```

在交互模式下执行：

```
>>> s = Student('xiaozhi')
>>> s
学生名称: xiaozhi
```

可以看到，已经得到满意的结果了。

2. __iter__

如果想将一个类用于 for ... in 循环，类似 list 或 tuple 一样，就必须实现一个__iter__()方法。该方法返回一个迭代对象，Python 的 for 循环会不断调用该迭代对象的__next__()方法，获得循环的下一个值，直到遇到 StopIteration 错误时退出循环。

我们以斐波那契数列为例，写一个可以作用于 for 循环的 Fib 类（fib_class_1.py）：

```
class Fib(object):
    def __init__(self):
        self.a, self.b = 0, 1 # 初始化两个计数器 a、b

    def __iter__(self):
        return self # 实例本身就是迭代对象，故返回自己

def __next__(self):
        self.a, self.b = self.b, self.a + self.b # 计算下一个值
        if self.a > 100000: # 退出循环的条件
            raise StopIteration();
        return self.a # 返回下一个值
```

下面我们把 Fib 实例作用于 for 循环。

```
>>> for n in Fib():
...     print(n)
...
1
1
2
3
5
...
```

```
89
```

3. __getitem__

Fib 实例虽然能够作用于 for 循环，和 list 有点像，但是不能将它当成 list 使用。比如取第 3 个元素：

```
>>> Fib()[3]
Traceback (most recent call last):
  File "<pyshell#35>", line 1, in <module>
    Fib()[3]
TypeError: 'Fib' object does not support indexing
```

由执行结果看到，取元素时报错了。怎么办呢？

要像 list 一样按照下标取出元素，需要实现__getitem__()方法，代码如下（fib_class_2.py）：

```
class Fib(object):
    def __getitem__(self, n):
        a, b = 1, 1
        for x in range(n):
            a, b = b, a + b
        return a
```

下面尝试取得数列的值：

```
>>> fib = Fib()
>>> fib[3]
3
>>> fib[10]
89
```

由执行结果看到，可以成功获取对应数列的值了。

4. __getattr__

正常情况下，调用类的方法或属性时，如果类的方法或属性不存在就会报错。比如定义 Student 类（student_4.py）：

```
class Student(object):
    def __init__(self, name):
        self.name = name
```

对于上面的代码，调用 name 属性不会有任何问题，但是调用不存在的 score 属性就会报错。

执行以下代码：

```
>>> stu = Student('xiaozhi')
>>> print(stu.name)
Xiaozhi
>>> print(stu.score)
```

```
Traceback (most recent call last):
  File "<pyshell#50>", line 1, in <module>
    print(stu.score)
AttributeError: 'Student' object has no attribute 'score'
```

由输出结果看到，错误信息告诉我们没有找到 score 属性。对于这种情况，有什么解决方法吗？

要避免这个错误，除了可以添加一个 score 属性外，Python 还提供了另一种机制，就是写一个__getattr__()方法，动态返回一个属性。上面的代码修改如下（student_5.py）：

```
class Student(object):

    def __init__(self):
        self.name = 'xiaozhi'

    def __getattr__(self, attr):
        if attr=='score':
            return 95
```

当调用不存在的属性时（如 score），Python 解释器会调用__getattr__(self, 'score')尝试获得属性，这样就有机会返回 score 的值。在交互模式下输入如下：

```
>>> stu = Student()
>>> stu.name
xiaozhi
>>> stu.score
95
```

由输出结果看到，可以正确输出不存在的属性的值了。

注意，只有在没有找到属性的情况下才调用__getattr__，已有的属性（如 name）不会在__getattr__中查找。此外，如果所有调用都会返回 None（如 stu.abc），就是定义的__getattr__默认返回 None。

5. __call__

一个对象实例可以有自己的属性和方法，调用实例的方法时使用 instance.method()调用。能不能直接在实例本身调用呢？答案是可以。

任何类，只需要定义一个__call__()方法，就可以直接对实例进行调用，例如（student_6.py）：

```
class Student(object):
    def __init__(self, name):
        self.name = name

    def __call__(self):
        print(f'名称：{self.name}')
```

在交互模式下输入如下：

```
>>> stu = Student('xiaomeng')
```

```
>>> stu()
名称：xiaomeng
```

由输出结果看到，可以直接对实例进行调用并得到结果。

__call__()还可以定义参数。对实例进行直接调用就像对一个函数调用一样，完全可以把对象看成函数，把函数看成对象，因为这两者本来就没有根本区别。

如果把对象看成函数，函数本身就可以在运行期间动态创建出来，因为类的实例都是运行期间创建出来的。这样一来，就模糊了对象和函数的界限。

怎么判断一个变量是对象还是函数呢？

很多时候判断一个对象是否能被调用可以使用 callable()函数，比如 max 函数和上面定义的带有__call__()的 Student 类实例。输入如下（student_6.py）：

```
>>> callable(Student('xiaozhi'))
True
>>> callable(max)
True
>>> callable([1, 2, 3])
False
>>> callable(None)
False
>>> callable('a')
False
```

由操作结果看到，通过 callable()函数可以判断一个对象是否为“可调用”对象。

8.10　牛刀小试（1）——出行建议

小智今天想出去，但不清楚今天的天气是否适宜出行，需要一个帮他提供建议的程序，程序要求输入 daytime 和 night，根据可见度和温度给出出行建议和使用的交通工具，需要考虑需求变更的可能。

需求分析：

使用本章所学的封装、继承、多态比较容易实现，由父类封装查看可见度和查看温度的方法，子类继承父类。若有需要，子类可以覆盖父类的方法，做自己的实现。子类也可以自定义方法。

定义天气查找类，类中定义两个方法，一个方法根据传入的 input_daytime 值返回对应的可见度；另一个方法根据传入的 input_daytime 值返回对应的温度（weather_search.py）。

```
class WeatherSearch(object):
    def __init__(self, input_daytime):
        self.input_daytime = input_daytime

    def seach_visibility(self):
        visible_leave = 0
```

```
        if self.input_daytime == 'daytime':
            visible_leave = 2
        if self.input_daytime == 'night':
            visible_leave = 9
        return visible_leave

    def seach_temperature(self):
        temperature = 0
        if self.input_daytime == 'daytime':
            temperature = 26
        if self.input_daytime == 'night':
            temperature = 16
        return temperature
```

定义建议类，该类继承 WeatherSearch 类。类中定义两个方法，一个覆盖父类的温度查找方法，具有传入的 input_daytime 的值，返回建议使用的交通工具；另一个方法返回整体的建议（out_advice.py）。

```
class OutAdvice(WeatherSearch):
    def __init__(self, input_daytime):
        WeatherSearch.__init__(self, input_daytime)

    def seach_temperature(self):
        vehicle = ''
        if self.input_daytime == 'daytime':
            vehicle = 'bike'
        if self.input_daytime == 'night':
            vehicle = 'taxi'
        return vehicle

    def out_advice(self):
        if (visible_leave := self.seach_visibility()) == 2:
            print(f'The weather is good,suitable for use 
{self.seach_temperature()}.')
        elif visible_leave == 9:
            print(f'The weather is bad,you should use 
{self.seach_temperature()}.')
        else:
            print('The weather is beyond my scope,I can not give you any advice')
```

程序调用如下：

```
check = OutAdvice('daytime')
check.out_advice()
```

结果如下：

```
The weather is good,suitable for use bike.
```

8.11　牛刀小试（2）——判断一棵树是否为二叉搜索树

问题：已知一个二叉树的根节点，验证该树是否为二叉搜索树。

这是一道面试频率比较高的面试题，也是很多公司会拿来区分一个求职者是否具有较好编程基础的测试题。

该问题主要想考查被问对象的数据结构基础及对数据结构的熟练程度是怎样的。

思考点拨：

一个二叉搜索树具有如下特征：

- 节点的左子树只包含小于当前节点的数。
- 节点的右子树只包含大于当前节点的数。
- 所有左子树和右子树自身必须也是二叉搜索树。

代码实现示例（search_tree.py）：

```
class SearchTree(object):
    def __init__(self, small, large):
        self.small = small
        self.large = large

    def valid_bst(self, root, small, large):
        """
        :param root:
        :param small:
        :param large:
        :return:
        """
        if root is None:
            return True
        if self.small >= root.val or self.large <= root.val:
            return False
        return self.valid_bst(root.left, self.small, root.val) and
self.valid_bst(root.right, root.val, self.large)

    def is_valid_bst(self, root):
        """
        :param root:
```

```
        :return:
        """
        return self.valid_bst(root, self.small, self.large)


class TreeNode(object):
    def __init__(self, x):
        self.val = x
        self.left = None
        self.right = None


a = TreeNode(12)
b = TreeNode(5)
c = TreeNode(18)
d = TreeNode(2)
e = TreeNode(9)
f = TreeNode(15)
g = TreeNode(19)

a.left = b
a.right = c
b.left = d
b.right = e
c.left = f
c.right = g
m = SearchTree(a.val, c.val)
print(f'该树是否是二叉搜索树：{m.is_valid_bst(c)}')
print(f'该树是否是二叉搜索树：{m.is_valid_bst(f)}')
```

程序调用输出结果如下：

```
该树是否是二叉搜索树：False
该树是否是二叉搜索树：True
```

8.12 调 试

在程序运行的任何时刻为对象添加属性都是合法的，不过应当避免让对象拥有相同的类型却有不同的属性组。

在 init 方法中初始化对象的全部属性是一个好习惯，可以帮助用户更好地管理类中的属性和对属性值的更改。

继承会给调试带来新挑战，因为当你调用对象的方法时，可能无法知道调用的是哪一个方法。一旦无法确认程序的运行流程，最简单的解决办法是在适当位置添加一个输出语句，如在相关方法的开头或方法调用开始处等。

8.13 答疑解惑

（1）双下画线开头的实例变量一定不能从外部访问吗？

答：不是。不能直接访问__score 是因为 Python 解释器对外把__score 变量改成了_Student__score，所以仍然能够通过_Student__score 访问__score 变量，例如：

```
class Student(object):
    def __init__(self, name, score):
        self.__name = name
        self.__score = score

    def info(self):
        print(f'学生：{self.__name}；分数：{self.__score}' )


stu = Student('xiaomeng', 95)
print(f'分数：{stu._Student__score}')
```

执行结果为：

```
分数：95
```

（2）方法与函数有什么区别？

答：在 Python 中，函数并不依附于类，也不在类中定义。而方法依附于类，定义在类中，本质上还是一个函数。为便于区分，我们将类中的函数称为方法，不依赖于类的函数仍然称为函数。

（3）为什么要使用类？

答：在 Python 中，借助继承、多态、封装三大特性，使用类可以更好地对一类事物进行管理，可以将具有相同功能或行为的事物封装成一个类，其他具有相同特性的类直接继承该类，即可获得父类封装好的功能，同时子类可以覆盖父类的方法，以满足特定的功能需求。子类也可以扩展自己的功能。使用类可以更好地实现代码的复用和扩展。

8.14 课后思考与练习

本章主要讲解了类、类的使用、类的特性等。在本章结束前让我们回顾一下学到的内容。

（1）什么是类？如何使用类？

（2）为什么要有类的构造方法？使用构造方法有什么好处？

（3）类有哪些访问权限？都怎么使用？

（4）继承、多态、封装都是怎么体现的？

（5）类有哪些专有方法？

思考并解决如下问题：

（1）自定义一个类，在类中定义一个函数，通过函数调用打印出“hello world！”。

（2）定义一个类，使构造方法带参数，定义一个实现求和的基本函数，调用该类实现对任何两数求和。

（3）定义一个类，构造函数中设计私有变量，定义一个基本信息提取函数，外部通过对类中函数的调用更改私有变量，并通过信息提取函数打印提取信息。

（4）定义一个 Animal 类，类中实现 run()和 eat()两个基本函数，定义两个子类 Cat 和 Dog，两个子类继承 Animal 类，不做任何操作。

（5）定义一个 Animal 类，类中实现 run()和 eat()两个基本函数，定义两个子类 Cat 和 Dog，两个子类继承 Animal 类，并实现具体的 run()和 eat()函数，让这两个函数在 Cat 和 Dog 类中有 Cat 和 Dog 的行为。

（6）对于题（5），初始化一个 Dog 类对象，获取该对象的信息，分别用 type()和 isinstance()函数获取。

（7）定义一个类，在类中实现返回 int 类型对象的专有方法。

（8）定义一个类，在类中实现返回多种类型对象的专业方法，如 str、int 等。

（9）将图 8-2 实现为具体的类，分别为继承树中的 3 个层次添加不同的方法，例如：

① 定义一个 Animal 类，用 Animal 的__init__()方法做一些值的初始化，并在 Animal 中封装一个所有动物都有的动作行为的方法。

② 分别为 Mammal 和 Bird 定义一个类，继承 Animal 类，并定义一些各自拥有特殊动作行为的方法，并实现多态。

③ 分别为第 3 层的 4 个动物定义一个类，实现多重继承和多态，并进行适当扩展。

第 9 章

异常处理

如果 debugging 是一种消灭 bug 的过程，那编程就一定是把 bug 放进去的过程。

——Edsger Dijkstra

前面章节很多程序的执行中，经常会碰到程序执行过程中没有得到预期结果的情况。对于程序运行过程中出现的不正常，有时称为错误，有时称为异常，也有时说程序没有按预期运行，从本章开始将有一个统一的称谓——异常。

本章将带领读者学习如何处理各种异常，以及创建和自定义异常。

Python 快乐学习班的同学参观完对象动物园后，由导游带领来到了异常过山车入口。此处的异常过山车坐起来非常刺激，乘坐异常过山车的过程中，过山车随时都可能停下来，有一些是正常的停止，也会有一些在未预知的情况下停止，但只要过山车上的乘客发挥自己的聪明才智，就有办法让停止的过山车动起来。听起来很刺激吧，现在开始开启异常过山车之旅。

9.1 什么是异常

本节开始之前，我们先看看如下的程序：

```
>>> print(a)
Traceback (most recent call last):
  File "<stdin>", line 1, in <module>
NameError: name 'a' is not defined
```

是不是很熟悉，这是我们前面经常看到的程序运行出现的错误。

作为 Python 初学者，在学习 Python 编程的过程中，经常会看到一些报错信息，使你编写的程序不能如期工作，如我们前面看到过的 NameError、SyntaxError、TypeError、ValueError 等，这些都是异常。

异常是一个事件，该事件会在程序执行过程中发生，影响程序的正常执行。一般情况下，在Python无法正常处理程序时就会发生异常。异常是 Python 的对象，表示一个错误。当 Python 脚本发生异常时，我们需要捕获并处理异常，否则程序会终止执行。

每一个异常都是一些类的实例，这些实例可以被引用，并且可以用很多种方法进行捕捉，使得错误可以被处理，而不是让整个程序失败。

9.2 异常处理

出现异常怎么办呢？

就如我们使用的工具出了点小毛病，我们可以想办法修理好它。程序也一样，前辈们经过不断积累与思考，创造了不少好方法处理程序中的异常，最简单的是使用 try 语句处理。

try 语句的基本形式为 try/except。try/except 语句用来检测 try 语句块中的错误，从而让 except 语句捕获异常信息并处理。如果你不想在发生异常时结束程序，只需在 try 语句块中捕获异常即可。

捕获异常的语法如下：

```
try:
<语句>          #运行别的代码
except <名字>:
<语句>          #如果在 try 部分引发了异常
```

try 的工作原理是，开始一个 try 语句后，Python 就在当前程序的上下文中做标记，当出现异常时就可以回到做标记的地方。首先执行 try 子句，接下来发生什么依赖于执行时是否出现异常。

如果 try 后的语句执行时发生异常，程序就跳回 try 并执行 except 子句。异常处理完毕后，控制流就可以通过整个 try 语句了（除非在处理异常时又引发新异常）。

例如以下示例所示（exp_exception.py）：

```
def exp_exception(x,y):
    try:
        a = x/y
        print('a=', a)
        return a
    except Exception:
        print('程序出现异常，异常信息：被除数为 0')


exp_exception(2, 0)
```

程序执行结果如下：

```
程序出现异常，异常信息：被除数为 0
```

由执行结果看到，程序最后执行的是 except 子句，如果语句正常，应该输出“a=”的形式。

这里你可能会有疑问：直接在做除法前对 y 值进行判断不就解决问题了，何必使用 try/except 语句呢？

在本例中这么做确实更好一些。如果给程序加入更多除法，就得给每个除法语句加一个判断语句，这样整段代码看上去就是一堆类似 if 的功能重复判断语句，真正有效的代码没多少。而使用 try/except 只需要一个错误处理器即可。

提　示

如果没有处理异常，异常就会被“传播”到调用的函数中。如果在调用的函数中依然没有处理，异常就会继续“传播”，直到程序的最顶层。也就是可以处理其他人程序中未处理的异常。

9.3 抛出异常

Python 使用 raise 语句抛出一个指定异常。我们可以使用类（Exception 的子类）或实例参数调用 raise 语句引发异常。使用类时程序会自动创建实例。

例如：

```
>>> raise Exception
Traceback (most recent call last):
  File "<stdin>", line 1, in <module>
Exception
>>> raise NameError('This is NameError')
Traceback (most recent call last):
  File "<stdin>", line 1, in <module>
NameError: This is NameError
```

由操作结果看到，第一个示例 raise Exception 引发了一个没有相关错误信息的普通异常，第二个示例输出了一些错误提示。

如果只想知道是否抛出了异常，并不想处理，使用一个简单的 raise 语句就可以再次把异常抛出，例如：

```
>>> try:
        raise NameError('This is NameError')
except NameError:
        print('An exception happened!') #后面不加 raise

An exception happened! #不加 raise，输出对应字符就结束

>>> try:
        raise NameError('This is NameError')
```

```
except NameError:
        print('An exception happened!')
        raise   #最后加一个 raise

An exception happened!
Traceback (most recent call last):
  File "<stdin>", line 2, in <module>
NameError: This is NameError
```

由输出结果看到，使用 raise 可以输出更深层次的异常。在使用过程中，可以借助该方法得到更详尽的异常信息。

我们前面碰到的 NameError、SyntaxError、TypeError、ValueError 等异常类称为内建异常类。在 Python 中，内建的异常类有很多，可以使用 dir 函数列出异常类的内容，并用在 raise 语句中，用法如 raise NameError 这般。表 9-1 描述了一些重要的内建异常类。

表 9-1　Python 重要的内建异常类

异常名称	描　述
Exception	常规错误的基类
AttributeError	对象没有这个属性
IOError	输入/输出操作失败
IndexError	序列中没有此索引（index）
KeyError	映射中没有这个键
NameError	未声明/初始化对象（没有属性）
SyntaxError	Python 语法错误
SystemError	一般解释器系统错误
ValueError	传入无效的参数

9.4　捕捉多个异常

我们在前面讲述了处理一个异常的情况，若涉及多个异常，该怎么处理呢？

Python 支持在一个 try/except 语句中处理多个异常，语法如下：

```
try:
<语句>         #运行别的代码
except <名字 1>:
<语句>         #如果在 try 部分引发了 name1 异常
except <名字 2>，<数据>:
<语句>         #如果引发了 name2 异常，获得附加数据
```

try 语句按照如下方式工作：

首先，执行 try 子句（在关键字 try 和关键字 except 之间的语句）。如果没有发生异常，忽略 except 子句，try 子句执行后结束。如果在执行 try 子句的过程中发生异常，try 子句余下的部分就会

被忽略。如果异常的类型和 except 之后的名称相符，对应的 except 子句就会被执行。最后执行 try 语句之后的代码。如果一个异常没有与任何 except 匹配，这个异常就会传递到上层的 try 中。一个 try 语句可能包含多个 except 子句，分别处理不同的异常，但最多只有一个分支会被执行。

处理程序将只针对对应 try 子句中的异常进行处理，而不会处理其他异常语句中的异常，例如（mult_exception.py）：

```
def mult_exception(x,y):
    try:
        a = x/y
        b = name
    except ZeroDivisionError:
        print('this is ZeroDivisionError')
    except NameError:
        print('this is NameError')

mult_exception(2,0)
```

执行结果如下：

```
This is ZeroDivisionError
```

若把 a = x/y 注释掉或放到 b = name 下面，则得到的执行结果为：

```
This is NameError
```

由执行结果看到，一个 try 可包含多个 except 子句，但子句中只有一个分支会被处理。

当然，你可能会考虑使用 if 语句，但这样需要考虑是否做了除法运算，做除法运算时是否使用了变量，是否可能有等于 0 的变量用作被除数等。需要考虑很多种情况，也需要写很多 if 语句判断，若不经过严密思考和大量测试，很难把所有情况都考虑到。此外，if 语句过多会使程序阅读起来比较困难。抛出异常的方式更加简单、直观，可以清晰地帮助用户定位问题，并且可以自定义异常信息，进一步定位问题所在。

9.5 使用一个块捕捉多个异常

9.4 节讲述了一个 try 语句对应多个 except 子句，若需要一个 try 对应一个 except 子句，同时捕捉一个以上异常，可以实现吗？我们先看如下示例（model_exception.py）：

```
def model_exception(x,y):
    try:
        b = name
        a = x/y
    except (ZeroDivisionError, NameError, TypeError):
        print('one of ZeroDivisionError or NameError or TypeError happened')
```

```
model_exception(2,0)
```

程序执行结果如下：

```
one of ZeroDivisionError or NameError or TypeError happened
```

由执行结果看到，如果需要使用一个块捕捉多个类型的异常，可以将它们作为元组列出。使用该方式时，遇到的异常类型是元组中的任意一个，都会走异常流程。

这么做有什么好处呢？假如我们希望多个 except 子句输出同样的信息，就没有必要在几个 except 子句中重复输入语句，放到一个异常块中即可。

9.6 捕捉对象

如果希望在 except 子句中访问异常对象本身，也就是看到一个异常对象真正的异常信息，而不是输出自己定义的异常信息，可以使用 as e 的形式，我们称之为捕捉对象。示例如下（model_exception_1.py）：

```
def model_exception(x,y):
    try:
        b = name
        a = x/y
    except (ZeroDivisionError, NameError, TypeError) as e:
        print(e)

model_exception(2,0)
```

执行结果如下：

```
name 'name' is not defined
```

若 a=x/y 在前，则结果如下：

```
division by zero
```

由输出的结果可知，执行过程中抛出的异常被截获并正常输出了相关异常信息，并且使用这种方式可以捕捉多个异常。

9.7 全捕捉

前面我们讲述了很多异常，读者可能以为可以捕捉所有异常，其实并非如此。请看如下示例（model_exception_2.py）：

```
def model_exception(x,y):
    try:
        a = x/y
b = name
    except (ZeroDivisionError, NameError, TypeError) as e:
        print(e)

model_exception(2,'')
```

在该示例中，调用函数时有一个实参传入的是空值。执行结果如下：

```
unsupported operand type(s) for /: 'int' and 'str'
```

由结果看到，这里抛出的信息并不像我们之前看到的那样，带有明显的 Error 关键词或异常词。此处只是告知不支持的操作类型。

在实际编码过程中，即使程序能处理好几种类型的异常，但有一些异常还是会从我们手掌中溜走。上面示例中的异常就逃过了 try/except 语句的检查，对于这种情况我们根本无法预测会发生什么，也无法提前做任何准备。在这种情况下，与其使用不是捕捉异常的 try/except 语句隐藏异常，不如让程序立即崩溃。

如果要处理这种异常，该怎么办呢？先看如下示例（model_exception_3.py）：

```
def model_exception(x,y):
    try:
        b = name
        a = x/y
    except:
         print('Error happened')

model_exception(2,'')
```

执行结果如下：

```
Error happened
```

由程序和执行结果看到，可以在 except 子句中忽略所有异常类，从而让程序输出自己定义的异常信息。

当然，这里只给出了一种可参考的解决方式。从实用性方面讲，不建议这么做，因为这样捕捉异常非常危险，会隐藏所有没有预先想到的错误。建议使用抛出异常的方式处理，或者对异常对象 e 进行一些检查。

9.8 异常中的 else

如果程序执行完异常还需要做其他事情，怎么办呢？

异常为我们提供了 try...except...else 语句实现该功能，语法如下：

```
try:
<语句>         #运行别的代码
except <名字>:
<语句>         #如果在 try 部分引发了异常 1
except <名字>, <数据>:
<语句>         #如果引发了异常 2，获得附加数据
else:
<语句>         #如果没有发生异常
```

如果在 try 子句执行时没有发生异常，就会执行 else 语句后的语句（如果有 else）。使用 else 子句比把所有语句都放在 try 子句里面更好，这样可以避免一些意想不到而 except 又没有捕获的异常。

例如（model_exception_4.py）：

```
def model_exception(x,y):
    try:
        a = x/y
    except:
         print('Error happened')
    else:
        print('It went as expected')

model_exception(2,1)
```

执行结果如下：

```
It went as expected
```

由执行结果看到，没有发生异常时，会执行 else 子句的流程。

综上所述，当程序没有发生异常时，通过添加一个 else 子句做一些事情（比如输出一些信息）很有用，可以帮助我们更好地判断程序的执行情况。

9.9 自定义异常

尽管内建异常类包括大部分异常，而且可满足很多要求，但有时还是要创建自己的异常类。比如需要精确知道问题的根源，就需要使用自定义异常精确定位问题。可以通过创建一个新 exception 类拥有自己的异常。异常应该继承自 Exception 类，可以直接继承，也可以间接继承。

因为错误就是类，捕获一个错误就是捕获该类的一个实例，因此错误并不是凭空产生的，而是由一些不合理的部分导致的。Python 的内置函数会抛出很多类型的错误，我们自己编写的函数也可以抛出错误。如果要抛出错误，那么可以根据需要定义一个错误的类，选择好继承关系，然后用 raise 语句抛出一个错误的实例。

例如（my_error.py）：

```
class MyError(Exception):
    def __init__(self):
        pass

    def __str__(self):
       return 'this is self define error'

def my_error_test():
    try:
        raise MyError()
    except MyError as e:
        print('exception info:', e)

my_error_test()
```

执行结果如下：

```
exception info: this is self define error
```

由程序和执行结果看到，程序正确执行了自定义的异常，并且需要继承 Exception 类。

这只是一个简单的示例，还有不少细节需要琢磨，此处不做深入探讨，有兴趣的读者可以查阅相关资料进行实践。

提　示
异常最好以 Error 结尾，一方面贴近标准异常的命名，另一方面便于见名知意。

9.10　finally 子句

Python 中的 finally 子句需要和 try 子句一起使用，组成 try/finally 的语句形式，try/finally 语句无论发生异常与否都将执行最后的代码。

例如（use_finally.py）：

```
def use_finally(x,y):
    try:
        a = x/y
    finally:
        print('No matter what happened,I will show in front of you')

use_finally(2,0)
```

执行结果为：

```
No matter what happened,I will show in front of you
```

```
Traceback (most recent call last):
  File "D:/python/workspace/exceptiontest.py", line 65, in <module>
    use_finally(2,0)
  File "D:/python/workspace/exceptiontest.py", line 61, in use_finally
    a = x/y
ZeroDivisionError: division by zero
```

由执行结果看到，finally 子句被执行了，无论 try 子句中是否发生异常，finally 都会被执行。

这里我们有一个疑问，虽然执行了 finally 子句，但是最后还是抛出异常了，是否可以使用 except 截获异常呢？

可以使用 except 截获异常。try、except、else 和 finally 可以组合使用，但要记得 else 在 except 之后，finally 在 except 和 else 之后。对于上面的示例，可以更改如下（use_finally_1.py）：

```
def use_finally(x,y):
    try:
        a = x/y
    except ZeroDivisionError:
        print('Some bad thing happened:division by zero')
    finally:
        print('No matter what happened,I will show in front of you')

use_finally(2,0)
```

执行结果如下：

```
Some bad thing happened:division by zero
No matter what happened,I will show in front of you
```

由执行结果看到，先执行了 except 子句的输出语句，后面跟着执行了 finally 子句的输出语句。如果再添加 else 子句，当程序正常运行时会先执行 else 子句，然后执行 finally 子句。在有 finally 的异常处理程序中，finally 中的子句一定是最后执行的。finally 子句在关闭文件或数据库连接时非常有用（文件操作和数据库操作后面会具体讲解）。

9.11 异常和函数

异常和函数能够很自然地一起工作。如果异常在函数内引发而不被处理，就会传播至函数调用的地方。如果异常在函数调用的地方也没有被处理，就会继续传播，一直到达主程序。如果在主程序也没有做异常处理，异常就会被 Python 解释器捕获，输出一个错误信息，然后退出程序。

例如（division_fun.py）：

```
def division_fun(x, y):
    return x / int(y)
```

```
def exp_fun(x, y):
    return division_fun(x, y) * 10

def main(x,y):
    exp_fun(x, y)

main(2,0)
```

执行结果如下：

```
Traceback (most recent call last):
  File "D:/python/workspace/exceptiontest.py", line 14, in <module>
    main(2,0)
  File "D:/python/workspace/exceptiontest.py", line 12, in main
    exp_fun(x, y)
  File "D:/python/workspace/exceptiontest.py", line 9, in exp_fun
    return division_fun(x, y) * 10
  File "D:/python/workspace/exceptiontest.py", line 6, in division_fun
    return x / int(y)
ZeroDivisionError: division by zero
```

由执行结果看到，division_fun 函数中产生的异常通过 division_fun 和 exp_fun 函数传播，exp_fun 中的异常通过 exp_fun 和 main 函数传播，传递到函数调用处由解释器处理，最终抛出堆栈的异常信息。

提　示

异常信息是以堆栈的形式被抛出的，因而是从下往上查看的。所谓堆栈，就是最先被发现的异常信息最后被输出（就像子弹入弹夹和出弹夹一样），也称作先进后出（First In Last Out，FILO）。

9.12　牛刀小试——正常数和异常数

题目要求：

对给定的数组，前后两个数组相除，若被除数为 0，则通过自定义异常打印出异常信息，并加入异常数数组中，若被除数不为 0，则为正常数，加入正常数数组中。最后打印出正常数和异常数。

思维点拨：

（1）for 循环取得前后两个数。

（2）对除法做异常捕获。

（3）定义正常数数组，走正常逻辑通过的数组加入正常数数组中。定义异常数数组，被异常捕获后，调用自定义异常，返回异常数值和异常信息。

代码实现如下（exception_num.py）：

```
num_list = [5,0,73,0,16]


class ExceptionNum(object):
    def __init__(self):
        pass


    @staticmethod
    def num_operation():
        # 正常数数组
        normal_num_list = list()
        # 异常数数组
        exp_num_list = list()
        for item in range(num_list.__len__()):
            if item == num_list.__len__() - 1:
                divisor_num, dividend_num = num_list[item], num_list[item]
            else:
                # divisor_num 除数, dividend_num 被除数
                divisor_num, dividend_num = num_list[item + 1], num_list[item]
            try:
                divisor_num / dividend_num
                rt_str = '第' + str(item + 1) + '个是正常数，值：' + str(num_list[item])
                normal_num_list.append(rt_str)
            except ZeroDivisionError as ex:
                exp_num = SelfDefineError(num_list[item]).__int__()
                rt_str = '第' + str(item + 1) + '个是异常数，值：' + str(exp_num)
                exp_num_list.append(rt_str)
                print(SelfDefineError(num_list[item]).__str__())

        return normal_num_list, exp_num_list


class SelfDefineError(Exception):
    def __init__(self, num):
        self.num = num

    def __str__(self):
        return 'error info:The dividend num equals zero.'
```

```
    def __int__(self):
        return self.num

if __name__ == "__main__":
    normal_num_list, exp_num_list = ExceptionNum().num_operation()
    print(f'正常数数组：{normal_num_list}')
    print(f'异常数数组：{exp_num_list}')
```

运行示例代码得到的结果如下：

```
error info:The dividend num equals zero.
error info:The dividend num equals zero.
正常数数组：['第 1 个是正常数，值：5', '第 3 个是正常数，值：73', '第 5 个是正常数，值：16']
异常数数组：['第 2 个是异常数，值：0', '第 4 个是异常数，值：0']
```

9.13 Bug 的由来

在编程的过程中，当程序出现问题时，我们就会说出 Bug 了。Bug 到底是什么意思呢？为什么称之为 Bug？

Bug 一词原本的意思是“臭虫子”或“虫子”，不过现在我们更多将其认为是计算机系统或程序中隐藏的一些未被发现的缺陷或漏洞。

在 20 世纪 40 年代，电子计算机非常庞大，数量也非常少，主要用于军事方面。1944 年制造完成的 Mark I、1946 年 2 月开始运行的 ENIAC 和 1947 年完成的 Mark II 是赫赫有名的几台计算机。Mark I 是由哈佛大学的 Howard Aiken 教授设计的，由 IBM 公司制造，Mark II 是由美国海军出资制造的，与使用电子管制造的 ENIAC 不同，Mark I 和 Mark II 主要使用开关和继电器制造。另外，Mark I 和 Mark II 都是从纸带或磁带上读取指令并执行，因此不属于从内存读取和执行指令的存储程序计算机（stored-program computer）。

1947 年 9 月 9 日，Mark II 计算机在测试时突然发生了故障，经过几个小时的检查，工作人员发现一只飞蛾被打死在面板 F 的第 70 号继电器中，把这个飞蛾取出后，机器便恢复了正常。当时为 Mark II 计算机工作的著名女科学家 Grace Hopper 将这只飞蛾粘贴在了当天的工作手册中，并在上面加了一行注释 First actual case of bug being found，当时的时间是 15:45。随着这个故事广为流传，使用 bug 一词指代计算机错误的人越来越多，并把 Grace Hopper 登记的那只飞蛾看作计算机历史上第一个被记录在文档中的 Bug。

9.14 课后思考与练习

本章主要讲解了异常处理和自定义异常，在本章结束前回顾一下学到的概念。

（1）异常一般怎么处理？

（2）捕捉异常有哪些方式？

（3）如何自定义异常？

尝试思考并解决如下问题：

（1）写一段代码，抛出一个 Python 内建异常。

（2）写一段代码，使其能抛出多个异常。

（3）抛出异常，并做异常处理。

（4）做异常的全捕捉。

（5）在异常代码中使用 else。

（6）在异常代码中使用 finally。

（7）自定义异常。

（8）自己设计一段代码，使该程序中包含：

① 自定义异常；

② 多个异常和异常处理方式；

③ else 语句；

④ finally 语句。

第10章 日期和时间

生命太短暂，不要去做一些根本没有人想要的东西。

——Ash Maurya

日期和时间在 Python 中应用非常普遍，几乎任何一个项目都要涉及日期和时间的应用。本章将介绍 Python 中日期和时间的使用。

Python 快乐学习班的同学体验完异常过山车，导游带领他们来到时间森林。在时间森林，Python 快乐学习班的同学将看到时间的年轮，日期和时间在这里被完美刻画。当然，他们也将通过参观时间森林，更加了解时间的概念。下面陪同 Python 快乐学习班的同学进入时间森林吧。

10.1 日期和时间

在代码中，我们常常需要与时间打交道。在 Python 中，与时间处理有关的模块包括 time、datetime 以及 calendar。

在 Python 中，通常用时间戳、格式化的时间字符串和元组 3 种方式表示时间。下面分别进行讲解。

10.1.1 时间戳

通常，时间戳（timestamp）表示从 1970 年 1 月 1 日 00 时 00 分 00 秒开始按秒计算的偏移量，也就是从 1970 年 01 月 01 日 00 时 00 分 00 秒（北京时间 1970 年 01 月 01 日 08 时 00 分 00 秒）起到现在的总毫秒数。

时间戳是一个经加密后形成的凭证文档，包括 3 部分：

（1）需加时间戳的文件的摘要（digest）。

（2）DTS 收到文件的日期和时间。

（3）DTS 的数字签名。

一般来说，时间戳产生的过程为：用户首先将需要加时间戳的文件用 Hash 编码加密形成摘要，然后将该摘要发送到DTS，DTS加入收到文件摘要的日期和时间信息后再对该文件加密（数字签名），最后送回用户。

书面签署文件的时间是由签署人自己写上的，而数字时间戳是由认证单位 DTS 添加的，以 DTS 收到文件的时间为依据。

提　示
Python 3.9 中支持的最大时间戳为 32535244799（3001-01-01 15:59:59）。

10.1.2 时间格式化符号

在 Python 中，一般用表 10-1 所示的格式化符号对时间进行格式化。

表 10-1 Python 格式化符号

格 式	含 义	备 注
%a	本地简化星期名称	
%A	本地完整星期名称	
%b	本地简化月份名称	
%B	本地完整月份名称	
%c	本地相应的日期和时间表示	
%d	一个月中的第几天（01~31）	
%H	一天中的第几个小时（24 小时制，00~23）	
%I	第几个小时（12 小时制，01~12）	
%j	一年中的第几天（001~366）	
%m	月份（01~12）	
%M	分钟数（00~59）	
%p	本地 AM 或 PM 的对应值	1
%S	秒（0~61）	2
%U	一年中的星期数（取值 00~53，星期天为一星期的开始），第一个星期天之前的所有天数都放在第 0 周	3
%w	一个星期中的第几天（0~6，0 是星期天）	3
%W	和%U 基本相同，不同的是%W 以星期一为一个星期的开始	
%x	本地相应日期	
%X	本地相应时间	
%y	去掉世纪的年份（00~99）	
%Y	完整的年份	
%Z	时区的名字（如果不存在为空字符）	
%%	%字符	

下面介绍表 10-1 备注中 3 个数字的含义。

1：%p 只有与%I 配合使用才有效果。

2: 文档中强调确实是 0~61，而不是 59，闰年秒占两秒。

3: 当使用 strptime()函数时，只有这一年的周数和天数确定时%U 和%w 才会被计算。

这里通过表格列出这些格式化符号，读者可以大概了解一下，具体的使用会在后面慢慢渗入。

10.1.3　struct_time 元组

struct_time 元组共有 9 个元素：年、月、日、时、分、秒、一年中第几周、一年中第几天、是否为夏令时。

Python 函数用一个元组装起来的 9 个数字处理时间，也被称作 struct_time 元组。表 10-2 列出了这种结构的属性。

表 10-2　Python 的时间元组

序　号	属　性	字　段	值
0	tm_year	4 位数年	如 2008
1	tm_mon	月	1~12
2	tm_mday	日	1~31
3	tm_hour	小时	0~23
4	tm_min	分钟	0~59
5	tm_sec	秒	0~61（60 或 61 是闰秒）
6	tm_wday	一周的第几日	0~6（0 是周一）
7	tm_yday	一年的第几日	1~366（儒略历）
8	tm_isdst	夏令时	-1、0、1、-1 是决定是否为夏令时的旗帜

10.2　time 模块

前面我们讲述了时间的基本概念，本节将具体讲述 time 模块中的一些常用函数。time 模块的内置函数有做时间处理的，也有转换时间格式的。

10.2.1　time()函数

time()函数的语法格式如下：

```
time.time()
```

此语法中第一个 time 指的是 time 模块，该函数不需要传递参数。

time()函数用于返回当前时间的时间戳(北京时间 1970 年 01 月 01 日 08 时 00 分 00 秒到现在的总毫秒数）。

该函数的使用示例如下（time_use.py）：

```
import time
```

```
print(f'当前时间的时间戳: {time.time()}')
```

执行结果为：

```
当前时间的时间戳: 1603599192.865045
```

由输出结果可以看到，time()函数返回的结果是带了多位小数位的浮点数。

使用 time()函数得到的两个结果可以进行加减，得到的结果是时间间隔，间隔单位为秒（s），得到的结果除以 60 得到分，再除以 60 得到小时，若乘以 1000，则得到的是毫秒（ms），再乘以 1000 得到的是微妙（μm）。

示例如下（time_cal.py）：

```
import time


start_time=time.time()
time_add=start_time + 10                #不指明，加减的值指的是妙（s）
time_gap=time_add-start_time
print(f'计算得到的时间间隔为:{time_gap}秒')

start_time=time.time()
time_add=start_time + 0.1
time_gap=time_add-start_time
print(f'计算得到的时间间隔为:{1000 * time_gap}毫秒')

start_time=time.time()
time_add=start_time + 90
time_gap=time_add-start_time
print(f'计算得到的时间间隔为:{time_gap/60}分钟')

start_time=time.time()
time_add=start_time + 3600
time_gap=time_add-start_time
print(f'计算得到的时间间隔为:{time_gap/60/60}小时')
```

程序输出结果如下：

```
计算得到的时间间隔为:10.0 秒
计算得到的时间间隔为:99.99990463256836 毫秒
计算得到的时间间隔为:1.5 分钟
计算得到的时间间隔为:1.0 小时
```

由输出结果可以看到，可以对时间进行加减运算，单位可以为小时、分、毫秒等。

在实际项目应用中，time()函数的使用频率非常高，我们经常会使用 time()函数计算某个方法执行的时间花费，启动某个项目需要多少时间，执行某个运算逻辑需要多少时间等，包括上面提到的一些电子设备的开关机使用时间，都可以使用 time()函数进行计算。

10.2.2 strftime()函数

strftime()函数的语法格式如下：

```
time.strftime(format[, t])
```

语法中，time 指的是 time 模块，format 是指格式化字符串，t 是指可选的参数，是一个 struct_time 对象。

strftime()函数用于接收时间元组，并返回以可读字符串表示的当地时间，格式由参数 format 决定。

该函数的使用示例如下（strf_time.py）：

```
import time


t = (2020, 10, 25, 12, 15, 38, 6, 48, 0)
t = time.mktime(t)
print(time.strftime('%b %d %Y %H:%M:%S', time.gmtime(t)))
```

执行结果为：

```
Oct 25 2020 04:15:38
```

由输出结果可以看到，strftime()函数把可读的字符串转换为当地时间了。

在实际项目应用中，strftime()函数的使用频率不是很高，但会经常用于时间的转换，在时间的转换中是一个比较有用的函数。

10.2.3 strptime()函数

strptime()函数的语法格式如下：

```
time.strptime(string[, format])
```

此语法中，time 指的是 time 模块，string 是指时间字符串，format 是指格式化字符串。

strptime()函数用于根据指定的格式把一个时间字符串解析为时间元组，strptime()函数返回的是 struct_time 对象。

该函数的使用示例如下（strp_time.py）：

```
import time


struct_time = time.strptime("11 Mar 18", "%d %b %y")
print(f'returned tuple: {struct_time}')
```

执行结果为：

```
returned tuple: time.struct_time(tm_year=2018, tm_mon=3, tm_mday=11, tm_hour=0,
tm_min=0, tm_sec=0, tm_wday=6, tm_yday=70, tm_isdst=-1)
```

由输出结果可以看到，strptime()函数把时间字符串解析为时间元组了。

在实际项目应用中，strptime()函数的使用频率不高，但在时间字符串的转换中比较有用。

10.2.4 localtime()函数

localtime()函数的语法格式如下：

```
time.localtime([secs])
```

此语法中，time 指的是 time 模块，secs 是指转换为 time.struct_time 类型的对象的秒数。

localtime()函数的作用是格式化时间戳为本地时间。如果 secs 参数未传入，就以当前时间为转换标准。该函数返回 time.struct_time 类型的对象（struct_time 是在 time 模块中定义的表示时间的对象）。

该函数的使用示例如下（local_time_use.py）：

```
import time

print(f'time.localtime():{time.localtime()}')
```

执行结果为：

```
time.localtime():time.struct_time(tm_year=2020, tm_mon=10, tm_mday=25,
tm_hour=12, tm_min=16, tm_sec=49, tm_wday=6, tm_yday=299, tm_isdst=0)
```

由输出结果可以看到，localtime()函数的输出结果比较复杂，包含了年、月、日、时、分、秒等信息。

在实际项目应用中，localtime()函数的应用不是很多，一般可以通过 localtime()函数获取详细的日期时间信息。

10.2.5 sleep()函数

sleep()函数的语法格式如下：

```
time.sleep(secs)
```

此语法中，time 指的是 time 模块，secs 是指推迟执行的秒数。

sleep()函数用于推迟调用线程的运行，可通过参数 secs 指定进程挂起的时间。该函数没有返回值。

该函数的使用示例如下（time_sleep.py）：

```
import time

print(f'Start : {time.ctime()}')
time.sleep(5)
print(f'End : {time.ctime()}')
```

执行结果为：

```
Start : Sun Oct 25 12:15:36 2020
End : Sun Oct 25 12:15:41 2020
```

由输出结果可以看到，输出的时间相隔了 5 秒。

在实际项目应用中，sleep()函数的应用频率不是很高，但经常会用于时间延迟。

10.2.6 gmtime()函数

gmtime()函数的语法格式如下：

```
time.gmtime([secs])
```

此语法中，time 指的是 time 模块，secs 是指转换为 time.struct_time 类型的对象的秒数。

gmtime()函数用于将一个时间戳转换为 UTC 时区（0 时区）的 struct_time，可选的参数 secs 表示从 1970 年 01 月 01 日到现在的秒数。gmtime()函数的默认值为 time.time()，函数返回 time.struct_time 类型的对象（struct_time 是在 time 模块中定义的表示时间的对象）。

该函数的使用示例如下（gm_time.py）：

```
import time

print(f'time.gmtime():{time.gmtime()}')
```

执行结果为：

```
time.gmtime():time.struct_time(tm_year=2020, tm_mon=10, tm_mday=25, tm_hour=4,
tm_min=17, tm_sec=9, tm_wday=6, tm_yday=299, tm_isdst=0)
```

由输出结果可以看到，gmtime()函数的输出结果也比较复杂，包含了年、月、日、时、分、秒等信息。gmtime()函数的输出结果形式和 localtime()函数类似。

在实际项目应用中，gmtime()函数的使用较少。

10.2.7 mktime()函数

mktime()函数的语法格式如下：

```
time.mktime(t)
```

此语法中，time 指的是 time 模块，t 是指结构化的时间或完整的 9 位元组元素。

mktime()函数用于执行与 gmtime()、localtime()相反的操作，接收 struct_time 对象作为参数，返回用秒数表示时间的浮点数。如果输入的值不是合法时间，就会触发 OverflowError 或 ValueError 异常。

该函数使用示例如下（mk_time.py）：

```
import time

t = (2020, 10, 25, 12, 17, 19, 5, 48, 0)
print(f'time.mktime(t):{time.mktime(t)}')
```

执行结果为：

```
time.mktime(t):1603599439.0
```

由输出结果可以看到，mktime()函数输出了浮点数的时间结果。

在实际项目应用中，mktime()函数的使用较少。

10.2.8 asctime()函数

asctime()函数的语法格式如下：

```
time.asctime([t])
```

此语法中，time 指的是 time 模块，t 是指完整的 9 位元组元素或通过函数 gmtime()、localtime()返回的时间值。

asctime()函数用于接收时间元组并返回一个可读的形式，例如，Sun Sep 15 16:15:23 2019（2019 年 09 月 15 日 周日 16 时 15 分 23 秒），是一个由 24 个字符组成的字符串。

该函数的使用示例如下（asc_time.py）：

```
import time

t = time.localtime()
print(f'time.asctime(t):{time.asctime(t)}')
```

执行结果为：

```
time.asctime(t):Sun Oct 25 12:18:32 2020
```

由输出结果可以看到，asctime()函数返回了一个由 24 个字符组成的字符串。

在实际项目应用中，asctime()函数的使用较少。

10.2.9 ctime()函数

ctime()函数的语法格式如下：

```
time.ctime([secs])
```

此语法中，time 指的是 time 模块，secs 是指要转换为字符串时间的秒数。

ctime()函数用于把一个时间戳（按秒计算的浮点数）转化为 time.asctime()的形式。如果未指定参数 secs 或参数为 None，就会默认将 time.time()作为参数。ctime 的作用相当于 asctime (localtime(secs))。ctime()函数返回一个时间字符串。

该函数的使用示例如下（c_time.py）：

```
import time

print(f'time.ctime():{time.ctime()}')
```

执行结果为：

```
time.ctime():Sun Oct 25 12:18:48 2020
```

由输出结果可以看到，ctime()函数可用于把一个时间戳（按秒计算的浮点数）转换为 time.asctime()的形式。

在实际项目应用中，ctime()函数的使用不多。

10.2.10 三种时间格式转化

我们前面提到，Python 中有 3 种表示时间的格式，这 3 种时间格式可以相互转化，转化方式如图 10-1 和图 10-2 所示。

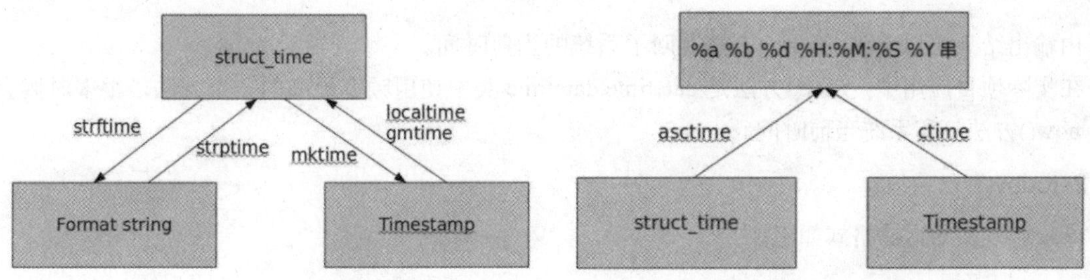

图 10-1 时间格式转化 1　　　　图 10-2 时间格式转化 2

10.3 datetime 模块

datetime 是 date 与 time 的结合体，包括 date 与 time 的所有信息。datetime 的功能强大，支持 0001 年到 9999 年。

datetime 模块定义了两个常量：datetime.MINYEAR 和 datetime.MAXYEAR。这两个常量分别表示 datetime 所能表示的最小、最大年份。其中，MINYEAR = 1，MAXYEAR = 9999。

datetime 模块定义了以下 5 个类。

- datetime.date：表示日期的类。常用的属性有 year、month、day。
- datetime.time：表示时间的类。常用的属性有 hour、minute、second、microsecond。
- datetime.datetime：表示日期时间。
- datetime.timedelta：表示时间间隔，即两个时间点之间的长度。
- datetime.tzinfo：与时区有关的信息。

其中，datetime.datetime 类的应用最为普遍，下面对该类进行一些详细讲解。

datetime.datetime 类中有以下方法。

1. now()

now()方法的语法格式如下：

```
datetime.datetime.now([tz])
```

此语法中，datetime.datetime 指的是 datetime.datetime 类，如果提供了参数 tz，就获取 tz 参数所指时区的本地时间。

now()方法返回一个 datetime 对象。

该方法的使用示例如下（now_time.py）：

```
import datetime

print(f'now is:{datetime.datetime.now()}')
```

执行结果为：

```
now is:2020-10-25 12:19:11.149586
```

由输出结果可以看到，now()方法返回了系统的当前时间。

在实际项目应用中，now()方法是 datetime.datetime 类中使用频率最高的一个方法，很多时候会使用 now()方法打印系统当前时间。

2. today()

today()方法的语法格式如下：

```
datetime.datetime.today()
```

此语法中，datetime.datetime 指的是 datetime.datetime 类。

today()方法返回一个表示当前本地时间的 datetime 对象。

该方法的使用示例如下（today_time.py）：

```
import datetime

print(f'today is:{datetime.datetime.today()}')
```

执行结果为：

```
today is:2020-10-25 12:19:30.791955
```

由输出结果可以看到，today()方法返回了一个本地的当前时间。

在实际项目应用中，today()方法在 datetime.datetime 类中的使用频率比较高，很多时候可以在 now()方法和 today()方法中选择一个使用。

3. strptime()

strptime()方法的语法格式如下：

```
datetime.datetime.strptime(date_string, format)
```

此语法中，datetime.datetime 指的是 datetime.datetime 类，date_string 是指日期字符串，format 为格式化方式。

strptime()方法用于将格式字符串转换为 datetime 对象。strptime()方法返回一个 datetime 对象。

该方法的使用示例如下（time_strp.py）：

```
import datetime

dt = datetime.datetime.now()
old_dt = str(dt)
new_dt = dt.strptime(old_dt, '%Y-%m-%d %H:%M:%S.%f')
```

```
print(f"old_dt is:{old_dt}")
print(f"old_dt type is:{type(old_dt)}")
print(f"new_dt is:{new_dt}")
print(f"new_dt type is:{type(new_dt)}")
```

执行结果为：

```
old_dt is:2020-10-25 12:19:48.351223
old_dt type is:<class 'str'>
new_dt is:2020-10-25 12:19:48.351223
new_dt type is:<class 'datetime.datetime'>
```

由输出结果可以看到，strptime()方法可以将字符串转为 datetime 对象。

在实际项目应用中，strptime()方法的使用并不多，strptime()方法在做字符串与 datetime 对象转换时是一个非常好用的方法。

4. strftime()

strftime()方法的语法格式如下：

```
datetime.datetime.strftime(format)
```

此语法中，datetime.datetime 指的是 datetime.datetime 类，format 为格式化方式。

strftime()方法用于将 datetime 对象转换为格式字符串。strftime()方法返回一个字符串对象。该方法的使用示例如下（time_strf.py）：

```
import datetime

dt = datetime.datetime.now()
new_dt = dt.strftime('%Y-%m-%d %H:%M:%S')
print(f"dt is: {dt}")
print(f"dt type is:{type(dt)}")
print(f"new_dt is:{new_dt}")
print(f"new_dt type is:{type(new_dt)}")
```

执行结果为：

```
dt is: 2020-10-25 12:20:14.809631
dt type is:<class 'datetime.datetime'>
new_dt is:2020-10-25 12:20:14
new_dt type is:<class 'str'>
```

由输出结果可以看到，strftime()方法将 datetime 对象转换成了格式字符串。

下面看一个使用时间格式化符号操作 datetime.datetime 类的示例（date_time.py）：

```
import datetime

dt = datetime.datetime.now()
```

```
print(f"当前时间：{dt}")
print(f"(%Y-%m-%d %H:%M:%S: {dt.strftime('%Y-%m-%d %H:%M:%S %f')})")
print(f"(%Y-%m-%d %H:%M:%S %p): {dt.strftime('%y-%m-%d %I:%M:%S %p')}")
print(f"%a: {dt.strftime('%a')} ")
print(f"%A: {dt.strftime('%A')} ")
print(f"%b: {dt.strftime('%b')} ")
print(f"%B: {dt.strftime('%B')} ")
print(f"日期时间%c: {dt.strftime('%c')} ")
print(f"日期%x：{dt.strftime('%x')} ")
print(f"时间%X：{dt.strftime('%X')} ")
print(f"今天是这周的第 {dt.strftime('%w')} 天 ")
print(f"今天是今年的第 {dt.strftime('%j')} 天 ")
print(f"这周是今年的第 {dt.strftime('%U')} 周 ")
```

程序输出结果如下：

```
当前时间：2020-10-25 12:20:41.194122
(%Y-%m-%d %H:%M:%S: 2020-10-25 12:20:41 194122)
(%Y-%m-%d %H:%M:%S %p): 20-10-25 12:20:41 PM
%a: Sun
%A: Sunday
%b: Oct
%B: October
日期时间%c: Sun Oct 25 12:20:41 2020
日期%x：10/25/20
时间%X：12:20:41
今天是这周的第 0 天
今天是今年的第 299 天
这周是今年的第 43 周
```

由输出结果可以看到，strftime()方法可以对多个值进行转换。

在实际项目应用中，strftime()方法的使用并不多，strftime()方法在做 datetime 对象与字符串转换时是一个非常好用的方法。

5. datetime.utcnow()

utcnow()方法的语法格式如下：

```
datetime.datetime.utcnow()
```

此语法中，datetime.datetime 指的是 datetime.datetime 类。

utcnow()方法返回一个当前 UTC 时间的 datetime 对象。

该方法的使用示例如下（utc_now_time.py）：

```
import datetime
```

```
print(f'utcnow is:{datetime.datetime.utcnow()}')
```

执行结果为：

```
utcnow is:2020-10-25 04:21:15.903615
```

由输出结果可以看到，utcnow()方法返回了一个当前 UTC 时间的 datetime 对象。

在实际项目应用中，utcnow()方法使用得不多。

6. fromtimestamp()

fromtimestamp()方法的语法格式如下：

```
datetime.datetime.fromtimestamp(timestamp[, tz])
```

此语法中，datetime.datetime 指的是 datetime.datetime 类，参数 tz 指定时区信息。

fromtimestamp()方法用于根据时间戳创建一个 datetime 对象。fromtimestamp()方法返回一个 datetime 对象。

该方法的使用示例如下（time_stamp.py）：

```
import datetime
import time

print(f'fromtimestamp is:{datetime.datetime.fromtimestamp(time.time())}')
```

执行结果为：

```
fromtimestamp is:2020-10-25 12:21:32.748598
```

由输出结果可以看到，fromtimestamp()方法返回了一个 datetime 对象。

在实际项目应用中，fromtimestamp()方法使用得不多。

7. utcfromtimestamp()

utcfromtimestamp()方法的语法格式如下：

```
datetime.datetime.utcfromtimestamp(timestamp)
```

此语法中，datetime.datetime 指的是 datetime.datetime 类，timestamp 是指时间戳。

utcfromtimestamp()方法用于根据时间戳创建一个 datetime 对象。utcfromtimestamp()方法返回一个 datetime 对象。

该方法的使用示例如下（utc_time_stamp.py）：

```
import datetime, time

print(f'utcfromtimestamp 
is:{datetime.datetime.utcfromtimestamp(time.time())}')
```

执行结果为：

```
utcfromtimestamp is:2020-10-25 04:21:53.452695
```

由输出结果可以看到，utcfromtimestamp()方法返回了一个 datetime 对象。

在实际项目应用中，utcfromtimestamp()方法使用得比较少。

8. 支持 IANA 时区

该特性为 Python 3.9 新增加的特性，zoneinfo 模块被创建出来支持 IANA 时区数据库。IANA 时区通常称为 tz 或 zoneinfo。存在许多具备不同搜索路径的 IANA 时区，用于为 date-time 对象指定 IANA 时区。

10.4 日历模块

日历（Calendar）模块的函数都与日历相关，如输出某月的字符月历。星期一默认是每周的第一天，星期天是默认的最后一天。更改设置需调用 calendar.setfirstweekday()函数，模块包含以下内置函数（日历模块在实际项目中使用并不多，此处不对各个函数做具体示例列举）。

1. calendar.calendar(year,w=2,l=1,c=6)

该函数返回一个多行字符串格式的 year 年历，3 个月一行，间隔距离为 c。每日宽度间隔为 w 字符。每行长度为 21* w+18+2* c。l 是每星期的行数。

2. calendar.firstweekday()

返回当前每周起始日期的设置。默认情况下，首次载入 calendar 模块时返回 0，即星期一。

3. calendar.isleap(year)

如果是闰年就返回 True，否则返回 False。

4. calendar.leapdays(y1,y2)

返回在 y1、y2 两年之间的闰年总数。

5. calendar.month(year,month,w=2,l=1)

返回一个多行字符串格式的 year 年 month 月日历，两行标题，一周一行。每日宽度间隔为 w 字符。每行长度为 7* w+6。l 是每星期的行数。

6. calendar.monthcalendar(year,month)

返回一个整数的单层嵌套列表。每个子列表装载代表一个星期的整数。year 年 month 月外的日期都设为 0；范围内的日期由该月第几日表示，从 1 开始。

7. calendar.monthrange(year,month)

返回两个整数。第一个是该月星期几的日期码，第二个是该月的日期码。日从 0（星期一）到 6（星期日），月从 1 到 12。

8. calendar.prcal(year,w=2,l=1,c=6)

相当于 print(calendar.calendar(year,w,l,c))。

9. calendar.prmonth(year,month,w=2,l=1)

相当于 print(calendar.calendar(year, month, w, l))。

10. calendar.setfirstweekday(weekday)

设置每周的起始日期码，0（星期一）到 6（星期日）。

11. calendar.timegm(tupletime)

和 time.gmtime 相反，接收一个时间元组形式，返回该时刻的时间戳。

12. calendar.weekday(year,month,day)

返回给定日期的日期码，0（星期一）到 6（星期日）。月份为 1（1 月）到 12（12 月）。

10.5　牛刀小试——时间大杂烩

自定义函数，使用 Time、Calendar 和 datetime 模块获取当前日期前后 N 天或 N 月的日期（date_time_all_style.py）。

```
import calendar
import datetime
import time

year = time.strftime("%Y", time.localtime())
mon  = time.strftime("%m", time.localtime())
day  = time.strftime("%d", time.localtime())
hour = time.strftime("%H", time.localtime())
min  = time.strftime("%M", time.localtime())
sec  = time.strftime("%S", time.localtime())

def today():
    '''''
    get today,date format="YYYY-MM-DD"
    '''''
    return datetime.date.today()

def todaystr():
    '''
    get date string, date format="YYYYMMDD"
    '''
    return year + mon + day
```

```
def date_time():
    '''''
    get datetime,format="YYYY-MM-DD HH:MM:SS"
    '''
    return time.strftime("%Y-%m-%d %H:%M:%S", time.localtime())

def datetimestr():
    '''''
    get datetime string
    date format="YYYYMMDDHHMMSS"
    '''
    return year + mon + day + hour + min + sec

def get_day_of_day(n=0):
    '''''
    if n>=0,date is larger than today
    if n<0,date is less than today
    date format = "YYYY-MM-DD"
    '''
    if n < 0:
        n = abs(n)
        return datetime.date.today() - datetime.timedelta(days=n)
    else:
        return datetime.date.today() + datetime.timedelta(days=n)

def get_days_of_month(year, mon):
    '''''
    get days of month
    '''
    return calendar.monthrange(year, mon)[1]

def get_firstday_of_month(year, mon):
    '''''
    get the first day of month
    date format = "YYYY-MM-DD"
    '''
    if int(days := "01") < 10:
        mon = "0" + str(int(mon))
    arr = (year, mon, days)
    return "-".join("%s" %i for i in arr)
```

```
def get_lastday_of_month(year, mon):
    '''''
    get the last day of month
    date format = "YYYY-MM-DD"
    '''
    Days = calendar.monthrange(year, mon)[1]
    mon = addzero(mon)
    arr = (year, mon, days)
    return "-".join("%s" %i for i in arr)

def get_firstday_month(n=0):
    '''''
    get the first day of month from today
    n is how many months
    '''
    (y, m, d) = getyearandmonth(n)
    d = "01"
    arr = (y, m, d)
    return "-".join("%s" %i for i in arr)


def get_lastday_month(n=0):
    '''''
    get the last day of month from today
    n is how many months
    '''
    return "-".join("%s" %i for i in getyearandmonth(n))

def getyearandmonth(n=0):
    '''''
    get the year,month,days from today
    befor or after n months
    '''
    thisyear = int(year)
    thismon = int(mon)
    totalmon = thismon + n
    if n >= 0:
        if totalmon <= 12:
            days = str(get_days_of_month(thisyear, totalmon))
            totalmon = addzero(totalmon)
            return year, totalmon, days
```

```
        else:
            i = totalmon//12
            j = totalmon%12
            if j == 0:
                i -= 1
                j = 12
            thisyear += i
            days = str(get_days_of_month(thisyear, j))
            j = addzero(j)
            return str(thisyear), str(j), days
    else:
        if totalmon > 0 and totalmon < 12:
            days = str(get_days_of_month(thisyear,totalmon))
            totalmon = addzero(totalmon)
            return year, totalmon, days
        else:
            i = totalmon//12
            j = totalmon%12
            if(j==0):
                i -= 1
                j = 12
            thisyear += i
            days = str(get_days_of_month(thisyear, j))
            j = addzero(j)
            return str(thisyear), str(j), days

def addzero(n):
    '''''
    add 0 before 0-9
    return 01-09
    '''
    if (nabs := abs(int(n))) < 10:
        return "0" + str(nabs)
    else:
        return nabs

def get_today_month(n=0):
    '''''
    获取当前日期前后 N 月的日期
    if n>0, 获取当前日期前 N 月的日期
    if n<0, 获取当前日期后 N 月的日期
    date format = "YYYY-MM-DD"
```

```
    '''
    (y, m, d) = getyearandmonth(n)
    arr = (y, m, d)
    if int(day) < int(d):
        arr = (y, m, day)
    return "-".join("%s" %i for i in arr)

def get_firstday_month(n=0):
    (y, m, d) = getyearandmonth(n)
    arr = (y, m, '01')
    return "-".join("%s" %i for i in arr)

def main():
    print(f'today is:{today()}')
    print(f'today is:{todaystr()}')
    print(f'the date time is:{date_time()}')
    print(f'data time is:{datetimestr()}')
    print(f'2 days after today is:{get_day_of_day(2)}')
    print(f'2 days before today is:{get_day_of_day(-2)}')
    print(f'2 months after today is:{get_today_month(2)}')
    print(f'2 months before today is:{get_today_month(-2)}')
    print(f'2 months after this month is:{get_firstday_month(2)}')
    print(f'2 months before this month is:{get_firstday_month(-2)}')

if __name__=="__main__":
    main()
```

执行效果如下：

```
today is:2020-10-25
today is:20201025
the date time is:2020-10-25 11:32:13
data time is:20201025113213
2 days after today is:2020-10-27
2 days before today is:2020-10-23
2 months after today is:2020-12-25
2 months before today is:2020-08-25
2 months after this month is:2020-12-01
2 months before this month is:2020-08-01
```

10.6 调　试

测试程序是一件不容易的事情，本章中的函数相对容易测试，即便如此，要选择一组可以测试所有可能发送的错误的测试用例也很困难，从某种程度上说是不可能的，可以尽可能覆盖错误，但不能完全杜绝。

测试可以帮助我们发现 bug，但生成一组好的测试用例并不容易，即使有好的测试用例，也不能确定程序完全正确。

引用一个传奇计算机科学家 Edsger W.Dijkstra 的话：程序测试用例可以显示 bug 的存在，但无法显示它们的缺席！（Program testing can be used to show the presence of bugs, but never to show their absence!）

10.7 课后思考与练习

本章主要讲述了日期和时间的相关知识，在本章结束前回顾一下学到的知识。

（1）在 Python 中，通常用哪 3 种方式表示时间？
（2）time 模块有哪些常用方法，都怎么使用？
（3）datetime 模块有哪些常用方法，都怎么使用？

思考并解决如下问题：

（1）定义一个函数，打印本地时间。
（2）定义一个函数，将本地时间以“yyyy-mm-dd”的格式打印出来。
（3）打印本地时间的时间戳。
（4）定义一个函数，实现输入任何一个时间戳，都返回对应的标准格式化时间。
（5）定义一个函数，将标准时间转化为时间戳。
（6）定义一个函数，实现计算两个时间之间相隔的秒数。
（7）定义一个函数，计算任意两个日期时间之间相隔的天数。
（8）定义一个函数，将 calendar 时间转化为 datatime 类型。
（9）自定义一个函数，该函数的功能为：

① 输入一个字符（如 lastweek），输出上周一的日期时间和本周一的日期时间，时间以 0 时 0 分 0 秒计（如 2016-09-19 00:00:00~2016-09-26 00:00:00）。

② 输入两个字符（如 past1day、per1hour），输出从昨天凌晨 0 点到今天凌晨 0 点 24 小时内整点的时间戳（如 2016-09-25 00:00:00~2016-09-25 01:00:00 的时间戳）。

第 11 章

正则表达式

软件在能够复用前必须先能用。

——Ralph Johnson

正则表达式是处理字符串强大的工具，拥有独特的语法和独立的处理引擎，效率可能不如 str 自带的方法，但功能十分强大。本章我们将学习正则表达式的基本使用。

Python 快乐学习班的同学游览完时间森林后，导游带领他们来到了正则表达式寻宝古街。在正则表达式寻宝古街，同学们将使用 re 模块提供的方法在古街上匹配到不同的目标对象，也能在宝贝寻找过程中体会到正则表达式的强大魔法功能。现在跟随 Python 快乐学习班的同学一起进入正则表达式寻宝古街寻宝吧。

11.1 认识正则表达式

正则表达式是一个特殊的字符序列，能帮助用户检查一个字符串是否与某种模式匹配，从而达成快速检索或替换符合某个模式、规则的文本。例如，可以在文档中使用一个正则表达式表示特定文字，然后将其全部删除或替换成别的文字。

Python 自 1.5 版本起增加了 re 模块，它提供了 Perl 风格的正则表达式模式，re 模块使 Python 语言拥有全部的正则表达式功能。compile 函数根据一个模式字符串和可选的标志参数生成一个正则表达式对象，该对象拥有一系列方法用于正则表达式匹配和替换。

re 模块提供与 compile 函数功能完全一致的函数，这些函数使用模式字符串作为第一个参数。

字符串是编程时涉及最多的数据结构，对字符串操作的需求几乎无处不在。

表 11-1 展示了一些特殊字符在正则表达式中的独特应用，表 11-2 展示了某些字符类在正则表达式中的应用。

表 11-1 特殊字符在正则表达式中的应用

实 例	描 述
.	匹配除"\n"之外的任何单个字符。要匹配包括'\n'在内的任意字符，请使用如'[.\n]'的模式
\d	匹配一个数字字符，等价于 [0-9]
\D	匹配一个非数字字符，等价于 [^0-9]
\s	匹配任意空白字符，包括空格、制表符、换页符等，等价于 [\f\n\r\t\v]
\S	匹配任意非空白字符，等价于 [^ \f\n\r\t\v]
\w	匹配包括下画线的任意单词字符，等价于'[A-Za-z0-9_]'
\W	匹配任意非单词字符，等价于 '[^A-Za-z0-9_]'

表 11-2 字符类在正则表达式中的应用

实 例	描 述
[Pp]ython	匹配 "Python" 或 "python"
rub[ye]	匹配 "ruby" 或 "rube"
[aeiou]	匹配中括号内的任意一个字母
[0-9]	匹配任意数字，类似于 [0123456789]
[a-z]	匹配任意小写字母
[A-Z]	匹配任意大写字母
[a-zA-Z0-9]	匹配任意字母及数字
[^aeiou]	匹配除了 aeiou 字母以外的所有字符
[^0-9]	匹配除了数字外的字符

通过表 11-1 和表 11-2 可以看到，一些特殊字符虽然很简短，但功能非常强大。下面介绍一些更详尽的正则表达式的使用方式。

例如，我们要判断一个字符串是否是合法的 Email 地址，可以用编程的方式提取@前后的子串，再分别判断是否是单词和域名。不过这样做不但需要写一堆麻烦的代码，而且写出来的代码难以重复使用，面对不同的需求可能需要使用不同的代码实现。

正则表达式是匹配字符串的强有力的武器。正则表达式的设计思想是用描述性语言为字符串定义一个规则，凡是符合规则的字符串，我们就认为“匹配”，否则就不匹配。正则表达式的大致匹配过程是：依次拿出表达式和文本中的字符比较，如果每一个字符都能匹配，匹配就成功；一旦有匹配不成功的字符，匹配就失败。

用正则表达式判断一个字符串是否是合法的 Email 的方法是：

（1）创建一个匹配 Email 的正则表达式。

（2）用该正则表达式匹配用户的输入，从而判断是否合法。

下面我们介绍如何使用正则表达式描述字符。

在正则表达式中，如果直接给出字符，就是精确匹配。从表 11-1 可知，用\d 可以匹配一个数字，用\w 可以匹配一个字母或数字，例如：

- '00\d'可以匹配'007'，但无法匹配'00q'。
- '\d\d\d'可以匹配'123'。

- '\w\w\d'可以匹配'py3'。
- .可以匹配任意字符，所以'py.'可以匹配'pyc' 'pyo' 'py!'等。

在正则表达式中，要匹配变长的字符，用*表示任意个数的字符（包括 0 个），用+表示至少一个字符，用?表示 0 个或 1 个字符，用{n}表示 n 个字符，用{n,m}表示 n～m 个字符。

下面我们看一个更复杂的例子：\d{3}\s+\d{3,8}。该字符串从左到右解读如下：

\d{3}表示匹配 3 个数字，如'010'；\s 可以匹配一个空格（包括 Tab 等空白符），所以\s+表示至少有一个空格，如匹配' '、' '等；\d{3,8}表示 3~8 个数字，如'1234567'。

综上所述，正则表达式可以匹配以任意个数的空格隔开的带区号的电话号码。

如果要匹配'010-12345'这样的号码呢？由于'-'是特殊字符，在正则表达式中要用'\'转义，因此用正则表达式表示为\d{3}\-\d{3,8}。

我们前面讨论了正则表达式的基本使用方法，不过如果需要匹配带有字符串的字符串（如'010 - 12345'），使用前面的方式就做不到了，在此我们继续讨论一些更复杂的匹配方式。

要更精确地匹配，可以用[]表示范围，例如：

- [0-9a-zA-Z_]用以匹配数字、字母或下画线，这种方式可以在一些场所做输入值或命名的合法性校验。
- [0-9a-zA-Z_]+可以匹配至少由一个数字、字母或下画线组成的字符串，如'a100' '0_Z' 'Py3000'。这种方式可以校验一个字符串是否包含数字、字母或下画线。
- [a-zA-Z_][0-9a-zA-Z_]*可以匹配由字母或下画线开头，后接任意个数字、字母或下画线组成的字符串，也就是 Python 的合法变量。
- [a-zA-Z_][0-9a-zA-Z_]{0, 19}更精确地限制了变量的长度是 1~20 个字符（前面 1 个字符+后面最多 19 个字符）。
- A|B 用于匹配 A 或 B，如（P|p）ython 可以匹配'Python'或'python'。
- ^表示行的开头，^\d 表示必须以数字开头。
- $表示行的结束，\d$表示必须以数字结束。

这里提供了正则表达式更高级的使用，正则表达式更多匹配模式可以查看附录 A 的 A.7。

11.2 re 模块

经过前面的知识储备，我们可以在 Python 中使用正则表达式了。Python 通过 re 模块提供对正则表达式的支持。

11.2.1 re.match 函数

一般使用 re 的步骤是先将正则表达式的字符串形式编译为 Pattern 实例，然后使用 Pattern 实例处理文本并获得匹配结果（一个 match 函数），最后使用 match 函数获得信息，进行其他操作。

re.match 函数尝试从字符串的起始位置匹配一个模式，该函数语法如下：

```
re.match(pattern, string, flags=0)
```

参数说明：pattern 指匹配的正则表达式；string 指要匹配的字符串；flags 为标志位，用于控制正则表达式的匹配方式，如是否区分大小写、多行匹配等。

如果匹配成功，re.match 方法就返回一个匹配的对象，否则返回 None。

例如（re_match.py）：

```
import re

print(re.match('hello', 'hello world').span())  # 在起始位置匹配
print(re.match('world', 'hello world'))         # 不在起始位置匹配
```

执行结果如下：

```
(0, 5)
None
```

11.2.2 re.search 方法

在 re 模块中，除了 match 函数外，search 方法也经常使用。

re.search 方法用于扫描整个字符串并返回第一个成功匹配的字符，语法如下：

```
re.search(pattern, string, flags=0)
```

参数说明：pattern 指匹配的正则表达式；string 指要匹配的字符串；flags 为标志位，用于控制正则表达式的匹配方式，如是否区分大小写、多行匹配等。

如果匹配成功，re.search 方法就返回一个匹配的对象，否则返回 None。

例如（re_search.py）：

```
import re

print(re.search('hello', 'hello world').span())  # 在起始位置匹配
print(re.search('world', 'hello world').span())  # 不在起始位置匹配
```

执行结果如下：

```
(0, 5)
(6, 11)
```

11.2.3 re.match 与 re.search 的区别

re.match 函数只匹配字符串开始的字符，如果开始的字符不符合正则表达式，匹配就会失败，函数返回 None。

re.search 方法匹配整个字符串，直到找到一个匹配的对象，匹配结束后没找到匹配值才返回 None。

例如（re_match_search.py）：

```
import re
```

```
line = 'Cats are smarter than dogs'

if matchObj := re.match(r'dogs', line, re.M | re.I):
   print(f'use match,the match string is: {matchObj.group()}')
else:
   print("No match string!!")

if matchObj := re.search( r'dogs', line, re.M | re.I):
   print(f'use search,the match string is: {matchObj.group()}')
else:
   print("No match string!!")
```

该示例中，如果变量 matchObj 不存在，则会被创建，然后将 re.match()的返回值赋给它。

示例代码执行结果如下：

```
No match string!!
use search,the match string is:  dogs
```

该示例使用了 match 类中的分组方法——group 方法。该方法定义如下：

```
def group(self, *args):
    """Return one or more subgroups of the match.
    :rtype: T | tuple
    """
    pass
```

- group([group1,…]): 获得一个或多个分组截获的字符串，指定多个参数时以元组的形式返回。group1 可以使用编号，也可以使用别名。编号 0 代表整个匹配的子串。不填写参数时，返回 group(0)；没有截获字符串的组时，返回 None；截获多次字符串的组时，返回最后一次截获的子串。

还有一个常用的分组方法 groups。

- groups([default]): 以元组形式返回全部分组截获的字符串，相当于调用 group(1,2,…last)。default 表示没有截获字符串的组以这个值代替，默认为 None。

11.3 贪婪模式和非贪婪模式

正则表达式通常用于查找匹配的字符串。在 Python 中，数量词默认是贪婪的（在少数语言里也可能默认非贪婪），总是尝试匹配尽可能多的字符；非贪婪模式正好相反，总是尝试匹配尽可能少的字符。

例如，正则表达式"ab*"如果用于查找"abbbc"，就会找到"abbb"。如果使用非贪婪的数量词"ab*?"，就会找到"a"。

例如（re_groups_1.py）：

```
import re

print(re.match(r'^(\d+)(0*)$', '102300').groups())
```

执行结果为：

```
('102300', '')
```

由于\d+采用贪婪匹配，直接把后面的 0 全部匹配了，结果 0*只能匹配空字符串。要让 0*能够匹配到后面的两个 0，必须让\d+采用非贪婪匹配（尽可能少匹配）。在 0*后面加一个?就可以让\d+采用非贪婪匹配。具体实现如下（re_groups_2.py）：

```
import re

print(re.match(r'^(\d+?)(0*)$', '102300').groups())
```

执行结果为：

```
('1023', '00')
```

11.4 替 换

Python 的 re 模块提供了 re.sub，用于替换字符串中的匹配项。其使用方法如下：

```
sub(repl, string[, count]) | re.sub(pattern, repl, string[, count])
```

使用 repl 替换 string 中每一个匹配的子串后返回替换后的字符串。当 repl 是一个方法时，这个方法应当只接收一个参数（match 对象），并返回一个字符串用于替换（返回的字符串中不能再引用分组）。count 用于指定最多替换次数，不指定时全部替换。

例如（re_func.py）：

```
import re

pt = re.compile(r'(w+) (w+)')
greeting = 'i say, hello world!'

print(pt.sub(r'2 1', greeting))


def func(m):
    return m.group(1).title()+' '+m.group(2).title()
```

```
print(pt.sub(func, greeting))
```

执行结果为：

```
i say, hello world!
i say, hello world!
```

11.5 编 译

当我们在 Python 中使用正则表达式时，re 模块内部会做两件事情：

（1）编译正则表达式，如果正则表达式的字符串本身不合法，就会报错。

（2）用编译后的正则表达式匹配字符串。

如果一个正则表达式需要重复使用几千次，出于效率的考虑，我们可以预编译该正则表达式，这样重复使用时就不需要编译这个步骤了，直接匹配即可，例如：

```
import re

re_telephone = re.compile(r'^(\d{3})-(\d{3,8})$')
print(re_telephone.match('010-12345').groups())
print(re_telephone.match('010-8086').groups())
```

执行结果为：

```
('010', '12345')
('010', '8086')
```

11.6 牛刀小试（1）——匹配比较

给定一个字符串，分别用各种不同的匹配方式对字符串进行匹配，比较各种匹配结果的异同。示例如下（all_kinds_match.py）：

```
import re

# 匹配目标
def target_match(content):
    result = re.match('^Hello\s(\d+)\sWorld', content)
    return result, result.group(), result.group(1), result.span()

# 通用匹配
def gena_match(content):
```

```
    result = re.match('^Hello.*Demo$', content)
    return result, result.group(), result.span()

# 贪婪匹配
def greed_match(content):
    result = re.match('^He.*(\d+).*Demo$', content)
    return result, result.group(1)

# 非贪婪匹配
def un_greed_match(content):
    result = re.match('^He.*(\d+).*Demo$', content)
    return result, result.group(1)

if __name__ == "__main__":
    con_match = 'Hello 1234567 World_This is a Regex Demo'
    target_match(con_match)
    gena_match(con_match)
    greed_match(con_match)
    result_v, result_group = un_greed_match(con_match)
    print(result_v, result_group)
```

可以自行测试并打印结果，观察结果的异同。

11.7 牛刀小试（2）——文本解析

给定一个字符串，使用正则表达式找到满足指定格式的字符串，对字符串中的中文数字字符转换为阿拉伯数字，如将类似两万解析为 2 万。示例代码如下（str_parser.py）：

```
import re

str_num_pat = re.compile(r'[一二三四五六七八九十]')
str_pat = re.compile(r'[一二三四五六七八九十]\s{0,3}[万千wk]')
str_num_dict = {'一': '1', '二': '2', '三': '3', '四': '4', '五': '5',
                '六': '6', '七': '7', '八': '8', '九': '9', '十': '10'}
conn_pat = re.compile(r'[~\-－—一至]')


def ch_num_to_number(str_val):
    """
    将 str_val 中类似一万的字符更改为 1 万
    :param str_val:
```

```
    :return:
    """
    if not str_num_pat.search(str_val) or not str_pat.search(str_val):
        return str_val

    str_num_list = str_num_pat.findall(str_val)
    str_sal_list = str_pat.findall(str_val)

    # 满足如下 if 条件时，根据 str_num_list 中值修改 str_val 对应字符值
    if (len(str_num_list) <= len(str_sal_list)) \
            or (len(str_num_list) == len(str_sal_list) + 1
                and conn_pat.search(str_val)):
        for str_num in str_num_list:
            num_val = str_num_dict.get(str_num)
            str_val = str_val.replace(str_num, num_val)
    else:
        # 根据 str_sal_list 中值修改 str_val 对应字符值
        for str_num in str_sal_list:
            b_sal_val = str_val[0: str_val.find(str_num)]
            e_sal_val = str_val[str_val.find(str_num) + len(str_num):]
            find_str = str_val[str_val.find(str_num): str_val.find(str_num) +
len(str_num)]
            num_s = str_num_pat.search(str_num).group()
            num_val = str_num_dict.get(num_s)
            find_str = find_str.replace(num_s, num_val)
            str_val = b_sal_val + find_str + e_sal_val

    return str_val


if __name__ == "__main__":
    pri_str = '二万'
    fmt_result = ch_num_to_number('二万')
    print(f'原字符串： {pri_str}。格式化后的结果：{fmt_result}')
    pri_str = '二万-三万'
    fmt_result = ch_num_to_number('二万-三万')
    print(f'原字符串： {pri_str}。格式化后的结果：{fmt_result}')
```

执行 py 文件，输出结果如下：

```
原字符串： 二万。格式化后的结果：2 万
原字符串： 二万-三万。格式化后的结果：2 万-3 万
```

11.8 课后思考与练习

正则表达式非常强大，本章主要讲述了正则表达式的基本知识，如果你经常遇到正则表达式的问题，或者想更深入地学习，建议自备一本正则表达式的参考书。

在本章结束前回顾一下学习到的概念。

（1）什么是正则表达式？

（2）re 模块中的 match 函数和 search 方法怎么使用，两者的区别是什么？

（3）什么叫贪婪模式和非贪婪模式？

思考并解决如下问题：

（1）定义一个函数，对于给定的一个字符串，用正则表达式识别对应字符串。

（2）定义一个函数，对于传入的任意单词对，使用正则表达式匹配出其中的空格所在的位置。

（3）定义一个函数，使用正则表达式匹配由某个特殊符号分割的任何单词和字母。

（4）定义一个函数，用正则表达式匹配以“www”开始并且以“.org”结尾的简单域名。

（5）定义一个函数，用正则表达式匹配输入的所有仅包含字符和数字的字符串。

（6）定义一个函数，用正则表达式可以匹配手机号码是否是有效的号码格式（是否全为数字，长度以及开头几位数字是否是有效的）。

（7）定义一个函数，校验输入的电子邮箱地址是否是有效的（从是否包含@符、是否有“.”号等方向考虑）。

（8）提取字符串中完整的日期时间。

（9）从电子邮件中提取发送者和接收者。

第 12 章

文件操作

世上有两种设计软件的方法。一种是尽量的简化，以至于明显没有任何缺陷。而另一种是尽量复杂化，以至于找不到明显的缺陷。

——Charles Antony Richard Hoare

目前我们的程序都遵循着首先接收输入数据，然后按照要求进行处理，最后输出数据的方式进行。但如果希望程序结束后，执行的结果数据能够保存下来，就不能使用前面的操作方式进行了，需要寻找其他方式保存数据，文件就是一个不错的选择。在程序运行过程中，可以将执行结果保存到文件中。不过，这需要涉及对文件的操作。

通过本章的学习，读者将了解如何使用 Python 在硬盘上创建、读取和保存文件。

Python 快乐学习班的同学结束了正则表达式的寻宝后，导游带领他们来到了文件魔法馆。在文件魔法馆，同学们将体验从无到有的文件生成过程，也将体验到空文件中突然显现出文本内容的过程，也将看到存在的文本内容突然消失或突然变成另一种字符的过程。现在赶快跟随 Python 快乐学习班的同学一起进入文件魔法馆一睹为快吧。

12.1 打开文件

在 Python 中，打开文件使用的是 open 函数。open 函数的基本语法如下：

```
open(file_name [, access_mode][, buffering])
```

【参数解析】

- file_name 变量：是一个包含要访问的文件名称的字符串值。

- access_mode 变量：指打开文件的模式，对应有只读、写入、追加等。access_mode 变量值不是必需的（不带 access_mode 变量时，要求 file_name 存在，否则报异常），默认的文件访问模式为只读（r）。
- buffering：如果 buffering 的值被设为 0，就不会有寄存；如果 buffering 的值取 1，访问文件时就会寄存行；如果将 buffering 的值设为大于 1 的整数，表示这就是寄存区的缓冲大小；如果取负值，寄存区的缓冲大小就是系统默认的值。

open 函数返回一个 File（文件）对象。File 对象代表计算机中的一个文件，是 Python 中另一种类型的值，就像我们熟悉的列表和字典。

例如（file_open_1.py）：

```
path = 'd:/test.txt'
f_name = open(path)
print(f_name.name)
```

执行结果如下：

```
d:/test.txt
```

执行结果告诉我们打开的是 d 盘下的 test.txt 文件（执行该程序前，已经创建了一个名为 test.txt 的文件）。

这里有几个概念要先弄清楚。

- 文件路径：在该程序中，我们先定义了一个 path 变量，变量值是一个文件的路径。文件的路径是指文件在计算机上的位置，如该程序中的 d:/test.txt 是指文件在 d 盘、文件名为 test.txt。文件路径又分为绝对路径和相对路径。
  - 绝对路径：总是从根文件夹开始。比如在 Windows 环境下，一般从 c 盘、d 盘等开始，c 盘、d 盘被称为根文件夹，在该盘中的文件都得从根文件夹开始往下一级一级查找。在 Linux 环境下，一般从 usr、home 等根文件开始。比如在上面的示例程序中，path 变量值就是一个绝对路径，在文件搜索框中输入绝对路径可以直接找到该文件。
  - 相对路径：相对于程序当前工作目录的路径。比如当前工作文件存放的绝对路径是 d:\python\workspace，如果使用相对路径，就可以不写这个路径，用一个“.”号代替这个路径值。

例如（file_open_2.py）：

```
path = './test.txt'

f_name = open(path, 'w')
print(f_name.name)
```

执行结果如下：

```
./test.txt
```

执行完程序后，到 d:\python\workspace 路径下查看，可以看到创建了一个名为 test.txt 的文件。

除了单个点（.），还可以使用两个点（..）表示父文件夹（或上一级文件夹）。此处不具体讨论，有兴趣可以自己尝试。

12.1.1　文件模式

我们在前面讲到，使用 open 函数时可以选择是否传入 mode 参数。在前面的示例中，mode 传入了一个值为 w 的参数，这个参数是什么意思呢？mode 可以传入哪些值呢？具体如表 12-1 所示。

表 12-1　文件模式

模　式	描　述
r	以只读方式打开文件。文件的指针将会放在文件的开头，这是默认模式
rb	以二进制格式打开一个文件用于只读。文件指针将会放在文件的开头，这是默认模式
r+	打开一个文件用于读写。文件指针将会放在文件的开头
rb+	以二进制格式打开一个文件用于读写。文件指针将会放在文件的开头
w	打开一个文件只用于写入。如果该文件已存在，就将其覆盖；如果该文件不存在，就创建新文件
wb	以二进制格式打开一个文件只用于写入。如果该文件已存在，就将其覆盖；如果该文件不存在，就创建新文件
w+	打开一个文件用于读写。如果该文件已存在，就将其覆盖；如果该文件不存在，就创建新文件
wb+	以二进制格式打开一个文件用于读写。如果该文件已存在，就将其覆盖；如果该文件不存在，就创建新文件
a	打开一个文件用于追加。如果该文件已存在，文件指针就会放在文件的结尾。也就是说，新内容将会被写入已有内容之后。如果该文件不存在，就创建新文件进行写入
ab	以二进制格式打开一个文件用于追加。如果该文件已存在，文件指针就会放在文件结尾。也就是说，新内容将会被写入已有内容之后。如果该文件不存在，就创建新文件进行写入
a+	打开一个文件用于读写。如果该文件已存在，文件指针就会放在文件的结尾。文件打开时是追加模式。如果该文件不存在，就创建新文件用于读写
ab+	以二进制格式打开一个文件用于追加。如果该文件已存在，文件指针将会放在文件结尾；如果该文件不存在，就创建新文件用于读写和追加

使用 open 函数时，明确指定读模式和什么模式都不指定的效果是一样的，我们在前面的示例中已经验证。

使用写模式可以向文件写入内容。+参数可以用到其他任何模式中，指明读和写都是允许的。比如 w+可以在打开一个文件时用于文件的读写。

当参数带上字母 b 时，表示可以用来读取一个二进制文件。Python 在一般情况下处理的都是文本文件，有时也不能避免处理其他格式的文件。

12.1.2　缓　存

open 函数的第 3 个参数是可选择的，该参数用于控制文件的缓存。如果该参数赋值为 0 或 False，I/O（输入/输出）就是无缓存的。如果是 1 或 True，I/O 就是有缓存的。大于 1 的整数代表缓存的大小（单位是字节），-1 或小于 0 的整数代表使用默认的缓存大小。

读者可能对缓存和 I/O 有些不明白。缓存一般指的是内存，计算机从内存中读取数据的速度远远大于从磁盘读取数据的速度，一般内存大小远小于磁盘大小，内存的速度比较快，但资源比较紧张，所以这里有是否对数据进行缓存的设置。

I/O 在计算机中指 Input/Output，也就是输入和输出。由于程序和运行时数据在内存中驻留，由 CPU 这个超快的计算核心执行，涉及数据交换的地方通常是磁盘、网络等，因此需要 I/O 接口。

比如打开浏览器，访问百度首页，浏览器需要通过网络 I/O 获取百度网页。浏览器首先会发送数据给百度服务器，告诉它想要首页的 HTML，这个动作是往外发数据，叫 Output；随后百度服务器把网页发过来，这个动作是从外面接收数据，叫 Input。通常，程序完成 I/O 操作会有 Input 和 Output 两个数据流。当然也有只用一个数据流的情况，比如从磁盘读取文件到内存，只有 Input 操作，没有 Output 操作；反过来，把数据写到磁盘文件里，只有 Output 操作，没有 Input 操作。

12.2 基本文件方法

12.1 节介绍了打开文件的 open 函数，也做了一些简单操作，接下来介绍一些基本文件方法。在开始介绍之前，首先需要了解一下流的概念。

I/O 编程中，流（Stream）是一个很重要的概念。可以把流想象成一根水管，数据就是水管里的水，但是只能单向流动。Input Stream 就是数据从外面（磁盘、网络）流进内存，Output Stream 就是数据从内存流到外面去。浏览网页时，浏览器和服务器之间至少需要建立两根水管，才能既发送数据又接收数据。

12.2.1 读 和 写

open 函数返回的是一个 File 对象，有了 File 对象，就可以开始读取内容。如果希望将整个文件的内容读取为一个字符串值，可以使用 File 对象的 read()方法。

Read()方法从一个打开的文件中读取字符串。需要注意，Python 字符串可以是二进制数据，而不仅仅是文字。语法如下：

```
fileObject.read([count]);
```

fileObject 为 open 函数返回的 File 对象，count 参数是从已打开的文件中读取的字节计数。该方法从文件的开头开始读入，如果没有传入 count，就会尝试尽可能多地读取内容，很可能一直读取到文件末尾。

比如，我们在 test.txt 文件中写入“Hello world!Welcome!”，执行如下代码（file_read.py）：

```
path = './test.txt'


f_name = open(path,'r')
print(f'read result:{f_name.read(12)}')
```

执行结果如下：

```
read result: Hello world!
```

由执行结果看到，通过 read 方法我们读取了文件中从头开始的 12 个字符串。

将 print('read result:', f_name.read(12))更改为 print('read result:', f_name.read())，得到的执行结果如下：

```
read result: Hello world!Welcome!
```

由执行结果看到，没有指定读取字节数时，read 方法会读取打开文件中的所有字节。

除了读取数据外，我们还可以向文件中写入数据。在 Python 中，将内容写入文件的方式与 print 函数将字符串输出到屏幕上类似。

如果打开文件时使用读模式，就不能写入文件，即不能用下面这种形式操作文件：

```
open(path, 'rw')
```

在 Python 中，用 write()方法向一个文件写入数据。write()方法可将任何字符串写入一个打开的文件。需要注意，Python 字符串可以是二进制数据，而不仅仅是文字。

write()方法不会在字符串结尾添加换行符（'\n'），语法如下：

```
fileObject.write(string);
```

fileObject 为 open 函数返回的 File 对象，string 参数是需要写入文件中的内容。

该方法返回写入文件的字符串的长度。

例如（file_write.py）：

```
path = './test.txt'


f_name = open(path, 'w')
print(f"write length:{f_name.write('Hello world!')}")
```

执行结果如下：

```
write length: 12
```

由执行结果看到，我们向 test.txt 文件中写入了 12 个字符。下面验证一下写入的是否是我们指定的字符，在上面的程序中追加两行代码并执行：

```
f_name = open(path,'r')
print('read result:', f_name.read())
```

执行结果如下：

```
write length: 12
read result: Hello world!
```

由执行结果看到，写入文件的是我们指定的内容。不过这里有一个疑问，我们在这里执行了两次写入操作，得到的结果怎么只写入了一次？

写文件（write）方法的处理方式是：将覆写原有文件，从头开始，每次写入都会覆盖前面所有内容，就像用一个新值覆盖一个变量的值。若需要在当前文件的字符串后追加字符，该怎么办呢？

可以将第二个参数 w 更换为 a，即以追加模式打开文件，例如（file_add.py）：

```
path = './test.txt'

f_name = open(path, 'w')
print(f"write length:{f_name.write('Hello world!')}")
f_name = open(path,'r')
print(f'read result:{f_name.read()}')

f_name = open(path, 'a')
print(f"add length:{f_name.write('welcome!')}")
f_name = open(path,'r')
print(f'read result:{f_name.read()}')
```

执行结果如下：

```
write length: 12
read result: Hello world!
add length: 8
read result: Hello world!welcome!
```

由执行结果看到，输出结果在文件末尾成功添加了对应字符串。

提　示

如果传递给 open 函数的文件名不存在，写模式（w）和追加模式（a）就会创建一个新的空文件，然后执行写入或追加。

如果想追加的字符串在下一行，该怎么办呢？

在 Python 中，用\n 表示换行。对于上面的示例，若需要追加的内容在下一行，可以如下操作（file_change_line.py）：

```
path = './test.txt'
f_name = open(path, 'w')
print(f"write length:{f_name.write('Hello world!')}")
f_name = open(path,'r')
print(f'read result:{f_name.read()}')

f_name = open(path, 'a')
print("add length:", f_name.write("\nwelcome!"))
f_name = open(path,'r')
print(f'read result:{f_name.read()}')
```

执行结果如下：

```
write length: 13
read result: Hello world!
```

```
add length: 8
read result: Hello world!
welcome!
```

由执行结果看到，后面追加的内容在下一行了。

> **提 示**
>
> 若需要读或写特定编码方式的文本，则需要给 open 函数传入 encoding 参数；若需要读取 GBK 编码的文件，则前面的示例可以改写为 f_name = open(path, 'r', encoding='gbk')，这样读取到的文件就是 GBK 编码方式的文件了。

12.2.2 读写行

我们目前对文件的读操作是按字节读或整个读取，而写操作是全部覆写或追加，这样的操作在实际应用中很不实用。Python 为我们提供了 readline()、readlines()和 writelines()等方法用于行操作，例如（file_read_write.py）：

```
path = './test.txt'
f_name = open(path, 'w')
f_name.write('Hello world!\n')
f_name = open(path, 'a')
f_name.write('welcome!')
f_name = open(path,'r')
print(f'readline result:{f_name.readline()}')
```

执行结果为：

```
readline result: Hello world!
```

由执行结果得知，readline 方法会从文件中读取单独一行，换行符为\n。readline 方法如果返回一个空字符串，说明已经读取到最后一行了。

readline 方法也可以像 read 方法一样传入数值读取对应的字符数，传入小于 0 的数值表示整行都输出。

如果将上面示例的最后一行：

```
print(f'readline result:{f_name.readline()}')
```

更改为：

```
print(f'readline result:{f_name.readlines()}')
```

得到的输出结果为：

```
readline result: ['Hello world!\n', 'welcome!']
```

输出结果为一个字符串的列表。列表中的每个字符串就是文本中的每一行，并且换行符也会被输出。

readlines 方法可以传入数值参数，当传入的数值小于等于列表中一个字符串的长度值时，该字符串会被读取；当传入小于等于 0 的数值时，所有字符都会被读取。

例如（file_read_lines.py）：

```
path = './test.txt'
f_name = open(path, 'w')
str_list = ['Hello world!\n', 'welcome!\n', 'welcome!\n']
print(f'write length:{f_name.writelines(str_list)}')
f_name = open(path,'r')
print(f'read result:{f_name.read()}')
f_name = open(path,'r')
print(f'readline result:{f_name.readlines()}')
```

执行结果如下：

```
write length: None
read result: Hello world!
welcome!
welcome!

readline result: ['Hello world!\n', 'welcome!\n', 'welcome!\n']
```

由执行结果看到，writelines 方法和 readlines 方法相反，传给它一个字符串列表（任何序列或可迭代对象），它会把所有字符串写入文件。如果没有 writeline 方法，那么可以使用 write 方法代替这个方法的功能。

12.2.3 关闭文件

我们前面介绍了很多读取和写入文件的内容，都没有提到在读或写文件的过程中出现异常时该怎么处理。在读或写文件的过程中，出现异常的概率还是挺高的，特别对于大文件的读取和写入，出现异常更是家常便饭。在读或写文件的过程中，出现异常该怎么处理呢？

这就需要用到前面介绍的异常的知识了，用 try 语句捕获可能出现的异常。在捕获异常前有一个动作要执行，就是使用 close 方法关闭文件。

一般情况下，一个文件对象在退出程序后会自动关闭，但是为了安全起见，还是要显式地写一个 close 方法关闭文件。一般显式关闭文件读或写的操作如下（file_close.py）：

```
path = './test.txt'
f_name = open(path, 'w')
print(f"write length:{f_name.write('Hello world!')}")
f_name.close()
```

这段代码和没有加 close 方法的执行结果一样。这样处理后的函数比没有加 close 方法时更安全，可以避免在某些操作系统或设置中进行无用的修改，也可以避免用完系统中所打开文件的配额。

对内容更改过的文件一定要记得关闭，因为写入的数据可能被缓存，如果程序或系统因为某些原因而崩溃，被缓存部分的数据就不会写入文件了。为了安全起见，在使用完文件后一定要记得关闭。

当使用 try 语句出现异常时，即使使用了 close 方法，也可能不被执行，这时该怎么办呢？

还记得 finally 子句吗？可以将 close 方法放在 finally 子句中执行，从而保证无论程序是否正常执行都会调用 close 方法。上面的示例可以更改成更安全的形式（file_safe_close.py）：

```
path = './test.txt'
try:
    f_name = open(path, 'w')
    print(f"write length:{f_name.write('Hello world!')}")
finally:
    if f_name:
        f_name.close()
```

如果每次都要这么写，就会很烦琐，是否有更简便的方式处理呢？

Python 中引入了 with 语句自动帮我们调用 close 方法。可以使用 with 语句将上面的程序更改为（file_safer_close.py）：

```
path = './test.txt'
with open(path, 'w') as f:
    f_name = open(path, 'w')
    print(f"write length:{f_name.write('Hello world!')}")
```

这段代码和上面使用 try/finally 的效果一样，并且会自动调用 close 方法，不用显式地写该方法。可以发现，代码比前面简洁多了，后面可以多用这种方式编写。

12.2.4　文件重命名

在应用程序的过程中，可能需要程序帮助我们重命名某个文件的名字，而不是通过手动的方式进行，这样是否可以呢？

Python 的 os 模块为我们提供了 rename 方法，即文件重命名。使用这个方法需要导入 os 模块。rename 方法的语法如下：

```
os.rename(current_file_name, new_file_name)
```

os 为导入的 os 模块，current_file_name 为当前文件名，new_file_name 为新文件名。若文件不在当前目录下，则文件名需要带上绝对路径。

该方法没有返回值。

使用示例如下（file_rename.py）：

```
import os


open('./test1.txt', 'w')
os.rename('test1.txt','test2.txt')
```

执行结果可以到对应目录下查看，若之前已经创建了名为 test1.txt 的文件，则将文件名更改为

test2.txt；若之前没有创建 test1.txt 文件，则先创建 test1.txt 文件，然后将文件名更改为 test2.txt。

12.2.5 删除文件

在应用程序的过程中，我们是否可以通过程序删除某个文件呢？

Python 的 os 模块为我们提供了 remove 方法，即删除文件。使用这个方法需要导入 os 模块。remove 方法的语法如下：

```
os.remove(file_name)
```

os 为导入的 os 模块，file_name 为需要删除的文件名。若文件不在当前目录下，则文件名需要使用绝对路径。

该方法没有返回值。

使用示例如下（file_remove.py）：

```
import os

try:
    print(f"remove result:{os.remove('test2.txt')}")
except Exception:
    print('file not found')
```

执行该方法会把前面的示例中重命名的 test2.txt 文件删除。当然，该方法只能删除已经存在的文件，文件不存在就会抛异常。

12.3 对文件内容进行迭代

前面介绍了文件的基本操作方法。在实际应用中，对文件内容进行迭代和重复读取文本是比较常见的操作。

所谓迭代，是指不断重复某一个动作，直到这些动作都完成为止。

12.3.1 按字节处理

在 while 循环中，read 方法是最常见的对文件内容进行迭代的方法，例如（file_read_byte.py）：

```
path = './test.txt'
f_name = open(path, 'w')
print(f"write length:{f_name.write('Hello')}")
f_name = open(path)
while c_str := f_name.read(1):
    print(f'read str is:{c_str}')
    c_str = f_name.read(1)
f_name.close()
```

该示例中也使用了赋值表达式，在该示例中，如果变量 c_str 不存在则会被创建，然后将 f_name.read()的返回值赋给它。然后检查 c_str 是否已经到结束符，如果不是，则读取下一个字符，保存在 c_str 中，然后继续执行循环。

赋值表达式遵循了 Python 一贯简洁的传统，就像列表解析式一样。其目的在于避免在特定的 Python 编程模式中出现一些枯燥的样板代码。例如，上述代码用一般写法需要多写两行代码。

上述示例执行结果如下：

```
write length: 5
read str is: H
read str is: e
read str is: l
read strr is: l
read str is: o
```

由执行结果看到，该示例对写入文件的每个字符都进行循环了。这个程序运行到文件末尾时，read 方法会返回一个空字符串，未执行到空字符串前，返回的都是非空字符，表示布尔值为真。

该示例中出现了代码的重复使用，可以使用 while true/break 语句结构进一步优化。优化代码如下（file_read_byte_1.py）：

```
f_name = open(path)
while True:
    c_str = f_name.read(1)
    if not c_str:
        break
    print(f'read str is:{c_str}')
f_name.close()
```

由代码结构看到，更改后的代码比之前更好。

12.3.2　按行操作

在实际操作中，处理文件时可能需要对文件的行进行迭代，而不是单个字符。此时可以使用和处理字符一样的方式，只不过要使用 readline 方法，例如（file_line_read.py）：

```
f_name = open(path)
while True:
    line = f_name.readline(1)
    if not line:
        break
    print(f'read line is:{line}')
f_name.close()
```

使用该方式得到的是按行读取的字符。

12.3.3 使用 fileinput 实现懒加载式迭代

我们前面介绍过 read 方法和 readlines 方法，这两个方法不带参数时将读取文件中所有内容，然后加载到内存中。当文件很大时，使用这种方式会占用太多内存，甚至直接使内存溢出（内存不够），从而导致执行失败。这种情况下，我们可以考虑使用 while 循环和 readline 方法代替这些方法。

在 Python 中，for 循环是优先考虑的选择，使用 for 循环意味着可以对任务进行分隔操作，而不是一步到位。

按行读取文件时，若能使用 for 循环，则称之为懒加载式迭代，因为在操作过程中只读取实际需要的文件部分。使用 fileinput 需要导入 fileinput 模块，例如（file_input.py）：

```
import fileinput

path = './test.txt'
for line in fileinput.input(path):
    print(f'line is:{line}')
```

在该示例中没有看到文件的打开与关闭操作，是怎么处理文件的呢？其实这些操作被封装在 input 方法内部了。

12.3.4 文件迭代器

文件对象是可迭代的，这意味着可以直接在 for 循环中使用文件对象，从而进行迭代，例如（file_iter.py）：

```
path = './test.txt'
f_name = open(path)
for line in f_name:
    print(f'line is:{line}')
f_name.close()
```

该示例使用 for 循环对文件对象进行迭代，记住迭代结束后要显式关闭文件。

12.4 StringIO 函数

数据的读取除了通过文件外，还可以在内存中进行。Python 中的 io 模块提供了对 str 操作的 StringIO 函数。

要把 str 写入 StringIO，我们需要创建一个 StringIO，然后像文件一样写入。操作示例如下（string_io.py）：

```
from io import StringIO

io_val = StringIO()
```

```
io_val.write('hello')
print(f'say:{io_val.getvalue()}')
```

执行结果为：

```
say: hello
```

由执行结果看到，getvalue()方法用于获得写入后的 str。

要读取 StringIO，还可以用 str 初始化 StringIO，然后像读文件一样读取。操作示例如下（str_io_read.py）：

```
from io import StringIO

io_val = StringIO('Hello\nWorld!\nWelcome!')
while True:
    line = io_val.readline()
    if line == '':
        break
    print(f'line value:{line.strip()}')
```

执行结果如下：

```
line value: Hello
line value: World!
line value: Welcome!
```

12.5　序列化与反序列化

在运行程序的过程中，所有变量都在内存中，我们把变量从内存中变成可存储或传输的过程称为序列化。我们可以把序列化后的内容写入磁盘，或者通过网络传输到别的机器上。反过来，把变量内容从序列化的对象重新读到内存里称为反序列化。

序列化是指将数据结构或对象转换成二进制串的过程。反序列化是指将序列化过程中生成的二进制串转换成数据结构或对象的过程。下面我们介绍 Python 中序列化和反序列化的方式。

12.5.1　一般序列化与反序列化

Python 的 pickle 模块实现了基本数据序列和反序列化。

通过 pickle 模块的序列化操作，能够将程序中运行的对象信息保存到文件中，从而永久存储。通过 pickle 模块的反序列化操作，能够从文件中创建上一次程序保存的对象。

pickle 模块的基本接口如下：

```
pickle.dump(obj, file, [,protocol])
```

例如（file_pickle.py）：

```
import pickle

d = dict(name='xiao zhi', num=1002)
print(pickle.dumps(d))
```

pickle.dumps()方法把任意对象序列化成一个 bytes，然后把这个 bytes 写入文件。也可以使用另一种方法 pickle.dump()，直接把对象序列化后写入一个文件对象中，程序如下（file_pickle_write.py）：

```
try:
    d = dict(name='xiao zhi', num=1002)
f_name = open('dump.txt', 'wb')
    pickle.dump(d, f_name)
finally:
    f_name.close()
```

打开 dump.txt 文件，可以看到里面有一堆看不懂的内容，这些都是 Python 保存的对象的内部信息。

既然已经将内容序列化到文件中了，使用文件时就需要把对象从磁盘读到内存。可以先把内容读到一个 bytes，然后用 pickle.loads()方法反序列化对象；也可以直接用 pickle.load()方法从一个文件对象中直接反序列化对象。从 dump.txt 文件中将序列化的内容反序列化的代码如下（file_pickle_load.py）：

```
import pickle

try:
    f_name = open('dump.txt', 'rb')
    print(f'load result:{pickle.load(f_name)}')
finally:
    f_name.close()
```

执行结果如下：

```
load result: {'num': 1002, 'name': 'xiao zhi'}
```

由执行结果看到，变量的内容被正确读取出来了。不过，虽然内容相同，但是对应的变量已经完全不同了。

> **提　示**
>
> pickle 的序列化和反序列化只能用于 Python，不同版本的 Python 可能彼此都不兼容，因此 pickle 一般用于保存不重要的数据，也就是不能成功反序列化也没关系的数据。

12.5.2 JSON 序列化与反序列化

我们在 12.5.1 小节介绍的 pickle 模块是 Python 中独有的序列化与反序列化模块，本节介绍的 JSON 方式是通用的。

JSON（JavaScript Object Notation）是一种轻量级的数据交换格式，是基于 ECMAScript 的一个子集。

Python 3 中可以使用 JSON 模块对 JSON 数据进行编码和解码，包含以下两个函数。

- json.dumps()：对数据进行编码。
- json.loads()：对数据进行解码。

在 JSON 的编码和解码过程中，Python 的原始类型与 JSON 类型会相互转换，具体的转化对照如表 12-2 和表 12-3 所示。

表 12-2　Python 编码为 JSON 类型

Python	JSON
dict	{}
list, tuple	[]
str	string
int or float	number
True/False	true/false
None	null

表12-3　JSON解码为Python类型

JSON	Python
{}	dict
[]	list
string	str
number (int or float)	int or float
true/false	True/False
null	None

下面是 JSON 序列化与反序列化的示例（file_json_dumps.py）：

```
import json

data = { 'num': 1002, 'name': 'xiao zhi'}
json_str = json.dumps(data)
print(f"Python 原始数据：{data}")
print(f"JSON 对象：{json_str}")
```

执行结果如下：

```
Python 原始数据： {'name': 'xiao zhi', 'num': 1002}
JSON 对象： {"name": "xiao zhi", "num": 1002}
```

接着以上示例，我们可以将一个 JSON 编码的字符串转换为一个 Python 数据结构，代码如下（file_json_loads.py）：

```
import json
```

```
data = { 'num': 1002, 'name': 'xiao zhi'}

json_str = json.dumps(data)
print(f"Python 原始数据：{data}")
print(f"JSON 对象：{json_str}")

data2 = json.loads(json_str)
print (f"data2['name']: {data2['name']}")
print (f"data2['num']: {data2['num']}")
```

执行结果如下：

```
Python 原始数据： {'num': 1002, 'name': 'xiao zhi'}
JSON 对象： {"num": 1002, "name": "xiao zhi"}
data2['name']:  xiao zhi
data2['num']:  1002
```

如果要处理的是文件而不是字符串，就可以使用 json.dump() 和 json.load()编码、解码 JSON 数据，进行如下处理：

```
# 写入 JSON 数据
with open('dump.txt', 'w') as f:
    json.dump(data, f)

# 读取数据
with open('dump.txt', 'r') as f:
    data = json.load(f)
```

12.6 牛刀小试——批量更改文件名

编程实现对某个目录文件下的所有文件，包括子目录下的文件和以某些指定后缀结尾的文件，都以另一种指定的命名方式将文件重命名。

思考点拨：

（1）文件目录下文件遍历；（2）文件后缀获取；（3）子目录文件遍历。

示例代码如下（batch_file_rename.py）：

```
import os
import time

#  批量文件重命名
```

```
def batch_rename(path):
    global img_num
    if not os.path.isdir(path) and not os.path.isfile(path):
        return False

    if os.path.isfile(path):
        # 分割出目录与文件
        file_path = os.path.split(path)
        # 分割出文件与文件扩展名
        lists = file_path[1].split('.')
        # 取出后缀名(列表切片操作)
        file_ext = lists[-1]
        img_ext = ['bmp', 'jpeg', 'gif', 'psd', 'png', 'jpg']
        if file_ext in img_ext:
            os.rename(path, file_path[0] + '/' + lists[0] + '_cn.' + file_ext)
            img_num += 1
    elif os.path.isdir(path):
        for item in os.listdir(path):
            # 递归调用
            batch_rename(os.path.join(path, item))

if __name__ == "__main__":
    img_dir = 'F:\\download\\vpn'
    img_dir = img_dir.replace('\\','/')
    start = time.time()
    img_num = 0
    batch_rename(img_dir)
    print('总共处理了 %s 张图片，耗时：%0.2f.' % (img_num, time.time() - start))
```

执行程序，得到如下打印结果：

```
总共处理了 10 张图片，耗时：0.01.
```

12.7　调　试

当我们读取和写入文件时，经常遇到和空白字符相关的问题。这些问题可能很难调试，因为空格、制表符和换行符通常是不可见的，例如：

```
>>> str_val = '1 2\t 3\n 4 5'
>>> print(str_val)
1 2 3
 4 5
```

在这种情况下，Python 为我们提供了 repr 函数。该函数可接收任何对象作为参数，并返回对象的字符串表达形式。上面的示例可以更改为：

```
>>> print(repr(str_val))
'1 2\t 3\n 4 5'
```

结果把字符原本输出了。在实际应用中，使用这种方式可以帮助调试。

另一个经常遇到的问题是不同系统使用不同的字符表示换行。有的系统使用换行符（\n）表示换行，有的系统使用回车符（\r）表示换行，也有的系统两者都使用。如果我们编写的代码在不同系统上使用，这些不一致就可能导致异常。

当然，大多数系统都有程序支持将一种格式转换为另一种格式。如果不能满足要求，读者也可以自己写一个。

12.8 答疑解惑

在 Python 中，文件的操作应用得多吗？

答：在 Python 中，文件的操作应用得非常多。比如大数据领域，涉及许多数据处理的需求，数据处理就是从一个文件对数据进行相关分析、抽取或重写后，再写入另一个文件，通过对不同文件的数据处理与加工，从而达到化繁为简、梳理数据的作用。在这个过程中，很多地方都需要使用 Python 脚本实现。

12.9 课后思考与练习

本章主要讲述了正则表达式的相关知识，在本章结束前回顾一下学到的概念。

（1）怎么打开和关闭文件？

（2）如何对行进行读和写？

（3）怎么迭代文件内容？

思考并解决如下问题：

（1）打开一个文件，读取文件中的内容。

（2）创建一个文件，向文件中写入一些字符。

（3）打开一个文件，向文件中换行追加一些字符。

（4）对文件重命名。

（5）读取一个文件，将文件中的内容按字节一个一个读取，当发现某个特定字符时，记录下读取的位置，再继续读取，直到所有字节读取完成。

（6）读取一个文件，将文件内容按行读取，打印出文本中的字符表示形式。

（7）操作文件，对写入的文本内容做序列化和反序列化操作。

（8）使用本章所学的内容向一个文件中写入一首诗，要求打开文件看到的文本格式像一首诗，即标题在中间位置，一句诗一行。

（9）结合当前所学或参考网上资料，更改诗句中的某个字。

（10）统计诗中各个词或字出现的频率，将统计结果写入另一个文件中。统计结果格式自己定义（越简单清楚越好）。

第13章

多线程编程

当你试图解决一个你不理解的问题时，复杂化就产生了。

——Andy Boothe

多线程编程技术可以实现代码并行，优化处理能力，同时可以将代码划分为功能更小的模块，使代码的可重用性更好。

本章将介绍 Python 中的多线程编程。多线程一直是 Python 学习中的重点和难点，需要反复练习和研究。

参观完文件魔法馆，Python 快乐学习班的同学们来到数据湖，他们需要渡过数据湖，抵达邮件亭。渡过数据湖有两种方式，方式一为去线程池乘坐线程号渡船，该船一次可以乘坐 16 个人，但一次只能行驶一艘，Python 快乐学习班的同学若选择该方式，需要分两批抵达邮件亭，总共要耗时大概一个小时，但费用会低一些。方式二为去进程池乘坐进程号渡船，进程号一次可以乘坐 4 人，一次可以出驶 10 艘，选择该方式，Python 快乐学习班的同学可以全部一起出发向邮件亭，需要租用 8 艘进程号，耗时大概 30 分钟，费用会高一些。那线程号和进程号该怎么选择呢？我们不妨接下来看看线程和进程的一些特性。

13.1 线程和进程

在学习多线程的使用之前，需要先了解线程、进程、多线程的概念。

13.1.1 进程

进程（Process，有时被称为重量级进程）是程序的一次执行。每个进程都有自己的地址空间、内存、数据栈以及记录运行轨迹的辅助数据，操作系统管理运行的所有进程，并为这些进程公平分配时间。进程可以通过 fork 和 spawn 操作完成其他任务。因为各个进程有自己的内存空间、数据栈等，所以只能使用进程间通信（Inter Process Communication，IPC），而不能直接共享信息。

13.1.2 线程

线程（Thread，有时被称为轻量级进程）跟进程有些相似，不同的是所有线程运行在同一个进程中，共享运行环境。

线程有开始、顺序执行和结束 3 部分，有一个自己的指令指针，记录运行到什么地方。线程的运行可能被抢占（中断）或暂时被挂起（睡眠），从而让其他线程运行，这叫作让步。一个进程中的各个线程之间共享同一块数据空间，所以线程之间可以比进程之间更方便地共享数据和相互通信。

线程一般是并发执行的。正是由于这种并行和数据共享的机制，使得多个任务的合作变得可能。实际上，在单 CPU 系统中，真正的并发并不可能，每个线程会被安排成每次只运行一小会儿，然后就把 CPU 让出来，让其他线程运行。

在进程的整个运行过程中，每个线程都只做自己的事，需要时再跟其他线程共享运行结果。多个线程共同访问同一块数据不是完全没有危险的，由于访问数据的顺序不一样，因此有可能导致数据结果不一致的问题，这叫作竞态条件。大多数线程库都带有一系列同步原语，用于控制线程的执行和数据的访问。

13.1.3 多线程与多进程

对于“多任务”这个词，相信读者不会是第一次看见，现在的操作系统（如 Mac OS X、UNIX、Linux、Windows 等）都支持“多任务”操作。

什么叫“多任务”呢？简单地说，就是系统可以同时运行多个任务。比如，一边用浏览器上网，一边听云音乐，一边聊天，这就是多任务。此时手头已经有 3 个任务在运行了。如果查看任务管理器，可以看到还有很多任务悄悄在后台运行着，只是桌面上没有显示而已。

对于操作系统来说，一个任务就是一个进程，开启多个任务就是多进程。

有些进程不止可以同时做一件事，比如 Word 可以同时打字、检查拼写、打印等。在一个进程内部，要同时做多件事，就需要同时运行多个线程。

多线程类似于同时执行多个不同的程序，多线程运行有以下 3 个优点：

（1）使用线程可以把占据长时间的任务放到后台去处理。

（2）用户界面可以更加吸引人，比如用户单击一个按钮，用于触发某些事件的处理，可以弹出一个进度条显示处理的进度。

（3）程序的运行速度可能加快。

在实现一些等待任务（如用户输入、文件读写和网络收发数据等）时，使用多线程更加有用。在这种情况下，我们可以释放一些珍贵资源（如内存占用等）。

线程在执行过程中与进程还是有区别的。每个独立线程有一个程序运行的入口、顺序执行序列和程序的出口。但是线程不能独立执行，必须依存在进程中，由进程提供多个线程执行控制。

由于每个进程至少要干一件事，因此一个进程至少有一个线程。当然，如 Word 这种复杂的进程可以有多个线程，多个线程可以同时执行。多线程的执行方式和多进程是一样的，也是由操作系统在多个线程之间快速切换，让每个线程都短暂交替运行，看起来就像同时执行一样。当然，真正同时执行多线程需要多核 CPU 才能实现。

我们前面编写的所有 Python 程序都是执行单任务的进程，也就是只有一个线程。如果我们要同时执行多个任务，怎么办呢？

有两种解决方法：一种方法是启动多个进程，每个进程虽然只有一个线程，但多个进程可以一起执行多个任务；另一种方法是启动一个进程，在一个进程内启动多个线程，这样多个线程也可以一起执行多个任务。

当然，还有第 3 种方法，就是启动多个进程，每个进程再启动多个线程，这样同时执行的任务就更多了，不过这种模型过于复杂，实际很少采用。

同时执行多个任务时，各个任务之间并不是没有关联的，而是需要相互通信和协调，有时任务 1 必须暂停等待任务 2 完成后才能继续执行，有时任务 3 和任务 4 不能同时执行。多进程和多线程程序的复杂度远远高于我们前面写的单进程、单线程的程序。

不过很多时候，没有多任务还真不行。想想在计算机上看电影，必须由一个线程播放视频，另一个线程播放音频，否则使用单线程实现只能先把视频播放完再播放音频，或者先把音频播放完再播放视频，这样显然不行。

总而言之，多线程是多个相互关联的线程的组合，多进程是多个互相独立的进程的组合。线程是最小的执行单元，进程至少由一个线程组成。

13.2 使用线程

如何使用线程，线程中有哪些比较值得学习的模块呢？本节将对线程的使用做概念性的讲解，下一节再给出一些具体示例以供参考。

13.2.1 全局解释器锁

Python 代码的执行由 Python 虚拟机（解释器主循环）控制。Python 在设计之初就考虑到在主循环中只能有一个线程执行，虽然 Python 解释器中可以“运行”多个线程，但是在任意时刻只有一个线程在解释器中运行。

Python 虚拟机的访问由全局解释器锁（Global Interpreter Lock，GIL）控制，这个锁能保证同一时刻只有一个线程运行。

在多线程环境中，Python 虚拟机按以下方式执行：

（1）设置 GIL。

（2）切换到一个线程运行。

（3）运行指定数量的字节码指令或线程主动让出控制（可以调用 time.sleep(0)）。

（4）把线程设置为睡眠状态。

（5）解锁 GIL。

（6）再次重复以上所有步骤。

在调用外部代码（如 C/C++扩展函数）时，GIL 将被锁定，直到这个函数结束为止（由于在此期间没有运行 Python 的字节码，因此不会做线程切换），编写扩展的程序员可以主动解锁 GIL。

13.2.2 退出线程

当一个线程结束计算后，它就退出了。线程可以调用_thread.exit()等退出函数，也可以使用 Python 退出进程的标准方法（如 sys.exit()或抛出一个 SystemExit 异常），不过不可以直接"杀掉"（kill）一个线程。

不建议使用_thread 模块。很明显的一个原因是，当主线程退出时，其他线程如果没有被清除就会退出。另一个模块 threading 能确保所有"重要的"子线程都退出后，进程才会结束。

13.2.3 Python 的线程模块

Python 提供了几个用于多线程编程的模块，包括_thread、threading 和 Queue 等。_thread 和 threading 模块允许程序员创建和管理线程。_thread 模块提供了基本线程和锁的支持，threading 提供了更高级别的、功能更强的线程管理功能。Queue 模块允许用户创建一个可以用于多个线程之间共享数据的队列数据结构。

避免使用_thread 模块的原因有 3 点。首先，更高级别的 threading 模块更为先进，对线程的支持更为完善，而且使用_thread 模块里的属性有可能与 threading 冲突；其次，低级别的_thread 模块的同步原语很少（实际上只有一个），而 threading 模块有很多；再次，_thread 模块中，在主线程结束时，所有线程都会被强制结束，没有警告，也不会有正常清除工作，至少 threading 模块能确保重要子线程退出后进程才退出。

13.3 _thread 模块

Python 调用_thread 模块中的 start_new_thread()函数产生新线程。_thread 的语法如下：

```
_thread.start_new_thread (function, args[, kwargs])
```

其中，function 为线程函数；args 为传递给线程函数的参数，必须是 tuple 类型；kwargs 为可选参数。

_thread 模块除了产生线程外，还提供基本同步数据结构锁对象（lock object，也叫原语锁、简单锁、互斥锁、互斥量、二值信号量）。同步原语与线程管理是密不可分的。

我们看如下示例（exp_thread_1.py）：

```
import _thread
from time import sleep
from datetime import datetime

date_time_format = '%y-%M-%d %H:%M:%S'
```

```
def date_time_str(date_time):
    return datetime.strftime(date_time, date_time_format)


def loop_one():
    print(f'+++线程一开始于:{date_time_str(datetime.now())}')
    print('+++线程一休眠 4 秒')
    sleep(4)
    print(f'+++线程一休眠结束，结束于:{date_time_str(datetime.now())}')


def loop_two():
    print(f'***线程二开始时间:{date_time_str(datetime.now())}')
    print('***线程二休眠 2 秒')
    sleep(2)
    print(f'***线程二休眠结束，结束时间:{date_time_str(datetime.now())}')


def main():
    print(f'------所有线程开始时间:{date_time_str(datetime.now())}')
    _thread.start_new_thread(loop_one, ())
    _thread.start_new_thread(loop_two, ())
    sleep(6)
    print(f'------所有线程结束时间:{date_time_str(datetime.now())}')


if __name__ == '__main__':
    main()
```

执行结果如下：

```
------所有线程开始时间:20-23-25 12:23:57
+++线程一开始于:20-23-25 12:23:57
+++线程一休眠 4 秒
***线程二开始时间:20-23-25 12:23:57
***线程二休眠 2 秒
***线程二休眠结束，结束时间:20-23-25 12:23:59
+++线程一休眠结束，结束于:20-24-25 12:24:01
------所有线程结束时间:20-24-25 12:24:03
```

_thread 模块提供了简单的多线程机制，两个循环并发执行，总的运行时间为最慢的线程的运行时间（主线程 6s），而不是所有线程的运行时间之和。start_new_thread()要求至少传两个参数，即使想要运行的函数不要参数，也要传一个空元组。

sleep(6)是让主线程停下来。主线程一旦运行结束，就关闭运行着的其他两个线程。这可能造成主线程过早或过晚退出，这时就要使用线程锁，主线程可以在两个子线程都退出后立即退出。

示例代码如下（exp_thread_2.py）：

```
import _thread
from time import sleep
from datetime import datetime

loops = [4, 2]
date_time_format = '%y-%M-%d %H:%M:%S'


def date_time_str(date_time):
    return datetime.strftime(date_time, date_time_format)


def loop(n_loop, n_sec, lock):
    print(f'线程（{n_loop}）开始执行:{date_time_str(datetime.now())}，先休眠
（{n_sec}）秒')
    sleep(n_sec)
    print(f'线程（{n_loop}）休眠结束，结束于:{date_time_str(datetime.now())}')
    lock.release()


def main():
    print('---所有线程开始执行...')
    locks = []
    n_loops = range(len(loops))

    for i in n_loops:
        lock = _thread.allocate_lock()
        lock.acquire()
        locks.append(lock)

    for i in n_loops:
        _thread.start_new_thread(loop, (i, loops[i], locks[i]))

    for i in n_loops:
        while locks[i].locked(): pass

    print(f'---所有线程执行结束:{date_time_str(datetime.now())}')
```

```
if __name__ == '__main__':
    main()
```

执行结果如下：

```
---所有线程开始执行...
线程(0)开始执行:20-24-25 12:24:25，先休眠(4)秒线程(1)开始执行:20-24-25 12:24:25，先休眠(2)秒

线程(1)休眠结束，结束于:20-24-25 12:24:27
线程(0)休眠结束，结束于:20-24-25 12:24:29
---所有线程执行结束:20-24-25 12:24:29
```

可以看到，以上代码使用了线程锁。

13.4 threading 模块与 Thread 类

更高级别的 threading 模块不仅提供了 Thread 类，还提供了各种非常好用的同步机制。

13.4.1 threading 模块

_thread 模块不支持守护线程，当主线程退出时，所有子线程无论是否在工作，都会被强行退出。threading 模块支持守护线程，守护线程一般是一个等待客户请求的服务器，如果没有客户提出请求，就一直等着。如果设定一个线程为守护线程，就表示这个线程不重要，在进程退出时，不用等待这个线程退出。如果主线程退出时不用等待子线程完成，就要设定这些线程的 daemon 属性，即在线程 Thread.start()开始前，调用 setDaemon()函数设定线程的 daemon 标志（Thread.setDaemon(True)），表示这个线程“不重要”。如果一定要等待子线程执行完成再退出主线程，就什么都不用做或显式调用 Thread.setDaemon(False)以保证 daemon 标志为 False，可以调用 Thread.isDaemon()函数判断 daemon 标志的值。新的子线程会继承父线程的 daemon 标志，主线程在所有非守护线程退出后才会结束，即进程中没有非守护线程存在时才结束。

13.4.2 Thread 类

Thread 有很多_thread 模块里没有的函数，Thread 对象的函数很丰富。下面创建一个 Thread 的实例，传给它一个函数。示例如下（exp_thread_3.py）：

```
import threading
from time import sleep
from datetime import datetime


loops = [4, 2]
```

```
date_time_format = '%y-%M-%d %H:%M:%S'


def date_time_str(date_time):
    return datetime.strftime(date_time, date_time_format)


def loop(n_loop, n_sec):
    print(f'线程（{n_loop}）开始执行:{date_time_str(datetime.now())}，先休眠
（{n_sec}）秒')
    sleep(n_sec)
    print(f'线程（{n_loop}）休眠结束，结束于:{date_time_str(datetime.now())}')


def main():
    print(f'---所有线程开始执行:{date_time_str(datetime.now())}')
    threads = []
    n_loops = range(len(loops))

    for i in n_loops:
        t = threading.Thread(target=loop, args=(i, loops[i]))
        threads.append(t)

    for i in n_loops:      # start threads
        threads[i].start()

    for i in n_loops:      # wait for all
        threads[i].join()    # threads to finish

    print(f'---所有线程执行结束于:{date_time_str(datetime.now())}')


if __name__ == '__main__':
    main()
```

执行结果如下：

```
---所有线程开始执行:20-24-25 12:24:51
线程（0）开始执行:20-24-25 12:24:51，先休眠（4）秒
线程（1）开始执行:20-24-25 12:24:51，先休眠（2）秒
线程（1）休眠结束，结束于:20-24-25 12:24:53
线程（0）休眠结束，结束于:20-24-25 12:24:55
---所有线程执行结束于:20-24-25 12:24:55
```

由执行结果我们看到，实例化一个 Thread（调用 Thread()）与调用_thread.start_new_thread()最大的区别是新的线程不会立即开始。创建线程对象却不想马上开始运行线程时，Thread 是一个很有用的同步特性。所有线程都创建之后，再一起调用 start()函数启动，而不是每创建一个线程就启动。而且不用管理一堆锁的状态（分配锁、获得锁、释放锁、检查锁的状态等），只要简单地对每个线程调用 join()主线程，等待子线程结束即可。join()还可以设置 timeout 参数，即主线程的超时时间。

join()另一个比较重要的方面是可以完全不用调用。一旦线程启动，就会一直运行，直到线程的函数结束并退出为止。如果主线程除了等线程结束外，还有其他事情要做，就不用调用 join()，可等待线程结束时再调用。

我们再看一个示例，创建一个 Thread 的实例，并传给它一个可调用的类对象。代码如下（thread_func.py）：

```
import threading
from time import sleep
from datetime import datetime

loops = [4, 2]
date_time_format = '%y-%M-%d %H:%M:%S'


class ThreadFunc(object):
    def __init__(self, func, args, name=''):
        self.name = name
        self.func = func
        self.args = args

    def __call__(self):
        self.func(*self.args)


def date_time_str(date_time):
    return datetime.strftime(date_time, date_time_format)


def loop(n_loop, n_sec):
    print(f'线程（{n_loop}）开始执行:{date_time_str(datetime.now())}，先休眠
({n_sec})秒')
    sleep(n_sec)
    print(f'线程（{n_loop}）休眠结束，结束于:{date_time_str(datetime.now())}')


def main():
```

```
    print(f'---所有线程开始执行:{date_time_str(datetime.now())}')
    threads = []
    nloops = range(len(loops))

    for i in nloops:  # create all threads
        t = threading.Thread(
            target=ThreadFunc(loop, (i, loops[i]), loop.__name__))
        threads.append(t)

    for i in nloops:  # start all threads
        threads[i].start()

    for i in nloops:  # wait for completion
        threads[i].join()

    print(f'---所有线程执行结束于:{date_time_str(datetime.now())}')


if __name__ == '__main__':
    main()
```

执行结果如下：

```
---所有线程开始执行:20-25-25 12:25:15
线程（0）开始执行:20-25-25 12:25:15，先休眠（4）秒
线程（1）开始执行:20-25-25 12:25:15，先休眠（2）秒
线程（1）休眠结束，结束于:20-25-25 12:25:17
线程（0）休眠结束，结束于:20-25-25 12:25:19
---所有线程执行结束于:20-25-25 12:25:19
```

由执行结果看到，与传一个函数很相似的一个方法是，在创建线程时，传一个可调用的类的实例供线程启动时执行，这是多线程编程的一个面向对象的方法。相对于一个或几个函数来说，类对象可以使用类的强大功能。创建新线程时，Thread 对象会调用 ThreadFunc 对象，这时会用到一个特殊函数__call__()。由于已经有了要用的参数，因此不用再传到 Thread()的构造函数中。对于有一个参数的元组，要使用 self.func(*self.args)方法。

从 Thread 派生一个子类，创建这个子类的实例。从上面的代码派生的代码如下（my_thread_1.py）：

```
import threading
from time import sleep
from datetime import datetime

loops = [4, 2]
date_time_format = '%y-%M-%d %H:%M:%S'
```

```
class MyThread(threading.Thread):
    def __init__(self, func, args, name=''):
        threading.Thread.__init__(self)
        self.name = name
        self.func = func
        self.args = args

    def getResult(self):
        return self.res

    def run(self):
        print(f'starting {self.name} at:{date_time_str(datetime.now())}')
        self.res = self.func(*self.args)
        print(f'{self.name} finished at:{date_time_str(datetime.now())}')


def date_time_str(date_time):
    return datetime.strftime(date_time, date_time_format)


def loop(n_loop, n_sec):
    print(f'线程（{n_loop}）开始执行:{date_time_str(datetime.now())}，先休眠
（{n_sec}）秒')
    sleep(n_sec)
    print(f'线程（{n_loop}）休眠结束，结束于:{date_time_str(datetime.now())}')


def main():
    print(f'---所有线程开始执行:{date_time_str(datetime.now())}')
    threads = []
    n_loops = range(len(loops))

    for i in n_loops:
        t = MyThread(loop, (i, loops[i]),
        loop.__name__)
        threads.append(t)

    for i in n_loops:
        threads[i].start()
```

```
    for i in n_loops:
        threads[i].join()

    print(f'---所有线程执行结束于:{date_time_str(datetime.now())}')


if __name__ == '__main__':
    main()
```

执行结果如下：

```
---所有线程开始执行:20-25-25 12:25:38
starting loop at:20-25-25 12:25:38
线程（0）开始执行:20-25-25 12:25:38，先休眠（4）秒 starting loop at:20-25-25 12:25:38
线程（1）开始执行:20-25-25 12:25:38，先休眠（2）秒

线程（1）休眠结束，结束于:20-25-25 12:25:40
loop finished at:20-25-25 12:25:40
线程（0）休眠结束，结束于:20-25-25 12:25:42
loop finished at:20-25-25 12:25:42
---所有线程执行结束于:20-25-25 12:25:42
```

由代码片段和执行结果我们看到，子类化 Thread 类，MyThread 子类的构造函数一定要先调用基类的构造函数，特殊函数__call__()在子类中，名字要改为 run()。在 MyThread 类中加入一些用于调试的输出信息，把代码保存到 MyThread 模块中，并导入这个类。使用 self.func()函数运行这些函数，并把结果保存到实现的 self.res 属性中，创建一个新函数 getResult()得到结果。

13.5　线程同步

如果多个线程共同修改某个数据，就可能会出现不可预料的结果。为了保证数据的正确性，需要对多个线程进行同步。

使用 Thread 对象的 Lock 和 RLock 可以实现简单的线程同步，这两个对象都有 acquire 方法和 release 方法。对于每次只允许一个线程操作的数据，可以将操作放到 acquire 和 release 方法之间。

多线程的优势在于可以同时运行多个任务，但当线程需要共享数据时，可能存在数据不同步的问题。

考虑这样一种情况：一个列表里所有元素都是 0，线程 set 从后向前把所有元素改成 1，而线程 print 负责从前往后读取列表并输出。

线程 set 开始改的时候，线程 print 可能就来输出列表了，输出就成了一半 0 一半 1，这就是数据不同步的问题。为了避免这种情况，引入了锁的概念。

锁有两种状态——锁定和未锁定。当一个线程（如 set）要访问共享数据时，必须先获得锁定；

如果已经有别的线程（如 print）获得锁定了，就让线程 set 暂停，也就是同步阻塞；等到线程 print 访问完毕，释放锁以后，再让线程 set 继续。

经过这样的处理，输出列表时要么全部输出 0，要么全部输出 1，不会再出现一半 0 一半 1 的尴尬场面。

示例代码如下（my_thread_2.py）：

```
import threading
from time import sleep
from datetime import datetime

date_time_format = '%y-%M-%d %H:%M:%S'


class MyThread (threading.Thread):
    def __init__(self, threadID, name, counter):
        threading.Thread.__init__(self)
        self.threadID = threadID
        self.name = name
        self.counter = counter

    def run(self):
        print(f"开启线程： {self.name}")
        # 获取锁，用于线程同步
        threadLock.acquire()
        print_time(self.name, self.counter, 3)
        # 释放锁，开启下一个线程
        threadLock.release()


def date_time_str(date_time):
    return datetime.strftime(date_time, date_time_format)


def print_time(threadName, delay, counter):
    while counter:
        sleep(delay)
        print(f"{threadName}: {date_time_str(datetime.now())}")
        counter -= 1


def main():
    # 创建新线程
```

```
    thread1 = MyThread(1, "Thread-1", 1)
    thread2 = MyThread(2, "Thread-2", 2)

    # 开启新线程
    thread1.start()
    thread2.start()

    # 添加线程到线程列表
    threads.append(thread1)
    threads.append(thread2)

    # 等待所有线程完成
    for t in threads:
        t.join()
    print("退出主线程")


if __name__ == "__main__":
    threadLock = threading.Lock()
    threads = []
    main()
```

执行结果如下：

```
开启线程： Thread-1
开启线程： Thread-2
Thread-1: 20-26-25 12:26:01
Thread-1: 20-26-25 12:26:02
Thread-1: 20-26-25 12:26:03
Thread-2: 20-26-25 12:26:05
Thread-2: 20-26-25 12:26:07
Thread-2: 20-26-25 12:26:09
退出主线程
```

由执行结果看到，程序正确得到了同步效果。

13.6 线程优先级队列

Queue 模块可以用来进行线程间的通信，让各个线程之间共享数据。

Python 的 Queue 模块提供了同步的、线程安全的队列类，包括 FIFO（先入先出）队列 Queue、LIFO（后入先出）队列 LifoQueue 和优先级队列 PriorityQueue。这些队列都实现了锁原语，能够在多线程中直接使用。可以使用队列实现线程间的同步。

Queue 模块中的常用方法如表 13-1 所示。

表 13-1　Queue 模块中的常用方法

方法名	描述
qsize()	返回队列的大小
empty()	如果队列为空，返回 True，否则返回 False
full()	如果队列满了，返回 True，否则返回 False
full	与 MaxSize 大小对应
get([block[, timeout]])	获取队列，timeout 等待时间
get_nowait()	相当于 Queue.get(False)
put(timeout)	写入队列，timeout 等待时间
put_nowait(item)	相当于 Queue.put(item, False)
task_done()	在完成一项工作后，函数向已经完成的队列发送一个信号
join()	实际上意味着等到队列为空，再执行别的操作

下面通过示例了解其中一些方法的使用（my_thread_3.py）。

```
import threading
import queue
from time import sleep


class MyThread (threading.Thread):
    def __init__(self, threadID, name, q):
        threading.Thread.__init__(self)
        self.threadID = threadID
        self.name = name
        self.q = q

    def run(self):
        print(f"开启线程：{self.name}")
        process_data(self.name, self.q)
        print(f"退出线程：{self.name}")


def process_data(threadName, q):
    while not exitFlag:
        queueLock.acquire()
        if not workQueue.empty():
            data = q.get()
            queueLock.release()
            print(f"{threadName} processing {data}")
        else:
            queueLock.release()
        sleep(1)
```

```
def main():
    global exitFlag
    exitFlag = 0
    threadList = ["Thread-1", "Thread-2", "Thread-3"]
    nameList = ["One", "Two", "Three", "Four", "Five"]

    threads = []
    threadID = 1

    # 创建新线程
    for tName in threadList:
        thread = MyThread(threadID, tName, workQueue)
        thread.start()
        threads.append(thread)
        threadID += 1

    # 填充队列
    queueLock.acquire()
    for word in nameList:
        workQueue.put(word)
    queueLock.release()

    # 等待队列清空
    while not workQueue.empty():
        pass

    # 通知线程是退出的时候了
    exitFlag = 1

    # 等待所有线程完成
    for t in threads:
        t.join()
    print("退出主线程")


if __name__ == "__main__":
    queueLock = threading.Lock()
    workQueue = queue.Queue(10)
    main()
```

执行结果如下：

```
开启线程：Thread-1
开启线程：Thread-2
开启线程：Thread-3
```

```
Thread-3 processing One
Thread-1 processing Two
Thread-2 processing Three
Thread-3 processing FourThread-1 processing Five

退出线程：Thread-2
退出线程：Thread-3 退出线程：Thread-1

退出主线程
```

13.7 线程与进程比较

多进程和多线程是实现多任务常用的两种方式。下面从线程切换、计算密集情况和异步性能 3 方面讨论一下这两种方式的优缺点。

首先，要实现多任务，我们通常会设计 Master-Worker 模式，Master 负责分配任务，Worker 负责执行任务。因此，在多任务环境下，通常是一个 Master、多个 Worker。

如果用多进程实现 Master-Worker，主进程就是 Master，其他进程就是 Worker。

如果用多线程实现 Master-Worker，主线程就是 Master，其他线程就是 Worker。

多进程模式最大的优点是稳定性高，因为一个子进程崩溃不会影响主进程和其他子进程（当然，主进程挂了所有进程就全挂了，但是 Master 进程只负责分配任务，挂掉的概率低）。著名的 Apache 最早就采用多进程模式。

多进程模式的缺点是创建进程的代价大。在 UNIX/Linux 系统下用 fork 调用还行，在 Windows 系统下创建进程开销非常大。另外，操作系统能同时运行的进程数有限，在内存和 CPU 的限制下，如果几千个进程同时运行，操作系统就连调度都会出问题。

多线程模式通常比多进程快一点，但是也快不了多少。多线程模式致命的缺点是任何一个线程挂掉都可能直接造成整个进程崩溃，因为所有线程共享进程的内存。在 Windows 系统中，如果一个线程执行的代码出了问题，就可以看到这样的提示："该程序执行了非法操作，即将关闭"，其实往往是某个线程出了问题，但是操作系统会强制结束整个进程。

在 Windows 系统中，多线程的效率比多进程高，所以微软的 IIS 服务器默认采用多线程模式。由于多线程存在稳定性的问题，因此 IIS 的稳定性不如 Apache。为了缓解这个问题，IIS 和 Apache 有了多进程+多线程的混合模式，问题越来越复杂。

13.7.1 线程切换

无论是多进程还是多线程，数量太多，效率肯定上不去。

我们打个比方，你正在准备中考，每天晚上需要做语文、数学、英语、物理、化学 5 科作业，每科作业耗时 1 小时。

如果你先花 1 小时做语文作业，做完后再花 1 小时做数学作业，这样依次全部做完，一共花 5 小时，这种方式称为单任务模型或批处理任务模型。

如果你打算切换到多任务模型，可以先做 1 分钟语文，切换到数学作业做 1 分钟，再切换到英语，以此类推，只要切换速度足够快，这种方式就和单核 CPU 执行多任务一样了。以幼儿园小朋友的眼光来看，你就正在同时写 5 科作业。

不过切换作业是有代价的，比如从语文切换到数学，要先收拾桌子上的语文书本、钢笔（保存现场），然后打开数学课本，找出圆规和直尺（准备新环境），才能开始做数学作业。操作系统在切换进程或线程时也一样，需要先保存当前执行的现场环境（CPU 寄存器状态、内存页等），然后把新任务的执行环境准备好（恢复上次的寄存器状态、切换内存页等），才能开始执行。这个切换过程虽然很快，但是也需要耗费时间。如果有几千个任务同时进行，操作系统可能主要忙着切换任务，根本没有多少时间执行任务。这种情况常见的就是硬盘狂响、点窗口无反应，这时系统处于假死状态。

所以，多任务一旦多到一个限度，就会消耗系统的所有资源，导致效率急剧下降，所有任务都做不好。

13.7.2 计算密集型与 IO 密集型

是否采用多任务的第二个考虑是任务类型。我们可以把任务分为计算密集型和 IO 密集型。

计算密集型任务的特点是要进行大量计算，消耗 CPU 资源，如计算圆周率、对视频进行高清解码等，全靠 CPU 的运算能力。计算密集型任务虽然可以用多任务完成，但是任务越多，花在任务切换的时间就越多，CPU 执行任务的效率就越低。要最高效地利用 CPU，计算密集型任务同时进行的数量应当等于 CPU 的核心数。

由于计算密集型任务时主要消耗 CPU 资源，因此代码运行效率至关重要。Python 脚本语言运行效率很低，完全不适合计算密集型任务。计算密集型任务最好用 C 语言编写。

涉及网络、磁盘 IO 的任务都是 IO 密集型任务，这类任务的特点是 CPU 消耗很少，任务的大部分时间都在等待 IO 操作完成（因为 IO 的速度远远低于 CPU 和内存的速度）。IO 密集型任务的任务越多，CPU 效率越高，不过有一个限度。大部分任务都是 IO 密集型任务，如 Web 应用。

IO 密集型任务执行期间，99%的时间都花在 IO 上，花在 CPU 上的时间很少，因此用运行速度极快的 C 语言替换 Python 这样运行速度极低的脚本语言完全无法提升运行效率。对于 IO 密集型任务而言，最适合的语言是开发效率高（代码量最少）的语言，脚本语言是首选，C 语言最差。

13.7.3 异步 IO

考虑到 CPU 和 IO 之间速度差异很大，一个任务在执行的过程中大部分时间都在等待 IO 操作，单进程单线程模型会导致别的任务无法并行执行，因此需要多进程模型或多线程模型支持多任务并发执行。

现在的操作系统对 IO 操作已经做了很大改进，最大的特点是支持异步 IO。如果充分利用操作系统提供的异步 IO 支持，就可以用单进程单线程模型执行多任务，这种全新模型称为事件驱动模型。Nginx 就是支持异步 IO 的 Web 服务器，在单核 CPU 上采用单进程模型就可以高效支持多任务；在多核 CPU 上可以运行多个进程（数量与 CPU 核心数相同），充分利用多核 CPU。由于系统总的进程数量十分有限，因此操作系统调度非常高效。用异步 IO 编程模型实现多任务是主要趋势。

对应到 Python 语言，单进程的异步编程模型称为协程。有了协程的支持，可以基于事件驱动编写高效的多任务程序。

13.8 牛刀小试——多线程简单爬虫

结合本章所学写一个多线程函数，实现以不阻塞多线程的方式从一个指定网页抓取网页链接，并打印各个线程执行网页的情况和总耗时。

思维点拨：

（1）URL 拼接；（2）多线程构造；（3）不阻塞的实现；（4）总时间打印，实现需要用到之前未讲解过的知识点，即 urllib 库。

一个简单实现示例如下（thread_fetch_url.py）：

```
import threading, queue, time, urllib
from urllib import request

BASE_URL = 'http://www.pythontab.com/html/pythonjichu/'
URL_QUEUE = queue.Queue()
for item in range(2, 10):
    url = BASE_URL + str(item) + '.html'
    URL_QUEUE.put(url)


def fetch_url(url_queue):
    while True:
        try:
            # 不阻塞的读取队列数据
            url_val = url_queue.get_nowait()
            url_queue.qsize()
        except Exception as ex:
            print(f'ex info is:{ex}')
            break
        curr_thread_name = threading.currentThread().name
        print(f'Current Thread Name {curr_thread_name}, Url: {url_val} ')
        try:
            response = urllib.request.urlopen(url_val)
            response_code = response.getcode()
        except Exception as ep:
            print(f'xp info is:{ep}')
            continue
        if response_code == 200:
            # 抓取内容的数据处理放这里
            # 为了突出效果，设置延时
            time.sleep(1)


if __name__ == '__main__':
```

```
    start_time = time.time()
    threads = []
    # 可以调节线程数，进而控制抓取速度
    thread_num = 4
    for num in range(0, thread_num):
        thread = threading.Thread(target=fetch_url, args=(URL_QUEUE,))
        threads.append(thread)
    for item_t in threads:
        item_t.start()
    for thread_t in threads:
        # 多线程多 join，依次执行各线程的 join 方法，确保主线程最后退出，线程间没有阻塞
        thread_t.join()
    print(f'All thread done, spend: {(time.time() - start_time)} s')
```

13.9　调　试

在多线程的调试过程中，可能无论怎么努力也找不到问题所在，即使是最好的程序员偶尔也会卡住。有时候在一段程序上工作太久反而看不到错误，这时可能需要从新的角度审视问题。

当然，在找到切入点之前，需要提前做好准备工作。你的程序应当尽量简单，并且能够使用最少的输入复现错误。你应当足够理解遇到的问题，并能简明扼要地描述问题。

在寻找切入点时，请确保可以提供以下信息：

（1）如果有错误信息，错误信息是什么，代表程序哪部分内容？

（2）在这个错误之前，你做的最后一件事情是什么？

（3）你写的最后一段代码是怎样的？

（4）失败的新测试用例是怎样的？

（5）目前你做了哪些尝试，从中得到了什么？

在寻找解决问题的方案时，思考如何做才能找得更快。下次遇到类似问题时才能快速找到最优的解决办法。

记住，我们的目标不是让程序正确运行，而是学会让程序在尽可能短的时间内正确运行起来，并尽量少出问题。

13.10　答疑解惑

（1）Python 多线程的效率怎么样？

答： Python 有全锁局的存在（同一时间只能有一个线程执行），并不能利用多核优势。如果你的多线程进程是 CPU 密集型的，多线程就不能带来效率的提升，相反还可能因为线程的频繁切换导致效率下降。如果是 IO 密集型，多线程进程就可以利用 IO 阻塞等待时的空闲时间执行其他线程，从而提升效率。

（2）既然 Python 解释器是单线程的，还有进行多线程编程的必要吗？

答：多线程最开始不是用来解决多核利用率问题的，而是用来解决 IO 占用时 CPU 闲置的问题。

多线程可以用来解决阻塞问题，可以做事件响应机制（或者类似信号槽的问题）。如果运行瓶颈不是在 CPU 运算而是在 IO（网络）上，多线程显然很划算。

能产生 IO 阻塞的情况很多，如网络、磁盘等。当发生阻塞时，Python 是不耗 CPU 的，此时如果只有一个线程就没法处理其他事情了。对于有 IO 阻塞的环境，多线程可能让你的 CPU 跑到 100%。

另一个用处来自于 Python 的 C 扩展模块。在扩展模块里可以释放 GIL。释放 GIL 期间不应该调用任何 Python API。对于一些非常繁重的计算，可以写成 C 模块，计算前释放 GIL，计算后重新申请 GIL，并将结果返回给 Python。这样就可以让 Python 进程利用更多 CPU 资源。每个 Python 线程都是 OS 级别的 Pthread 线程。利用 Python 管理这些线程比在 C 层级操作 Pthread 更方便。

13.11 课后思考与练习

本章主要讲述了正则表达式的相关知识，在本章结束前回顾一下学到的概念。

（1）线程和进程是怎么定义的？

（2）线程如何使用，它提供了哪些模块供我们调用？

（3）线程同步和优先级队列如何实现？

思考并解决如下问题：

（1）进程和线程的区别。

（2）定义一个类或函数，实现一个线程打印信息，另一个线程休眠，线程打印结束后进入休眠状态，原休眠线程唤醒，执行打印，打印结束也进入休眠，唤醒在休眠的线程，如此循环交替休眠和被唤醒。

（3）思考有哪些方法可以让 Python 代码以并行方式运行。

（4）利用本章所学的内容并查阅相关资料，实现生产者-消费者模型。

生产者-消费者模型的解释如下：假设有一个公共队列，生产者向队列中写数据，消费者从队列中读数据。当队列中没有任何数据时，消费者应该停止运行并等待（wait），而不是继续尝试读取数据，从而引发读取空队列的异常。当生产者在队列中加入数据后，应该有一个渠道告诉（notify）消费者。消费者可以再次从队列中读取，而 IndexError 不再出现。

第 14 章

发送和接收电子邮件

优秀的判断力来自经验，但经验来自于错误的判断。

——Fred Brooks

邮件是我们日常工作中主要的沟通媒介之一，几乎所有编程语言都支持发送和接收电子邮件。本章将介绍如何使用 Python 语言发送和接收邮件。

Python 快乐学习班的同学渡过数据湖后，导游带领他们来到邮件亭，在邮件亭，他们将了解邮件的发送过程，包括发送图片、发送附件、接收邮件和邮件下载等。

14.1　电子邮件介绍

Email（电子邮件）的历史比 Web 还要久远。直到今天，Email 还是互联网上应用非常广泛的服务。

在我们开始编写邮件操作的相关代码之前，先了解一下电子邮件在互联网上是如何运作的。

电子邮件其实是我们现实生活中快递的电子化，现实中快递是怎么处理的呢？比如你在上海，要邮寄一份信件给北京的朋友。

首先需要准备好邮寄的信件，选择一家快递公司（一般是上门取件或到代理点投递），快递公司会提供对应的信封，在信封上填写地址，剩下的事就由快递公司处理了。

快递公司会将一个地点的信件从就近的小代理点汇聚到一个快递中心，再从快递中心往别的城市发，比如先发到河南某城市的快递中心，再从该处发往北京，也可能由上海直达北京，不过你不用关心具体路线，只需要知道一件事，就是信件走得比较慢，至少要几天时间。

信件到达北京的快递中心后，不会直接送到朋友的手里。快递员为了避免你的朋友不在，而让自己白跑一趟，会将信件投递到邮件指定的地址，这个地址可能是你朋友居住地附近的快递箱、家里或所在公司。总之，当你的朋友知道自己的信件已经到达时，就可以取到信件了。

电子邮件基本上是按上面的方式运作的，只不过速度不是按天算，而是按秒算。

现在回到电子邮件，假设自己的电子邮件地址是 me@163.com，对方的电子邮件地址是 friend@aliyun.com。用 Outlook 或 Foxmail 之类的软件写好邮件，填上对方的 Email 地址，单击“发送”按钮，电子邮件就发送出去了。这些电子邮件软件被称为邮件用户代理（Mail User Agent，MUA）。

Email 从 MUA 发出去后，不是直接到达对方计算机，而是发到邮件传输代理（Mail Transfer Agent，MTA），就是 Email 服务提供商，如网易、阿里云等。由于自己的电子邮件地址是 163.com，因此 Email 首先被投递到网易提供的 MTA，再由网易的 MTA 发送到对方的服务商，也就是阿里的 MTA。在这个过程中可能还会经过别的 MTA，但是我们不用关心具体路线，只需关心速度即可。

Email 到达阿里的 MTA 后，由于对方使用的是@aliyun.com 的邮箱，因此阿里的 MTA 会把 Email 投递到邮件的最终目的地邮件投递代理（Mail Delivery Agent，MDA）。Email 到达 MDA 后，会存放在阿里云服务器的某个文件或特殊的数据库里，我们将这个长期保存邮件的地方称为电子邮箱。

同普通邮件类似，Email 不会直接到达对方的计算机，因为对方的计算机不一定开机，开机也不一定联网。对方要取到邮件，必须通过 MUA 从 MDA 上获得。

一封电子邮件的旅程是：

```
发件人→MUA→MTA→MTA→若干个 MTA→MDA←MUA←收件人
```

了解了上述基本概念后，要编写程序发送和接收邮件，本质就是：

（1）编写 MUA 把邮件发到 MTA。

（2）编写 MUA 从 MDA 上收邮件。

发邮件时，MUA 和 MTA 使用的协议是 SMTP（Simple Mail Transfer Protocol，简单邮件传输协议），后面的 MTA 到另一个 MTA 也是用 SMTP 协议。

收邮件时，MUA 和 MDA 使用的协议有两种：一种是 POP（Post Office Protocol，邮局协议），目前版本是 3，俗称 POP3；另一种是 IMAP（Internet Message Access Protocol，Internet 邮件访问协议），目前版本是 4，优点是不但能取邮件，而且可以直接操作 MDA 上存储的邮件，如从收件箱移到垃圾箱等。

邮件客户端软件在发邮件时，会让你先配置 SMTP 服务器，就是要发到哪个 MTA 上。假设你正在使用 163 邮箱，就不能直接发到阿里的 MTA 上，因为它只服务于阿里的用户，所以需要填写 163 提供的 SMTP 服务器地址 smtp.163.com。为了证明你是 163 的用户，SMTP 服务器还要求你填写邮箱地址和客户端授权密码，这样 MUA 才能正常把 Email 通过 SMTP 协议发送到 MTA。

同样，从 MDA 收邮件时，MDA 服务器也要求验证你的客户端授权密码，确保不会有人冒充你收取邮件。一般 Outlook 之类的邮件客户端会要求填写 POP3 或 IMAP 服务器地址、邮箱地址和授权密码。这样，MUA 才能顺利通过 POP 或 IMAP 协议从 MDA 取到邮件。

在使用 Python 收发邮件前，需要先准备好至少两个电子邮件，如 xxx@163.com、xxx@aliyun.com、xxx@qq.com 等，注意两个邮箱不要用同一家邮件服务商。

最后特别注意，目前大多数邮件服务商都需要手动打开 SMTP 发信和 POP 收信功能，否则只允许在网页登录。

14.2　发送邮件

SMTP 是发送邮件的协议，Python 内置对 SMTP 的支持，可以发送纯文本邮件、HTML 邮件以及带附件的邮件。本节以网易 163 的服务为例进行介绍。学习本节内容时，可以自己开通对应的邮箱服务，各个邮件服务公司有介绍邮箱服务的开通方法，参照开通方法开通即可。如果已经安装了邮箱服务，就可以使用自己的邮箱服务器进行学习。

14.2.1　SMTP 发送邮件

Python 对 SMTP 的支持有 smtplib 和 email 两个模块，email 负责构造邮件，smtplib 负责发送邮件。

SMTP 是从源地址到目的地址传送邮件的规则，由该协议控制信件的中转方式。

Python 的 smtplib 提供了一种很方便的途径发送电子邮件，对 SMTP 协议进行了简单的封装。

Python 创建 SMTP 对象的语法如下：

```
smtpObj = smtplib.SMTP([host [, port [, local_hostname]]])
```

语法中各个参数说明如下。

- host：SMTP 服务器主机。可以指定主机的 IP 地址或域名（如 www.baidu.com），是可选参数。
- port：如果提供了 host 参数，就需要指定 SMTP 服务使用的端口号。一般情况下，SMTP 的端口号为 25。
- local_hostname：如果 SMTP 在本地主机上，只需要指定服务器地址为 localhost 即可。

如果在创建 SMTP 对象时提供了 host 和 port 两个参数，在初始化时会自动调用 connect 方法连接服务器。

Python SMTP 对象使用 sendmail 方法发送邮件的语法如下：

```
SMTP.sendmail(from_addr, to_addrs, msg[, mail_options, rcpt_options]
```

语法中各个参数说明如下。

- from_addr：邮件发送者的地址。
- to_addrs：字符串列表，邮件发送地址。
- msg：发送消息。

msg 是字符串，表示邮件内容。我们知道邮件一般由标题、发信人、收件人、邮件内容、附件等构成，发送邮件时，要注意 msg 的格式。这个格式就是 SMTP 协议中定义的格式。

SMTP 类中提供了表 14-1 所示的一些常用方法。

表 14-1 SMTP 类的常用方法

方 法	描 述
set_debuglevel(level)	设置是否为调试模式。默认为 False，即非调试模式，表示不输出任何调试信息
connect([host[, port]])	连接到指定的 SMTP 服务器。参数分别表示 SMTP 服务器的主机和端口
docmd(cmd[, argstring])	向 SMTP 服务器发送指令。可选参数 argstring 表示指令的参数
helo([hostname])	向服务器确认身份。相当于告诉 SMTP 服务器“我是谁”
has_extn(name)	判断指定名称在服务器邮件列表中是否存在。出于安全考虑，SMTP 服务器往往屏蔽该指令
verify(address)	判断指定邮件地址是否在服务器中存在。出于安全考虑，SMTP 服务器往往屏蔽该指令
login(user, password)	登录 SMTP 服务器。现在几乎所有 SMTP 服务器都必须验证用户信息合法后才允许发送邮件
quit()	断开与 SMTP 服务器的连接，相当于发送 quit 指令

普通文本邮件发送的实现关键要将 MIMEText 中的_subtype 设置为 plain。首先导入 smtplib 和 MIMEText。创建 smtplib.smtp 实例，连接邮件 SMTP 服务器，登录后发送，具体代码如下（send_email.py）：

```
import smtplib
from email.mime.text import MIMEText
from email.header import Header

sender = 'ab@bg.com'
# 开通邮箱服务后，设置的客户端授权密码
pwd = 'ai'
# 接收邮件，可设置为你的邮箱    # 接收邮件，可设置为你的邮箱
receivers = ['lyz@163.com']

# 三个参数：第一个为文本内容，第二个 plain 设置文本格式，第三个 utf-8 设置编码
message = MIMEText('Python 邮件发送测试...', 'plain', 'utf-8')
message['From'] = Header("邮件测试", 'utf-8')
message['To'] =  Header("测试", 'utf-8')

subject = 'Python SMTP 邮件测试'
message['Subject'] = Header(subject, 'utf-8')

try:
    # 使用非本地服务器，需要建立 SSL 连接
    smtpObj = smtplib.SMTP_SSL("smtp.exmail.qq.com", 465)
    # smtplib.SMTP
    smtpObj.login(sender, pwd)
    smtpObj.sendmail(sender, receivers, message.as_string())
```

```
    print("邮件发送成功")
except smtplib.SMTPException as se:
    print(f"Error: 无法发送邮件.Case:{se}")
```

我们使用 3 个引号设置邮件信息。标准邮件需要 3 个头部信息：From、To 和 Subject。每个信息直接使用空行分割。

我们通过实例化 smtplib 模块的 SMTP_SSL 对象 smtpObj 连接 SMTP 访问，并使用 sendmail 方法发送信息。

执行以上程序，如果你开通了非本地邮件服务，就会输出：

```
邮件发送成功
```

如果本地主机安装了 sendmail 服务，发送邮件的代码可以更改为：

```
sender = 'ab@bg.com'
# 开通邮箱服务后，设置的客户端授权密码
pwd = 'ai'
# 接收邮件，可设置为你的邮箱   # 接收邮件，可设置为你的邮箱
receivers = ['lyz@163.com']

# 三个参数：第一个为文本内容，第二个 plain 设置文本格式，第三个 utf-8 设置编码
message = MIMEText('Python 邮件发送测试...', 'plain', 'utf-8')
message['From'] = Header("邮件测试", 'utf-8')
message['To'] =  Header("测试", 'utf-8')

subject = 'Python SMTP 邮件测试'
message['Subject'] = Header(subject, 'utf-8')

try:
    # 使用非本地服务器，需要建立 SSL 连接
    smtpObj = smtplib.SMTP_SSL("smtp.exmail.qq.com", 465)
    # smtplib.SMTP
    smtpObj.login(sender, pwd)
    smtpObj.sendmail(sender, receivers, message.as_string())
    print("邮件发送成功")
except smtplib.SMTPException as se:
    print(f"Error: 无法发送邮件.Case:{se}")
```

不需要客户端授权密码、SSL 连接和登录服务。

根据示例替换相应的授权密码、SSL 连接和登录服务后，本地执行效果如图 14-1 所示。

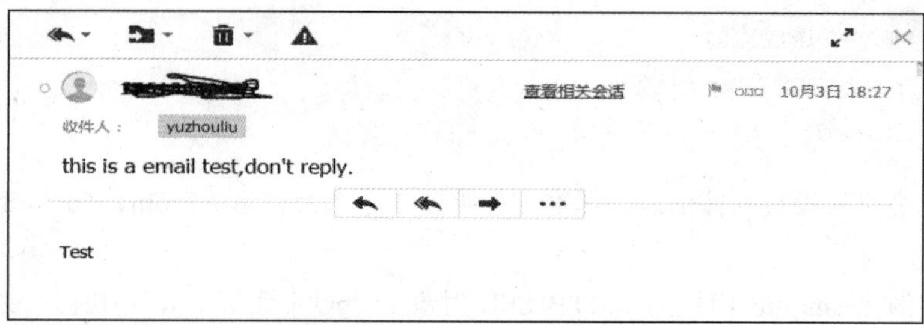

图 14-1　普通邮件发送效果

14.2.2　发送 HTML 格式的邮件

如果我们要发送的是 HTML 邮件，而不是普通的纯文本文件怎么办呢？方法很简单，在构造 MIMEText 对象时把 HTML 字符串传进去，再把第二个参数由 plain 变为 html 就可以了。代码实现如下（send_html_email.py）：

```
import smtplib
from email.mime.text import MIMEText
from email.header import Header

sender = 'ab@bg.com'
# 开通邮箱服务后，设置的客户端授权密码
pwd = 'ai'
# 接收邮件，可设置为你的邮箱
receivers = ['lyz@163.com']

mail_msg = """
<p>Python 邮件发送测试...</p>
<p><a href="http://www.runoob.com">这是一个链接</a></p>
"""
message = MIMEText(mail_msg, 'html', 'utf-8')
message['From'] = Header("邮件测试", 'utf-8')
message['To'] = Header("测试", 'utf-8')

subject = 'Python SMTP 邮件测试'
message['Subject'] = Header(subject, 'utf-8')

try:
    # 使用非本地服务器，需要建立 SSL 连接
    smtpObj = smtplib.SMTP_SSL("smtp.exmail.qq.com", 465)
    smtpObj.login(sender, pwd)
    smtpObj.sendmail(sender, receivers, message.as_string())
    print("邮件发送成功")
```

```
except smtplib.SMTPException as se:
    print(f"Error: 无法发送邮件.Case:{se}")
```

执行以上程序，如果你开通了非本地邮件服务，就会输出：

```
邮件发送成功
```

如果本地主机安装了 sendmail 服务，就不需要客户端授权密码、SSL 连接和登录服务，直接使用 smtplib 模块的 SMTP 对象连接本地访问即可。

14.2.3　发送带附件的邮件

如果 Email 中要添加附件怎么办？

带附件的邮件可以看作包含文本和各个附件，可以构造一个 MIMEMultipart 对象代表邮件本身，然后往里面添加一个 MIMEText 作为邮件正文，再添加表示附件的 MIMEBase 对象即可。代码实现如下（send_fujian_email.py）：

```
import smtplib
from email.mime.text import MIMEText
from email.mime.multipart import MIMEMultipart
from email.header import Header

sender = 'ab@bg.com'
# 开通邮箱服务后，设置的客户端授权密码
pwd = 'ai'
# 接收邮件，可设置为你的邮箱
receivers = ['lyz@163.com']

# 创建一个带附件的实例
message = MIMEMultipart()
message['From'] = Header("邮件测试", 'utf-8')
message['To'] = Header("测试", 'utf-8')
subject = 'Python SMTP 邮件测试'
message['Subject'] = Header(subject, 'utf-8')

# 邮件正文内容
message.attach(MIMEText('这是 Python 邮件发送测试……', 'plain', 'utf-8'))

# 构造附件 1，传送当前目录下的 test.txt 文件
att1 = MIMEText(open('test.txt', 'rb').read(), 'base64', 'utf-8')
att1["Content-Type"] = 'application/octet-stream'
# 这里的 filename 可以任意写，写什么名字，邮件中就显示什么名字
att1["Content-Disposition"] = 'attachment; filename="test.txt"'
message.attach(att1)
```

```
# 构造附件 2，传送当前目录下的 runoob.txt 文件
att2 = MIMEText(open('runoob.txt', 'rb').read(), 'base64', 'utf-8')
att2["Content-Type"] = 'application/octet-stream'
att2["Content-Disposition"] = 'attachment; filename="runoob.txt"'
message.attach(att2)

try:
    # 使用非本地服务器，需要建立 SSL 连接
    smtpObj = smtplib.SMTP_SSL("smtp.exmail.qq.com", 465)
    smtpObj.login(sender, pwd)
    smtpObj.sendmail(sender, receivers, message.as_string())
    print("邮件发送成功")
except smtplib.SMTPException as se:
    print(f"Error: 无法发送邮件.Case:{se}")
```

执行以上程序，如果你开通了非本地邮件服务，就会输出：

```
邮件发送成功
```

如果本地主机安装了 sendmail 服务，就不需要客户端授权密码、SSL 连接和登录服务，直接使用 smtplib 模块的 SMTP 对象连接本地访问即可。

14.2.4 发送图片

如果要把一个图片嵌入邮件正文，怎么做呢？是否可以直接在 HTML 邮件中链接图片地址？

大部分邮件服务商都会自动屏蔽带有外链的图片，因为不知道这些链接是否指向恶意网站。

要把图片嵌入邮件正文，我们只需按照发送附件的方式把邮件作为附件添加进去，然后在 HTML 中通过引用 src="cid:0"把附件作为图片嵌入。如果有多张图片，就需要给它们依次编号，然后引用不同的 cid:x（send_picture_email.py）。

```
import smtplib
from email.mime.image import MIMEImage
from email.mime.multipart import MIMEMultipart
from email.mime.text import MIMEText
from email.header import Header

sender = 'ab@bg.com'
# 开通邮箱服务后，设置的客户端授权密码
pwd = 'ai'
# 接收邮件，可设置为你的邮箱
receivers = ['lyz@163.com']

msgRoot = MIMEMultipart('related')
```

```
msgRoot['From'] = Header("邮件测试", 'utf-8')
msgRoot['To'] = Header("测试", 'utf-8')
subject = 'Python SMTP 邮件测试'
msgRoot['Subject'] = Header(subject, 'utf-8')

msgAlternative = MIMEMultipart('alternative')
msgRoot.attach(msgAlternative)

mail_msg = """
<p>Python 邮件发送测试...</p>
<p><a href="https://www.python.org">Python 官方网站</a></p>
<p>图片演示：</p>
<p><img src="cid:image1"></p>
"""
msgAlternative.attach(MIMEText(mail_msg, 'html', 'utf-8'))

# 指定图片为当前目录
fp = open('1.jpg', 'rb')
msgImage = MIMEImage(fp.read())
fp.close()

# 定义图片 ID，在 HTML 文本中引用
msgImage.add_header('Content-ID', '<image1>')
msgRoot.attach(msgImage)

try:
    # 使用非本地服务器，需要建立 SSL 连接
    smtpObj = smtplib.SMTP_SSL("smtp.exmail.qq.com", 465)
    smtpObj.login(sender, pwd)
    smtpObj.sendmail(sender, receivers, msgRoot.as_string())
    print("邮件发送成功")
except smtplib.SMTPException as se:
    print(f"Error: 无法发送邮件.Case:{se}")
```

执行以上程序，如果你开通了非本地邮件服务，就会输出：

```
邮件发送成功
```

如果本地主机安装了 sendmail 服务，就不需要客户端授权密码、SSL 连接和登录服务，直接使用 smtplib 模块的 SMTP 对象连接本地访问即可。

14.2.5　同时支持 HTML 和 Plain 格式

如果我们发送 HTML 邮件，收件人通过浏览器或 Outlook 之类的软件就可以正常浏览邮件内容。

如果收件人使用的设备太古老，查看不了 HTML 邮件怎么办呢？

办法是在发送 HTML 的同时附加一个纯文本，如果收件人无法查看 HTML 格式的邮件，就可以自动降级查看纯文本邮件。

利用 MIMEMultipart 可以组合一个 HTML 和 Plain，注意指定 subtype 是 alternative。使用代码格式如下（send_two_style_email.py）：

```
import smtplib
from email.mime.image import MIMEImage
from email.mime.multipart import MIMEMultipart
from email.mime.text import MIMEText
from email.header import Header

sender = 'ab@bg.com'
# 开通邮箱服务后，设置的客户端授权密码
pwd = 'ai'
# 接收邮件，可设置为你的邮箱
receivers = ['lyz@163.com']

msgRoot = MIMEMultipart('related')
msgRoot['From'] = Header("邮件测试", 'utf-8')
msgRoot['To'] = Header("测试", 'utf-8')
subject = 'Python SMTP 邮件测试'
msgRoot['Subject'] = Header(subject, 'utf-8')

msgAlternative = MIMEMultipart('alternative')
msgRoot.attach(msgAlternative)

msgAlternative.attach(MIMEText('hello', 'plain', 'utf-8'))
mail_msg = '<html><body><h1>Hello</h1></body></html>'
msgAlternative.attach(MIMEText(mail_msg, 'html', 'utf-8'))

# 指定图片为当前目录
fp = open('1.jpg', 'rb')
msgImage = MIMEImage(fp.read())
fp.close()

# 定义图片 ID，在 HTML 文本中引用
msgImage.add_header('Content-ID', '<image1>')
msgRoot.attach(msgImage)

try:
    # 使用非本地服务器，需要建立 SSL 连接
```

```
    smtpObj = smtplib.SMTP_SSL("smtp.exmail.qq.com", 465)
    smtpObj.login(sender, pwd)
    smtpObj.sendmail(sender, receivers, msgRoot.as_string())
    print("邮件发送成功")
except smtplib.SMTPException as se:
    print(f"Error: 无法发送邮件.Case:{se}")
```

执行以上程序，如果你开通了非本地邮件服务，就会输出：

```
邮件发送成功
```

查看收到的邮件，如图 14-2 所示。

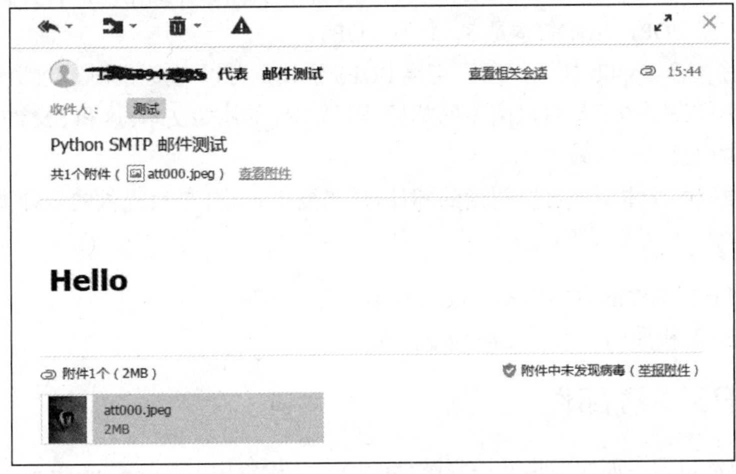

图 14-2　接收带附件的邮件

14.2.6　加密 SMTP

使用标准 25 端口连接 SMTP 服务器时使用的是明文传输，发送邮件的整个过程可能会被窃听。要更安全地发送邮件，可以加密 SMTP 会话，实际上是先创建 SSL 安全连接，然后使用 SMTP 协议发送邮件。

某些邮件服务商（如 Gmail）提供的 SMTP 服务必须进行加密传输。下面来看如何通过 Gmail 提供的安全 SMTP 发送邮件。

由于 Gmail 的 SMTP 端口是 587，因此修改代码如下：

```
smtp_server = 'smtp.gmail.com'
smtp_port = 587
server = smtplib.SMTP(smtp_server, smtp_port)
server.starttls()
# 剩下的代码和前面的一模一样
server.set_debuglevel(1)
...
```

只需要在创建 SMTP 对象后立刻调用 starttls()方法，就可以创建安全连接。后面的代码和前面发送邮件的代码完全一样。

如果因为网络问题无法连接 Gmail 的 SMTP 服务器，请相信我们的代码是没有问题的，需要对网络设置做必要的调整。

14.3 POP3 接收邮件

SMTP 用于发送邮件，如果要收取邮件呢？

收取邮件就是编写一个 MUA 作为客户端，从 MDA 获取邮件到用户的计算机或手机上。收取邮件最常用的协议是 POP，目前版本是 3，俗称 POP3。

Python 内置了一个 poplib 模块，用于实现 POP3 协议，可以直接用来收取邮件。

注意 POP3 协议收取的不是可以阅读的邮件，而是邮件的原始文本。这和 SMTP 协议很像，SMTP 发送的也是经过编码后的一大段文本。

要把 POP3 收取的文本变成可以阅读的邮件，还需要用 email 模块提供的各种类解析原始文本。

收取邮件分为以下两个步骤：

（1）用 poplib 把邮件的原始文本下载到本地。

（2）用 Email 解析原始文本，还原为邮件对象。

14.3.1 POP3 下载邮件

POP3 协议很简单。下面获取最新一封邮件的内容，代码如下（pop_email.py）：

```
import poplib
from email.parser import Parser

# 输入邮件地址、口令和 POP3 服务器地址
email = input('Email: ')
password = input('Password: ')
pop3_server = input('POP3 server: ')

# 连接到 POP3 服务器
server = poplib.POP3(pop3_server)
# 可以打开或关闭调试信息
server.set_debuglevel(1)
# 可选：输出 POP3 服务器的欢迎文字
print(server.getwelcome().decode('utf-8'))

# 身份认证
server.user(email)
server.pass_(password)
```

```
# list()返回所有邮件的编号
resp, mails, octets = server.list()
# 可以查看返回的列表，类似[b'1 82923', b'2 2184', ...]
print(mails)

# 获取最新一封邮件，注意索引号从 1 开始
index = len(mails)
resp, lines, octets = server.retr(index)

# lines 存储了邮件原始文本的每一行
# 可以获得整个邮件的原始文本
msg_content = b'\r\n'.join(lines).decode('utf-8')
# 稍后解析邮件
msg = Parser().parsestr(msg_content)

# 可以根据邮件索引号直接从服务器删除邮件
# server.dele(index)
# 关闭连接
server.quit()
```

用 POP3 获取邮件其实很简单，要获取所有邮件，只需要循环使用 retr()把每一封邮件的内容拿到即可。真正麻烦的是把邮件的原始内容解析为可以阅读的邮件对象。

14.3.2 解析邮件

解析邮件的过程和构造邮件正好相反，需要先导入必要的模块：

```
from email.parser import Parser
from email.header import decode_header
from email.utils import parseaddr

import poplib
```

只需要一行代码就可以把邮件内容解析为 Message 对象：

```
msg = Parser().parsestr(msg_content)
```

这个 Message 对象可能是一个 MIMEMultipart 对象，即包含嵌套的其他 MIMEBase 对象，嵌套可能还不止一层。

我们要递归地输出 Message 对象的层次结构：

```
# indent 用于缩进显示
def print_info(msg, indent=0):
    if indent == 0:
```

```
        for header in ['From', 'To', 'Subject']:
            value = msg.get(header, '')
            if value:
                if header=='Subject':
                    value = decode_str(value)
                else:
                    hdr, addr = parseaddr(value)
                    name = decode_str(hdr)
                    value = u'%s <%s>' % (name, addr)
            print('%s%s: %s' % ('  ' * indent, header, value))
    if (msg.is_multipart()):
        parts = msg.get_payload()
        for n, part in enumerate(parts):
            print('%spart %s' % ('  ' * indent, n))
            print('%s--------------------' % ('  ' * indent))
            print_info(part, indent + 1)
    else:
        content_type = msg.get_content_type()
        if content_type=='text/plain' or content_type=='text/html':
            content = msg.get_payload(decode=True)
            charset = guess_charset(msg)
            if charset:
                content = content.decode(charset)
            print('%sText: %s' % ('  ' * indent, content + '...'))
        else:
            print('%sAttachment: %s' % ('  ' * indent, content_type))
```

邮件的 Subject 或 Email 中包含的名字都是经过编码的 str，要正常显示必须进行解码，代码如下：

```
def decode_str(s):
    value, charset = decode_header(s)[0]
    if charset:
        value = value.decode(charset)
    return value
```

decode_header()返回一个 list，因为像 Cc、Bcc 这样的字段可能包含多个邮件地址，所以会解析出多个元素。编写上面的代码时偷懒了，只取了第一个元素。

文本邮件的内容也是 str，还需要检测编码，否则非 UTF-8 编码的邮件都无法正常显示，代码如下：

```
def guess_charset(msg):
    charset = msg.get_charset()
    if charset is None:
```

```
        content_type = msg.get('Content-Type', '').lower()
        pos = content_type.find('charset=')
        if pos >= 0:
            charset = content_type[pos + 8:].strip()
    return charset
```

14.4　牛刀小试——邮件发送通用化

将本章介绍的邮件发送的示例功能抽象化，抽象为一个函数，该函数可以对指定人员发送邮件，可以抄送给对应人，也可以发送附件，对超过一定大小的附件进行压缩，并可以选择是否删除附件的原件。

思维点拨：

（1）函数定义，必须设置参数；（2）接收、抄送人员处理；（3）附件处理；（4）附件压缩处理；（5）附件原件删除处理。

实现代码如下（email_utils.py）：

```
import datetime
import os
import smtplib
import time
import tarfile
import zipfile

from email.mime.base import MIMEBase
from email.mime.multipart import MIMEMultipart
from email.mime.text import MIMEText
from email import encoders
from email import utils


# to：邮件接收者
# cc：邮件抄送者
# subject：主题
# content：正文
# attachments：附件
# delete：是否删除
def send(to, cc, subject, content, attachments, delete):
    user = "ab@bg.com"
    password = "ab"
```

```
        # 准备邮件服务
        server = smtplib.SMTP_SSL("smtp.exmail.qq.com", 465)
        smtplib.SMTP
        server.login(user, password)

        start = datetime.datetime.now()

        content_msg = MIMEMultipart()
        content_msg['From'] = user
        content_msg['To'] = ';'.join(to)
        content_msg['Cc'] = ';'.join(cc)
        content_msg['Subject'] = subject
        content_msg['Date'] = utils.formatdate()

        content_msg.attach(MIMEText(content.encode("UTF-8"), _charset='UTF-8'))
        content_type = 'application/octet-stream'
        maintype, subtype = content_type.split('/', 1)

        # Attachment ready
        compress_files = []
        if len(attachments) > 0:
            for path in attachments:
                path = compress_attachment(path)
                if path.__contains__('.csv') is False:
                    compress_files.append(path)

                attachment_file = open(path, 'rb')
                file_msg = MIMEBase(maintype, subtype)
                file_msg.set_payload(attachment_file.read())
                attachment_file.close()
                encoders.encode_base64(file_msg)

                basename = os.path.basename(path)
                file_msg.add_header('Content-Disposition', 'attachment',
filename=basename)
                content_msg.attach(file_msg)

        try:
            server.sendmail(user, to + cc, content_msg.as_string())
            end = datetime.datetime.now()
            time_str = time.strftime('%Y-%m-%d %H:%M:%S')
```

```
        print("{0} Email send successful in {1} seconds. To users: {2}".
              format(time_str, (end - start).seconds, ",".join(to+cc)))
        """
        By the end if delete flag is True, not empty with attachments
        and send email success then will delete all attachments
        """
        try:
            attachments.extend(compress_files)
            if delete and len(attachments) > 0:
                for path in attachments:
                    os.remove(path)
        except IOError as ex:
            print(f'Delete attachments were failed. Case: {ex}')
    except Exception as ex:
        raise RuntimeError(f"Send email[{subject}] failed. Case:{ex}")
    finally:
        server.quit()


# 附件压缩
def compress_attachment(attachment):
    """
    if the attachment file size greater than 2MB
    then will use zip compress file
    """
    if (length := os.path.getsize(attachment)) > 2097152:
        attachment = zip_compress(attachment)
        print('File\'s [{0}] compress rate is {1}%%'.format(
            os.path.basename(attachment),
            compress_rate(length, os.path.getsize(attachment)) * 100))

    return attachment


# 计算压缩率
def compress_rate(source_size, target_size):
    return round((source_size - target_size) / float(source_size), 4)


# tar 格式压缩
def tar_compress(source):
    source = source.decode('UTF-8')
```

```
        target = source[0:source.rindex('.')] + '.tar.gz'

        try:
            with tarfile.open(target, "w:gz") as tar_file:
                tar_file.add(source, arcname=source[source.rindex("/"):])
        except IOError as er:
            print(f'Compress file[{source}] with zip model failed.Case: {er}')
            target = source

        return target


    # zip 格式压缩
    def zip_compress(source):
        source = source.decode('UTF-8')
        target = source[0:source.rindex(".")] + '.zip'
        try:
            with zipfile.ZipFile(target, 'w') as zip_file:
                zip_file.write(source, source[source.rindex('/'):],
zipfile.ZIP_DEFLATED)
                zip_file.close()
        except IOError as er:
            print(f'Compress file[{source}] with zip model failed.Case: {er}')
            target = source

        return target
```

14.5 调　试

对于电子邮件的编码，初次接触的开发者可能会很头疼，特别是很少使用邮件的开发者。如果你在学习过程中产生了挫败和愤怒感，请停下来，出去散散步或找人闲聊一会儿，当你平静下来后再思考程序。

有时找到一个问题的解决办法确实需要时间，特别是在我们经验不足的时候。很多人是在远离计算机，让头脑得到足够的休息后，找到了更加可行的方法解决某些问题，或者理清了思路，清楚自己接下来该怎么做。

14.6　答疑解惑

在实际应用开发中，邮件发送与接收使用得多吗？

答：在实际应用开发中，邮件的应用非常广泛。在计算机的应用中，我们会设置很多自动任务或定时任务。这些任务执行成功与否，或者在指定时间是否执行，我们一般都是通过邮件将执行结果发送给相关人员，以便实时了解任务的执行情况。一旦任务执行出现问题，我们可以快速知晓，可以将一些关键错误信息放在邮件中，这样通过查看邮件就可以快速排查一些比较常见的问题。

14.7　课后思考与练习

本章主要讲述了邮件的相关知识，在本章结束前回顾一下学到的概念。

（1）SMPT 支持发送哪些类型的邮件，各自怎么实现？

（2）POP3 如何接收与解析邮件？

思考并解决如下问题：

（1）向自己发送一封测试邮件，邮件主题和内容自定。

（2）向某个邮件服务器发送邮件，查看是否被拒绝。

（3）向某个邮箱地址发送一封邮件，并抄送给另一个邮箱地址。

（4）向某个邮箱地址发送邮件，并发送 HTML 格式的文本和图片。

（5）发送带附件的邮件，尝试不同大小的附件（比如：100KB、1MB、10MB、50MB）。

从一个网页上用正则表达式匹配出一批邮箱地址，插入数组，通过邮件发送带 HTML、图片、附件的群邮件到这些邮箱。

第 15 章 网络编程

世上只有两种编程语言：一种是总是被人骂的，一种是从来没人用的。

——Bjarne Stroustrup

Python 是很强大的网络编程工具。Python 有很多针对常见网络协议的库，这些库可以使我们集中精力在程序的逻辑处理上，而不是停留在网络实现的细节中。使用 Python 很容易写出处理各种协议格式的代码，Python 在处理字节流的各种模式方面很擅长。

Python 快乐学习班的同学在邮件亭体验完邮件的相关操作后，导游带领他们来到网络室，在网络室，他们将体验到信息通道——socket，通过信息通道，他们将进一步了解信息在信息通道中的传递过程。

15.1 初识网络编程

自从互联网诞生以来，基本上所有程序都是网络程序，很少有单机版程序了。

计算机网络把各个计算机连接到一起，让网络中的计算机可以互相通信。网络编程在程序中实现了两台计算机的通信。

举个例子，当你使用浏览器访问淘宝网时，你的计算机和淘宝的某台服务器通过互联网连接起来了，淘宝的服务器就会把网页内容作为数据通过互联网传输到你的计算机上。

由于你的计算机上可能不止有浏览器，还有微信、办公软件、邮件客户端等，不同程序连接的计算机也会不同，因此网络通信是两台计算机的两个进程之间的通信。比如，浏览器进程是和淘宝服务器上某个 Web 服务进程通信，而微信进程是和腾讯服务器上某个进程通信。

网络编程对所有开发语言都是一样的，Python 也不例外。用 Python 进行网络编程就是在 Python 程序的进程内连接别的服务器进程的通信端口进行通信。

15.2 TCP/IP 简介

大家对互联网应该很熟悉，计算机网络的出现比互联网要早很多。

为了联网，计算机必须规定通信协议。早期的计算机网络都是由各厂商自己规定一套协议，如

IBM 和 Microsoft 都有各自的网络协议，互不兼容。这就好比一群人有的说英语，有的说中文，有的说德语，但都只懂一种语言，因此只有说同一种语言的人可以交流，说不同语言的人就不行了。

为了把全世界所有不同类型的计算机都连接起来，必须规定一套全球通用协议。为了实现互联网这个目标，大家共同制定了互联网协议族（Internet Protocol Suite）作为通用协议标准。Internet 是由 inter 和 net 两个单词组合起来的，原意是连接“网络”的网络，有了 Internet，只要支持这个协议，任何私有网络都可以连入互联网。

互联网协议包含上百种协议标准，由于最重要的两个协议是 TCP 和 IP 协议，因此大家把互联网协议简称为 TCP/IP 协议。

通信时双方必须知道对方的标识，好比发邮件必须知道对方的邮件地址。互联网上计算机的唯一标识就是 IP 地址，如 192.168.12.27。如果一台计算机同时接入两个或更多网络（如路由器），就会有两个或多个 IP 地址，所以 IP 地址对应的实际是计算机的网络接口，通常是网卡。

IP 协议负责把数据从一台计算机通过网络发送到另一台计算机。数据被分割成一小块一小块，然后通过 IP 包发送出去。由于互联网链路复杂，两台计算机之间经常有多条线路，因此路由器负责决定如何把一个 IP 包转发出去。IP 包的特点是按块发送，途经多个路由，但不保证能到达，也不保证按顺序到达。IP 地址实际上是一个 32 位整数（IPv4），以字符串表示的 IP 地址实际上是把 32 位整数按 8 位分组后的数字表示（如 192.168.0.1），目的是便于阅读。

IPv6 地址实际上是 128 位整数，是目前使用的 IPv4 地址的升级版，以字符串表示类似于 2001:0db8:85a3:0042:1000:8a2e:0370:7334。

TCP 协议建立在 IP 协议之上。TCP 协议负责在两台计算机之间建立可靠连接，保证数据包按顺序到达。TCP 协议会通过握手建立连接，然后对每个 IP 包编号，确保对方按顺序收到，如果包丢掉了就自动重发。

许多常用的更高级的协议都是建立在 TCP 协议基础上的，如用于浏览器的 HTTP 协议、发送邮件的 SMTP 协议等。

一个 IP 包除了包含要传输的数据外，还包含源 IP 地址和目标 IP 地址、源端口和目标端口。

端口有什么作用？两台计算机通信时，只发 IP 地址是不够的，因为同一台计算机运行着多个网络程序。一个 IP 包来了之后交给浏览器还是微信，需要用端口号进行区分。每个网络程序都向操作系统申请唯一的端口号，这样两个进程在两台计算机之间建立网络连接就需要各自的 IP 地址和端口号。

一个进程也可能同时与多台计算机建立连接，因此它会申请很多端口。

15.3　网络设计模块

前面我们了解了 TCP/IP 协议、IP 地址和端口的基本概念，下面我们开始了解网络编程。

标准库中有很多网络设计模块，除了明确处理网络事务的模块外，还有很多模块是与网络相关的。接下来我们讨论其中几个模块。

15.3.1　socket 简介

网络编程中有一个基本组件——套接字（socket）。

套接字为特定网络协议（如 TCP/IP、ICMP/IP、UDP/IP 等）套件对上的网络应用程序提供者提供当前可移植标准的对象。套接字允许程序接收数据并进行连接，如发送和接收数据。为了建立通信通道，网络通信的每个端点拥有一个套接字对象极为重要。

套接字为 BSD UNIX 系统核心的一部分，而且被许多类似 UNIX 的操作系统（包括 Linux）所采纳。许多非 BSD UNIX 系统（如 MS-DOS、Windows、OS/2，Mac OS 及大部分主机环境）都以库形式提供对套接字的支持。

3 种最流行的套接字类型是 stream、datagram 和 raw。stream 和 datagram 套接字可以直接与 TCP 协议进行接口，而 raw 套接字与 IP 协议进行接口。套接字并不限于 TCP/IP。

套接字主要是两个程序之间的“信息通道”。程序（通过网络连接）可能分布在不同的计算机上，通过套接字相互发送信息。在 Python 中，大多数网络都隐藏了 socket 模块的基本细节，并且不直接和套接字交互。

15.3.2 socket 模块

套接字模块是一个非常简单的基于对象的接口，提供对低层 BSD 套接字样式网络的访问。使用该模块可以实现客户机和服务器套接字。要在 Python 中建立具有 TCP 和流套接字的简单服务器需要使用 socket 模块。利用该模块包含的函数和类定义可生成通过网络通信的程序。一般来说，建立服务器连接需要 6 个步骤。

步骤 01 创建 socket 对象。

在 Python 中，我们用 socket()函数创建套接字，语法格式如下：

```
socket.socket([family[, type[, protocol]]])
```

- family：可以是 AF_UNIX（UNIX 域，用于同一台机器上的进程间通信），也可以是 AF_INET（对于 IPv4 协议的 TCP 和 UDP）或 AF_INET6（对于 IPv6）。
- type：套接字类型可以根据面向连接和非连接分为 SOCK_STREAM（流套接字）或 SOCK_DGRAM（数据报文套接字）。
- protocol：一般不填，默认为 0。

family 参数指定调用者期待返回的套接口地址结构的类型。family 的值包括 3 种：AF_INET、AF_INET6 和 AF_UNSPEC。

如果指定 AF_INET，函数就不能返回任何 IPv6 相关的地址信息。

如果仅指定 AF_INET6，就不能返回任何 IPv4 地址信息。

AF_UNSPEC 意味着函数返回的是适用于指定主机名和服务名且适合任何协议族的地址。

如果某个主机既有 AAAA 记录（IPv6）地址，又有 A 记录（IPv4）地址，那么 AAAA 记录将作为 sockaddr_in6 结构返回，而 A 记录作为 sockaddr_in 结构返回。

AF_INET6 用于 IPv6 系统，AF_INET 和 PF_INET 用于 IPv4 系统。

AF 表示 ADDRESS FAMILY 地址族。

PF 表示 PROTOCOL FAMILY 协议族。

在 Windows 系统中，AF_INET 与 PF_INET 完全一样；在 UNIX/Linux 系统中，不同版本的

AF_INET 与 PF_INET 有微小差别。

步骤 02 将 socket 绑定（指派）到指定地址上，socket.bind(address)。

address 必须是一个双元素元组((host,port))，参数为主机名或 IP 地址+端口号。如果端口号正在被使用或保留，主机名或 IP 地址错误，就会引发 socke.error 异常。

步骤 03 绑定后必须准备好套接字，以便接受连接请求。

请求方式如下：

```
socket.listen(backlog)
```

backlog 用于指定最多连接数，至少为 1。接到连接请求后，这些请求必须排队，如果队列已满，就拒绝请求。

步骤 04 服务器套接字通过 socket 的 accept 方法等待客户请求一个连接。

请求方式如下：

```
connection,address=socket.accept()
```

调用 accept 方法时，socket 会进入等待（或阻塞）状态。客户请求连接时，accept 方法建立连接并返回服务器。accept 方法返回一个含有两个元素的元组，如（connection, address）。第一个元素（connection）是新的 socket 对象，服务器通过它与客户通信；第二个元素（address）是客户的互联网地址。

步骤 05 处理阶段，服务器和客户通过 send 和 recv 方法通信（传输数据）。

服务器调用 send，并采用字符串形式向客户发送信息。send 方法返回已发送的字符个数。服务器使用 recv 方法从客户接收信息。调用 recv 时，必须指定一个整数控制本次调用所接收的最大数据量。recv 方法在接收数据时会进入 blocket 状态，最后返回一个字符串，用于表示收到的数据。如果发送的量超过 recv 允许的量，数据就会被截断。多余的数据将缓冲于接收端。以后调用 recv 时，多余的数据会从缓冲区删除。

步骤 06 传输结束，服务器调用 socket 的 close 方法以关闭连接。

建立一个简单的客户连接需要 4 个步骤。

（1）创建一个 socket 以连接服务器 socket=socket.socket(family,type)。
（2）使用 socket 的 connect 方法连接服务器 socket.connect((host,port))。
（3）客户和服务器通过 send 和 recv 方法通信。
（4）结束后，客户通过调用 socket 的 close 方法关闭连接。

15.3.3 socket 对象（内建）方法

socket 提供了表 15-1 所示的服务器端套接字函数。

表 15-1 服务器端套接字函数

函 数	描 述
bind()	绑定地址（host,port）到套接字，在 AF_INET 下，以元组（host,port）的形式表示地址
listen()	开始 TCP 监听。backlog 指定在拒绝连接之前，操作系统可以挂起的最大连接数量。该值至少为 1，大部分应用程序设为 5 就可以了
accept()	被动接受 TCP 客户端连接，等待连接的到来

socket 提供了表 15-2 所示的客户端套接字函数。

表15-2 客户端套接字函数

函 数	描 述
connect()	主动初始化 TCP 服务器连接。一般 address 的格式为元组（hostname,port）。如果连接出错，就返回 socket.error 错误
connect_ex()	connect()函数的扩展版本，出错时返回出错码而不是抛出异常

socket 提供了表 15-3 所示的公共用途套接字函数。

表 15-3 公共用途套接字函数

函 数	描 述
recv()	接收 TCP 数据，数据以字符串形式返回，bufsize 指定要接收的最大数据量。flag 提供有关消息的其他信息，通常可以忽略
send()	发送 TCP 数据，将 string 中的数据发送到连接的套接字。返回值是要发送的字节数量，该数量可能小于 string 的字节大小
sendall()	完整发送 TCP 数据。将 string 中的数据发送到连接的套接字，在返回之前尝试发送所有数据。成功返回 None，失败抛出异常
recvform()	接收 UDP 数据，与 recv()类似，返回值是（data,address）。其中，data 是包含接收数据的字符串，address 是发送数据的套接字地址
sendto()	发送 UDP 数据，将数据发送到套接字，address 是形式为（ipaddr,port）的元组，指定远程地址。返回值是发送的字节数
close()	关闭套接字
getpeername()	返回连接套接字的远程地址。返回值通常是元组（ipaddr,port）
getsockname()	返回套接字的地址。通常是一个元组（ipaddr,port）
setsockopt(level,optname,value)	设置给定套接字选项的值
getsockopt(level,optname[.buflen])	返回套接字选项的值
settimeout(timeout)	设置套接字操作的超时期，timeout 是一个浮点数，单位是秒。值为 None 表示没有超时期。一般超时期应该在刚创建套接字时设置，因为可能用于连接操作（如 connect()）
gettimeout()	返回当前超时期的值，单位是秒，如果没有设置超时期，就返回 None
fileno()	返回套接字的文件描述符
setblocking(flag)	如果 flag 为 0，就将套接字设为非阻塞模式，否则将套接字设为阻塞模式（默认值）。非阻塞模式下，如果调用 recv()没有发现任何数据，或 send()调用无法立即发送数据，就会引起 socket.error 异常
makefile()	创建一个与该套接字相关联的文件

15.4 TCP 编程

socket 是网络编程的一个抽象概念。通常我们用一个 socket 表示"打开了一个网络连接"，而打开一个 socket 需要知道目标计算机的 IP 地址和端口号，并且指定协议类型。大多数连接都是可靠的 TCP 连接。创建 TCP 连接时，主动发起连接的是客户端，被动响应连接的是服务器。

15.4.1 客户端编程

当我们在浏览器中访问某个网站时，自己的计算机就是客户端，浏览器会主动向所访问网站的服务器发起连接。如果一切顺利，所访问网站的服务器接受了我们的连接，一个 TCP 连接就建立起来了，接着就可以发送网页内容了。

例如，要创建一个基于 TCP 连接的 socket（以连接本地为例），可以这样做（socket_create.py）：

```
# 导入 socket 库
import socket

# 创建一个 socket
s = socket.socket(socket.AF_INET, socket.SOCK_STREAM)
# 获取本地主机名
host = socket.gethostname()
# 设置端口号
port = 9999
# 连接服务，指定主机和端口
s.connect((host, port))
```

创建 socket 时，AF_INET 指定使用 IPv4 协议。如果要用更先进的 IPv6，就指定为 AF_INET6。SOCK_STREAM 指定使用面向流的 TCP 协议，这样一个 socket 对象就创建成功了，但是还没有建立连接。

如果客户端要主动发起 TCP 连接，就必须知道服务器的 IP 地址和端口号。比如百度的 IP 地址可以用域名 www.baidu.com 自动转换到 IP 地址，但是怎么知道百度服务器的端口号呢？

作为服务器，提供服务时端口号必须固定下来。由于我们想要访问网页，因此新浪提供网页服务的服务器必须把端口固定在 80 端口。80 端口是 Web 服务的标准端口。其他服务都有对应的标准端口号，如 SMTP 服务是 25 端口，FTP 服务是 21 端口，等等。端口号小于 1024 的是 Internet 标准服务端口，端口号大于 1024 的可以任意使用。

例如，连接百度服务器的代码如下：

```
s.connect(('www.baidu.com', 80))
```

建立 TCP 连接后，我们可以向百度服务器发送请求，要求返回首页的内容：

```
# 发送数据
s.send(b'GET / HTTP/1.1\r\nHost: www.baidu.com\r\nConnection: close\r\n\r\n')
```

TCP 连接创建的是双向通道，双方可以同时给对方发数据。谁先发，谁后发，怎么协调，要根据具体协议决定。例如，HTTP 协议规定客户端必须先发送请求给服务器，服务器收到后才发送数据给客户端。

发送的文本格式必须符合 HTTP 标准。如果格式没问题，接下来就可以接收百度服务器返回的数据了：

```
# 接收数据
buffer = []
while True:
    # 每次最多接收 1 千字节
    d = s.recv(1024)
    if d:
        buffer.append(d)
    else:
        break
data = b''.join(buffer)
```

接收数据时，调用 recv(max)方法一次最多接收指定的字节数，因此会在 while 循环中反复接收，直到 recv()返回空数据，表示接收完毕，退出循环。

接收完数据后，调用 close()方法关闭 socket，一次完整的网络通信就结束了：

```
# 关闭连接
s.close()
```

接收到的数据包括 HTTP 头和网页，我们只需要把 HTTP 头和网页分离一下，输出 HTTP 头，将网页内容保存到文件：

```
header, html = data.split(b'\r\n\r\n', 1)
print(header.decode('utf-8'))
# 把接收的数据写入文件
with open('baidu.html', 'wb') as f:
    f.write(html)
```

接下来，只需要打开 baidu.html 文件，就可以进入百度首页了。

下面是以上功能的完整代码（socket_baidu.py）。

```
import socket


def socket_client():
    # 创建 socket 对象
    s = socket.socket(socket.AF_INET, socket.SOCK_STREAM)
    # 获取主机名
    host = 'www.baidu.com'
    # 设置端口号
```

```
    port = 80
    # 连接服务，指定主机和端口
    s.connect((host, port))
    # 发送数据
    s.send(b'GET / HTTP/1.1\r\nHost: www.baidu.com\r\nConnection:
close\r\n\r\n')
    # 接收数据
    buffer = []
    while True:
        # 每次最多接收 1k 字节
        d = s.recv(1024)
        if d:
            buffer.append(d)
        else:
            break
    data = b''.join(buffer)

    header, html = data.split(b'\r\n\r\n', 1)
    print(header.decode('utf-8'))
    # 把接收的数据写入文件
    with open('baidu.html', 'wb') as f:
        f.write(html)
    s.close()


def main():
    socket_client()


if __name__ == '__main__':
    main()
```

15.4.2 服务器编程

和客户端编程相比，服务器编程更复杂一些。

服务器编程首先要绑定一个端口，监听来自其他客户端的连接。如果某个客户端发起连接了，服务器就与该客户端建立 socket 连接，随后的通信就靠这个 socket 连接了。

服务器会打开固定端口（如 80）监听，每发起一个客户端连接，就创建该 socket 连接。由于服务器有大量来自客户端的连接，因此要能够区分一个 socket 连接是和哪个客户端绑定的。确定 4 项唯一的 socket 依赖：服务器地址、服务器端口、客户端地址、客户端端口。

服务器还需要同时响应多个客户端请求，每个连接都需要一个新进程或新线程处理，否则服务器一次只能服务一个客户端。

下面编写一个简单的服务器程序，用于接收客户端连接，把客户端发过来的字符串加上 Hello 再发回去。

首先创建一个基于 IPv4 和 TCP 协议的 socket，操作如下：

```
s = socket.socket(socket.AF_INET, socket.SOCK_STREAM)
```

接下来绑定监听的地址和端口。服务器可能有多块网卡，可以绑定到某一块网卡的 IP 地址上，也可以用 0.0.0.0 绑定到所有网络地址，还可以用 127.0.0.1 绑定到本机地址。127.0.0.1 是一个特殊的 IP 地址，表示本机地址，如果绑定到这个地址，客户端必须同时在本机运行才能连接，外部计算机无法连接进来。

端口号需要预先指定。因为我们写的服务不是标准服务，所以用 9999 这个端口号。注意，小于 1024 的端口号必须有管理员权限才能绑定，操作如下：

```
# 获取本地主机名
host = socket.gethostname()
# 设置端口号
port = 9999
# 监听端口
s.bind((host, port))
```

接着调用 listen()方法开始监听端口，传入的参数指定等待连接的最大数量：

```
# 设置最大连接数，超过后排队
s.listen(5)
```

接下来，服务器程序通过一个永久循环接受来自客户端的连接，accept()会等待并返回一个客户端连接，操作如下：

```
while True:
    # 接受一个新连接
    sock, addr = s.accept()
    # 创建新线程处理 TCP 连接
    t = threading.Thread(target=tcplink, args=(sock, addr))
    t.start()
```

每个连接都必须创建新线程（或进程）来处理，否则单线程在处理连接的过程中无法接受其他客户端连接，操作如下：

```
def tcp_link(sock, addr):
    print('Accept new connection from %s:%s...' % addr)
    sock.send('欢迎学习 Python 网络编程!'.encode('utf-8'))
    while True:
        data = sock.recv(1024)
        time.sleep(1)
        if not data or data.decode('utf-8') == 'exit':
            break
```

```
        sock.send(('Hello, %s!' % data.decode('utf-8')).encode('utf-8'))
    sock.close()
    print('Connection from %s:%s closed.' % addr)
```

连接建立后，服务器首先发送一条欢迎消息，然后等待客户端数据，并加上 Hello 再发送给客户端。如果客户端发送了 exit 字符串，就直接关闭连接。

要使用这个服务器程序，我们还需要一个客户端程序，代码如下：

```
s = socket.socket(socket.AF_INET, socket.SOCK_STREAM)
# 获取本地主机名
host = socket.gethostname()
# 设置端口号
port = 9999
# 建立连接
s.connect((host, port))
# 接收欢迎消息
print(s.recv(1024).decode('utf-8'))
for data in ['小萌', '小智', '小强']:
    # 发送数据
    s.send(data.encode('utf-8'))
    print(s.recv(1024).decode('utf-8'))
s.send(b'exit')
s.close()
```

注意，客户端程序运行完毕就退出了，而服务器程序会永远运行下去，必须按 Ctrl+C 快捷键退出程序。

下面是以上功能的完整代码。

服务端代码实现（socket_server.py）：

```
import socket
import threading
import time


def socket_server():
    # 创建 socket 对象
    server_socket = socket.socket(socket.AF_INET, socket.SOCK_STREAM)
    # 获取本地主机名
    host = socket.gethostname()
    port = 9999
    # 绑定端口
    server_socket.bind((host, port))
    # 设置最大连接数，超过后排队
```

```
    server_socket.listen(5)

    while True:
        # 接受一个新连接
        sock, addr = server_socket.accept()
        # 创建新线程处理 TCP 连接
        t = threading.Thread(target=tcp_link, args=(sock, addr))
        t.start()


def tcp_link(sock, addr):
    print(f'Accept new connection from {addr}...')
    sock.send('欢迎学习 Python 网络编程!'.encode('utf-8'))
    while True:
        data = sock.recv(1024)
        time.sleep(1)
        if not data or data.decode('utf-8') == 'exit':
            break
        sock.send(f"Hello, {data.decode('utf-8')}!".encode('utf-8'))
    sock.close()
    print(f'Connection from {addr} closed.')


def main():
    socket_server()


if __name__ == '__main__':
    main()
```

客户端代码实现（socket_client.py）：

```
import socket


def socket_client():
    s = socket.socket(socket.AF_INET, socket.SOCK_STREAM)
    # 获取本地主机名
    host = socket.gethostname()
    port = 9999
    # 建立连接
    s.connect((host, port))
    # 接收欢迎消息
```

```
    print(s.recv(1024).decode('utf-8'))
    for data in ['小萌', '小智', '小强']:
        # 发送数据
        s.send(data.encode('utf-8'))
        print(s.recv(1024).decode('utf-8'))
    s.send(b'exit')
    s.close()


def main():
    socket_client()


if __name__ == '__main__':
    main()
```

服务器和客户端执行结果如图 15-1 和图 15-2 所示。

```
E:\python\pythoninstall\python.exe D:/python/workspace/socket_server_test.py
Accept new connection from 192.168.47.1:64215...
Connection from 192.168.47.1:64215 closed.
```

图 15-1　服务器输出信息

```
E:\python\pythoninstall\python.exe D:/python/workspace/socket_client_test.py
欢迎学习Python网络编程!
Hello, 小萌!
Hello, 小智!
Hello, 小强!
```

图 15-2　客户端输出信息

15.5　UDP 编程

TCP 用于建立可靠连接，并且通信双方可以以流的形式发送数据。相对于 TCP，UDP 面向无连接的协议。

使用 UDP 协议时不需要建立连接，只需要知道对方的 IP 地址和端口号就可以直接发送数据包。但是发送的数据包是否能到达就不知道了。

虽然用 UDP 传输数据不可靠，但是优点是速度快。对于不要求可靠到达的数据可以使用 UDP 协议。

下面来看如何通过 UDP 协议传输数据。和 TCP 类似，使用 UDP 的通信双方也分为客户端和服务器。服务器首先需要绑定端口，操作如下：

```
s = socket.socket(socket.AF_INET, socket.SOCK_DGRAM)
host = socket.gethostname()
port = 9999
# 绑定端口
s.bind((host, port))
```

创建 socket 时，SOCK_DGRAM 指定了 socket 的类型是 UDP。绑定端口和 TCP 一样，不过不需要调用 listen()方法，而是直接接收来自任何客户端的数据，操作如下：

```
while True:
    # 接收数据
    data, addr = s.recvfrom(1024)
    print('Received from %s:%s.' % addr)
    s.sendto(b'Hello, %s!' % data, addr)
```

recvfrom()方法返回数据和客户端的地址与端口。这样，服务器收到数据后，直接调用 sendto()就可以把数据用 UDP 发送给客户端。

客户端使用 UDP 时，首先仍然是创建基于 UDP 的 socket，然后不需要调用 connect()，直接通过 sendto()给服务器发送数据，操作如下：

```
s = socket.socket(socket.AF_INET, socket.SOCK_DGRAM)
for data in [b'Michael', b'Tracy', b'Sarah']:
    # 发送数据
    s.sendto(data, ('127.0.0.1', 9999))
    # 接收数据
    print(s.recv(1024).decode('utf-8'))
s.close()
```

下面是以上功能的完整代码。

服务器端代码实现（socket_udp_server.pyt）：

```
import socket


def socket_udp_server():
    s = socket.socket(socket.AF_INET, socket.SOCK_DGRAM)
    host = socket.gethostname()
    port = 9999
    # 绑定端口
    s.bind((host, port))

    while True:
        # 接收数据
        data, addr = s.recvfrom(1024)
```

```
        print(f'Received from {addr}.')
        s.sendto(b'hello, %s,welcome!' % data, addr)


def main():
    socket_udp_server()


if __name__ == "__main__":
    main()
```

客户端代码实现（socket_udp_client.py）：

```
import socket


def socket_udp_client():
    s = socket.socket(socket.AF_INET, socket.SOCK_DGRAM)
    for data in ['小萌', '小智']:
        host = socket.gethostname()
        port = 9999
        # 发送数据
        s.sendto(data.encode('utf-8'), (host, port))
        # 接收数据
        print(s.recv(1024).decode('utf-8'))
    s.close()


def main():
    socket_udp_client()


if __name__ == '__main__':
    main()
```

服务器和客户端执行结果如图 15-3 和图 15-4 所示。

```
E:\python\pythoninstall\python.exe D:/python/workspace/udp_test.py
Received from 192.168.47.1:65102.
Received from 192.168.47.1:65102.
```

图 15-3　服务器输出信息

```
E:\python\pythoninstall\python.exe D:/python/workspace/socket_client_test.py
hello, 小萌,welcome!
hello, 小智,welcome!
```

图 15-4　客户端输出信息

15.6　urllib 模块

在 Python 能使用的各种网络工作库中，功能最强大的是 urllib。urllib 能够通过网络访问文件，就像这些文件在我们的计算机上一样。通过一个简单的函数调用，几乎可以把任何 URL 指向的事物用作程序输入。

urllib 提供了一系列用于操作 URL 的功能，其中常用的请求是 GET 和 POST。下面简单介绍一下在 Python 中使用 GET 和 POST 请求。

15.6.1　GET 请求

urllib 的 request 模块可以非常方便地抓取 URL 内容，也就是发送一个 GET 请求到指定页面，然后返回 HTTP 响应，示例如下（get_request.py）：

```
from urllib import request


def get_request():
    with request.urlopen('http://www.baidu.com') as f:
        data = f.read()
        print(f'Status:{f.status} {f.reason}')
        for k, v in f.getheaders():
            print(f'{k}: {v}')
    print(f"Data:{data.decode('utf-8')}")


def main():
    get_request()


if __name__ == "__main__":
    main()
```

运行程序，得到 HTTP 响应的头和 JSON 数据，代码如下：

```
Status: 200 OK
Content-Type: text/html
```

```
    Content-Length: 6234
    Data: <!DOCTYPE html><html><head><meta
http-equiv="content-type"content="text/html;charset=utf-8"/><meta
http-equiv="X-UA-Compatible"content="IE=Edge"/><meta
content="never"name="referrer"/><title>百度一下，你就知道
```

如果想模拟浏览器发送 GET 请求，就需要使用 Request 对象，通过往 Request 对象添加 HTTP 头可以把请求伪装成浏览器。

15.6.2 POST 请求

如果要以 POST 发送一个请求，就要把参数 data 以 bytes 形式传入。

模拟一个微博登录，先读取登录的邮箱和口令，然后按照 weibo.cn 登录页的格式以 username=xxx&password=xxx 的编码传入，代码实现如下（login_post.py）：

```
from urllib import request, parse


def login_post():
    print('Login to weibo.cn...')
    email = input('Email: ')
    passwd = input('Password: ')
    login_data = parse.urlencode([
        ('username', email),
        ('password', passwd),
        ('entry', 'mweibo'),
        ('client_id', ''),
        ('savestate', '1'),
        ('ec', ''),
        ('pagerefer',
         'https://passport.weibo.cn/signin/welcome?'
         'entry=mweibo&r=http%3A%2F%2Fm.weibo.cn%2F')
    ])

    req = request.Request('https://passport.weibo.cn/sso/login')
    req.add_header('Origin', 'https://passport.weibo.cn')
    req.add_header('User-Agent',
                   'Mozilla/6.0  AppleWebKit/536.26 '
                   '(KHTML, like Gecko) Version/8.0'
                   ' Safari/8536.25')
    req.add_header('Referer',
                   'https://passport.weibo.cn/signin/login?'
                   'entry=mweibo&res=wel&wm=3349'
```

```
                    '&r=http%3A%2F%2Fm.weibo.cn%2F')

    with request.urlopen(req, data=login_data.encode('utf-8')) as f:
        print(f'Status:{f.status} {f.reason}')
        for k, v in f.getheaders():
            print(f'{k}: {v}')
            print(f"Data:{data.decode('utf-8')}")


def main():
    login_post()


if __name__ == "__main__":
    main()
```

执行该程序，并输入对应的 username 和 password，若账户存在，则得到如下结果：

```
Status: 200 OK
Server: nginx/1.2.0
Date: Sat, 25 Oct 2020 12:38:37 GMT
......
Set-Cookie: SSOLoginState=1477125517; path=/; domain=weibo.cn
......
Data: {"retcode":20000000,"msg":"","data":{...,"uid":"3538172252"}}
```

若登录失败，则得到如下输出结果：

```
Status: 200 OK
Server: nginx/1.2.0
Date: Sat, 25 Oct 2020 12:46:04 GMT
......
Data:
{"retcode":50011015,"msg":"\u7528\u6237\u540d\u6216\u5bc6\u7801\u9519\u8bef","d
ata":{"username":"test@aliyun.com","errline":634}}
```

urllib 提供的功能是利用程序执行各种 HTTP 请求。如果要模拟浏览器完成特定功能，就要把请求伪装成浏览器。伪装的方法是先监控浏览器发出的请求，再根据浏览器的请求头进行伪装，User-Agent 头就是用来标识浏览器的。

15.7 牛刀小试——模拟浏览器

写一个简单的爬虫，模拟浏览器操作，输入网址，抓取网页内容。

思维点拨：

（1）浏览器模拟请求头的编写；（2）URL 读取；（3）HTML 文本解码。

简单实现示例如下（browser_simulation.py）：

```
import urllib.request


# 伪装成浏览器(此处伪装成 chrome)
HEADERS = ('User-Agent', 'Mozilla/5.0 (Windows NT 6.1; WOW64) AppleWebKit/537.36
'
                    '(KHTML, like Gecko) Chrome/46.0.2490.86 Safari/537.36')


# 取得网页内容
def get_content(url_path):
    opener = urllib.request.build_opener()
    # 将伪装成的浏览器添加到对应的 http 头部
    opener.addheaders=[HEADERS]
    # 读取相应的 url
    read_contend = opener.open(url_path).read()
    # 将获得的 html 解码为 utf-8
    data = read_contend.decode('utf-8')
    print(data)


if __name__ == "__main__":
    get_content('http://news.baidu.com/')
```

执行代码，可以看到打印出整个网站页面的 HTML 格式的文本内容。此处省略打印结果的展示。

15.8 调 试

当我们使用更高级的程序时，普通输出和手动检查程序的方式已经不那么好用了。下面是一些高级程序调试的建议：

（1）检查概要信息和类型。运行时错误的一个常见原因是某个值的类型不对。调试这种错误时，通常只需要输出值的类型就足够了。

（2）编写自检查逻辑。有时可以写代码自动检查错误。比如登录时，如果第一次登录失败，就可以隔一定时间间隔再次登录，超出一定登录次数就不再尝试。或者在访问某个网站时，根据返回的响应结果中的某个或某些值选择做对应的工作。

（3）美化输出。格式化输出可以更容易发现错误，如将内置类型的值以更加人性化的可读格式输出。另一方面，花费时间构建脚手架代码可以减少未来调试的时间。

15.9 答疑解惑

Python 网络编程需要学习哪些网络相关知识？

答：Python 网络编程是一个很大的范畴，可以从以下几点进行相关学习：

（1）学习如何使用 Python 创建 Socket，如何将 Socket 与指定的 IP 地址和端口进行绑定，使用 Socket 发送数据、接收数据。

（2）学习如何使用 Python 处理线程，从而编写可以同时处理多个请求的 Web 服务器。

（3）学习如何使用 Python 控制 HTTP 层的逻辑，如何创建 HTTP GET、POST、PUT、DELETE 请求，如何处理接收到的 HTTP 请求，这些分别涉及 Python 的 httplib、basehttpserver 等模块。

了解以上几点后，接下来掌握一种 Python 基本的 Web 开发框架，如 web.py、Django、Pylon 等。在学习框架的基础上再去了解非阻塞式的 HTTP Server（如 Tornado）和 Twisted（Python 编写消息驱动的网络引擎）。

15.10 课后思考与练习

本章介绍了 Python 用于网络编程的一些方法。究竟选择什么方法取决于程序特定的需要和开发者的偏好。在本章结束前回顾一下学到的概念。

（1）什么是 TCP/IP？

（2）有哪些网络设计模块？

（3）TCP 编程和 UDP 编程分别是怎样实现的？

思考并解决如下问题：

（1）面向连接的套接字和无连接套接字之间的区别。

（2）TCP 和 UDP 中，哪种类型的服务器接受连接，并将它们转换到独立的套接字进行客户端通信。

（3）写程序登录某个网站。

（4）将登录返回结果写入一个 HTML 文件，使得可以直接单击该文件进入网站。

（5）对返回结果进行分析，提取一些有用信息，如提取汉字或网页上的链接地址。

第 16 章 GUI 编程

给予足够的眼球，所有的 Bug 都很容易发现（例如，通过大量的 beta 测试、结对开发，所有的问题都能很快地发现和修复）。

——Eric S. Raymond，程序员，开源软件的倡导者，
出自《The Cathedral and the Bazaar》

本章将对图形用户界面（Graphical User Interface，GUI）编程进行简要介绍，也就是那些带有按钮和文本框的窗口等。

目前支持 Python 的 GUI 工具包有很多，但是没有一个被认为是标准的，本章通过对 Python 默认的 GUI 工具包——tkinter 的讲解，让大家熟悉 Python 的 GUI。

参观完网络室，Python 快乐学习班的同学们来到可视化中心，在这里，他们将了解到怎么将一些组件可视化，他们也将动手参与设计一个简单的计算器。

16.1 GUI 简介

在开始 GUI 编程之前，先对几个 GUI 库做一个大体了解，然后学习安装 tkinter。

16.1.1 常用 GUI 库简介

Python 提供了多个图形开发界面的库，几个常用的 Python GUI 库如下：

- tkinter: tkinter 模块（Tk 接口）是 Python 的标准 Tk GUI 工具包的接口。Tk/tkinter 可以在大多数的 UNIX 平台下使用，同样可以应用在 Windows 和 Macintosh 系统中。Tk 8.0 的后

续版本可以实现本地窗口风格，并良好地运行在绝大多数平台中。

- wxPython: wxPython 是一款开源软件，是 Python 语言的一套优秀的 GUI 图形库，允许 Python 程序员很方便地创建完整的、功能键全的 GUI 用户界面。
- Jython: Jython 程序可以和 Java 无缝集成。除了一些标准模块外，Jython 使用 Java 的模块。Jython 几乎拥有标准的 Python 中不依赖于 C 语言的全部模块，比如，Jython 的用户界面将使用 Swing、AWT 或者 SWT。Jython 可以被动态或静态地编译成 Java 字节码。

16.1.2 安装 tkinter

tkinter 是 Python 的标准 GUI 库。Python 使用 tkinter 可以快速地创建 GUI 应用程序。

由于 tkinter 是内置到 Python 安装包中的，安装好 Python 之后，可通过 import tkinter 导入，即在对应的 .py 文件中执行如下语句即可：

```
import tkinter
```

16.2 概念介绍

在开始 GUI 编程之前，需要先了解这几个概念：窗口和控件、事件驱动处理、布局管理器。

开始之前，我们先看一个小示例（label_exp.py）：

```
from tkinter import *

top = Tk()
label = Label(top, text = 'hello world')
label.pack()
top.mainloop()
```

执行示例代码，得到如图 16-1 所示的结果，这个示例的运行结果可以让我们认识如窗口和控件等 GUI 编程的一些概念。

图 16-1 示例结果

16.2.1 窗口和控件

在 GUI 编程中，顶层的根窗口对象包含组成 GUI 应用的所有小窗口对象，它们可以是文字标签、按钮、列表框等，这些独立的 GUI 组件称为控件。当创建一个顶层窗口时，指的是需要一个地方来摆放所有的控件。在 Python 中，一般用如下语句创建根窗口：

```
import tkinter
top = tkinter.Tk()
```

或如 label_exp.py 代码中的：

```
from tkinter import *
top = Tk()
```

tkinter.Tk()返回的对象通常称为根窗口。

顶层窗口是那些在应用中独立显示的部分，GUI 程序中可以有多个顶层窗口，但只能有一个根窗口。在实际应用中，可以先把控件全部设计好，再添加功能，也可以边设计控件边添加功能。

控件可以独立存在，也可以作为容器存在。如果一个控件包含其他控件，就可以称其为其他控件的父控件。若一个控件被其他控件包含，则称其为那个控件的子控件，而父控件就称为包围它的容器控件。

控件有一些相关的行为，如按下按钮、将文本写入文本框等，这些行为称为事件，而 GUI 对这类事件的响应称为回调。

16.2.2 事件驱动处理

事件包括按下按钮及释放、鼠标移动、按回车键等。一个 GUI 应用从开始到结束就是通过整套事件体系来驱动的，这种方式称为事件驱动处理。

最简单的鼠标移动就是一个带有回调事件的例子。若鼠标指针正停在 GUI 应用顶层窗口的某处，你将鼠标移动到应用的另一部分，鼠标移动的行为会被复制到屏幕的光标上，于是看起来像是根据你的手移动的。系统通过处理这些移动事件便绘制出了窗口上的指针移动。当释放鼠标后，不再有事件需要处理，此时屏幕会重新恢复闲置的状态。

16.2.3 布局管理器

tkinter 有 3 种布局管理器，即 Placer、Packer 和 Grid。

Placer 是最原始的布局管理器，Placer 的做法非常直接，只需提供控件的大小和摆放位置，然后管理器就会自动将其摆放好。但这有一个问题，就是你必须对所有控件进行这些操作，这会加重编程开发者的负担，因为这些操作本应该是自动完成的。

Packer 是较为常用的布局管理器。Packer 会把控件填充到正确的位置，然后对于之后的每个控件，会去寻找剩余空间进行填充。这和出去旅行时往行李箱中塞行李的过程一样，尽管往里塞，会自动填充。

一旦 Packer 确定好所有控件的大小和对齐方式，就会在屏幕上将控件放置妥当。

Grid 可用于网络坐标，使用 Grid 来指定 GUI 控件的位置。

16.3 tkinter 的控件

tkinter 提供了各种控件如按钮、标签和文本框等，在一个 GUI 应用程序中使用，这些控件有时也被称为部件。

Python 的 tkinter 模块提供了 19 个控件，表 16-1 对各个控件做了简单的介绍。

表 16-1 tkinter 的控件

控 件	描 述
Button	按钮控件，在程序中显示按钮
Canvas	画布控件，显示图形元素，如线条或文本
Checkbutton	多选框控件，用于在程序中提供多项选择框
Entry	输入控件，用于显示简单的文本内容
Frame	框架控件，在屏幕上显示一个矩形区域，多用来作为容器
Label	标签控件，可以显示文本和位图
Listbox	列表框控件，Listbox 窗口小部件用来显示一个字符串列表给用户
Menubutton	菜单按钮控件，用于显示菜单项
Menu	菜单控件，显示菜单栏、下拉菜单和弹出菜单
Message	消息控件，用来显示多行文本，与 label 比较类似
Radiobutton	单选按钮控件，显示一个单选按钮的状态
Scale	范围控件，显示一个数值刻度，限定输出的数字区间
Scrollbar	滚动条控件，当内容超过可视化区域时使用，如列表框
Text	文本控件，用于显示多行文本
Toplevel	容器控件，用来提供一个单独的对话框，和 Frame 比较类似
Spinbox	输入控件，与 Entry 类似，但是可以指定输入范围值
PanedWindow	窗口布局管理插件，可以包含一个或者多个子控件
LabelFrame	简单的容器控件，常用于复杂的窗口布局
Messagebox	用于显示应用程序的消息框

此处，只对 Button、Checkbutton、Label、Text、Menu 等有代表性的控件进行讲解，其他控件的更多相关信息可以从网络上查找或访问 Python 官方提供的 GUI 教程，教程上有 GUI 各控件的详细描述和使用示例，网址为 https://www.tutorialspoint.com/python/python_ gui_programming.htm。

16.3.1 Button 控件

Button 控件用于在 Python 应用程序中添加按钮，可以用文本或图像来明确标识这些按钮的目的。可以在单击按钮时自动将一个函数或方法附加到一个按钮上。

Button 控件的语法如下：

```
w = Button ( master, option=value, ... )
```

参数 master 表示父窗口，options 是 Button 控件最常用的选项列表，这些选项可以是用逗号分隔的键值对。表 16-2 列举了 Button 控件 options 的部分可选值。

表 16-2 Button 控件的部分可选值

控 件	描 述
activebackground	光标选中按钮时，指定按钮的背景颜色
activeforeground	光标选中按钮时，指定按钮上的文本颜色
bg	指定按钮的背景色
command	指定按钮消息的回调函数

（续表）

控　件	描　述
fg	指定按钮的前景（文本）颜色
font	指定按钮上文本的字体
height	指定按钮的高度
width	指定按钮的宽度
padx	设置文本与按钮边框 x 的距离
pady	设置文本与按钮边框 y 的距离

通过如下示例了解 Button 控件的具体使用方式（button_exp.py）：

```
from tkinter import Tk, Button

# 创建顶层窗口
top = Tk()
# 文本内容为 hello world!
text = 'hello world!'
# 背景为黑色
bg = 'black'
# 文本字体为白色
fg = 'white'
# 文本的字体
font = ("黑体", 20, "bold")
'''
创建一个按钮，高为 6，宽为 30，文本内容为 hello world!，黑色背景，白色黑体字体，
大小 20，点击按钮，背景变为红色，字体为绿色，松开按钮后图形界面退出
'''
bt_tk = Button(top, text=text, height=6, width=30, command=top.quit, bg=bg,
fg=fg,
               font=font, activebackground='red', activeforeground='green')
# 将按钮控件放置到主窗口中
bt_tk.pack()
# 进入消息循环
top.mainloop()
```

执行示例代码，得到如图 16-2 所示的结果。

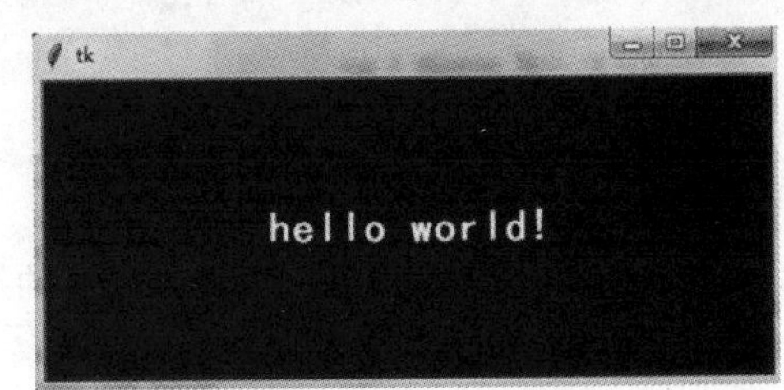

图 16-2　Button 示例

16.3.2　Checkbutton 控件

Checkbutton 控件作为切换按钮，用于向用户显示多选项。用户可以通过点击对应选项的按钮来选择一个或多个选项，也可以用图片代替文字。

Checkbutton 控件的语法如下：

```
w = Checkbutton ( master, option=value, ... )
```

参数 master 表示父窗口，options 是 Checkbutton 控件最常用的选项列表，这些选项可以是用逗号分隔的键值对。表 16-2 所列举的 Button 的 options 的部分可选值，Checkbutton 也都有，除表 16-2 所示的可选值外，Checkbutton 还有如表 16-3 所示的较常用的可选值。

表 16-3 Checkbutton 部分可选值

控 件	描 述
offvalue	当清除（关闭）时，Checkbutton 的关联控制变量将被设置为 0
onvalue	当一个 Checkbutton 的关联控制变量被选中时，它将被设置为 1
selectcolor	设置 Checkbutton 按钮的颜色
variable	按钮当前状态的控制变量，是一个 IntVar，0 表示关闭（offvalue），1 表示选中（onvalue）

通过如下示例了解 Checkbutton 控件的具体使用方式（checkbutton_exp.py）：

```
from tkinter import Tk, Checkbutton, IntVar

top = Tk()
# 定义整数变量
check_music = IntVar()
check_video = IntVar()
'''
创建选择按钮，文本值 Music，选中为 1，清除选中为 0，背景色为 white，
高 5，宽 50，选择框颜色为 red
'''
c_m = Checkbutton(top, text="Music", variable=check_music, onvalue=1,
offvalue=0,
                  bg='white', height=5, width=50, selectcolor='red')
'''
创建选择按钮，文本值 Video，选中为 1，清除选中为 0，背景色为 yellow，
高 8，宽 25，选择框颜色为 blue
'''
c_v = Checkbutton(top, text="Video", variable=check_video, onvalue=1,
offvalue=0,
                  bg='yellow', height=8, width=25, selectcolor='blue')
c_m.pack()
c_v.pack()
top.mainloop()
```

执行示例代码，得到如图 16-3 所示的结果。

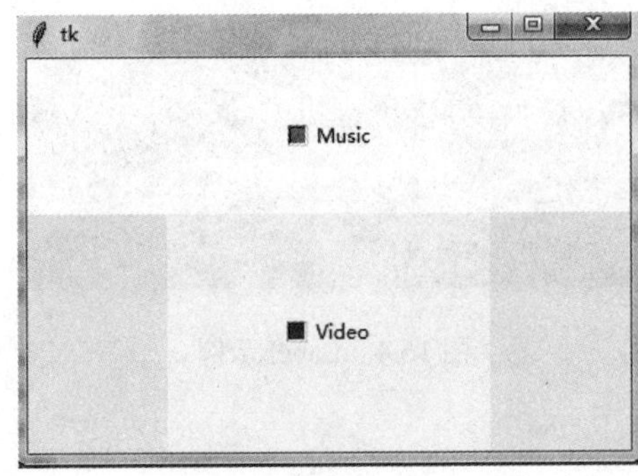

图 16-3 Checkbutton 示例

16.3.3 Label 控件

Label 控件用于创建一个显示框，可以在其中放置文本或图像，并且显示的文本可以随时更新。Label 控件的语法如下：

```
w = Label ( master, option=value, ... )
```

参数 master 表示父窗口，options 是 Label 控件最常用的选项列表。表 16-2 所列举的 options 的可选值，除 activebackground、activeforeground 和 command 外，Label 都有。

通过如下示例了解 Label 控件的具体使用方式（label_exp.py）：

```
from tkinter import Tk, StringVar, Label


top = Tk()
# 定义字符串变量
var = StringVar()
# 文本的字体
font = ("黑体", 20, "bold")
'''
定义一个 Label 控件，文本内容可变，背景为 black，文本为 white，
黑体 20，高为 6，宽为 30
'''
label = Label(top, textvariable=var, bg='black', fg='white',
            font=font, height=6, width=30)
var.set("Hello,world!")

label.pack()
top.mainloop()
```

执行示例代码，得到如图 16-4 所示的结果。

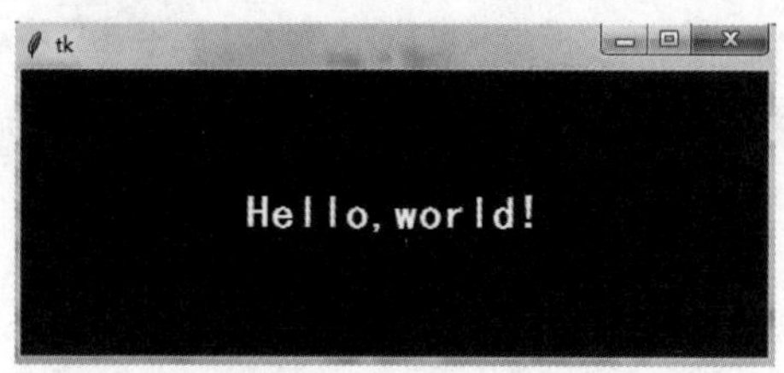

图 16-4　Label 示例

16.3.4　Text 控件

Text 控件提供了高级功能，允许编辑多行文本及进行格式调整，如更改其颜色和字体。

Text 控件的语法如下：

```
w = Text ( master, option=value, ... )
```

参数 master 表示父窗口，options 是 Text 控件最常用的选项列表。表 16-2 所列举的 Button 的 options 的可选值，除 activebackground、activeforeground 和 command 外，Text 都有。

通过如下示例了解 Text 控件的具体使用方式（text_exp.py）：

```
from tkinter import Tk, Text, INSERT, END

top = Tk()
# 文本的字体
font = ("黑体", 30, "bold")
'''
定义一个 Text 控件，高为 5，宽为 30，黑体 30，背景为 white，文本为 black
'''
text = Text(top, height=5, width=30, font=font, bg='white', fg='black')
# 插入文本 Hello,world!
text.insert(INSERT, "Hello,world!")
# 尾部插入文本 How are you?
text.insert(END, "How are you?")
text.pack()

# 文本标签，标签名 first，start index 为 0 和 end index 为 5，标记值为 Hello
text.tag_add("first", "1.0", "1.5")
# 文本标签，标签名 second，start index 为 12 和 end index 为 17，标记值为 How a
text.tag_add("second", "1.12", "1.17")
# 配置标记属性，对 first 标记的属性，设置背景色为 yellow，文本颜色为 blue
text.tag_config("first", background="yellow", foreground="blue")
# 配置标记属性，对 second 标记的属性，设置背景色为 black，文本颜色为 green
text.tag_config("second", background="black", foreground="green")
top.mainloop()
```

执行示例代码，得到如图 16-5 所示的结果。

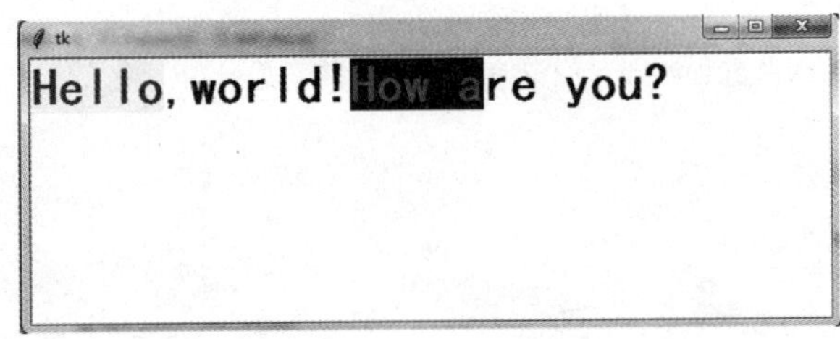

图 16-5 Text 示例

16.3.5 Menu 控件

Menu 控件的目标是使用各种菜单创建应用程序。Menu 控件的核心功能提供了三种创建菜单类型的方法：弹出式、顶层和下拉式。

Menu 控件的语法如下：

```
w = Menu ( master, option=value, ... )
```

参数 master 表示父窗口，options 是 Checkbutton 控件最常用的选项列表。表 16-4 列举了 Menu 控件 options 的部分可选值。

表 16-4 Menu 的部分可选值

控 件	描 述
activebackground	背景颜色
activeborderwidth	边框宽度，默认是 1 像素
activeforeground	文本颜色
bg	指定按钮的背景色
postcommand	可以将此选项设置为一个过程，每当有人打开这个菜单时，这个过程都会被调用
fg	指定按钮的前景（文本）颜色
font	指定按钮上文本的字体
selectcolor	选中时的背景
tearoff	分窗，0 为在原窗，1 为点击分为两个窗口
title	如果想要更改该窗口的标题，可将标题选项设置为该字符串

通过如下示例了解 Menu 控件的具体使用方式（menu_exp.py）：

```
from tkinter import Tk, Menu


win = Tk()
# 添加标题
win.title("Python GUI")



def _quit():
    """结束主事件循环"""
```

```
    # 关闭窗口
    win.quit()
    # 将所有的窗口小部件进行销毁，应该有内存回收的意思
    win.destroy()
    exit()


# 创建菜单栏功能
menuBar = Menu(win)
win.config(menu=menuBar)


# 文本的字体
font = ("黑体", 30, "bold")
# 创建一个名为 File 的菜单项，黑体 30，背景为 white，文本为 black
fileMenu = Menu(menuBar, tearoff=0, font=font, bg='white', fg='black')
menuBar.add_cascade(label="File", menu=fileMenu)

# 在菜单项 File 下面添加一个名为 New 的选项
fileMenu.add_command(label="New")

# 在两个菜单选项中间添加一条横线
fileMenu.add_separator()

# 在菜单项下面添加一个名为 Exit 的选项
fileMenu.add_command(label="Exit", command=_quit)

# 在菜单栏中创建一个名为 Help 的菜单项，黑体 30，背景为 white，文本为 black
helpMenu = Menu(menuBar, tearoff=0, font=font, bg='white', fg='black')
menuBar.add_cascade(label="Help", menu=helpMenu)

# 在菜单栏 Help 下添加一个名为 About 的选项
helpMenu.add_command(label="About")

win.mainloop()
```

执行示例代码，得到如图 16-6 所示的结果。

图 16-6　Menu 示例

16.4　tkinter 组合控件

16.3 节主要讲解了各个控件的语法、可选值的使用以及单个控件的一些使用方式。本节将通过一个组合控件的使用来加强对各个控件的熟悉。

定义一个 resize()回调函数，该函数依附于 Scale 控件。当 Scale 控件的滑块移动时，这个函数被激活，用来调整 Label 控件中的文本大小。

定义顶层窗口的大小为 400×200。定义一个 Button，当单击该按钮时退出图形界面。定义 Menubutton 菜单组，并实现可以分离出主窗口。

根据这些要求实现示例代码如下（label_button_scale_menubutton.py）：

```
from tkinter import Tk, Button, Label, Scale, Menubutton, Menu
from tkinter import X, Y, HORIZONTAL, LEFT


# 回调函数
def resize(ev=None):
   label.config(font='Hello %d bold' % scale.get())


top = Tk()
top.title("控件组合")
top.geometry('400x200')
label = Label(top, text='Hello World!', font='Helvetica -12 bold')
label.pack(fill=Y, expand=1)

scale = Scale(top, from_=10, to=40, orient=HORIZONTAL, command=resize)
scale.set(12)
# 绘画界面，fill=X，expand=1 表示可以被撑开
scale.pack(fill=X, expand=1)
```

```
quit_tk = Button(top, text="QUIT", command=top.quit,
             activeforeground='white', activebackground='red')
quit_tk.pack()

mb_lang = Menubutton(top, text ='Language')

mb_lang.menu = Menu(mb_lang)
# 生成菜单项
for item in ['Python', 'PHP', 'CPP', 'C', 'Java', 'JavaScript', 'VBScript']:
   mb_lang.menu.add_command(label = item)
mb_lang['menu'] = mb_lang.menu
mb_lang.pack(side = LEFT)

# 向菜单中添加 checkbutton 项
mb_os = Menubutton(top, text ='OS')
mb_os.menu = Menu(mb_os)
for item in ['Unix', 'Linux', 'Soloris', 'Windows']:
   mb_os.menu.add_checkbutton(label = item)
mb_os['menu'] = mb_os.menu
mb_os.pack(side = LEFT)

# 向菜单中添加 radiobutton 项
mb_linux = Menubutton(top, text ='Linux')
mb_linux.menu = Menu(mb_linux)
for item in ['Redhat', 'Fedra', 'Suse', 'ubuntu', 'Debian']:
   mb_linux.menu.add_radiobutton(label = item)
mb_linux['menu'] = mb_linux.menu
mb_linux.pack(side = LEFT)

# 对菜单项进行操作
# 向 Language 菜单中添加一项"Ruby"，以分隔符分开
mb_lang.menu.add_separator()
mb_lang.menu.add_command(label ='Ruby')

# 向 OS 菜单中的第二项添加"FreeBSD"，以分隔符分开
mb_os.menu.insert_separator(2)
mb_os.menu.insert_checkbutton(3, label ='FreeBSD')
mb_os.menu.insert_separator(4)

# 将 Linux 中的“Debian”删除
mb_linux.menu.delete(5)
```

```
top.mainloop()
```

执行示例代码，得到如图 16-7 所示的结果。

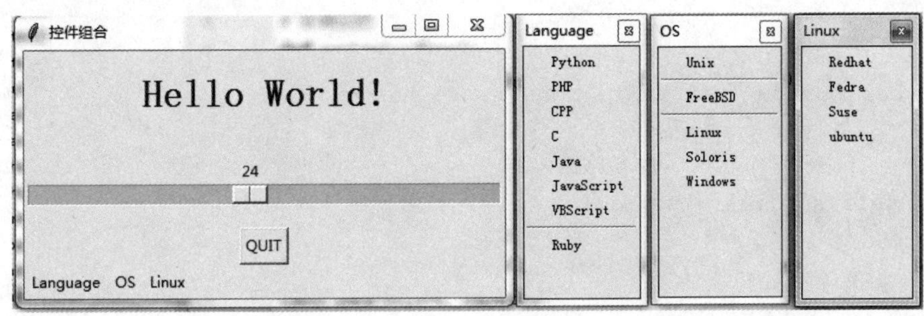

图 16-7　组合控件示例

16.5　牛刀小试——计算器开发

设计一个计算器，要求实现以下功能：

（1）需要有显示区和下拉菜单。

（2）显示按键 0~9。

（3）显示常规符号按键。

（4）实现加、减、乘、除、取余、求倒数、开平方根、取相反数等操作。

（5）鼠标单击按键时，按键的值或者运算结果能够在显示区显示。

（6）能够清空显示区，以备下一次运算输入。

（7）能够退格删除显示区的内容。

（8）对于被除数为 0，可以做异常处理和提示。

思路分析：

可以使用 Button、Label 和 Menu，Button 用于按钮控件的实现，Label 用于显示区的实现，Menu 用于下拉菜单的实现，Messagebox 用于提示框的实现。

加、减、乘、除、取余、求倒数、开平方根、取相反数等操作则为 Python 的逻辑实现。

计算过程中出现异常时，通过异常机制进行处理，把异常信息通过 Messagebox 展现出来。

实现代码如下（calculator_exp.py）：

```
import decimal
import math
from tkinter import Tk, StringVar, Button, Label, Menu, messagebox

top = Tk()
top.title('计算器')
top.resizable(0, 0)
global cun_cu, var_text, result, fu_hao
```

```
    result, fu_hao = None, None
    var_text = StringVar()
    cun_cu = []


    class AnJianZhi(object):
        global cun_cu, var_text, result, fu_hao

        def __init__(self, an_jian):
            self.an_jian = an_jian

        def jia(self):
            cun_cu.append(self.an_jian)
            var_text.set(''.join(cun_cu))

        def tui(self):
            if cun_cu is not None and cun_cu.__len__() > 0:
                cun_cu.pop()
            var_text.set(''.join(cun_cu))

        def clear(self):
            cun_cu.clear()
            var_text.set('')
            result = None
            fu_hao = None

        def zheng_fu(self):
            if cun_cu is None or cun_cu.__len__() == 0:
                var_text.set(''.join(cun_cu))
                return

            if cun_cu[0]:
                if cun_cu[0] == '-':
                    cun_cu[0] = '+'
                elif cun_cu[0] == '+':
                    cun_cu[0] = '-'
                else:
                    cun_cu.insert(0, '-')
            var_text.set(''.join(cun_cu))

        def xiao_shu_dian(self):
            if cun_cu.count('.') >= 1:
                pass
            else:
                if cun_cu.__len__() == 0:
                    cun_cu.append('0')
```

```
        cun_cu.append('.')
        var_text.set(''.join(cun_cu))

    def yun_suan(self):
        global cun_cu, var_text, result, fu_hao
        if var_text.get() == '':
            pass
        else:
            get1 = decimal.Decimal(var_text.get())
            if self.an_jian in ('1/x', 'sqrt'):
                if self.an_jian == '1/x':
                    try:
                        result = 1/get1
                    except ZeroDivisionError as ex:
                        result = 0
                        messagebox.showinfo('异常', f'被除数等于:{get1}')
                elif self.an_jian == 'sqrt':
                    result = math.sqrt(get1)
            elif self.an_jian in ('+', '-', '*', '/', '=', '%'):
                if fu_hao is not None:
                    get1 = decimal.Decimal(result)
                    get2 = decimal.Decimal(var_text.get())
                    if fu_hao == '+':
                        result = get1 + get2
                    elif fu_hao == '-':
                        result = get1 - get2
                    elif fu_hao == '*':
                        result = get1 * get2
                    elif fu_hao == '/':
                        try:
                            result = get1 / get2
                        except ZeroDivisionError:
                            result = 0
                            messagebox.showerror('异常', f'被除数等于:{get2}')
                        except Exception as et:
                            result = 0
                            messagebox.showerror('异常', f'异常信息:{et}')
                    elif fu_hao == '%':
                        result = get1 % get2
                else:
                    result = get1
                if self.an_jian == '=':
                    fu_hao = None
                else:
                    fu_hao = self.an_jian
            print(fu_hao)
```

```
            print(result)
            var_text.set(str(result))
            cun_cu.clear()


    def bu_ju(top_var):
        global cun_cu, var_text, result, fu_hao
        entry1 = Label(top_var, width=30, height=2, bg='white', anchor='se', 
textvariable=var_text)
        entry1.grid(row=0, columnspan=5)
        button_mc = Button(top_var, text='MC', width=5)
        button_mr = Button(top_var, text='MR', width=5)
        button_ms = Button(top_var, text='MS', width=5)
        button_m1 = Button(top_var, text='M+', width=5)
        button_m2 = Button(top_var, text='M-', width=5)
        button_mc.grid(row=1, column=0)
        button_mr.grid(row=1, column=1)
        button_ms.grid(row=1, column=2)
        button_m1.grid(row=1, column=3)
        button_m2.grid(row=1, column=4)

        button_j = Button(top_var, text='←', width=5, command=AnJianZhi('c').tui)
        button_ce = Button(top_var, text='CE', width=5)
        button_c = Button(top_var, text=' C ', width=5, 
command=AnJianZhi('c').clear)
        button12 = Button(top_var, text='±', width=5, 
command=AnJianZhi('c').zheng_fu)
        button_d = Button(top_var, text='√', width=5, 
command=AnJianZhi('sqrt').yun_suan)
        button_j.grid(row=2, column=0)
        button_ce.grid(row=2, column=1)
        button_c.grid(row=2, column=2)
        button12.grid(row=2, column=3)
        button_d.grid(row=2, column=4)

        button7 = Button(top_var, text=' 7 ', width=5, command=AnJianZhi('7').jia)
        button8 = Button(top_var, text=' 8 ', width=5, command=AnJianZhi('8').jia)
        button9 = Button(top_var, text=' 9 ', width=5, command=AnJianZhi('9').jia)
        button_c = Button(top_var, text=' / ', width=5, 
command=AnJianZhi('/').yun_suan)
        button_f = Button(top_var, text=' % ', width=5, 
command=AnJianZhi('%').yun_suan)
        button7.grid(row=3, column=0)
        button8.grid(row=3, column=1)
        button9.grid(row=3, column=2)
        button_c.grid(row=3, column=3)
```

```
        button_f.grid(row=3, column=4)

        button4 = Button(top_var, text=' 4 ', width=5, command=AnJianZhi('4').jia)
        button5 = Button(top_var, text=' 5 ', width=5, command=AnJianZhi('5').jia)
        button6 = Button(top_var, text=' 6 ', width=5, command=AnJianZhi('6').jia)
        button_x = Button(top_var, text=' * ', width=5,
command=AnJianZhi('*').yun_suan)
        button_fs = Button(top_var, text='1/x', width=5,
command=AnJianZhi('1/x').yun_suan)
        button4.grid(row=4, column=0)
        button5.grid(row=4, column=1)
        button6.grid(row=4, column=2)
        button_x.grid(row=4, column=3)
        button_fs.grid(row=4, column=4)

        button1 = Button(top_var, text=' 1 ', width=5, command=AnJianZhi('1').jia)
        button2 = Button(top_var, text=' 2 ', width=5, command=AnJianZhi('2').jia)
        button3 = Button(top_var, text=' 3 ', width=5, command=AnJianZhi('3').jia)
        button_ = Button(top_var, text=' - ', width=5,
command=AnJianZhi('-').yun_suan)
        button_dy = Button(top_var, text=' \n = \n ', width=5,
command=AnJianZhi('=').yun_suan)
        button1.grid(row=5, column=0)
        button2.grid(row=5, column=1)
        button3.grid(row=5, column=2)
        button_.grid(row=5, column=3)
        button_dy.grid(row=5, column=4, rowspan=2)

        button0 = Button(top_var, text='   0   ', width=11,
command=AnJianZhi('0').jia)
        button_jh = Button(top_var, text=' . ', width=5,
command=AnJianZhi('c').xiao_shu_dian)
        button_jia = Button(top_var, text=' + ', width=5,
command=AnJianZhi('+').yun_suan)
        button0.grid(row=6, column=0,columnspan=2)
        button_jh.grid(row=6, column=2)
        button_jia.grid(row=6, column=3)


    def cai_dan(top_var):
        menu = Menu(top_var)
        sub_menu_1 = Menu(menu, tearoff=0)
        menu.add_cascade(label='查看', menu=sub_menu_1)
        sub_menu_2 = Menu(menu, tearoff=0)
        sub_menu_2.add_command(label='复制')
        sub_menu_2.add_command(label='粘贴')
```

```
        menu.add_cascade(label='编辑', menu=sub_menu_2)
        sub_menu = Menu(menu, tearoff=0)
        sub_menu.add_command(label='查看帮助')
        sub_menu.add_separator()
        sub_menu.add_command(label='关于计算机')
        menu.add_cascade(label='帮助', menu=sub_menu)
        top_var.config(menu=menu)


    if __name__ == "__main__":
        bu_ju(top)
        cai_dan(top)
        top.mainloop()
```

执行示例代码，得到如图 16-8 所示的结果。

图 16-8　计算器

16.6　调　试

打开网址 https://www.tutorialspoint.com/python/python_gui_programming.htm，根据本章所学，找到对应的控件，仔细查看对应控件的文档，并逐个尝试控件的各个选项值，有些控件提供了对应的方法，练习提供的方法的使用方式。

GUI 工具包有多种，工具包的基础都差不多，不过当学习如何使用一个新的包时，通过了解所有的细节，而后找到学习新包的方法，这样还是很花时间的。所以在决定使用哪个工具包之前，应该花一些时间考虑，然后研究文档，接着不断 coding。

16.7　答疑解惑

（1）Python GUI 编程选择哪个好？

答： 目前比较常用的 Python GUI 有 tkinter、wxPython、Jython 三种，其中 tkinter 是 Python 的标准 GUI 库，可以快速使用；wxPython 是跨平台的，允许同一个程序可以不经修改地在多种平台上运行；Jython 是一种完整的语言，是 Python 语言在 Java 中的完全实现，并且 Jython 有能力使用 Java 特别的安全框架。

这三种 GUI 库都有各自的特点，可以根据自己的喜好进行选择。

（2）如何快速入门 Python GUI 编程？

答： 在这里先借用一位"大牛"的一句话：GUI 的东西应该会很难，它甚至可以塑造性格。

这句话就是告诉我们，对于 GUI 的学习，并没有什么捷径，最好的办法就是不断实战、不断调试、不断尝试，而后在实战过程中不断分析与总结。GUI 的应用非常考验设计能力，就像造房子，不同的人会有不同的设计，而根据不同的设计做出来的东西就会千差万别，最直接的体现就是给人的视觉效果有所不同。

16.8　课后思考与练习

本章主要介绍了 Python GUI 编程中 tkinter 的一些控件，在本章结束前回顾一下如下概念：

（1）如何安装 tkinter？
（2）tkinter 中有哪些控件？
（3）tkinter 中各个控件都怎么使用，有哪些特性？

思考并解决如下问题：

（1）使用 Canvas 控件绘制一个几何图形。
（2）使用 Listbox 控件实现选项列表的展示。
（3）使用 Message 控件实现多行消息的显示，并对某些单词做颜色标识。
（4）使用 RadioButton 控件实现单选，并结合其他控件展示所选中的内容。
（5）挑选对应控件，实现简单的图形化选择性试题界面，并对答题结果评分。
（6）挑选对应控件，实现简单的五子棋游戏。
（7）挑选对应控件，实现简单的在线聊天。

第 17 章

操作数据库

大部分情况下，构建程序的过程本质上是对规范调试的过程。

——Fred Brooks，《人月神话》作者

使用简单的纯文本方式只能实现有限的功能，不能进行快速查询，只有把数据全部读到内存中才能自己遍历。不过在实际应用中，我们操作的数据大小经常远远超过内存，根本无法全部读入内存。

为了便于保存程序和读取数据，并直接通过条件快速查询指定的数据，于是出现了数据库（Database）这种专门用于集中存储和查询的软件。

本章介绍在 Python 3.9 中使用 PyMySQL 连接数据库，并实现简单的增、删、改、查。

参观完可视化中心，Python 快乐学习班的同学在导游的陪同下，来到数据碉堡，在这里，他们将了解到数据是怎么存放进数据库的。

17.1 数据库介绍

数据库历史非常久远，早在 1950 年就诞生了。经历了网状数据库、层次数据库，我们现在广泛使用的关系数据库是 20 世纪 70 年代在关系模型的基础上诞生的。

目前，广泛使用的关系数据库分为付费型和免费型。付费型数据库主要有以下几种：

（1）Oracle，收费昂贵，产品确实好，当前很多大型公司仍然使用它。

（2）SQL Server，微软自家产品，Windows 定制专款。

（3）DB2，IBM 的产品。

（4）Sybase，曾经跟微软关系非常亲密，后来关系破裂，使用的人比较少了，已逐渐淡出大家的视野。

这些数据库都是不开源而且付费的，最大的好处是出了问题可以找厂家解决。不过在 Web 的世界里，通常需要部署成千上万数据库服务器，如果使用付费型数据库，赚的钱都会被拿去买服务器了。所以，无论是 Google、Facebook，还是国内的 BAT，无一例外都选择免费的开源数据库。当前流行的免费数据库有以下几种：

（1）MySQL，当前使用最为广泛的开源数据库。

（2）PostgreSQL，学术气息有点重，其实挺不错，不过知名度没有 MySQL 高。

（3）SQLite，嵌入式数据库，适合桌面和移动应用。

作为 Python 开发工程师，选择哪款免费数据库呢？当然是 MySQL。因为 MySQL 普及率最高，出了错可以很容易找到解决方法，而且围绕 MySQL 有很多监控和运维工具，安装和使用很方便。

为了继续后面的学习，你需要从 MySQL 官方网站（http://www.mysql.com）下载并安装 MySQL Community Server。

你也许还听说过 NoSQL 数据库，很多 NoSQL 宣传速度和规模远远超过关系数据库，是否有同学觉得有了 NoSQL 就不需要 SQL 了呢？这样的想法是错误的，在搞明白 NoSQL 之前，需要先明白 SQL，在 SQL 的基础上学习 NoSQL 很容易，反过来就不行了。

本书主要介绍 Python 如何操作数据库，并不是单纯介绍数据库，如果你想从零学习关系数据库和基本的 SQL 语句，还需要查看相关资料。

17.2 Python 数据库 API

Python 数据库 API 是为方便统一操作数据库而提出的一个标准接口，也称为 DB-API。

在没有 Python DB-API 之前，各数据库之间的应用接口非常混乱，实现各不相同。如果项目需要更换数据库，就需要进行大量修改，非常不便。Python DB-API 的出现就是为了解决这些问题。

Python 所有数据库接口程序都在一定程度上遵守 Python DB-API 规范。DB-API 定义了一系列必需的对象和数据库存取方式，以便为各种各样的底层数据库系统和数据库接口程序提供一致的访问接口。由于 DB-API 为不同数据库提供了一致的访问接口，因此在不同的数据库之间移植代码成为一件轻松的事情。

DB-API 规范包括全局变量、异常、连接、游标和类型等基本概念，下面我们逐一进行介绍。

17.2.1 全局变量

DB-API 规范规定数据库接口模块必须实现一些全局属性以保证兼容性。Python 提供了 3 个描述数据库模块特性的全局变量，如表 17-1 所示。

表 17-1 Python DB-API 模块特性全局变量

变 量 名	用 途
apilevel	所使用的 Python DB-API 的版本
threadsafety	模块的线程安全等级
paramstyle	在 SQL 查询中使用的参数风格

apilevel 指的是 API 级别，是一个字符串常量，表示这个 DB-API 模块所兼容的 DB-API 最高的版本号。例如，若版本号是 1.0、2.0，则最高版本是 2.0，如果未定义，就默认是 1.0 版本。

线程安全等级 threadsafety 是一个整数，取值范围如下：

- 0 表示不支持线程安全，多个线程不能共享此模块。
- 1 表示初级线程安全支持，线程可以共享模块，但不能共享连接。
- 2 表示中级线程安全支持，线程可以共享模块和连接，但不能共享游标。
- 3 表示完全线程安全支持，线程可以共享模块、连接及游标。

paramstyle（参数风格）表示执行多次类似查询时，参数如何被拼接到 SQL 查询中。值 format 表示标准字符串格式化（使用基本的格式代码），可以在参数中进行拼接的地方插入%s。值 pyformt 表示扩展的格式代码，用于字典拼接，如%（foo）。除了 Python 风格之外，还有 3 种接合方式：qmark 的意思是使用问号，numeric 表示使用:1 或:2 格式的字段（数字表示参数的序号），而 named 表示:foobar 这样的字段。其中，foobar 为参数名。

17.2.2 异常

为了能尽可能准确地处理错误，DB-API 中定义了一些异常。这些异常被定义在层次结构中，可以通过一个 except 块捕捉多种异常。

异常的层次如表 17-2 所示。

表 17-2 DB-API 常见异常

异 常	超 类	描 述
StandardError		所有异常的泛型基类
Warning	StandardError	在非致命错误发生时引发
Error	StandardError	错误异常基类
InterfaceError	Error	数据库接口错误
DatabaseError	Error	与数据库相关的错误基类
DataError	DatabaseError	处理数据时出错
OperationalError	DatabaseError	数据库执行命令时出错
IntegrityError	DatabaseError	数据完整性错误
InternalError	DatabaseError	数据库内部出错
ProgrammingError	DatabaseError	SQL 执行失败
NotSupportedError	DatabaseError	试图执行数据库不支持的特性

17.2.3 连接和游标

为了使用基础数据库系统，首先必须连接它。连接数据库需要使用具有恰当名称的 connect 函数。该函数有多个参数，具体使用哪个参数需要根据数据库类型进行选择。DB-API 定义了表 17-3 所示的参数作为准则（建议将这些参数按表中给定的顺序传递），参数类型为字符串类型。

表 17-3　connect 函数常用参数

参 数 名	描　述	是否可选
dsn	数据源名称，给出该参数表示数据库依赖	否
user	用户名	是
password	用户密码	是
host	主机名	是
database	数据库名称	是

connect 函数返回连接对象，这个连接对象表示目前和数据库的会话。连接对象支持的方法如表 17-4 所示。

表 17-4　连接对象支持的方法

方 法 名	描　述
close()	关闭连接后，连接对象和它的游标均不可用
commit()	如果支持就提交挂起的事务，否则不做任何事
rollback()	回滚挂起的事务（可能不可用）
cursor()	返回连接的游标对象

rollback 方法可能不可用，因为不是所有数据库都支持事务。

commit 方法总是可用的，不过如果数据库不支持事务，它就没有任何作用。

cursor 方法指游标对象。通过游标执行 SQL 查询并检查结果。游标比连接支持更多方法，而且在程序中更好用。表 17-5 是游标方法的概述，表 17-6 是游标特性的概述。

表 17-5　游标对象方法

名　称	描　述
callproc(func[,args])	使用给定的名称和参数（可选）调用已命名的数据库程序
close()	关闭游标后，游标不可用
execute(op[,args])	执行 SQL 操作，可能使用参数
executemany(op,args)	对序列中的每个参数执行 SQL 操作
fetchone()	把查询结果集中的下一行保存为序列或 None
fetchmany([size])	获取查询结果集中的多行，默认尺寸为 arraysize
fetchall()	将所有（剩余）行作为结果序列
nextset()	调至下一个可用的结果集（可选）
setinputsizes(sizes)	为参数预先定义内存区域
setoutputsize(size[,col])	为获取大数据值设定缓冲区尺寸

表 17-6　游标对象特性

名　称	描　述
arraysize	fetchmany 中返回的行数，只读
description	结果列描述的序列，只读
rowcount	结果中的行数，只读

游标对象最重要的属性是 execute*()和 fetch*()方法。所有对数据库服务器的请求都由这两个方法完成。对 fetchmany()方法来说，设置一个合理的 arraysize 属性很有用。当然，在不需要时最好关

掉游标对象。

17.2.4 类型

每一个插入数据库中的数据都对应一个数据类型，每一列数据对应同一个数据类型，不同列对应不同的数据类型。在操作数据库的过程中，为了能够正确与基础 SQL 数据库进行数据交互操作，DB-API 定义了用于特殊类型和值的构造函数及常量，所有模块都要求实现表 17-7 所示的构造函数和特殊值。

表 17-7 DB-API 构造函数和特殊值

构造函数和特殊值的名称	描 述
Date(yr,mo,dy)	日期值对象
Time(hr,min,sec)	时间值对象
Timestamp(yr,mo,dy, hr, min,sec)	时间戳对象
DateFromTicks(ticks)	创建自新纪元以来秒数的对象
TimeFromTicks(ticks)	创建自新纪元以来秒数的时间值对象
TimestampFromTicks(ticks)	创建自新纪元以来秒数的时间戳值对象
Binary(string)	对应二进制长字符串值对象
STRING	描述字符串列对象，如 VARCHAR
BINARY	描述二进制长列对象，如 RAW、BLOB
NUMBER	描述数字列对象
DATETIME	描述日期时间列对象
ROWID	描述 row ID 列对象

注：新纪元指 1970-01-01 00:00:01 utc 时间

17.3 数据库操作

前面我们介绍了数据库的基本概念，本节具体介绍数据库的连接及增、删、改、查操作。

下面的示例数据库为 TEST，表名为 EMPLOYEE，EMPLOYEE 表字段为 FIRST_NAME、LAST_NAME、AGE、SEX、INCOME 和 CREATE_TIME。

连接数据库 TEST 使用的用户名为 root，密码为 root。

在系统上已经安装了 Python PyMySQL 模块。若不知道怎么安装，则可查阅相关资料。

如果对 SQL 语句不熟悉，就要先了解数据库的一些基本操作，以方便更好地理解接下来的内容。

17.3.1 数据库连接

下面是连接 MySQL TEST 数据库的实例（db_connect.py）。

```
import pymysql


def db_connect():
```

```
    # 打开数据库连接
    db = pymysql.connect("localhost", "root", "root", "test")

    # 使用 cursor()方法创建一个游标对象 cursor
    cursor = db.cursor()

    # 使用 execute()方法执行 SQL 查询
    cursor.execute("SELECT VERSION()")

    # 使用 fetchone() 方法获取单条数据
    data = cursor.fetchone()

    print(f"Database version : {data[0]} ")

    # 关闭数据库连接
    db.close()


def main():
    db_connect()


if __name__ == "__main__":
    main()
```

若 import pymysql 报错，则需要安装 pymysql。执行结果如下：

```
Database version : 5.5.28
```

17.3.2　创建数据库表

如果数据库连接存在，就可以使用 execute()方法为数据库创建表。创建表 EMPLOYEE 的代码如下（create_table.py）：

```
import pymysql


def create_table():
    db = pymysql.connect("localhost", "root", "root", "test")
    # 使用 cursor() 方法创建一个游标对象 cursor
    cursor = db.cursor()

    # 使用 execute() 方法执行 SQL，如果表存在就删除
    cursor.execute("DROP TABLE IF EXISTS EMPLOYEE")
```

```
    # 使用预处理语句创建表
    sql = """CREATE TABLE EMPLOYEE (
         FIRST_NAME  CHAR(20) NOT NULL,
         LAST_NAME  CHAR(20),
         AGE INT,
         SEX CHAR(1),
         INCOME FLOAT,
         CREATE_TIME DATETIME)"""
    try:
        cursor.execute(sql)
        print("CREATE TABLE SUCCESS.")
    except Exception as ex:
        print(f"CREATE TABLE FAILED,CASE:{ex}")
    finally:
        # 关闭数据库连接
        db.close()


def main():
    create_table()


if __name__ == "__main__":
    main()
```

执行结果如下：

```
CREATE TABLE SUCCESS.
```

从 MySQL 客户端查看表结构，如图 17-1 所示。

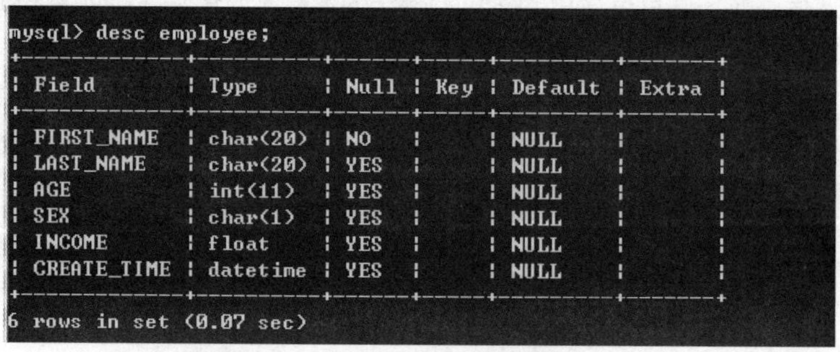

```
mysql> desc employee;
+-------------+----------+------+-----+---------+-------+
| Field       | Type     | Null | Key | Default | Extra |
+-------------+----------+------+-----+---------+-------+
| FIRST_NAME  | char(20) | NO   |     | NULL    |       |
| LAST_NAME   | char(20) | YES  |     | NULL    |       |
| AGE         | int(11)  | YES  |     | NULL    |       |
| SEX         | char(1)  | YES  |     | NULL    |       |
| INCOME      | float    | YES  |     | NULL    |       |
| CREATE_TIME | datetime | YES  |     | NULL    |       |
+-------------+----------+------+-----+---------+-------+
6 rows in set (0.07 sec)
```

图 17-1　EMPLOYEE 表结构

17.3.3 数据库插入

下面使用 SQL INSERT 语句向表 EMPLOYEE 插入记录（注意使用了 datetime 模块）（insert_record.py）。

```
import pymysql
import datetime


def insert_record():
    db = pymysql.connect("localhost", "root", "root", "test")

    # 使用 cursor()方法获取操作游标
    cursor = db.cursor()

    # SQL 插入语句
    sql = "INSERT INTO EMPLOYEE(FIRST_NAME,LAST_NAME, AGE, SEX, INCOME," \
          " CREATE_TIME) VALUES('{}', '{}', {}, '{}', {}, '{}')".\
        format('xiao', 'zhi', 22, 'M', 30000, datetime.datetime.now())
    try:
        # 执行 sql 语句
        cursor.execute(sql)
        # 提交到数据库执行
        db.commit()
        print("INSERT SUCCESS.")
    except Exception as ex:
        print(f'INSERT INTO MySQL table failed.Case:{ex}')
        # 如果发生错误就回滚
        db.rollback()
    finally:
        # 关闭数据库连接
        db.close()


def main():
    insert_record()


if __name__ == "__main__":
    main()
```

执行结果如下：

```
INSERT SUCCESS.
```

从 MySQL 客户端查看表插入结果，如图 17-2 所示。

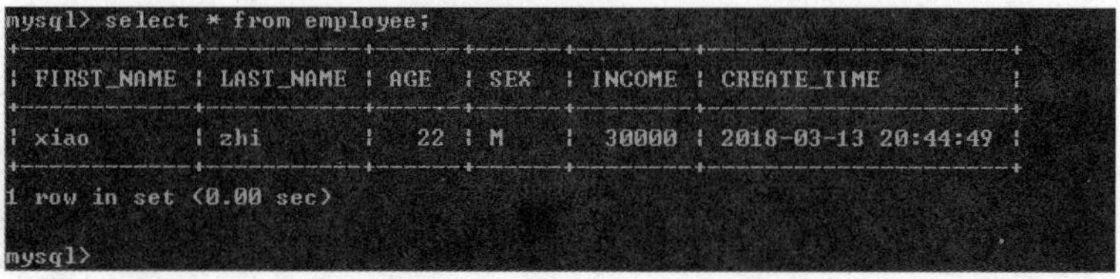

```
mysql> select * from employee;
+------------+-----------+------+------+--------+---------------------+
| FIRST_NAME | LAST_NAME | AGE  | SEX  | INCOME | CREATE_TIME         |
+------------+-----------+------+------+--------+---------------------+
| xiao       | zhi       |   22 | M    |  30000 | 2018-03-13 20:44:49 |
+------------+-----------+------+------+--------+---------------------+
1 row in set (0.00 sec)

mysql>
```

图 17-2　插入数据结果

17.3.4　数据库查询

Python 查询 MySQL 使用 fetchone()方法获取单条数据，使用 fetchall()方法获取多条数据。

- fetchone()：该方法获取下一个查询结果集。结果集是一个对象。
- fetchall()：接收全部返回结果行。
- rowcount：这是一个只读属性，返回执行 execute()方法后影响的行数。

下面的示例用于查询 EMPLOYEE 表中 salary（工资）字段大于 10 000 的所有数据（query_data.py）。

```
import pymysql


def query_data():
    # 打开数据库连接
    db = pymysql.connect("localhost", "root", "root", "test")

    # 使用 cursor()方法获取操作游标
    cursor = db.cursor()

    # SQL 查询语句
    income = 10000
    sql = f"SELECT * FROM EMPLOYEE WHERE INCOME > {income}"
    try:
        # 执行 SQL 语句
        cursor.execute(sql)
        # 获取所有记录列表
        results = cursor.fetchall()
        for row in results:
            first_name = row[0]
            last_name = row[1]
            age = row[2]
            sex = row[3]
```

```
            income = row[4]
            create_time = row[5]
            # 输出结果

print(f"{first_name=},{last_name=},{age=},{sex=},{income=},{create_time=}")
        except Exception as ex:
            print(f"Error: unable to fecth data.Error info:{ex}")
        finally:
            # 关闭数据库连接
            db.close()


    def main():
        query_data()


    if __name__ == "__main__":
        main()
```

执行结果如下：

```
first_name=xiao,last_name=zhi,age=22,
sex=M,income=30000, create_time=2020-10-25 20:44:49
```

17.3.5　数据库更新

下面的示例将 EMPLOYEE 表中 SEX 字段值为'M'的记录的 AGE 字段值增加 1（update_table.py）：

```
import pymysql


def update_table():
    # 打开数据库连接
    db = pymysql.connect("localhost", "root", "root", "test")

    # 使用 cursor()方法获取操作游标
    cursor = db.cursor()

    # SQL 更新语句
    sex = 'M'
    sql = f"UPDATE EMPLOYEE SET AGE = AGE + 1 WHERE SEX = '{sex}'"
    try:
        # 执行 SQL 语句
        cursor.execute(sql)
```

```
        # 提交到数据库执行
        db.commit()
        print("UPDATE SUCCESS.")
    except Exception as ex:
        print(f'UPDATE MySQL table failed.Case:{ex}')
        # 发生错误时回滚
        db.rollback()
    finally:
        # 关闭数据库连接
        db.close()


def main():
    update_table()


if __name__ == "__main__":
    main()
```

执行结果如下：

```
UPDATE SUCCESS.
```

从 MySQL 客户端查看更新结果，如图 17-3 所示。可以发现，AGE 变为 23 了。

```
mysql> select * from employee;
+------------+-----------+-----+-----+--------+---------------------+
| FIRST_NAME | LAST_NAME | AGE | SEX | INCOME | CREATE_TIME         |
+------------+-----------+-----+-----+--------+---------------------+
| xiao       | zhi       |  23 | M   |  30000 | 2018-03-13 20:44:49 |
+------------+-----------+-----+-----+--------+---------------------+
1 row in set (0.00 sec)

mysql>
```

图 17-3　更新结果

17.3.6　数据库删除

删除操作用于删除数据表中对应的数据。

下面演示删除数据表 EMPLOYEE 中 AGE 大于 22 的所有数据（delete_record.py）。

```
import pymysql


def delete_record():
    # 打开数据库连接
    db = pymysql.connect("localhost", "root", "root", "test")

    # 使用 cursor()方法获取操作游标
```

```
    cursor = db.cursor()

    # SQL 删除语句
    sql = "DELETE FROM EMPLOYEE WHERE AGE > {}".format(22)
    try:
        # 执行 SQL 语句
        cursor.execute(sql)
        # 提交修改
        db.commit()
        print("DELETE SUCCESS.")
    except Exception as ex:
        print(f"DELETE RECORD FAILED.Case:{ex}")
        # 发生错误时回滚
        db.rollback()
    finally:
        # 关闭连接
        db.close()


def main():
    delete_record()


if __name__ == "__main__":
    main()
```

执行结果如下：

```
DELETE SUCCESS.
```

从 MySQL 客户端查看删除结果，如图 17-4 所示。可以看到，之前插入的一条数据被删除了。

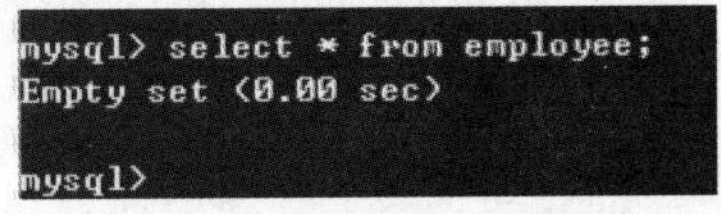

图 17-4 记录删除

17.4 事 务

事务机制可以确保数据的一致性。

事务具有 4 个属性：原子性（Atomicity）、一致性（Consistency）、隔离性（Isolation）、持久性（Durability），这 4 个属性通常称为 ACID 特性。

- 原子性：一个事务是一个不可分割的工作单位，事务中的所有操作要么都做，要么都不做。
- 一致性：事务必须使数据库从一个一致性状态变为另一个一致性状态。一致性与原子性是密切相关的。
- 隔离性：一个事务的执行不能被其他事务干扰。也就是一个事务内部的操作及使用的数据对并发的其他事务是隔离的，并发执行的各个事务之间不能互相干扰。
- 持久性：持久性也称永久性（Permanence），指一个事务一旦提交，它对数据库中数据的改变就应该是永久性的。接下来其他操作或故障不应该对其有任何影响。

Python DB-API 2.0 的事务提供了两个方法，即 commit 和 rollback。前面删除方法中的一段代码就使用了事务（前面的插入、更新都使用了事务）：

```
# SQL 删除记录语句
sql = "DELETE FROM EMPLOYEE WHERE AGE > {}".format(22)
    try:
       # 执行 SQL 语句
       cursor.execute(sql)
       # 提交修改
       db.commit()
       print("DELETE SUCCESS.")
    except Exception as ex:
        print(f"DELETE RECORD FAILED.Case:{ex}")
        # 发生错误时回滚
        db.rollback()
    finally:
        # 关闭连接
        db.close()
```

在 Python 数据库编程中，支持事务的数据库在游标建立时会自动开始一个隐形数据库事务。commit()方法提交所有更新操作，rollback()方法回滚当前游标的所有操作。每一个方法都开启一个新事务。

17.5 调　试

初学者和数据库打交道时很容易碰到形形色色的问题，可能一个非常简单的问题也会导致你无法找到问题所在。此时我们需要处理以下几个问题：

（1）程序中有没有我们期望去做却没有实现的功能？找到运行该功能的代码，并确保这段代码如你所期望地运行了。

（2）程序中有没有运行某种不该出现的功能的代码？

（3）有没有一段代码产生的效果和你所期望的不一致？确保你完全明白这段代码，特别是牵涉对其他 Python 模块的函数或方法调用时。阅读调用到的函数的文档，使用简单的测试用例测试它们并检查结果。

为了能够编程，我们需要对程序如何工作有一个思维模型。如果编写了一段和你预料不同的代码，问题常常在于你的思维模型。

修正思维模型的最佳方法是将程序划分成不同的部分（通常是函数和方法），并独立测试每一个部分。一旦找到模型和真实世界的偏差，就能够解决问题。

在开发过程中应当分组件进行构建和测试。当发现一个问题时，只需要检查一小部分不确认是否正确的代码即可。

17.6　答疑解惑

（1）Python 新手入门使用哪种数据库比较好？

答：建议使用 MySQL，现在中小企业用得多，大企业也在用。MySQL 免费、开源，而且好用，比其他企业级数据库轻量了不少。

（2）实际应用开发中，数据库操作用得多吗？

答：数据库作为数据存储的基本载体，在信息时代是信息系统中最基本的组成部分。正如本章所讲的，文件能存储数据，但是存储能力有限，而数据库无论对任何规格的数据，存储能力都远在文件之上。数据库一般有标准 API，访问比较快速和高效。在实际应用中，对数据的操作基本优先考虑使用数据库。

17.7　课后思考与练习

本章主要介绍了创建和关系型数据库交互的 Python 程序，在本章结束前回顾一下学到的概念。

（1）Python DB-API 提供了哪些简单、标准化的接口？
（2）数据库的增、删、改、查怎么操作？
（3）什么叫事务，事务有哪些特性？

思考并解决如下问题：

（1）创建一张表，自己定义字段，字段尽量包含多种类型。
（2）向表中插入多条数据，并尝试从文件中读取数据插入数据库。
（3）对某些字段进行求和、求平均值、分组、排序等操作。

第18章 网络爬虫项目

作为一个程序员，郁闷的事情是，面对一个代码块却不敢去修改。更糟糕的是，这个代码块还是自己写的。

——Peyton Jones

前面章节讲述了 Python 中的基础知识，接下来使用所学的知识进行实战练习。本章将讲解一个实战项目——网络爬虫的实现。

18.1 了解爬虫

爬虫（网络爬虫），读者可以理解为在网络上爬行的一种蜘蛛，互联网就像一张大网，爬虫就是在这张网上爬来爬去的蜘蛛。如果爬虫遇到资源，就会将资源抓取下来。至于抓取什么资源，这个由用户控制。

例如，爬虫抓取了一个网页，在这个网页中发现了一条道路，也就是指向网页的超链接，它就可以爬到另一张网上获取数据。这样，整个连在一起的大网对这只蜘蛛来说触手可及，一分钟爬下来不是事儿。

在用户浏览网页的过程中，我们可能会看到许多好看的图片，比如输入百度的网址进入首页后，我们会看到几张图片和百度搜索框，其实是在用户输入网址后，经过 DNS 服务器找到服务器主机，向服务器发出一个请求，经过服务器解析后，发送给用户浏览器 HTML、JS、CSS 等文件，再经过浏览器解析，用户便可以看到形形色色的图片了。

用户看到的网页实际上是由 HTML 代码构成的，爬虫爬来的便是这些内容，通过分析和过滤这些 HTML 代码，实现对图片、文字等资源的获取。

在资源抓取过程中需要使用 URL 做资源定位。URL（统一资源定位符）就是我们所说的网址，

URL 是对可以从互联网上得到资源位置和访问方法的一种简洁的表示，是互联网上标准资源的地址。互联网上每个文件都有唯一的URL,URL包含的信息指出文件的位置和浏览器应该怎么处理这个URL。

URL 的格式由以下 3 部分组成：

（1）协议（服务方式）。

（2）存有该资源的主机 IP 地址（有时也包括端口号）。

（3）主机资源的具体地址，如目录和文件名等。

爬虫爬取数据时必须有目标 URL 才可以获取数据，因此 URL 是爬虫获取数据的基本依据，准确理解 URL 的含义对学习爬虫有很大帮助。

18.2　爬虫的原理

爬虫的原理是，从一个起始种子链接开始，发送 HTTP 请求这个链接，得到该链接中的内容，然后大多正则匹配页面里的有效链接，然后将这些链接保存到待访问队列中，等待爬取线程取这个待访问队列，一旦链接已访问，为了有效减少不必要的网络请求，我们把已访问的链接放到已访问 Map 中，防止重复抓取和死循环。以上提到的是一个比较简单的爬虫实现过程，还有更复杂的爬虫，如需要使用代理服务器、伪装成浏览器、登录和提取验证码等。这里面有两个概念，一个是发送 HTTP 请求，另一个是正则匹配你感兴趣的链接。

爬虫的原理相对简单，爬取网页的基本步骤如下：

步骤 01 人工给定一个 URL 作为入口，从这里开始爬取。

万维网的可视图呈蝴蝶型，网络爬虫一般从蝴蝶型左边出发。这里有一些门户网站的主页，而门户网站中包含大量有价值的链接。

步骤 02 用运行队列和完成队列保存不同状态的链接。

对于大型数据而言，内存中的队列是不够的，通常采用数据库模拟队列。用这种方法既可以进行海量数据的抓取，又可以拥有断点续抓功能。

步骤 03 线程从运行队列读取队首 URL，如果存在，就继续执行，反之停止爬取。

步骤 04 每处理完一个 URL，将其放入完成队列，防止重复访问。

步骤 05 每次抓取网页之后分析其中的 URL，将经过过滤的合法链接写入运行队列，等待提取。

步骤 06 重复步骤 03、步骤 04 和步骤 05。

18.3　爬虫常用的几种技巧

Python 的网络爬取方式有很多种，下面介绍常用的几种网络爬取方式。

18.3.1 基本方法

Python 中基本的网络爬取几行代码就可以实现，只需使用 urllib 模块中的 request 即可。我们在第 15 章网络编程中已经有相关实现，代码如下（exp_request.py）：

```
from urllib import request

response = request.urlopen("https://movie.douban.com/")
content = response.read().decode('utf-8')
print(content)
```

结果可以输出许多带 HTML 样式的文本，大部分都是无用的信息。这种方式虽然非常简单，但抓取到的信息没有经过加工处理，所以没有多大用处。

18.3.2 使用代理服务器

当前很多网站都有反爬虫机制，一旦发现某个 IP 在一定时间内请求次数过多或请求频率太高，就可能将这个 IP 标记为恶意 IP，从而限制这个 IP 的访问，或者将这个 IP 加入黑名单，使之不能继续访问该网站。

这时我们需要使用代理服务器，通过使用不同的代理服务器继续抓取需要的信息。示例代码如下（proxy_request.py）：

```
from urllib import request

proxy_support = request.ProxyHandler({'http':'http://xx.xx.xx.xx:xx'})
opener = request.build_opener(proxy_support, request.HTTPHandler)
request.install_opener(opener)

content = request.urlopen('https://movie.douban.com/').read().decode('utf-8')
print(content)
```

和基本方法一样，这样爬取的信息没有经过处理，得到的结果也没有多大用处，需要进一步加工后才能体现价值。

18.3.3 Cookie 处理

对于安全级别稍微高一点的网站，使用前两个方法都无法爬取数据。这些网站需要在发送 URL 请求时提供 cookie 信息，否则无法请求成功。示例代码如下（cookie_request.py）：

```
from urllib import request
from http import cookiejar

cookie_support = request.HTTPCookieProcessor(cookiejar.CookieJar())
opener = request.build_opener(cookie_support, request.HTTPHandler)
request.install_opener(opener)
```

```
content = request.urlopen('https://movie.douban.com/').read().decode('utf-8')
print(content)
```

当然，这也是一种简单的方式，还可以扩展为更复杂的模式。

18.3.4　伪装成浏览器

当前很多网站都有反爬虫机制，对于爬虫请求会一律拒绝。

程序怎样区分一个请求是正常请求还是爬虫程序发出的请求呢？

程序通过判断发送请求中是否有浏览器信息判断一个请求是否为正常请求。当访问有反爬虫机制的网站时，我们在请求中设置浏览器信息（伪装成浏览器），通过修改 HTTP 包中的 header 实现。示例代码片段如下：

```
postdata = parse.urlencode({})
headers = {
    'User-Agent':'Mozilla/5.0 (Windows; U; Windows NT 6.1; en-US; rv:1.9.1.6)
Gecko/20091201 Firefox/3.5.6'
}
req = request.Request(
    url = 'https://www.zhihu.com/',
    data = postdata,
    headers = headers
)
```

通过在 headers 中设置浏览器信息，并将 headers 放入 request 请求中，就可以伪装成浏览器。

18.3.5　登　录

对于当前大部分网站来说，登录是必不可少的。

我们平常登录都是在浏览器上进行的，其实是通过浏览器向对应服务器发送登录请求，服务器验证通过后再向浏览器发送登录成功信息，并将页面转向登录成功页面，展现相关内容。

使用爬虫程序登录时，其实就是模仿浏览器发送登录请求，将登录需要的用户名和密码放到请求数据中。请求数据大致形式如下：

```
postdata = parse.urlencode({
    'username':'XXXXX',
    'password':'XXXXX',
    'continueURI':'http://www.verycd.com/',
    'fk':'fkasdfasdf',
    'login_submit':'登录',
})
```

构建好请求数据后，再将构建数据放入请求中，代码片段如下：

```
req = request.Request(
    url = 'https://www.zhihu.com/',
    data = postdata
)
content = request.urlopen(req).read()

print(content)
```

通过这种方式可以模拟浏览器登录相关网站。当然，还有不少网站需要验证码，这时需要编写获取验证码的程序。这方面本书不做讨论，有兴趣的读者可以自己查阅相关资料。

18.4 爬虫示例——抓取豆瓣电影 Top250 影评数据

前面我们讲解了爬虫的一些概念和技巧，本节通过一个完整的示例——抓取豆瓣电影 Top250 影评数据介绍爬虫的使用。

18.4.1 确定 URL 格式

我们先来观察豆瓣电影 Top250 任意一页 URL 地址的格式。先观察第一页，可以看到 URL 地址为：https://movie.douban.com/top250?start=25&filter=。这一页展示了 25 条豆瓣影评数据，我们分析一下这个地址。

- https:// 代表资源传输使用 HTTPS 协议。
- movie.douban.com 是豆瓣的二级域名，指向豆瓣的服务器。
- /top250 是服务器的某个资源，即豆瓣电影 Top250 的地址定位符。
- start=25&filter= 是该 URL 的两个参数，分别代表从多少条记录开始展示和过滤条件。

在实际开发中，为了更好地与开发应用结合，我们一般将 URL 分为两部分，一部分为基础部分，是不可变部分；另一部分为参数部分，是可变部分。

例如，上面的 URL 可以划分为基础部分：https://movie.douban.com/top250，参数部分：?start=25&filter=。

18.4.2 页面抓取

熟悉了 URL 的格式，下面用 urllib 库试着抓取页面内容。

我们以面向对象的编码方式编写这个页面抓取程序。定义一个类名 MovieTop，在类中定义一个初始化方法和一个获取页面的方法。

我们把一些基本信息的参数初始化放在类的初始化中，即 init 方法。另外，获取页面的方法，我们需要知道从第几条记录开始查找、每次查找多少条记录。在这个方法中需要一个循环，通过循环抓取需要的记录。

初步构建基础代码如下（exp_movie_top.py）：

```
from urllib import request


class MovieTop(object):
    def __init__(self):
        self.start = 0
        self.param= '&filter='
        self.headers = {'User-Agent': 'Mozilla/5.0 (Windows NT 6.1; WOW64)'}

    def get_page(self):
        page_content = []
        try:
            while self.start <= 225:
                url =
f'https://movie.douban.com/top250?start={str(self.start)}'
                req = request.Request(url, headers = self.headers)
                response = request.urlopen(req)
                page = response.read().decode('utf-8')
                page_num = (self.start + 25)//25
                print(f'正在抓取第{str(page_num)}页数据...' )
                self.start += 25
                page_content.append(page)
            return page_content
        except request.URLError as e:
            if hasattr(e, 'reason'):
                print(f'抓取失败，失败原因：{e.reason}')

    def main(self):
        print('开始从豆瓣电影抓取数据...')
        self.get_page()
        print('数据抓取完毕...')
```

在这个初步构建的程序中，我们只指定了一些数据爬取参数，对于爬取的数据并没有做任何处理，也没有保存爬取数据。该程序可以校验该爬虫程序是否可以正确运行。至于运行结果如何处理，后续章节会继续深入介绍。

18.4.3 提取相关信息

当前我们抓取的数据阅读起来颇为不便，爬取的数据中有许多 HTML 格式的文本。我们是否可以过滤这些 HTML 格式的文本呢？

Python 中的 re 模块为我们提供了一个 compile 函数，该函数可以帮助我们把正则表达式语法转化成正则表达式对象。

先看一个简单示例：

```
html_text = '<p class="name">导演：冯小刚</p>'
reObj = re.compile(u'<p.*?class="name">导演：(.*?)</p>.*?')
print(reObj.findall(html_text))
```

执行这段程序，输出结果如下：

```
['冯小刚']
```

由执行结果得知，本应该在 HTML 标签中的文本，经过 compile 函数处理后，最后得到了一个列表，里面包含一个名字，而将其他干扰信息过滤了。这就是我们使用 re 模块中的 compile 函数结合正则表达式得到的。

在 compile 函数处理表达式中，有 3 个字符需要说明，这 3 个字符是 re 正则表达式中的语法字符。

- “.”，代指任何字符。
- “*”，代指 0 个或多个字符（贪婪匹配）。
- “?”，代指 0 个或多个字符（贪婪匹配）。

更多相关字符可以查看 re 模块中正则表达式的语法字符。

下面看一个更复杂的示例：

```
html_text = '<p class="info">导演：陈凯歌 Kaige Chen   ' \
   '主演：张国荣 Leslie Cheung / 张丰毅 Fengyi Zha...<br>' \
   '1993 / 中国大陆 香港 / 剧情 爱情</p>'
# s='<span>740137 人评价</span>'
reObj1 = re.compile(u'<p.*?class="info">导演：(.*?)'
                    + u'   .*?<br>'
                    + u'(.*?) / (.*?)'
                    + u' / (.*?)</p>.*?')
print(reObj1.findall(html_text))
```

程序执行结果如下：

```
[('陈凯歌 Kaige Chen', '1993', '中国大陆 香港', '剧情 爱情')]
```

从执行结果看到，通过这种方式可以从一长串杂乱的 HTML 文本中提取一些精炼的信息。

在 MovieTop 类中，我们可以用面向对象的思路提取一个专门做 HTML 文本解析的方法，从而从文本中解析出我们所关注的内容。在该类中我们定义一个方法，形式如下：

```
def get_movie_info(self):
   pattern = re.compile(u'<div.*?class="item">.*?'....)
...
```

18.4.4 写入文件

写入文件的过程很简单，主要代码如下：

```
file_top = open(self.file_path, 'w', encoding='utf-8')


file_top.write(obj)
```

文件写入的细节我们在第 12 章已经详细介绍过，读者若不明白可以再次阅读这一章内容。在该示例中，我们编写一个方法专门用于文件的写入操作，使得程序面向对象化。在 MovieTop 类中定义一个方法：

```
def write_text(self):
        print('开始向文件写入数据...')
        file_top = open(self.file_path, 'w', encoding='utf-8')
...
```

18.4.5 完善代码

经过前面的一番准备，下面完善这个爬虫程序，将爬取到的相关信息保存到 D 盘的 movie_spider.txt 文件中。完整代码如下（movie_top.py）：

```
from urllib import request
import re



class MovieTop(object):
    def __init__(self):
        self.start = 0
        self.param= '&filter='
        self.headers = {'User-Agent': 'Mozilla/5.0 (Windows NT 6.1; WOW64)'}
        self.movie_list = []
        self.file_path = 'D:\movie_spider.txt'

    def get_page(self):
        try:
            url = f'https://movie.douban.com/top250?start={str(self.start)}'
            req = request.Request(url, headers = self.headers)
            response = request.urlopen(req)
            page = response.read().decode('utf-8')
            page_num = (self.start + 25)//25
            print(f'正在抓取第{str(page_num)}页数据...' )
            self.start += 25
            return page
```

```
        except request.URLError as e:
            if hasattr(e, 'reason'):
                print(f'抓取失败，失败原因：{e.reason}')

    def get_movie_info(self):
        pattern = re.compile(u'<div.*?class="item">.*?'
                             + u'<div.*?class="pic">.*?'
                             + u'<em.*?class="">(.*?)</em>.*?'
                             + u'<div.*?class="info">.*?'
                             + u'<span.*?class="title">(.*?)'
                             +
u'</span>.*?<span.*?class="title">(.*?)</span>.*?'
                             + u'<span.*?class="other">(.*?)</span>.*?</a>.*?'
                             + u'<div.*?class="bd">.*?<p.*?class="">.*?'
                             + u'导演: (.*?)   .*?<br>'
                             + u'(.*?) / (.*?) / '
                             + u'(.*?)</p>.*?<div.*?class="star">.*?'
                             + u'<span.*?'
                             + u'class="rating_num".*?property="v:average">'
                             + u'(.*?)</span>.*?'
                             + u'.*?<span>(.*?)人评价</span>.*?'
                             + u'<p.*?class="quote">.*?'
                             + u'<span.*?class="inq">(.*?)'
                             + u'</span>.*?</p>', re.S)

        while self.start <= 225:
            page = self.get_page()
            movies = re.findall(pattern, page)
            for movie in movies:
                self.movie_list.append([movie[0], movie[1],
                                        movie[2].lstrip(' / '),
                                        movie[3].lstrip(' / '),
                                        movie[4],
                                        movie[5].lstrip(),
                                        movie[6],
                                        movie[7].rstrip(),
                                        movie[8],
                                        movie[9],
                                        movie[10]])

    def write_text(self):
        print('开始向文件写入数据...')
```

```
        file_top = open(self.file_path, 'w', encoding='utf-8')
        try:
            for movie in self.movie_list:
                file_top.write('电影排名：' + movie[0] + '\r\n')
                file_top.write('电影名称：' + movie[1] + '\r\n')
                file_top.write('外文名称：' + movie[2] + '\r\n')
                file_top.write('电影别名：' + movie[3] + '\r\n')
                file_top.write('导演姓名：' + movie[4] + '\r\n')
                file_top.write('上映年份：' + movie[5] + '\r\n')
                file_top.write('制作国家/地区：' + movie[6] + '\r\n')
                file_top.write('电影类别：' + movie[7] + '\r\n')
                file_top.write('电影评分：' + movie[8] + '\r\n')
                file_top.write('参评人数：' + movie[9] + '\r\n')
                file_top.write('简短影评：' + movie[10] + '\r\n\r\n')
            print('抓取结果写入文件成功...')
        except Exception as e:
            print(e)
        finally:
            file_top.close()

    def main(self):
        print('开始从豆瓣电影抓取数据...')
        self.get_movie_info()
        self.write_text()
        print('数据抓取完毕...')


dou_ban_spider = MovieTop()
dou_ban_spider.main()
```

执行这段程序，会在 D 盘中生成 movie_spider.txt 文件，并在该文件中写入从网站上爬取到的相关信息，里面保存的字符格式就是我们在程序中定义的格式。大致形式如下：

```
电影排名：1

电影名称：肖申克的救赎

外文名称：The Shawshank Redemption

电影别名：月黑高飞(港)  /  刺激1995(台)

导演姓名：弗兰克·德拉邦特 Frank Darabont
```

```
上映年份：1994

制作国家/地区：美国

电影类别：犯罪 剧情

电影评分：9.6

参评人数：740538

简短影评：希望让人自由。
```

18.5 项目小结

本章通过一个爬虫程序将前面所学的知识用于实战。为方便理解，所举示例没有运用伪装浏览器和登录的知识。学有余力的读者可以查看一些爬虫框架，如比较通用的 Scrapy 框架。

第19章

自然语言分词与词频统计项目

优秀的代码是它自己最好的文档。当你考虑要添加一个注释时，问问自己，“如何能改进这段代码，以让它不需要注释？”

——Steve McConnell《代码大全》

本章将介绍一个简单的自然语言处理示例。通过该示例，结合前面各章节的知识，进一步加强对前面各章节知识点的巩固。

首先介绍几个新的库，如 SQLAlchemy、pyecharts、jieba 分词库、BeautifulSoup 等，然后先通过一个爬虫程序爬取相关内容，再将对应内容分词后添加到数据库；最后从数据库中拿到数据做词频统计并生成统计图。

19.1 概念介绍

在开始分词与词频统计项目之前，有几个概念我们先了解一下。

19.1.1 SQLAlchemy 简介

SQLAlchemy 是 Python 编程语言下的一款开源软件，提供了 SQL 工具包及对象关系映射（Object Relational Mapping，ORM）工具。

SQLAlchemy 采用简单的 Python 语言，为高效和高性能的数据库访问设计实现了完整的企业级持久模型。SQLAlchemy 的理念是，SQL 数据库的量级和性能重要于对象集合，而对象集合的抽象又重要于表和行。因此，SQLAlchmey 采用类似于 Java 中 Hibernate 的数据映射模型，而不是其他 ORM 框架采用的 Active Record 模型。

SQLAlchemy 首次发行于 2006 年 2 月，并迅速地成为 Python 社区中广泛使用的 ORM 工具之一，不亚于 Django 的 ORM 框架。

关于 SQLAlchemy 的更多信息可以查看官方网站：

http://www.pythondoc.com/flask-sqlalchemy/api.html#flask.ext.sqlalchemy.SQLAlchemy

19.1.2 pyecharts 简介

pyecharts 是一个用于生成 Echarts 图表的类库。Echarts 是百度开源的一个数据可视化 JS 库。用 Echarts 生成的图可视化效果非常棒，pyecharts 是为了与 Python 进行对接，方便在 Python 中直接使用数据生成图。

关于 pyecharts 的更多信息可以查看官方网站：http://pyecharts.org。

19.1.3 jieba 分词库简介

jieba（结巴）是一个强大的分词库，完美支持中文分词。jieba 支持以下三种分词模式。

（1）精确模式：将句子以最精确的方式切开，适合文本分析。

（2）全模式：把句子中所有可以成词的词语都扫描出来，速度非常快，但是不能解决词语的歧义问题。

（3）搜索引擎模式：在精确模式的基础上，对长词再次切分，提高召回率，适合用于搜索引擎分词。

jieba 还支持繁体分词和自定义词典。

19.1.4 BeautifulSoup 库简介

BeautifulSoup 是 Python 的一个库，是用 Python 写的一个 HTML/XML 解析器，最主要的功能是从网页爬取我们需要的数据。

BeautifulSoup 可以很好地处理不规范标记并生成剖析树（parse tree）。BeautifulSoup 提供简单又常用的导航（navigating）、搜索以及修改剖析树的操作。

BeautifulSoup 将 HTML 解析为对象进行处理，全部页面转变为字典或者数组，相对于正则表达式的方式，可以大大简化处理过程。

19.2 库的安装与使用

19.1 节我们大概介绍了几个新的库，本节将讲述如何安装这些新库，以及通过简单的示例来介绍这些新库的使用方式。

19.2.1 SQLAlchemy 的安装与使用

在 Python 中，SQLAlchemy 的安装方式如下：

```
pip install sqlalchemy
```

SQLAlchemy 的使用示例如下（sqlalchemy_exp.py）：

```
from sqlalchemy import create_engine, Column, String, Integer
from sqlalchemy.orm import sessionmaker
from sqlalchemy.ext.declarative import declarative_base

'''
建立数据库连接，连接方式为:
mysql+pymysql://数据库用户名:密码@数据库地址/数据库名?charset=utf8
pool_size 为数据库连接池数
'''
engine =
create_engine('mysql+pymysql://root:root@localhost/test?charset=utf8',
                   echo=False, pool_size = 5)
# 建立会话
DBSession = sessionmaker(bind=engine)
session = DBSession()
# 模型声明
Base = declarative_base()


class NLPAnalysis(Base):
    """
    定义一个类对象，一般称为模型
    __tablename__属性对应数据库名
    其余字段属性对应数据库表中各字段的名称和属性
    """
    __tablename__ = 'nlp_analysis'
    id = Column(Integer, primary_key=True)
    question_title = Column(String(200), default=None, doc='问题标题')
    question_answer = Column(String(500), default=None, doc='问题答案')
    fen_ci_result = Column(String(1000), default=None, doc='标题分词结果')

# drop all 根据模型用来删除表，该语句慎用，此处为示例而用，一般不建议使用
Base.metadata.drop_all(engine)
# 根据模型用来创建表
Base.metadata.create_all(engine)
```

配置好对应的数据库连接方式后，执行代码，可以在对应数据库中看到所创建的表，通过 Navicat（MySQL 客户端工具）查看，如图 19-1 所示。

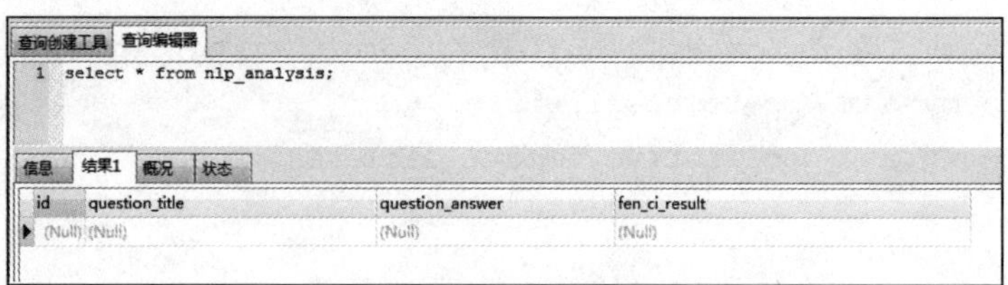

图 19-1 创建表

19.2.2 pyecharts 的安装与使用

在 Python 中，pyecharts 的安装方式如下：

```
pip install pyecharts
```

pyecharts 的使用示例如下（pyecharts_exp.py）：

```
import os
from pyecharts import Bar


# 水平横条
bar = Bar("Python 3.7 从零开始学", "按城市统计")
bar.add("阅读人数分布", ["北京", "上海", "广州", "深圳", "杭州", "成都"],
        [500, 450, 360, 450, 355, 380])
# 打印设置参数信息
bar.show_config()
bar.render(path=os.getcwd() + '/static/' + "pyecharts_exp.html")
```

在当前目录下创建一个名为 static 的文件夹，执行该示例代码，会在 static 目录下生成一个名为 pyecharts_exp.html 的 HTML 文件，直接用 Chrome 或其他浏览器打开这个 HTML 文件，能看到一张如图 19-2 所示的图。

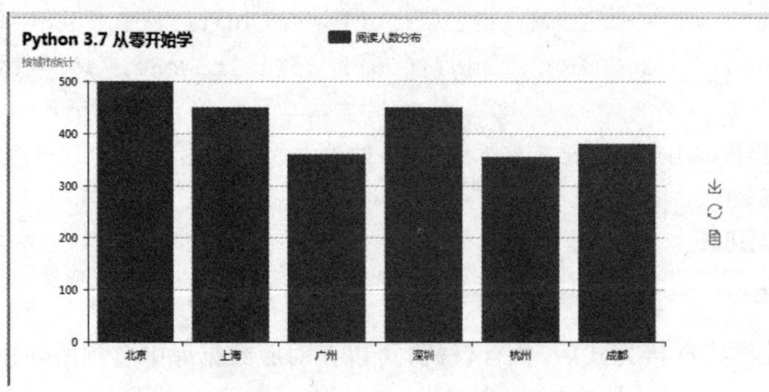

图 19-2 pyecharts 水平横条图

19.2.3 jieba 分词库的安装与使用

在 Python 中，jieba 的安装方式如下：

```
pip install jieba
```

jieba 的使用示例如下（jieba_exp.py）：

```
import jieba

'''
cut 方法有两个参数
1)第一个参数是我们想分词的字符串
2)第二个参数 cut_all 用来控制是否采用全模式
'''

#全模式
word_list = jieba.cut("《好好学 Python：从零基础到项目实战》是一本得好好看看的好书！",cut_all=True)
print("全模式：","|".join(word_list))
#精确模式，默认就是精确模式
word_list = jieba.cut("《好好学 Python：从零基础到项目实战》是一本得好好看看的好书！",cut_all=False)
print("精确模式：","|".join(word_list))
#搜索引擎模式
word_list = jieba.cut_for_search("《好好学 Python：从零基础到项目实战》是一本得好好看看的好书！")
print("搜索引擎：","|".join(word_list))
```

执行示例代码，得到如下结果：

```
全模式：《|好好|好好学|好学|Python|：|从|零基础|到|项目|实战|》|是|一本|得|好好|好好看|好看|看看|的|好书|！
精确模式：《|好好学|Python|：|从|零基础|到|项目|实战|》|是|一本|得|好好|看看|的|好书|！
搜索引擎：《|好好|好学|好好学|Python|：|从|零基础|到|项目|实战|》|是|一本|得|好好|看看|的|好书|！
```

19.2.4 BeautifulSoup 的安装与使用

在 Python 中，BeautifulSoup 的安装方式如下：

```
pip install beautifulsoup4
```

BeautifulSoup 的使用示例如下（beautiful_soup_exp.py）：

```
import requests
from bs4 import BeautifulSoup

url = 'http://www.baidu.com'
# 创建实例
```

```
resp = requests.get(url)
# 创建对象
bs = BeautifulSoup(resp.content)
# 提取 Tag
title_cont = bs.title
print(title_cont)
print(type(title_cont))
```

执行该示例代码，得到如下结果：

```
<title>百度一下，你就知道</title>
<class 'bs4.element.Tag'>
```

19.3 分词与词频统计实战

19.2 节我们大概介绍了几个新的库，本节将讲述如何安装这些新库，以及通过简单的示例来介绍这些新库的使用方式。

经过前面两节知识点的讲解，现在我们结合这些知识点实现以下功能：

（1）从一个指定网站爬取对应数据，本章以爬取百度知道的内容为例，根据输入的指定关键字（关键字不能为空），爬取用该关键字搜索到的问题标题和问题回答，并对问题标题以搜索引擎模式进行分词。

（2）将（1）中爬取的问题标题、问题回答和分词结果保存到 MySQL 数据库中。

（3）数据爬取结束并保存到数据库后，从 MySQL 数据库中取出保存的记录，根据保存的分词结果进行统计，经过给定的关键词库进行过滤后，统计各个关键词出现的次数，并以图表的形式展现出来。

根据以上要求，下面介绍具体的实现方式。

19.3.1 整体结构设计

根据要求设计整体结构，如图 19-3 所示。

在 chapter19 文件目录下创建一个名为 nlp_analysis 的文件夹，nlp_analysis 文件夹下各个文件或文件夹的功能如下：

- database 文件夹用于存放与数据库直接关联的文件，文件夹下的 models.py 文件用于编写模型对象，即数据库表对应的对象，以及表的增删改查方法的编写。
- rule 文件夹用于存放定义的规则，文件夹下的 key_words.py 文件用于编写关键词库的集合。
- server 文件夹用于编写逻辑业务。get_input_info.py 文件用于读取从控制台输入的参数值。info_search.py 文件用于编写数

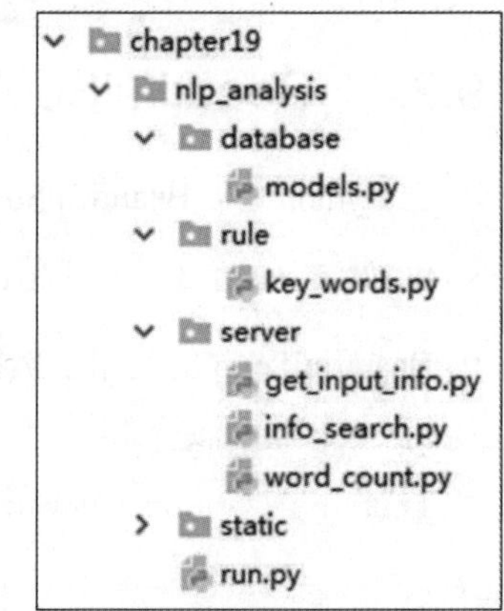

图 19-3 整体结构图

据爬取代码，以及将爬取数据处理后保存到数据库的逻辑。word_count.py 文件用于编写词频统计和生成图表逻辑。

- static 文件夹用于存放静态 HTML 文件。
- run.py 文件为项目入口。

接下来大概介绍各个文件中的逻辑实现的思路，完整代码将在 19.4 节展示，下面对逻辑进行讲解，并以代码辅助。

19.3.2 数据结构设计

根据前面的整体结构图，数据结构设计代码编写在 models.py 文件中，定义一个叫 NLPAnalysis 的类，类中定义__tablename__的值为 nlp_analysis，即表名为 nlp_analysis。再定义 4 个字段，命名分别为 id（主键，Integer 类型）、question_title（问题标题，String，长度为 200）、question_answer（问题答案，String，长度为 500）和 fen_ci_result（标题分词结果，String，长度为 1000），代码实现如下（models.py）：

```
from sqlalchemy import create_engine, Column, String, Integer
from sqlalchemy.orm import sessionmaker
from sqlalchemy.ext.declarative import declarative_base


# 建立链接
engine =
create_engine('mysql+pymysql://root:root@localhost/test?charset=utf8',
                    echo=False,pool_size = 5)
# 建立会话
DBSession = sessionmaker(bind=engine)
session = DBSession()
# 模型声明
Base = declarative_base()


class NLPAnalysis(Base):
    __tablename__ = 'nlp_analysis'
    id = Column(Integer, primary_key=True)
    question_title = Column(String(200), default=None, doc='问题标题')
    question_answer = Column(String(500), default=None, doc='问题答案')
    fen_ci_result = Column(String(1000), default=None, doc='标题分词结果')

# drop all 根据模型用来删除表，该语句慎用，此处为示例而用，一般不建议使用
Base.metadata.drop_all(engine)
# 根据模型用来创建表
```

```
Base.metadata.create_all(engine)
```

19.3.3 数据的爬取与保存

根据从 get_input_info.py 文件中获取的输入参数，去指定网站根据指定关键字作数据爬取，数据爬取的关键点如下。

网页分析，分析需要用 GET 请求还是 POST 请求，如 https://zhidao.baidu.com/，分析要使用的是 GET 请求（此处不作具体爬虫方法的介绍，可自行查询资料解决，如在浏览器搜索：查看 HTTP 请求详情，就会有很多答案告诉你该怎么查看），接着分析请求头的构造形式，再分析进行关键字搜索时，参数的构造形式是怎样的，关键字怎么放入 URL 请求中，定位到某一页的请求参数是怎样的，由此构造一个通用的字符串参数，最后分析问题标题和问题答案所对应的是哪些标签的内容。

这部分逻辑代码实现如下，定义 get_data_from_web 方法（info_search.py）：

```
# 数据收集
def get_data_from_web(input_key_word, begin_page=None, end_page=None):
    for i in range(begin_page, end_page):
        if begin_page is not None and begin_page > 0 and i < begin_page - 1:
            continue

        search_url = (BAIDU_PRE + BAIDU_SEARCH).format(input_key_word, i * 10)
        print(f'当前爬取第({i})页，搜索 url 为:{search_url}')
        try:
            r = requests.get(search_url, headers=headers)
            status_code = r.status_code
            if status_code != 200:
                return

            req = BeautifulSoup(r.content.decode('gbk', 'ignore'), 'html5lib')
            result_item_val = req.find_all('div', re.compile('list-inner'))[0]
            result_item_list = result_item_val.find_all('div',
re.compile('list'))[0]
            a_tag_list = result_item_list.find_all('a', re.compile('ti'))
            for a_tag_item in a_tag_list:
                if a_tag_item is None or a_tag_item == '':
                    continue

                href_val = str(a_tag_item.get('href'))
                if href_val is None or href_val == '':
                    continue
                # 问题标题
                question_title = a_tag_item.text
                # 最多取 200 个字符
```

```
            if len(question_title) > 200:
                question_title = question_title[ : 200]
            # 问题答案
            question_answer = get_detail_info(href_val)
            if len(question_answer) > 500:
                question_answer = question_answer[ : 500]
            # 问题标题分词结果
            fen_ci_result = jie_ba_fen_ci(question_title)
    except Exception as ex:
        print(f'爬取第({i})页失败，失败原因：{ex}')
    print(f'第({i})页信息爬取结束。')
```

其中，get_detail_info 方法实现如下：

```
detail_url = detail_suffix
    r = requests.get(detail_url, headers=headers)
    resp = BeautifulSoup(r.content.decode('gbk', 'ignore'), 'html5lib')
    detail_text_list = resp.find_all('div', re.compile('best-text'))
    if detail_text_list is None or detail_text_list.__len__() <= 0:
        return ''

    question_answer = str(detail_text_list[0].text).strip()

    return question_answer
```

jie_ba_fen_ci 实现如下：

```
# jie ba 分词
def jie_ba_fen_ci(input_val):
    # 搜索引擎模式
    result_list = jieba.cut_for_search(input_val)
    result_val = ','.join(result_list)
    return result_val
```

问题标题、问题答案和分词结果取得后，接下来需要把这些获取的信息保存到数据库中，保存数据时，将需要保存的数据以一个对象的形式传递给模型，在 get_data_from_web 方法中需要加入以下代码：

```
row_info_dict = dict()
            row_info_dict['question_title'] = question_title
            row_info_dict['question_answer'] = question_answer
            row_info_dict['fen_ci_result'] = fen_ci_result
            models.insert_record(row_info_dict, 'nlp_analysis')
```

同时需要在 models.py 中添加以下方法：

```
def insert_record(dict_value, table_name=None):
    """
    插入记录方法
    :param dict_value: 字段值字典
    :param table_name: 表名
    :return: None
    """
    if table_name == 'nlp_analysis' and dict_value:
        data = NLPAnalysis(question_title=dict_value['question_title'],
                           question_answer=dict_value['question_answer'],
                           fen_ci_result=dict_value['fen_ci_result'])
        session.add(data)
        session.commit()
        session.close()
```

至此就实现了数据的爬取和数据的持久化，完整代码可在 19.4 节中查看。

19.3.4 制定关键词库

爬取数据后，需要分析哪些关键词对于词频分析是有用的，哪些是无用的，有用的就保留，无用的就过滤掉。下面是一个简单的关键词搜集示例，这些可以视为是有用的关键词，代码如下（key_words.py）：

```
useful_word_list = ['Python', 'python', '3.5', '3.7', '升级',
                    '入门', '基础', '精通', '实现', '为什么',
                    '是什么', '关于', '意思', '问题', '教程', '试学']
```

19.3.5 词频统计与图表生成

有了数据和关键词比对规则后，接下来要做的是从数据库取出数据，根据过滤规则过滤后，统计满足规则的各个词的出现次数。定义 word_count 方法，代码如下（word_count.py）：

```
def word_count():
    word_tuple_list = query_from_mysql()
    for word_tuple in word_tuple_list:
        if word_tuple is None or len(word_tuple) <= 0:
            continue
        word_list = word_tuple[0].split(',')
        for item_val in word_list:
            if item_val is None or item_val == '' or str(item_val).strip() == '':
                continue

            # 有用字符匹配
            val_in_list = item_val in key_words.useful_word_list
```

```
        if val_in_list is False:
            continue

        count_num = word_dict.get(item_val)
        if count_num is not None and count_num >= 1:
            count_num += 1
            word_dict[item_val] = count_num
        else:
            word_dict[item_val] = 1
```

query_from_mysql 的实现如下：

```
def query_from_mysql():
    """
    从表中查询结果
    :return: tuple 集列表
    """
    query_sql = "SELECT fen_ci_result FROM nlp_analysis"
    result_list = models.query_record(query_sql)
    return result_list
```

在 models.py 文件中需要添加如下方法：

```
def query_record(query_sql):
    """
    记录查询方法
    :param query_sql: 查询语句
    :return: 查询结果
    """
    return session.execute(query_sql)
```

统计工作完成后，最后需要根据统计结果绘制图表，以绘制水平横条为例，实现代码如下：

```
# 水平横条
def draw_bar_horizontal():
    word_items = list(word_dict.items())
    word_keys = [k for k, v in word_items]
    word_values = [v for k, v in word_items]
    bar = Bar('水平图表', '关键字使用情况分布')
    bar.add('引用次数', word_keys, word_values)
    # 可以选择是否在控制台打印配置信息，打开注释，执行时在控制台打印配置详情信息
    # bar.show_config()
    # html 文件存放路径
    bar.render(path=file_path_pre + "bar_horizontal.html")
```

在 word_count 方法的最后需要调用该方法以达到统计结束后就绘制统计图的效果。完整代码实现见 19.4 节。

19.4 分词与词频统计完整代码实现与结果查看

经过 19.3 节的详细讲解，相信读者对 19.3 节提出的需求已经有一个大致的实现思路，本节展现各 .py 文件的完整实现代码。

程序入口实现代码如下（run.py）：

```
from chapter19.nlp_analysis.server.get_input_info import get_input_data
from chapter19.nlp_analysis.server.info_search import get_data_from_web
from chapter19.nlp_analysis.server.word_count import word_count

if __name__ == "__main__":
    # 取得输入参数
    input_key_word, begin_page, end_page = get_input_data()
    # 从网站取得数据并存储到数据库
    get_data_from_web(input_key_word, begin_page, end_page)
    # 词频统计并生成统计图
    word_count.word_count()
```

模型实现代码如下（models.py）：

```
from sqlalchemy import create_engine, Column, String, Integer
from sqlalchemy.orm import sessionmaker
from sqlalchemy.ext.declarative import declarative_base


# 建立链接
engine =
create_engine('mysql+pymysql://root:root@localhost/test?charset=utf8',
                    echo=False,pool_size = 5)
# 建立会话
DBSession = sessionmaker(bind=engine)
session = DBSession()
# 模型声明
Base = declarative_base()


class NLPAnalysis(Base):
    __tablename__ = 'nlp_analysis'
```

```
    id = Column(Integer, primary_key=True)
    question_title = Column(String(200), default=None, doc='问题标题')
    question_answer = Column(String(500), default=None, doc='问题答案')
    fen_ci_result = Column(String(1000), default=None, doc='标题分词结果')

# drop all 根据模型用来删除表，该语句慎用，此处为示例而用，一般不建议使用
Base.metadata.drop_all(engine)
# 根据模型用来创建表
Base.metadata.create_all(engine)


def insert_record(dict_value, table_name=None):
    """
    插入记录方法
    :param dict_value: 字段值字典
    :param table_name: 表名
    :return: None
    """
    if table_name == 'nlp_analysis' and dict_value:
        data = NLPAnalysis(question_title=dict_value['question_title'],
                           question_answer=dict_value['question_answer'],
                           fen_ci_result=dict_value['fen_ci_result'])
        session.add(data)
        session.commit()
        session.close()

def query_record(query_sql):
    """
    记录查询方法
    :param query_sql: 查询语句
    :return: 查询结果
    """
    return session.execute(query_sql)
```

取得输入参数实现代码如下（get_input_info.py）：

```
BAIDU_MAX_PAGE_NUM = 70


# 取得输入参数
def get_input_data():
    input_str = input("请输入关键词：")
    input_str = input_str.strip()
```

```
    while input_str is None or input_str == '':
        input_str = input("请输入关键词：")

    begin_page = input("请输入起始页码(页码必须为大于等于 0 的数字，"
                       "不输入直接按 Enter 键，默认为 0)：")
    begin_page = begin_page.strip()
    if begin_page is None or begin_page == '':
        begin_page = 0
    while number_judge(begin_page) is False:
        begin_page = input("输入不是数字，请输入起始页码(页码必须为大于"
                           "等于 0 的数字，默认为 0)：")

    end_page = input("请输入结束页码(结束页码必须大于等于起始页码，最大为{}，"
                     "不输入直接按 Enter 键，默认为最大值。超过最大值，"
                     "以最大值算)：".format(BAIDU_MAX_PAGE_NUM))
    end_page = end_page.strip()
    if end_page is None or end_page == '':
        end_page = BAIDU_MAX_PAGE_NUM
    while number_judge(end_page) is False:
        end_page = input("输入不是数字，请输入结束页码：")
    if int(end_page) > BAIDU_MAX_PAGE_NUM:
        end_page = BAIDU_MAX_PAGE_NUM

    begin_page = int(begin_page)
    end_page = int(end_page)
    if begin_page < 0:
        begin_page = 0

    if end_page <= begin_page:
        end_page = begin_page + 1

    print(f'起始页码为：{begin_page}，结束页码为：{end_page}')
    return input_str, begin_page, end_page


def number_judge(input_val):
    try:
        float(input_val)
        return True
    except ValueError:
        pass
```

```
    try:
        import unicodedata
        unicodedata.numeric(input_val)
        return True
    except (TypeError, ValueError):
        pass

    return False
```

从网站取得数据并存储到数据库的实现代码如下（info_search.py）：

```
import requests
import re
import jieba
from chapter19.nlp_analysis.database import models
from bs4 import BeautifulSoup

# 请求头
headers = {
    'Accept-Encoding': 'gzip, deflate, sdch, br',
    'Cookie': 'appver=1.5.0.75771',
    'Content-Type': 'text/html',
    'Accept-Language': 'zh-CN,zh;q=0.8',
    'Cache-Control': 'max-age=0',
    'User-Agent': 'Mozilla/5.0 (Windows NT 6.1; WOW64) AppleWebKit/537.36 '
                  '(KHTML, like Gecko) Chrome/57.0.2987.133 Safari/537.36'
}

# url 前缀
BAIDU_PRE = 'https://zhidao.baidu.com/'
# url 前缀
BAIDU_SEARCH = 'search?word={}&ie=gbk&site=-1&sites=0&date=0&pn={}'


# 数据收集
def get_data_from_web(input_key_word, begin_page=None, end_page=None):
    for i in range(begin_page, end_page):
        if begin_page is not None and begin_page > 0 and i < begin_page - 1:
            continue

        search_url = (BAIDU_PRE + BAIDU_SEARCH).format(input_key_word, i * 10)
        print(f'当前爬取第({i})页，搜索 url 为:{search_url}')
        try:
```

```
            r = requests.get(search_url, headers=headers)
            status_code = r.status_code
            if status_code != 200:
                return

            req = BeautifulSoup(r.content.decode('gbk', 'ignore'), 'html5lib')
            result_item_val = req.find_all('div', re.compile('list-inner'))[0]
            result_item_list = result_item_val.find_all('div',
re.compile('list'))[0]
            a_tag_list = result_item_list.find_all('a', re.compile('ti'))
            for a_tag_item in a_tag_list:
                if a_tag_item is None or a_tag_item == '':
                    continue

                href_val = str(a_tag_item.get('href'))
                if href_val is None or href_val == '':
                    continue
                # 问题标题
                question_title = a_tag_item.text
                # 最多取 200 个字符
                if len(question_title) > 200:
                    question_title = question_title[ : 200]
                # 问题答案
                question_answer = get_detail_info(href_val)
                if len(question_answer) > 500:
                    question_answer = question_answer[ : 500]
                # 问题标题分词结果
                fen_ci_result = jie_ba_fen_ci(question_title)
                if len(fen_ci_result) > 1000:
                    fen_ci_result = fen_ci_result[ : 1000]
                row_info_dict = dict()
                row_info_dict['question_title'] = question_title
                row_info_dict['question_answer'] = question_answer
                row_info_dict['fen_ci_result'] = fen_ci_result
                models.insert_record(row_info_dict, 'nlp_analysis')
        except Exception as ex:
            print(f'爬取第({i})页失败，失败原因：{ex}')
        print(f'第({i})页信息爬取结束。')


    def get_detail_info(detail_suffix):
        detail_url = detail_suffix
```

```
    r = requests.get(detail_url, headers=headers)
    resp = BeautifulSoup(r.content.decode('gbk', 'ignore'), 'html5lib')
    detail_text_list = resp.find_all('div', re.compile('best-text'))
    if detail_text_list is None or detail_text_list.__len__() <= 0:
        return ''

    question_answer = str(detail_text_list[0].text).strip()

    return question_answer


# jie ba 分词
def jie_ba_fen_ci(input_val):
    # 搜索引擎模式
    result_list = jieba.cut_for_search(input_val)
    result_val = ','.join(result_list)
    return result_val


if __name__ == "__main__":
    # 从网站取得数据并存储到数据库
    get_data_from_web('', 0, 1)
```

有效关键词实现代码如下（key_words.py）：

```
useful_word_list = ['Python', 'python', '3.5', '3.7', '升级',
                    '入门', '基础', '精通', '实现', '为什么',
                    '是什么', '关于', '意思', '问题', '教程', '试学']
```

词频统计并生成统计图，为了更直观地查看统计图效果，本例中生成三种统计图：水平直方图、饼图、词云图。代码实现如下（word_count.py）：

```
import os
from chapter19.nlp_analysis.database import models
from chapter19.nlp_analysis.rule import key_words
from pyecharts import Bar, Pie, WordCloud

file_path_pre = os.getcwd() + '/static/'

# 关键词统计字典
word_dict = {}


def query_from_mysql():
```

```
    """
    从表中查询结果
    :return: tuple集列表
    """
    query_sql = "SELECT fen_ci_result FROM nlp_analysis"
    result_list = models.query_record(query_sql)
    return result_list

def word_count():
    word_tuple_list = query_from_mysql()
    for word_tuple in word_tuple_list:
        if word_tuple is None or len(word_tuple) <= 0:
            continue
        word_list = word_tuple[0].split(',')
        for item_val in word_list:
            if item_val is None or item_val == '' or str(item_val).strip() == '':
                continue

            # 有用字符匹配
            val_in_list = item_val in key_words.useful_word_list
            if val_in_list is False:
                continue

            count_num = word_dict.get(item_val)
            if count_num is not None and count_num >= 1:
                count_num += 1
                word_dict[item_val] = count_num
            else:
                word_dict[item_val] = 1

    draw_bar_horizontal()
    draw_pie()
    draw_word_cloud()


# 水平横条
def draw_bar_horizontal():
    word_items = list(word_dict.items())
    word_keys = [k for k, v in word_items]
    word_values = [v for k, v in word_items]
    bar = Bar('水平图表', '关键字使用情况分布')
    bar.add('引用次数', word_keys, word_values)
```

```
    # 可以选择是否在控制台打印配置信息，打开注释，执行时在控制台打印配置详情信息
    # bar.show_config()
    # html 文件存放路径
    bar.render(path=file_path_pre + "bar_horizontal.html")


# 饼图
def draw_pie():
    word_items = list(word_dict.items())
    word_keys = [k for k, v in word_items]
    word_values = [v for k, v in word_items]
    pie = Pie("饼图")
    pie.add("引用次数", word_keys, word_values, is_label_show=True)
    # pie.show_config()
    # html 文件存放路径
    pie.render(path=file_path_pre + "pie.html")


# 词云图
def draw_word_cloud():
    word_items = list(word_dict.items())
    word_keys = [k for k, v in word_items]
    word_values = [v for k, v in word_items]
    word_cloud = WordCloud(width=1300, height=620)
    word_cloud.add("", word_keys, word_values, word_size_range=[20, 100])
    # word_cloud.show_config()
    # html 文件存放路径
    word_cloud.render(path=file_path_pre + "word_cloud.html")


if __name__ == "__main__":
    word_count()
```

执行 run.py 文件，从控制台输入如下信息：

```
请输入关键词：python
请输入起始页码(页码必须为大于等于 0 的数字，不输入直接按 Enter 键，默认为 0)：0
请输入结束页码(结束页码必须大于等于起始页码，最大为 70，不输入直接按 Enter 键，默认为最大值。超过最大值，以最大值算)：2
```

输入信息后，控制台打印出如下信息：

```
起始页码为：0，结束页码为：2
当前爬取第(0)页，搜索 url 为：
```

```
    https://zhidao.baidu.com/search?word=python&ie=gbk&site=-1&sites=0&date=0&p
n=0
    Building prefix dict from the default dictionary ...
    Loading model from cache C:\Users\lyz\AppData\Local\Temp\jieba.cache
    Loading model cost 1.237 seconds.
    Prefix dict has been built succesfully.
    第(0)页信息爬取结束。
    当前爬取第(1)页，搜索 url 为:
    https://zhidao.baidu.com/search?word=python&ie=gbk&site=-1&sites=0&date=0&p
n=10
    第(1)页信息爬取结束。
```

在 static 文件夹下将生成如图 19-4 所示的静态 HTML 文件。

用 Chrom 浏览器打开 bar_horizontal.html 文件，得到如图 19-5 所示的水平横条统计图。

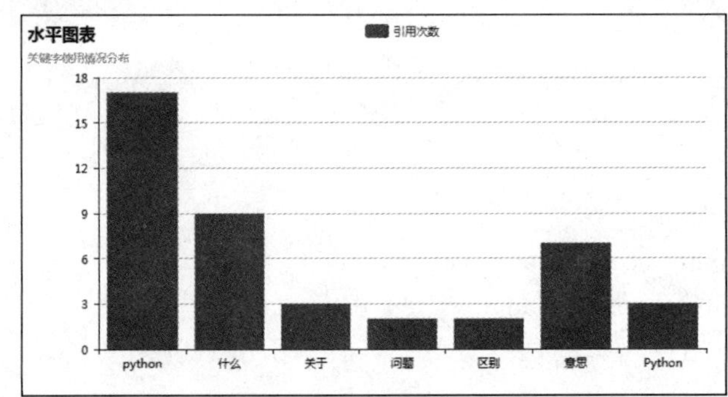

图 19-4　静态文件　　　　图 19-5　水平横条统计图

用 Chrom 浏览器打开 pie.html 文件，得到如图 19-6 所示的饼图统计图。

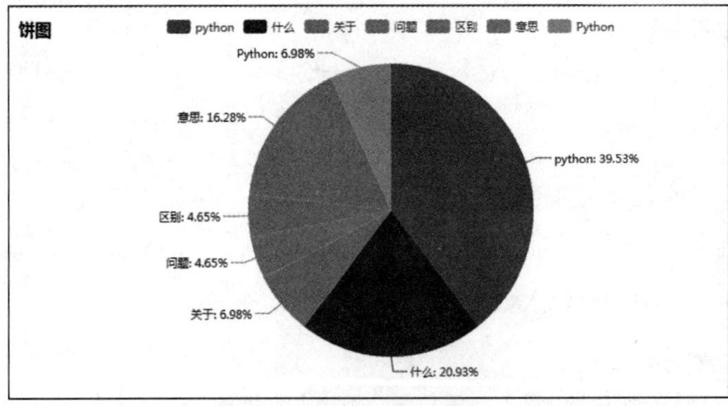

图 19-6　饼图统计图

用 Chrom 浏览器打开 word_cloud.html 文件，得到如图 19-7 所示的词云图统计图。

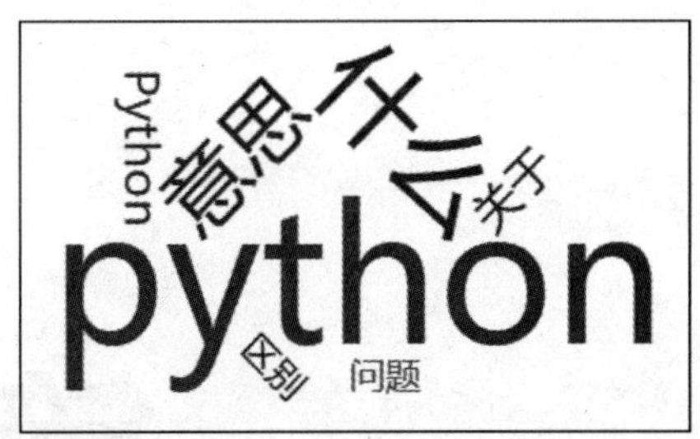

图 19-7　词云图统计图

至此，完成了分词和生成统计图的功能。

在该项目中可以生成更多其他形式的统计图，也可以将该项目扩展为功能更加强大的项目，可以加入写入 CSV 文件和发送邮件，加入提醒相关人员对应的信息的功能。

19.5　项目小结

本章首先介绍了几个新的功能点，接着讲解了这几个新功能点的使用方式。最后使用这些新功能点及前面所学的知识，通过爬虫程序爬取数据，再对数据进行分词处理并保存到数据库，最后对各个词做词频统计及生成统计图表。

该项目也可以加入很多可以扩展的功能，有兴趣的读者可以自行加入更多功能，形成一个更强大的项目。

第20章 区块链项目

用代码行数来评估程序的开发进度，就好比是拿重量来评估一个飞机的建造进度。

——比尔盖茨，前微软总裁

本章将用所学的知识构建一个当下火热的项目——区块链。

20.1 区块链简介

当前，区块链被炒得火热，让很多企业趋之若鹜。传说中的区块链究竟是什么？本节先来介绍区块链的概念、特点与应用领域。

20.1.1 区块链的定义

区块链是分布式数据存储、点对点传输、共识机制、加密算法等计算机技术的新型应用模式。

狭义来讲，区块链是一种按照时间顺序将数据区块以顺序相连的方式组合成的一种链式数据结构，并以密码学方式保证不可篡改和不可伪造的分布式账本。

广义来讲，区块链技术是利用块链式数据结构来验证存储数据，利用分布式节点共识算法来生成和更新数据，利用密码学的方式保证数据传输和访问的安全，利用由自动化脚本代码组成的智能合约来编程和操作数据的一种全新的分布式基础架构与计算方式。

最原始的区块链是一种去中心化的数据库，它包含一张被称为区块的列表，有着持续增长并且排列整齐的记录。每个区块都包含一个时间戳和一个与前一个区块的链接：设计区块链使得数据不可篡改，一旦记录下来，在一个区块中的数据将不可逆。

20.1.2　区块链的特点

区块链最大的特点是去中心化，由于使用分布式核算和存储，不存在中心化的硬件或管理机构，因此任意节点的权利和义务都是均等的，系统中的数据块由整个系统中具有维护功能的节点来共同维护。此外，还有开放性、自治性、信息不可篡改和匿名性等特点。

20.1.3　区块链应用行业及领域

区块链的应用行业非常广，在艺术行业、法律行业、开发行业、房地产行业、保险行业、金融行业等都有非常好的应用场景。

区块链可被使用的领域也非常多，如智能合约、证券交易、电子商务、物联网、社交通信、文件存储、存在性证明、身份验证、股权众筹等领域都可以加入区块链的使用。

20.2　区块链代码结构设计

本节先进行区块链开发的环境准备，再进行代码结构的设计。

20.2.1　环境准备

在开始开发之前，先做一些环境配置上的准备。此处准备使用一个 Python 的轻量级框架 flask，flask 的安装很简单，对于 Windows 操作系统，进入命令控制台，输入如下命令：

```
C:\Users\lyz>pip install flask
```

Linux 和 Mac 操作系统安装 flask 的命令和这个基本类似，网上有很多相关资源可以使用。

还需要一个 HTTP 客户端，比如 postman、cURL 或其他客户端。这里将使用 postman 做运行效果的展示。

20.2.2　代码结构设计

本示例使用的是 flask 框架，整体框架的代码结构设计如图 20-1 所示。

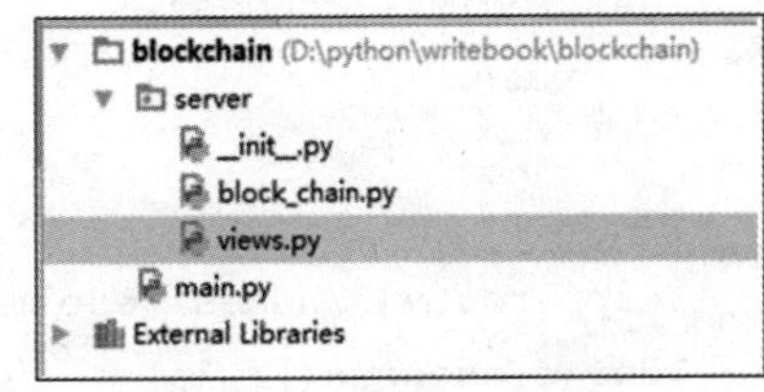

图 20-1　代码结构设计

在图 20-1 中，blockchain 为项目名称，main.py 为项目启动程序，server 为服务包，views.py 为视图控制器，block_chain.py 为区块链具体实现代码编写的文件，__init__.py 为初始化脚本。

main.py 文件的结构如下：

```
from server import app

if __name__ == "__main__":
    # 项目启动
    app.run(host='0.0.0.0', port=5000)
```

__init__.py 文件的结构如下：

```
from flask import Flask

# 创建 Flask 实例
app = Flask(__name__)

from server import views
```

views.py 框架的代码结构如下：

```
from server import app


@app.route('/mine', methods=['GET'])
def mine():
    pass


@app.route('/transactions/new', methods=['POST'])
def new_transaction():
    pass


@app.route('/chain', methods=['GET'])
def full_chain():
    pass


@app.route('/nodes/register', methods=['POST'])
def register_nodes():
    pass


@app.route('/nodes/resolve', methods=['GET'])
def consensus():
    pass
```

block_chain.py 框架的代码结构如下，创建一个 BlockChain 类，用来管理链条。在 BlockChain 类的构造函数中初始化 4 个对象，对应作用分别如代码所示：

```
class BlockChain:
    def __init__(self):
        # 储存交易
```

```
        self.current_transactions = []
        # 存储区块链
        self.chain = []
        # 存储节点
        self.nodes = set()
        # 创建创世块
        self.new_block(previous_hash='1', proof=100)

    def register_node(self, address):
        pass

    def valid_chain(self, chain):
        pass

    def resolve_conflicts(self):
        pass

    def new_block(self, proof, previous_hash):
        pass

    def new_transaction(self, sender, recipient, amount):
        pass

    @property
    def last_block(self):
        pass

    @staticmethod
    def hash(block):
        pass

    def proof_of_work(self, last_proof):
        pass

    @staticmethod
    def valid_proof(last_proof, proof):
        pass
```

20.3 区块链具体逻辑实现

具体逻辑实现在 block_chain.py 文件中编写，需要实现加入交易、创建新块、计算工作量等功能。在编写代码之前，先了解区块链的块结构。

20.3.1 块 结 构

每个区块包含的属性：索引（index）、UNIX 时间戳（timestamp）、交易列表（transactions）、工作量证明（稍后解释）以及前一个区块的 Hash 值。以下是一个区块的结构：

```
{
    "index": 2,
    "previous_hash":
"c72e43a408cfa7c63e7b4168e0c2d84a0ffbc9957f2e591415c0d4dcb923305f",
    "proof": 0,
    "timestamp": 1523067788.586708,
    "transactions": [
        {
            "amount": 1,
            "recipient": "451e724f207543b8a2531ebdbcf1cb45",
            "sender": "0"
        }
    ]
}
```

每个新的区块都包含上一个区块的 Hash，这一点很关键，它保障了区块链的不可变性。如果攻击者破坏了前面的某个区块，那么后面所有区块的 Hash 都会变得不正确。

20.3.2 加入交易

第一步需要添加一个交易，完善 new_transaction 方法如下：

```
def new_transaction(self, sender, recipient, amount):
    """
    生成新交易信息，信息将加入到下一个待挖的区块中
    :param sender: <str> Address of the Sender
    :param recipient: <str> Address of the Recipient
    :param amount: <int> Amount
    :return: <int> The index of the Block that will hold this transaction
    """
    self.current_transactions.append({
        'sender': sender,
        'recipient': recipient,
```

```
            'amount': amount,
        })

        return self.last_block['index'] + 1
```

该方法向列表中添加一个交易记录，并返回该记录将被添加到的区块（下一个待挖掘的区块）的索引。

20.3.3 创建新块

当 BlockChain 实例化后，需要构造一个创世块（没有前区块的第一个区块），并给它加上一个工作量证明。每个区块都需要经过工作量证明。为了构造创世块，要完善 new_block()、new_transaction() 和 hash()方法，完善代码如下：

```
    def new_block(self, proof, previous_hash=None):
        """
        生成新块
        :param proof: <int> The proof given by the Proof of Work algorithm
        :param previous_hash: (Optional) <str> Hash of previous Block
        :return: <dict> New Block
        """
        block = {
            'index': len(self.chain) + 1,
            'timestamp': time(),
            'transactions': self.current_transactions,
            'proof': proof,
            'previous_hash': previous_hash or self.hash(self.chain[-1]),
        }

        # Reset the current list of transactions
        self.current_transactions = []

        self.chain.append(block)
        return block

    def new_transaction(self, sender, recipient, amount):
        """
        生成新交易信息，信息将加入到下一个待挖的区块中
        :param sender: <str> Address of the Sender
        :param recipient: <str> Address of the Recipient
        :param amount: <int> Amount
        :return: <int> The index of the Block that will hold this transaction
        """
```

```
        self.current_transactions.append({
            'sender': sender,
            'recipient': recipient,
            'amount': amount,
        })

        return self.last_block['index'] + 1

    @property
    def last_block(self):
        return self.chain[-1]

    @staticmethod
    def hash(block):
        """
        生成块的 SHA-256 hash 值
        :param block: <dict> Block
        :return: <str>
        """
        # We must make sure that the Dictionary is Ordered, or we'll have
inconsistent hashes
        block_string = json.dumps(block, sort_keys=True).encode()
        return hashlib.sha256(block_string).hexdigest()
```

通过代码和注释可以对区块链有直观的了解，接下来看区块是怎么挖出来的。

20.3.4 工作量证明的理解

新的区块依赖工作量证明算法（PoW）来构造，PoW 的目标是找出一个符合特定条件的数字，这个数字很难计算出来，但容易验证。这就是工作量证明的核心思想。

为了方便理解，举个例子：假设一个整数 x 乘以另一个整数 y 的积的 Hash 值必须以 0 结尾，即 hash(x*y)=ac23dc…0，设变量 x=5，求 y 的值。用 Python 实现如下：

```
from hashlib import sha256
x = 5
y = 0  # y未知
while sha256(f'{x*y}'.encode()).hexdigest()[-1] != "0":
  y += 1
print(f'The solution is y = {y}')
```

结果是 y=21。因为：

```
hash(5 * 21) = 1253e9373e...5e3600155e860
```

在比特币中使用称为 Hashcash 的工作量证明算法，和上面的问题很类似。矿工们为了争夺创建区块的权利而争相计算结果。通常，计算难度与目标字符串需要满足的特定字符的数量成正比，矿工算出结果后，会获得比特币奖励。

20.3.5 工作量证明的实现

下面实现一个相似 PoW 算法，规则是：寻找一个数 p，使得它与前一个区块的 proof 拼接成的字符串的 Hash 值以 4 个 0 开头。

```
    def proof_of_work(self, last_proof):
        """
        简单的工作量证明:
         - 查找一个 p' 使得 hash(pp') 以 4 个 0 开头
         - p 是上一个块的证明,   p' 是当前的证明
        :param last_proof: <int>
        :return: <int>
        """
        proof = 0
        while self.valid_proof(last_proof, proof) is False:
            proof += 1

        return proof

    @staticmethod
    def valid_proof(last_proof, proof):
        """
        验证证明: 是否 hash(last_proof, proof) 以 4 个 0 开头?
        :param last_proof: <int> Previous Proof
        :param proof: <int> Current Proof
        :return: <bool> True if correct, False if not.
        """
        guess = f'{last_proof}{proof}'.encode()
        guess_hash = hashlib.sha256(guess).hexdigest()
        return guess_hash[:4] == "0000"
```

衡量算法复杂度的办法是修改以 0 开头的个数。使用 4 个 0 来用于演示，这里每多一个 0 都会大大增加计算出结果所需的时间。现在 BlockChain 类基本已经完成了，接下来使用 HTTP Requests 进行交互。

20.4 API 接口层开发

Python Flask 是一个轻量级 Web 应用框架，能方便将网络请求映射到 Python 函数，现在我们来让 BlockChain 运行在基于 Flask 的 Web 上。

创建以下三个接口：

（1）/transactions/new 创建一个交易并添加到区块。

（2）/mine 告诉服务器去挖掘新的区块。

（3）/chain 返回整个区块链。

20.4.1 发送交易

前面已经有加入交易的方法，基于接口来加入发送交易的实现如下：

```
@app.route('/transactions/new', methods=['POST'])
def new_transaction():
    values = request.get_json()

    # Check that the required fields are in the POST'ed data
    required = ['sender', 'recipient', 'amount']
    if not all(k in values for k in required):
        return 'Missing values', 400

    # Create a new Transaction
    index = blockchain.new_transaction(values['sender'], values['recipient'], 
values['amount'])

    response = {'message': f'Transaction will be added to Block {index}'}
    return jsonify(response), 201
```

发送到节点的交易数据结构如下：

```
{
"sender": "my address",
"recipient": "someone else's address",
"amount": 5
}
```

20.4.2 挖 矿

挖矿正是区块链的神奇所在，它很简单，做了以下三件事：

（1）计算工作量证明 PoW。

（2）通过新增一个交易授予矿工（自己）一个币。

（3）构造新区块并将其添加到链中。

挖矿接口实现如下：

```
@app.route('/mine', methods=['GET'])
def mine():
  # We run the proof of work algorithm to get the next proof...
  last_block = blockchain.last_block
  last_proof = last_block['proof']
  proof = blockchain.proof_of_work(last_proof)

  # 给工作量证明的节点提供奖励
  # 发送者为 "0" 表明是新挖出的币
  blockchain.new_transaction(
     sender="0",
     recipient=node_identifier,
     amount=1,
  )

  # Forge the new Block by adding it to the chain
  block = blockchain.new_block(proof)

  response = {
     'message': "New Block Forged",
     'index': block['index'],
     'transactions': block['transactions'],
     'proof': block['proof'],
     'previous_hash': block['previous_hash'],
  }
  return jsonify(response), 200
```

此处交易的接收者是我们自己的服务器节点。

20.4.3 返回整个区块链

经过加入交易和挖矿后，需要返回整个区块链。返回区块链的接口实现如下：

```
@app.route('/chain', methods=['GET'])
def full_chain():
  response = {
     'chain': blockchain.chain,
     'length': len(blockchain.chain),
  }
  return jsonify(response), 200
```

20.5 运行区块链

经过前面的准备后，我们的区块链整体代码就开发完成了，接下来运行代码来看效果。使用 cURL 或 postman 和 API 进行交互，启动 main.py，如图 20-2 所示。

图 20-2 启动 main.py

服务启动后，打开 postman，输入请求 http://localhost:5000/mine 进行挖矿。

若挖矿成功，则可以看到如图 20-3 所示的结果。

GET http://localhost:5000/mine Params Send Save

Body Cookies Headers (4) Test Results Status: 200 OK Time: 556 ms Size: 437 B

Pretty Raw Preview JSON

```
{
    "index": 2,
    "message": "New Block Forged",
    "previous_hash": "f0d93be3d29378bff23bdc56ff6cacc43b1465193e16c99c8d9a0a8024db9ee6",
    "proof": 0,
    "transactions": [
        {
            "amount": 1,
            "recipient": "9067c86e7e144e0eb879b1f1ec540360",
            "sender": "0"
        }
    ]
}
```

图 20-3 挖矿

通过 POST 请求添加一个新交易。

若交易加入成功，则返回如图 20-4 所示的结果。

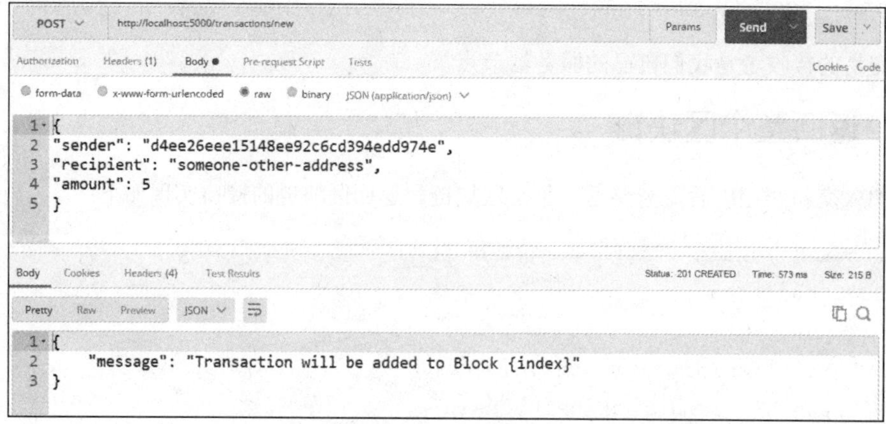

图 20-4 加入交易

发送 POST 请求时，注意 Headers 参数的设置，如果没有正确设置 Headers 参数，请求就会直接报错，正确的请求参数设置如图 20-5 所示。

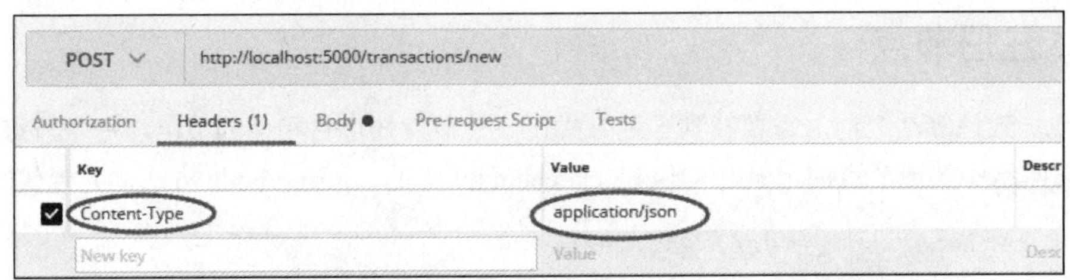

图 20-5　Headers 参数设置

如果不使用 postman，使用 cURL 的方式如下：

```
$ curl -X POST -H "Content-Type: application/json" -d '{
"sender": "d4ee26eee15148ee92c6cd394edd974e",
"recipient": "someone-other-address",
"amount": 5
}' "http://localhost:5000/transactions/new"
```

若交易加入成功，则会返回如图 20-4 所示的结果。

挖了一次矿之后，就有 2 个块了，在 postman 中发送请求 http://localhost:5000/chain 可以得到所有块的信息。

若请求成功，则会得到如图 20-6 所示的结果。

GET http://localhost:5000/chain Params Send Save 675 B

Pretty Raw Preview JSON


```
    "chain": [
        {
            "index": 1,
            "previous_hash": "1",
            "proof": 100,
            "timestamp": 1524230558.2359512,
            "transactions": []
        },
        {
            "index": 2,
            "previous_hash": "f0d93be3d29378bff23bdc56ff6cacc43b1465193e16c99c8d9a0a8024db9ee6",
            "proof": 0,
            "timestamp": 1524230562.885217,
            "transactions": [
                {
                    "amount": 1,
                    "recipient": "9067c86e7e144e0eb879b1f1ec540360",
                    "sender": "0"
                }
            ]
        }
    ],
    "length": 2
```


图 20-6　区块链结果

20.6　分布式实现

现在已经有了一个基本的区块链可以接受交易和挖矿，但是区块链系统应该是分布式的。既然是分布式的，那么我们究竟用什么保证所有节点有同样的链呢？这就是一致性问题，要想在网络上有多个节点，就必须实现一个一致性的算法。

20.6.1 注册节点

在实现一致性算法之前，需要找到一种方式让一个节点知道它相邻的节点。每个节点都需要保存一份包含网络中其他节点的记录。实现 block_chain.py 中的 register_node 方法，完善代码如下：

```
def register_node(self, address):
    """
    Add a new node to the list of nodes
    :param address: <str> Address of node. Eg. 'http://localhost:5001'
    :return: None
    """

    parsed_url = urlparse(address)
    self.nodes.add(parsed_url.netloc)
```

20.6.2 实现共识算法

前面提到，冲突是指不同的节点拥有不同的链，为了解决这个问题，规定最长的、有效的链才是最终的链。换句话说，网络中的有效最长链才是实际的链，可使用以下算法来达到网络中的共识。继续完善代码如下：

```
def valid_chain(self, chain):
    """
    Determine if a given blockchain is valid
    :param chain: <list> A blockchain
    :return: <bool> True if valid, False if not
    """
    last_block = chain[0]
    current_index = 1

    while current_index < len(chain):
        block = chain[current_index]
        print(f'{last_block}')
        print(f'{block}')
        print("\n-----------\n")
        # Check that the hash of the block is correct
        if block['previous_hash'] != self.hash(last_block):
            return False

        # Check that the Proof of Work is correct
```

```
            if not self.valid_proof(last_block['proof'], block['proof']):
                return False

            last_block = block
            current_index += 1

        return True

    def resolve_conflicts(self):
        """
        共识算法解决冲突
        使用网络中最长的链
        :return: <bool> True 如果链被取代返回 True，否则为 False
        """
        neighbours = self.nodes
        new_chain = None

        # We're only looking for chains longer than ours
        max_length = len(self.chain)

        # Grab and verify the chains from all the nodes in our network
        for node in neighbours:
            response = requests.get(f'http://{node}/chain')

            if response.status_code == 200:
                length = response.json()['length']
                chain = response.json()['chain']

                # Check if the length is longer and the chain is valid
                if length > max_length and self.valid_chain(chain):
                    max_length = length
                    new_chain = chain

        # Replace our chain if we discovered a new, valid chain longer than ours
        if new_chain:
            self.chain = new_chain
            return True

        return False
```

第一个方法 valid_chain()用来检查是否是有效链，遍历每个块验证 hash 和 proof；第二个方法 resolve_conflicts()用来解决冲突，遍历所有的邻居节点，并用 valid_chain()方法检查链的有效性，如果发现有更长链，就替换掉自己的链。

添加两个路由，一个用来注册节点；另一个用来解决冲突。

```
@app.route('/nodes/register', methods=['POST'])
def register_nodes():
    values = request.get_json()

    nodes = values.get('nodes')
    if nodes is None:
        return "Error: Please supply a valid list of nodes", 400

    for node in nodes:
        blockchain.register_node(node)

    response = {
        'message': 'New nodes have been added',
        'total_nodes': list(blockchain.nodes),
    }
    return jsonify(response), 201


@app.route('/nodes/resolve', methods=['GET'])
def consensus():
    replaced = blockchain.resolve_conflicts()

    if replaced:
        response = {
            'message': 'Our chain was replaced',
            'new_chain': blockchain.chain
        }
    else:
        response = {
            'message': 'Our chain is authoritative',
            'chain': blockchain.chain
        }

    return jsonify(response), 200
```

register_nodes 用于注册节点，consensus 用来解决冲突。

20.7　完整项目代码与执行

经过前面几个小节的讲解，本节将完整展现区块链示例的代码与执行结果。

main.py 完整代码如下：

```
from server import app

if __name__ == "__main__":
    from argparse import ArgumentParser

    parser = ArgumentParser()
    parser.add_argument('-p', '--port', default=5000, type=int, help='port to listen on')
    args = parser.parse_args()
    port = args.port

    app.run(host='0.0.0.0', port=port)
```

__init__.py 完整代码如下：

```
from flask import Flask

# 创建 Flask 实例
app = Flask(__name__)

from server import views
```

views.py 完整代码如下：

```
import uuid
from flask import jsonify, request
from server import app
from server.block_chain import BlockChain

# 为节点创建一个随机的名字
node_identifier = str(uuid.uuid4()).replace('-', '')
# 实例化 BlockChain 类
block_chain = BlockChain()



@app.route('/mine', methods=['GET'])
def mine():
    """
```

```
    挖矿
    """
    # We run the proof of work algorithm to get the next proof...
    last_block = block_chain.last_block
    last_proof = last_block['proof']
    proof = block_chain.proof_of_work(last_proof)

    # 给工作量证明的节点提供奖励
    # 发送者为 "0" 表明是新挖出的币
    block_chain.new_transaction(
        sender="0",
        recipient=node_identifier,
        amount=1,
    )

    # Forge the new Block by adding it to the chain
    block = block_chain.new_block(proof, None)

    response = {
        'message': "New Block Forged",
        'index': block['index'],
        'transactions': block['transactions'],
        'proof': block['proof'],
        'previous_hash': block['previous_hash'],
    }
    return jsonify(response), 200


@app.route('/transactions/new', methods=['POST'])
def new_transaction():
    """
    创建一个新交易
    """
    values = request.get_json()

    # 检查 POST 数据
    required = ['sender', 'recipient', 'amount']
    if not all(k in values for k in required):
        return 'Missing values', 400

    # Create a new Transaction
    index = block_chain.new_transaction(values['sender'], values['recipient'],
```

```
values['amount'])

        response = {'message': 'Transaction will be added to Block {index}'}
        return jsonify(response), 201


    @app.route('/chain', methods=['GET'])
    def full_chain():
        """
        查找整个区块链
        """
        response = {
            'chain': block_chain.chain,
            'length': len(block_chain.chain),
        }
        return jsonify(response), 200


    @app.route('/nodes/register', methods=['POST'])
    def register_nodes():
        """
        注册一个节点
        """
        values = request.get_json()

        nodes = values.get('nodes')
        if nodes is None:
            return "Error: Please supply a valid list of nodes", 400

        for node in nodes:
            block_chain.register_node(node)

        response = {
            'message': 'New nodes have been added',
            'total_nodes': list(block_chain.nodes),
        }
        return jsonify(response), 201


    @app.route('/nodes/resolve', methods=['GET'])
    def consensus():
        replaced = block_chain.resolve_conflicts()
```

```
    if replaced:
        response = {
            'message': 'Our chain was replaced',
            'new_chain': block_chain.chain
        }
    else:
        response = {
            'message': 'Our chain is authoritative',
            'chain': block_chain.chain
        }

    return jsonify(response), 200
```

block_chain.py 完整代码如下：

```
import hashlib
import json
import requests
from time import time
from urllib.parse import urlparse


class BlockChain:
    def __init__(self):
        # 存储交易
        self.current_transactions = []
        # 存储区块链
        self.chain = []
        # 存储节点
        self.nodes = set()
        # 创建创世块
        self.new_block(previous_hash='1', proof=100)

    def register_node(self, address):
        """
        Add a new node to the list of nodes
        :param address: Address of node. Eg. 'http://localhost:5001'
        """
        parsed_url = urlparse(address)
        self.nodes.add(parsed_url.netloc)

    def valid_chain(self, chain):
```

```
        """
        Determine if a given block chain is valid
        :param chain: A block chain
        :return: True if valid, False if not
        """
        last_block = chain[0]
        current_index = 1

        while current_index < len(chain):
            block = chain[current_index]
            print('{last_block}')
            print('{block}')
            print("\n-----------\n")
            # Check that the hash of the block is correct
            if block['previous_hash'] != self.hash(last_block):
                return False

            # Check that the Proof of Work is correct
            if not self.valid_proof(last_block['proof'], block['proof']):
                return False

            last_block = block
            current_index += 1

        return True

    def resolve_conflicts(self):
        """
        共识算法解决冲突
        使用网络中最长的链
        :return: 如果链被取代返回 True，否则为 False
        """
        neighbours = self.nodes
        new_chain = None

        # We're only looking for chains longer than ours
        max_length = len(self.chain)

        # Grab and verify the chains from all the nodes in our network
        for node in neighbours:
            response = requests.get('http://{}/chain'.format(node))
```

```
            if response.status_code == 200:
                length = response.json()['length']
                chain = response.json()['chain']

                # Check if the length is longer and the chain is valid
                if length > max_length and self.valid_chain(chain):
                    max_length = length
                    new_chain = chain

        # Replace our chain if we discovered a new, valid chain longer than ours
        if new_chain:
            self.chain = new_chain
            return True

        return False

    def new_block(self, proof, previous_hash):
        """
        生成新块
        :param proof: The proof given by the Proof of Work algorithm
        :param previous_hash: Hash of previous Block
        :return: New Block
        """
        block = {
            'index': len(self.chain) + 1,
            'timestamp': time(),
            'transactions': self.current_transactions,
            'proof': proof,
            'previous_hash': previous_hash or self.hash(self.chain[-1]),
        }

        # Reset the current list of transactions
        self.current_transactions = []

        self.chain.append(block)
        return block

    def new_transaction(self, sender, recipient, amount):
        """
        生成新交易信息，信息将加入到下一个待挖的区块中
        :param sender: Address of the Sender
        :param recipient: Address of the Recipient
```

```
        :param amount: Amount
        :return: The index of the Block that will hold this transaction
        """
        self.current_transactions.append({
            'sender': sender,
            'recipient': recipient,
            'amount': amount,
        })

        return self.last_block['index'] + 1

    @property
    def last_block(self):
        return self.chain[-1]

    @staticmethod
    def hash(block):
        """
        生成块的 SHA-256 hash 值
        :param block: Block
        """
        # We must make sure that the Dictionary is Ordered, or we'll have
inconsistent hashes
        block_string = json.dumps(block, sort_keys=True).encode()
        return hashlib.sha256(block_string).hexdigest()

    def proof_of_work(self, last_proof):
        """
        简单的工作量证明:
         - 查找一个 p' 使得 hash(pp') 以 4 个 0 开头
         - p 是上一个块的证明，p' 是当前的证明
        """
        proof = 0
        while self.valid_proof(last_proof, proof) is False:
            proof += 1

        return proof

    @staticmethod
    def valid_proof(last_proof, proof):
        """
        验证证明: 是否 hash(last_proof, proof)以 4 个 0 开头
```

```
        :param last_proof: Previous Proof
        :param proof: Current Proof
        :return: True if correct, False if not.
        """
        guess = '{last_proof}{proof}'.encode()
        guess_hash = hashlib.sha256(guess).hexdigest()
        # return guess_hash[:4] == "0000"
        # 此处为便于测试结果，设置一个比较容易获得的数字
        return guess_hash[:1] == "5"
```

示例代码写在 valid_proof 方法中，为便于测试查看效果，guess_hash 没有设置成难算的值。

在一台机器开启不同的网络端口来模拟多节点的网络，在不同的终端运行代码，启动两个节点：http://localhost:5000 和 http://localhost:6000。此处将端口号为 5000 的节点命名为节点 1，将端口号为 6000 的节点命名为节点 2。

节点 1 已经在前面开启了，现在开启节点 2，开启方式如图 20-7 所示。

图 20-7　开启端口号 6000 的节点

节点 2 加入交易，如图 20-8 所示。

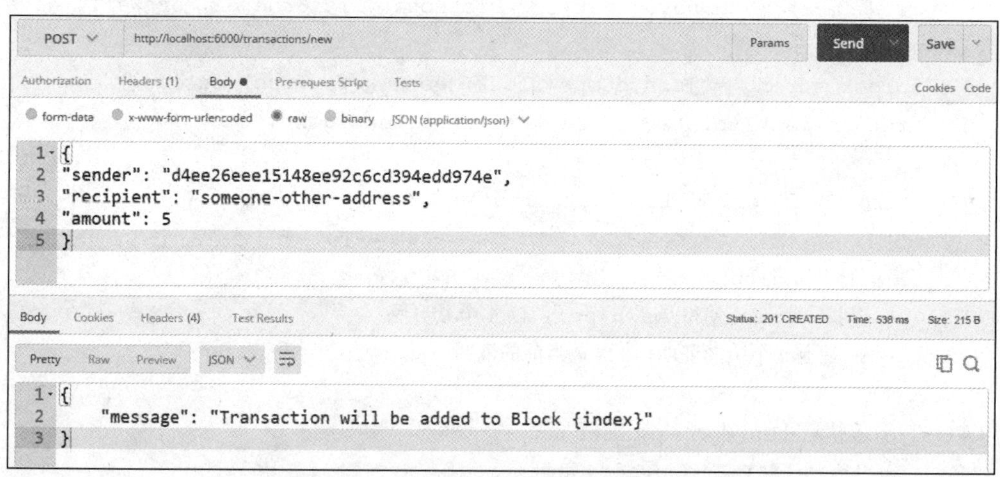

图 20-8　节点 2 加入交易

节点 2 进行挖矿，如图 20-9 所示。

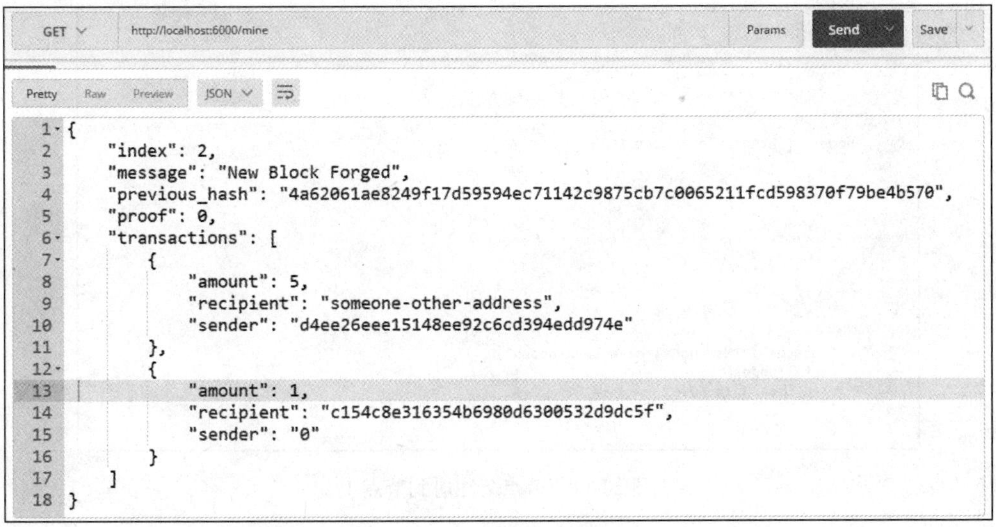

```
GET  http://localhost:6000/mine    Params  Send  Save
Pretty  Raw  Preview  JSON

{
    "index": 2,
    "message": "New Block Forged",
    "previous_hash": "4a62061ae8249f17d59594ec71142c9875cb7c0065211fcd598370f79be4b570",
    "proof": 0,
    "transactions": [
        {
            "amount": 5,
            "recipient": "someone-other-address",
            "sender": "d4ee26eee15148ee92c6cd394edd974e"
        },
        {
            "amount": 1,
            "recipient": "c154c8e316354b6980d6300532d9dc5f",
            "sender": "0"
        }
    ]
}
```

图 20-9 节点 2 挖矿

节点 2 返回整个区块链，如图 20-10 所示。

```
GET  http://localhost:6000/chain    Params  Send  Save
Pretty  Raw  Preview  JSON

{
    "chain": [
        {
            "index": 1,
            "previous_hash": "1",
            "proof": 100,
            "timestamp": 1524231401.9142067,
            "transactions": []
        },
        {
            "index": 2,
            "previous_hash": "4a62061ae8249f17d59594ec71142c9875cb7c0065211fcd598370f79be4b570",
            "proof": 0,
            "timestamp": 1524231417.0300713,
            "transactions": [
                {
                    "amount": 5,
                    "recipient": "someone-other-address",
                    "sender": "d4ee26eee15148ee92c6cd394edd974e"
                },
                {
                    "amount": 1,
                    "recipient": "c154c8e316354b6980d6300532d9dc5f",
                    "sender": "0"
                }
            ]
        }
    ],
    "length": 2
}
```

图 20-10 节点 2 返回区块链

以 POST 请求执行 http://localhost:5000/nodes/register，请求参数如下：

```
{
 "nodes":["http://localhost:6000"]
}
```

在 postman 中执行，得到如图 20-11 所示的结果。

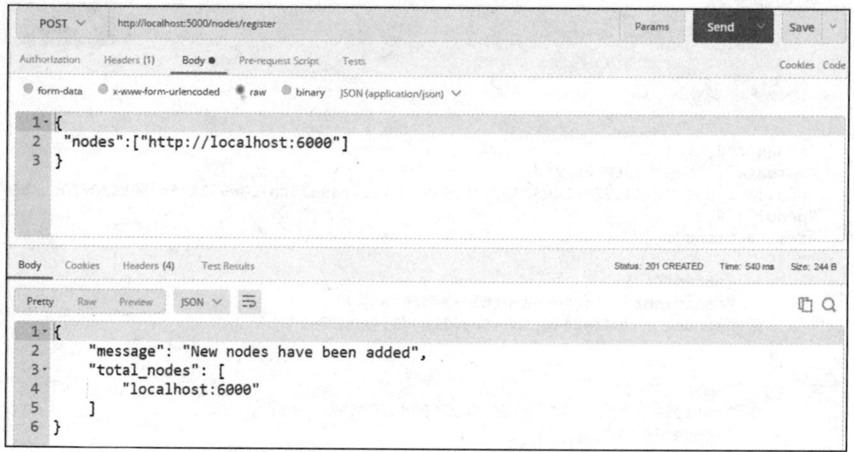

图 20-11　节点 2 注册到节点 1

当前在节点 1 上有一个区块，节点 2 上有一个区块，并且已经将节点 2 注册到节点 1。在节点 2 上挖两个块，挖矿结果如图 20-12 所示。

GET http://localhost:6000/mine

```
{
    "index": 3,
    "message": "New Block Forged",
    "previous_hash": "d205b2cb297fea52a5de9cac163e8d84f8c69126f7eca5ae609655cf2a47e69d",
    "proof": 0,
    "transactions": [
        {
            "amount": 1,
            "recipient": "c154c8e316354b6980d6300532d9dc5f",
            "sender": "0"
        }
    ]
}
```

图 20-12　在节点 2 上挖第二个块

得到节点 2 的所有区块情况，如图 20-13 所示。

GET http://localhost:6000/chain

```
        },
        {
            "index": 3,
            "previous_hash":
                "d205b2cb297fea52a5de9cac163e8d84f8c69126f7eca5ae609655cf2a47e69d",
            "proof": 0,
            "timestamp": 1524231832.365827,
            "transactions": [
                {
                    "amount": 1,
                    "recipient": "c154c8e316354b6980d6300532d9dc5f",
                    "sender": "0"
                }
            ]
        }
    ],
    "length": 3
}
```

图 20-13　挖矿两次后节点 2 所有区块

区块 2 所有节点的内容如下：

```
{
    "chain": [
        {
            "index": 1,
            "previous_hash": "1",
            "proof": 100,
            "timestamp": 1524231401.9142067,
            "transactions": []
        },
        {
            "index": 2,
            "previous_hash":
"4a62061ae8249f17d59594ec71142c9875cb7c0065211fcd598370f79be4b570",
            "proof": 0,
            "timestamp": 1524231417.0300713,
            "transactions": [
                {
                    "amount": 5,
                    "recipient": "someone-other-address",
                    "sender": "d4ee26eee15148ee92c6cd394edd974e"
                },
                {
                    "amount": 1,
                    "recipient": "c154c8e316354b6980d6300532d9dc5f",
                    "sender": "0"
                }
            ]
        },
        {
            "index": 3,
            "previous_hash":
"d205b2cb297fea52a5de9cac163e8d84f8c69126f7eca5ae609655cf2a47e69d",
            "proof": 0,
            "timestamp": 1524231832.365827,
            "transactions": [
                {
                    "amount": 1,
                    "recipient": "c154c8e316354b6980d6300532d9dc5f",
                    "sender": "0"
                }
```

```
            ]
        }
    ],
    "length": 3
}
```

查看节点 1，结果如图 20-14 所示。

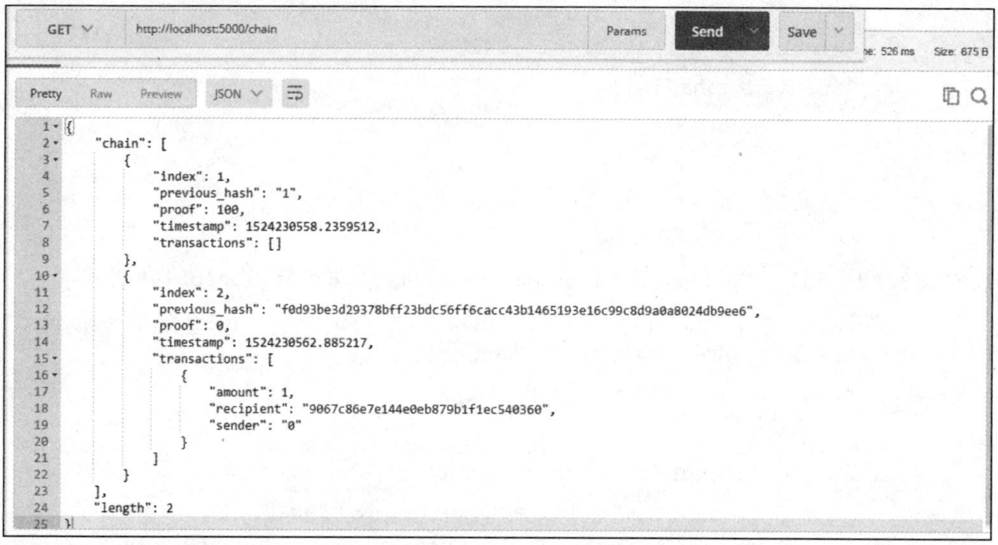

```
GET  http://localhost:5000/chain
{
    "chain": [
        {
            "index": 1,
            "previous_hash": "1",
            "proof": 100,
            "timestamp": 1524230558.2359512,
            "transactions": []
        },
        {
            "index": 2,
            "previous_hash": "f0d93be3d29378bff23bdc56ff6cacc43b1465193e16c99c8d9a0a8024db9ee6",
            "proof": 0,
            "timestamp": 1524230562.885217,
            "transactions": [
                {
                    "amount": 1,
                    "recipient": "9067c86e7e144e0eb879b1f1ec540360",
                    "sender": "0"
                }
            ]
        }
    ],
    "length": 2
}
```

图 20-14　节点 1 的整个区块链

接下来在节点 1 上以 GET 请求访问接口 http://localhost:5000/nodes/resolve，执行结果如图 20-15 所示。

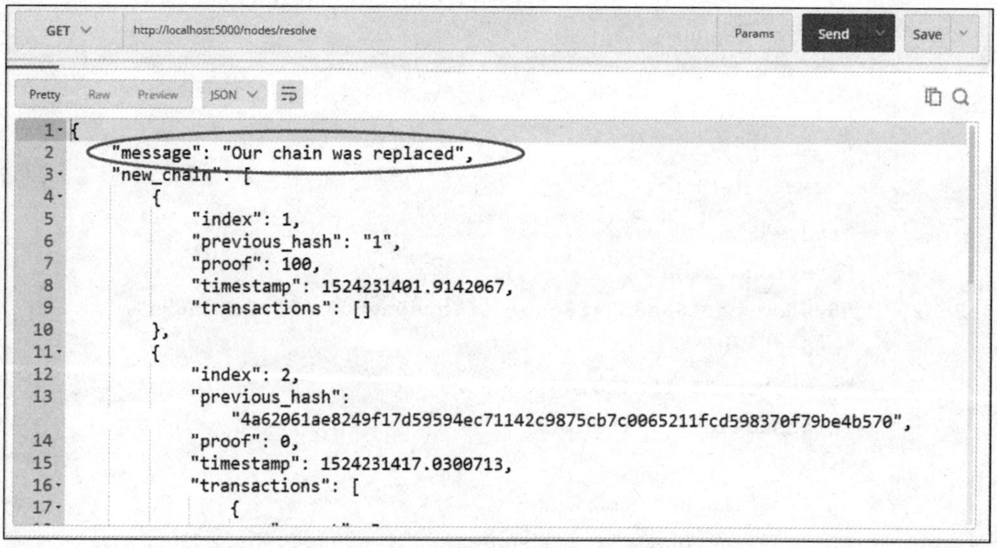

```
GET  http://localhost:5000/nodes/resolve
{
    "message": "Our chain was replaced",
    "new_chain": [
        {
            "index": 1,
            "previous_hash": "1",
            "proof": 100,
            "timestamp": 1524231401.9142067,
            "transactions": []
        },
        {
            "index": 2,
            "previous_hash":
                "4a62061ae8249f17d59594ec71142c9875cb7c0065211fcd598370f79be4b570",
            "proof": 0,
            "timestamp": 1524231417.0300713,
            "transactions": [
                {
```

图 20-15　解决节点 1 执行冲突

执行结果打印的 message 内容为：Our chain was replaced。该结果的意思为节点 1 的链通过共识算法被节点 2 的链取代。解决冲突后得到区块 1 的内容如下：

```
{
    "message": "Our chain was replaced",
    "new_chain": [
        {
            "index": 1,
            "previous_hash": "1",
            "proof": 100,
            "timestamp": 1524231401.9142067,
            "transactions": []
        },
        {
            "index": 2,
            "previous_hash":
"4a62061ae8249f17d59594ec71142c9875cb7c0065211fcd598370f79be4b570",
            "proof": 0,
            "timestamp": 1524231417.0300713,
            "transactions": [
                {
                    "amount": 5,
                    "recipient": "someone-other-address",
                    "sender": "d4ee26eee15148ee92c6cd394edd974e"
                },
                {
                    "amount": 1,
                    "recipient": "c154c8e316354b6980d6300532d9dc5f",
                    "sender": "0"
                }
            ]
        },
        {
            "index": 3,
            "previous_hash":
"d205b2cb297fea52a5de9cac163e8d84f8c69126f7eca5ae609655cf2a47e69d",
            "proof": 0,
            "timestamp": 1524231832.365827,
            "transactions": [
                {
                    "amount": 1,
                    "recipient": "c154c8e316354b6980d6300532d9dc5f",
```

```
                    "sender": "0"
                }
            ]
        }
    ]
}
```

查看节点 1 的整个区块链，如图 20-16 所示。

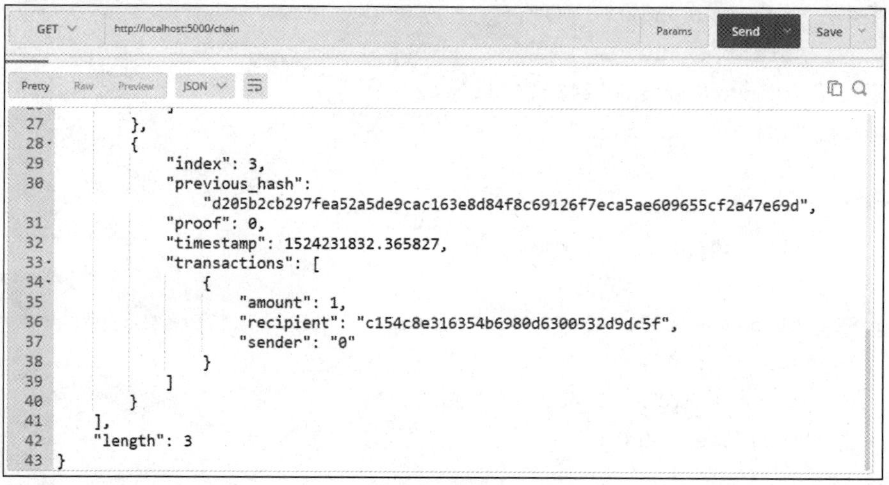

```
GET  http://localhost:5000/chain  Params  Send  Save
Pretty  Raw  Preview  JSON

        },
        {
            "index": 3,
            "previous_hash":
                "d205b2cb297fea52a5de9cac163e8d84f8c69126f7eca5ae609655cf2a47e69d",
            "proof": 0,
            "timestamp": 1524231832.365827,
            "transactions": [
                {
                    "amount": 1,
                    "recipient": "c154c8e316354b6980d6300532d9dc5f",
                    "sender": "0"
                }
            ]
        }
    ],
    "length": 3
}
```

图 20-16　节点 1 的整个区块链

区块 1 的完整节点内容如下：

```
{
    "chain": [
        {
            "index": 1,
            "previous_hash": "1",
            "proof": 100,
            "timestamp": 1524231401.9142067,
            "transactions": []
        },
        {
            "index": 2,
            "previous_hash":
"4a62061ae8249f17d59594ec71142c9875cb7c0065211fcd598370f79be4b570",
            "proof": 0,
            "timestamp": 1524231417.0300713,
            "transactions": [
                {
                    "amount": 5,
```

```
                "recipient": "someone-other-address",
                "sender": "d4ee26eee15148ee92c6cd394edd974e"
            },
            {
                "amount": 1,
                "recipient": "c154c8e316354b6980d6300532d9dc5f",
                "sender": "0"
            }
        ]
    },
    {
        "index": 3,
        "previous_hash":
"d205b2cb297fea52a5de9cac163e8d84f8c69126f7eca5ae609655cf2a47e69d",
        "proof": 0,
        "timestamp": 1524231832.365827,
        "transactions": [
            {
                "amount": 1,
                "recipient": "c154c8e316354b6980d6300532d9dc5f",
                "sender": "0"
            }
        ]
    }
  ],
  "length": 3
}
```

查看结果看到，节点 1 已经和节点 2 的区块内容达到一致。

20.8　项目小结

本章简单地讲解了区块链的构建和区块链的分布式执行方式，读者可以依据这些源码做进一步的修改，以达到自己想要的执行结果。

第21章

图片处理项目

有两种方法能写出没有错误的程序，但只有第三种好用。

——Alan J. Perlis

在当前火热的人工智能中，有一个叫计算机视觉的领域，该领域主要的工作是进行图片的处理，在使用人工智能算法处理图片之前，需要了解一些图片处理的基本知识。本章将通过相同图片的检测项目简单介绍一些图片处理的基础知识与方法。

21.1　图片处理基本库简介

当今世界充满了各种数据，图像是其中重要的组成部分。然而，若想图片能被使用，通常都需要对其进行处理。图像处理是分析和操纵数字图像的过程，旨在提高图像质量或从中提取有用信息，将其用于某些方面。

图像处理中的常见任务包括显示图像、基本操作（如裁剪、翻转、旋转等）、图像分割、分类和特征提取、图像恢复和图像识别等。

由于 Python 编程语言的普及，Python 在图像处理中的应用也越来越广泛。Python 其自身免费提供了许多最先进的图像处理工具，下面让我们看一下用于图像处理任务的一些常用 Python 库。

1. Pillow 库

Pillow 库，使用时的形式是 PIL（Python Imaging Library），是通用的 Python 图像处理库，可实现基本的图像缩放、裁剪、旋转和颜色转换等操作。其最重要的模块为 Image 模块，以 PIL 图像对象为核心。

Pillow 库提供了广泛的文件格式支持、高效的内部表示和相当强大的图像处理功能。核心图像库是为快速访问以几种基本像素格式存储的数据而设计的。为通用图像处理工具提供了坚实的基础。

Pillow 库可以通过几种方式创建 Image 类的实例，以从文件中加载图像、处理其他图像和从头创建图像。PIL 读取图片时是 4 通道的，最后一个通道没有用，只需取前三个 R、G、B 通道即可。

2. OpenCV-Python

OpenCV（Open Source Computer Vision Library，开源计算机视觉库），1999 年由 Intel 建立，如今由 Willow Garage 提供支持。OpenCV 是一个基于 BSD 许可（开源）发行的跨平台计算机视觉库，可以运行在 Linux、Windows、MacOS 操作系统上。它轻量级而且高效——由一系列 C 函数和少量 C++类构成，同时提供了 Python、Ruby、MATLAB 等语言的接口，实现了图像处理和计算机视觉方面的很多通用算法。

OpenCV 是计算机视觉应用中使用最广泛的库之一。OpenCV-Python 是 OpenCV 的 Python API。OpenCV-Python 不仅速度快（因为后台由用 C/C++编写的代码组成），也易于编码和部署（由于使用了 Python 包装器），这使其成为执行计算密集型计算机视觉程序的绝佳选择。

3. Numpy

Numpy 是 Python 编程的核心库之一，支持数组结构。图像本质上是包含数据点像素的标准 Numpy 数组，因此，通过使用基本的 NumPy 操作——例如切片、脱敏和花式索引，可以修改图像的像素值。

4. Scikit Image

scikit-image 是一个基于 Numpy 数组的开源 Python 包，它实现了用于研究、教育和工业应用的算法和实用程序，即使是对于那些刚接触 Python 的人，它也是一个相当简单的库。此库代码质量非常高，并已经过同行评审，是由一个活跃的志愿者社区编写的。

5. Scipy

Scipy 是 Python 的另一个核心科学模块，就像 Numpy 一样，可用于基本的图像处理和处理任务。值得一提的是，其子模块 scipy.ndimage 提供了在 n 维 NumPy 数组上运行的函数，该软件包目前提供了包括线性和非线性滤波、二进制形态、B 样条插值和对象测量等功能。

6. SimpleCV

SimpleCV 也是用于构建计算机视觉应用程序的开源框架，通过它可以访问如 OpenCV 等高性能的计算机视觉库，而无须首先了解位深度、文件格式或色彩空间等。学习难度远远小于 OpenCV，正如其宣传语所说，“它使计算机视觉变得简单”。

7. Mahotas

Mahotas 是另一个用于 Python 的计算机视觉和图像处理库，它包含传统的图像处理功能（如滤波和形态学操作）以及用于特征计算的更现代的计算机视觉功能（包括兴趣点检测和局部描述符）。该接口使用 Python，适用于快速开发，但算法是用 C ++实现的，并且针对速度进行了优化。Mahotas 库运行速度很快，它的代码很简单，对其他库的依赖性也很小。

8. SimpleITK

SimpleITK 是一个开源的跨平台系统，为开发人员提供了一整套用于图像分析的软件工具。SimpleITK 是一个建立在 ITK（Insight Segmentation and Registration Toolkit）之上的简化层，旨在促进其在快速原型设计、教育以及脚本语言中的使用。SimpleITK 是一个包含大量组件的图像分析工具包，支持一般的过滤操作、图像分割和配准。SimpleITK 本身是用 C++编写的，但可用于包括 Python 在内的大量编程语言。

9. pgmagick

pgmagick 是 GraphicsMagick 库基于 Python 的包装器。GraphicsMagick 图像处理系统有时被称为图像处理的瑞士军刀，它提供了强大而高效的工具和库集合，支持超过 88 种主要格式图像的读取、写入和操作，包括 DPX、GIF、JPEG、JPEG-2000、PNG、PDF、PNM 和 TIFF 等重要格式。

10. Pycairo

Pycairo 是图形库 cairo 的一组 Python 绑定。cairo 是一个用于绘制矢量图形的 2D 图形库，矢量图形很有趣，因为它们在调整大小或进行变换时不会降低清晰度，Pycairo 库可以从 Python 调用 cairo 命令。

此处暂且介绍这 10 种图片处理库，Python 中还有更多做图片处理的库，此处不再进行介绍，有兴趣的读者可以查阅资料了解更多相关信息。

由于图像的处理一般会涉及大量的图片，为便于读者在图片处理时，更方便找到指定的图片，这里先介绍一种批量重命名图片名称的方式。

为便于读者阅读与操作，在提供的源码目录下，提供了一些示例图片供读者根据随书示例进行操作，图片位于 chapter21/images 目录下。

批量重命名图片的代码结构如下（image_rename.py）：

```
import os

PATH_PRE = 'images'


def rename_image():
    """
    图片重命名
    :return:
    """
    # 取得指定路径下所有文件
    image_name_list = os.listdir(PATH_PRE)
    num_i = 1
    # 遍历文件
    for name in image_name_list:
        # 原始全路径
```

```
        primary_full_path = os.path.join(PATH_PRE, name)
        # 文件新名称
        new_name = f'elt_{str(num_i)}.jpg'
        # 文件更名后的全路径名
        img_full_path = os.path.join(PATH_PRE, new_name)
        print(f'图片原名称：{name}，新名称：{new_name}')
        # 重命名
        os.rename(primary_full_path, img_full_path)
        num_i += 1


if __name__ == "__main__":
    rename_image()
```

执行该实例代码，会将指定目录下的图片依据指定的命名规则重新命名。

代码执行后，在控制台可以看到类似如下的日志输出：

```
图片原名称：elt_100.jpg，新名称：elt_1.jpg
图片原名称：elt_101.jpg，新名称：elt_2.jpg
图片原名称：elt_102.jpg，新名称：elt_3.jpg
图片原名称：elt_103.jpg，新名称：elt_4.jpg
图片原名称：elt_104.jpg，新名称：elt_5.jpg
```

在该示例中，引入了 os.listdir()方法，os.listdir()方法用于取得指定目录下所有文件。

21.2 读取图片大小

在图片处理中，有一个非常关键的操作就是读取到图片的大小。Pillow 库中提供了很完善的读取图片大小的方法。

由于 Pillow 是 Python 的第三方库，所以在使用之前，需要先安装。Pillow 的安装非常简单，使用 pip 命令即可。

Pillow 的安装语句如下：

```
pip install pillow
```

安装好之后，打开 Python 解释器，输入 from PIL import Image 来测试是否安装成功。

研究 pillow 就必须先研究其图像类 Image。

使用 Image 类，需要先引入库，操作如下：

```
from PIL import Image
```

引入 Image 类后，就可以使用 Image 类中的相关方法操作图片了。如果要从一个文件中加载一个图像，可以使用 Image 模块中的 open()方法，写法如下：

```
Image.open(image_name)
```

如果上述语句正确执行，则会返回一个 Image 对象。返回的 Image 对象有如下几个属性：

（1）format 属性。用于标识图像的源。如果没有从文件中读取图像，则其将被设置为 None。

（2）size 属性。一个包含宽度和高度（以像素为单位）的 2 元组。

（3）mode 属性。用于定义图像中频带的数量和名称以及像素类型和深度。常用的模式是灰度图像的“L”（亮度）、真彩色图像的“RGB”和印前图像的“CMYK”。

在应用过程中，可以使用实例属性检查文件内容。

这几个属性的使用示例如下（read_img.py）：

```
import os

from PIL import Image

IMG_PATH = 'images'


def img_read():
    """
    图片尺寸读取
    :return:
    """
    # 取得指定路径下所有文件
    img_name_list = os.listdir(IMG_PATH)
    # 文件遍历
    for name in img_name_list:
        try:
            local_img_path = os.path.join(IMG_PATH, name)
            # 图像数据加载
            Image.open(local_img_path).load()
            # 打开并确认给定的图像文件
            img = Image.open(local_img_path)
            # 图像尺寸
            img_size = img.size
            # 图像高度
            img_height = img_size[0]
            # 图像宽度
            img_width = img_size[1]
            # 色彩模式
            img_color = img.mode
            print(f'图片名：{name}，图片高：{img_height}，'
```

```
                f'图片宽：{img_width}，图片色彩模式：{img_color}')
        except Exception as ex:
            print(f'图片尺寸读取失败:{name}')


if __name__ == "__main__":
    img_read()
```

执行该示例代码，可以看到类似如下的输出结果：

```
图片名：elt_24.jpg，图片高：413，图片宽：617，图片色彩模式：RGBA
图片名：elt_25.jpg，图片高：1200，图片宽：1200，图片色彩模式：RGB
图片名：elt_26.jpg，图片高：1200，图片宽：1200，图片色彩模式：RGB
图片名：elt_27.jpg，图片高：1200，图片宽：1200，图片色彩模式：RGB
图片名：elt_28.jpg，图片高：500，图片宽：500，图片色彩模式：RGB
```

由输出结果可以看到，借助 Image 模块中的 open()方法，可以很方便地得到一张图片的尺寸信息。

在实际项目应用中，通过先读取图片的大小，可以对一些图片做一些额外操作。如在一些社交网站，当上传的图片比较大时，网站的相关程序会对大的图片做裁剪及压缩工作，使得上传的图片符合网站要求。另外，有一些第三方工具，可以根据识别的图片大小，对比较小的图片做一些增强处理，使得图片变得更清晰。

21.3　图片完好性检测

在实际使用图片时，一般不会直接使用，经常需要先对图片做一次完好性检测，这样可以避免使用破损的图片，导致不必要的时间及空间的浪费。

图片完好性检测的方式有多种，最简单方便的是使用 Image 方法中提供的 verify()方法。

使用 verify()方法前，需要先将图片打开，使用语句如下：

```
Image.open(img_path).verify()
```

对该语句，若检测的图片不是正常的图片，则会抛出异常，所以一般要使用 try 语句捕获异常，以便能正确处理正常的图片，同时也可以帮助查看图片异常的原因。

以下是异常图片检测的示例代码（check_broken_img.py）：

```
import os
import time

from PIL import Image

IMAGE_PATH = 'images'
```

```
def image_is_broken_check():
    """
    检测异常图片
    :return:
    """
    start_time = time.time()
    # 取得指定目录下所有图片
    img_name_list = os.listdir(IMAGE_PATH)
    # 遍历取得图片
    for img_name in img_name_list:
        # 图片全路径
        local_img_path = os.path.join(IMAGE_PATH, img_name)
        print(f'image name:{img_name}')
        try:
            # 打开并确认给定的图像文件，这个是一个懒操作；该函数只会
            # 读文件头，而真实的图像数据直到试图处理该数据才会从文件
            # 读取（调用 load()方法将强行加载图像数据），加载失败，抛
            # 异常
            Image.open(local_img_path).verify()
            Image.open(local_img_path).load()
            print(f'normal image:{img_name}')
        except Exception as ex:
            print(f'image ({img_name}) broken check error:{ex}')
            continue
    print(f'total spend:{1000 * (time.time() - start_time)} ms')


if __name__ == "__main__":
    image_is_broken_check()
```

执行该示例代码，可以看到类似如下的输出结果：

```
图片正常:elt_4.jpg
图片正常:elt_40.jpg
图片 (elt_41.jpg) 破损，不能正确读取，异常原因:image file is truncated (82 bytes not processed)
图片 (elt_42.jpg) 破损，不能正确读取，异常原因:image file is truncated (80 bytes not processed)
```

由输出结果看到，该示例中正确识别了正常和异常图片，同时对异常图片捕获了图片异常的原因。

在计算机识别领域中，通常会涉及亿级别的图片处理。对于图像处理服务器，在图像处理的过程中，遇到的破损图片越多，对其处理效率影响越大，所以在对图像处理之前，通常的做法都会先对图片做至少一次的清洗，以保证被处理的图片是未被损坏的。

对于一些网站，涉及图片上传时，一般也会有一个图片完好性的检测，以避免图片上传者上传损坏的图片。

21.4 相同图片检测

当图片量很大时，产生重复图片的概率也会变大，此时，若通过肉眼找出重复的图片会非常的低效，也不容易从大量图片中找到所有的重复图片。

Python 中提供了很多帮助检测相同图片的方法，本节将要介绍的是通过对图片加密的方式来判断两张图片是否相同。

在 Python 中，有一个 hashlib 的库，该库使用的是 hash 加密，会将指定的内容加密为一个 40 位长度的字符串。判断两张图片是否相同，只需要对两张图片做 hash 加密，将加密的字符串结果进行比较，比较结果相同即为相同的图片。

对图片加密并取得加密结果的关键示例代码如下：

```
with open(full_image_path_name, 'rb') as f:
            # 用 hash 加密
            sha1obj = hashlib.sha1()
            sha1obj.update(f.read())
            # 取得加密结果
            i_img_str = sha1obj.hexdigest()
```

依据 21.3 节讲解的图片完好性检测的规则，在图片应用之前须先做图片是否破损的检测，结合此处图片的加密代码，将图片加密结果保存，得到图片检测及保存加密结果的示例代码如下：

```
def image_read_and_repeat_check():
    """
    图片读取并做重复检测
    :return:
    """
    # 取得指定目录下所有文件
    image_list = os.listdir(FILE_SUFFIX_PATH)
    image_read_key_id_dict = dict()
    id_image_full_path_dict = dict()
    # 遍历文件
    for img_name in image_list:
        try:
            # 图片全路径
            full_image_path_name = os.path.join(FILE_SUFFIX_PATH, img_name)
```

```
            # 图片路径中的 字符替换
            full_image_path_name = full_image_path_name.replace("\\", "/")
            if full_image_path_name is None or full_image_path_name.find('_') <
0:
                continue

            # 字符串截取并取得最后一位
            key_id_str = full_image_path_name.split('_')[-1]
            # 字符串截取取得倒数第二个
            key_id = int(key_id_str.split('.')[-2])
            # 字典数据添加
            id_image_full_path_dict[key_id] = full_image_path_name
            tt = time.time()
            # 文件是否破损检查
            Image.open(full_image_path_name).verify()
            # Image.open(full_image_path_name).load()
            with open(full_image_path_name, 'rb') as f:
                # 用 hash 加密
                sha1obj = hashlib.sha1()
                sha1obj.update(f.read())
                # 取得加密结果
                i_img_str = sha1obj.hexdigest()
            # 字典中是否存在 hash 加密结果
            key_id_list = image_read_key_id_dict.get(i_img_str)
            print(i_img_str)
            if key_id_list is None or len(key_id_list) == 0:
                # 不存在 hash 加密结果，将 hash 加密结果与对应 id 集合以键值对存入字典
                no_key_id_list = list()
                no_key_id_list.append(key_id)
                image_read_key_id_dict[i_img_str] = no_key_id_list
                continue
            # 存在相同 hash 结果，将 id 加入 id 集合
            key_id_list.append(key_id)
            image_read_key_id_dict[i_img_str] = key_id_list
        except Exception as ex:
            print(f'read error:{ex}')
            continue
```

图片检测及图片加密完成后，需要根据加密结果，找到相同的图片，对应的代码如下：

```
    def find_and_update_repeat_image(image_read_key_id_dict,
id_image_full_path_dict):
        """
```

```
    找到并更新重复图片
    :param image_read_key_id_dict:
    :param id_image_full_path_dict:
    :return:
    """
    if image_read_key_id_dict is None or len(image_read_key_id_dict) <= 1:
        return

    update_id_list = list()
    id_images_dict = dict()
    cycle_num = 0
    # 遍历字典
    for repeat_id_list in image_read_key_id_dict.values():
        # 遍历键值对中的值，值为 None 或值长度小于 1，则表示没有重复图片
        if repeat_id_list is None or len(repeat_id_list) <= 1:
            continue

        min_id = min(repeat_id_list)
        print(f'该批次的所有相似图片：{repeat_id_list}')
        # print('保留 id 最小图片：', min_id)
        id_images_dict[min_id] = set(repeat_id_list)
        # repeat_id_list.remove(min_id)
        cycle_num += 1
```

通过该示例代码，即可以将指定目录中相同的图片找出，为便于观察相同图片查找的结果，接下来将相同的图片放到一个文件夹下，对应的代码如下：

```
def repeat_file_store(cycle_num, repeat_id_list, id_image_full_path_dict):
    """
    重复图片存储
    :param cycle_num:
    :param repeat_id_list:
    :param id_image_full_path_dict:
    :return:
    """
    # 重复文件全路径
    # repeat_file_path = os.path.join('D:/public lession/files/repeat/',
cycle_num)
    repeat_file_path = os.path.join('repeat', cycle_num)
    try:
        # 如果对应文件不存在，则创建
        if os.path.exists(repeat_file_path) is False:
            os.makedirs(repeat_file_path)
```

```
    except Exception as ex:
        print(f'error:{ex}')
    # 遍历 id 集合
    for key_id in repeat_id_list:
        # 取得对应图片
        image = id_image_full_path_dict.get(key_id)
        image_name = image.split('/')[-1]
        # 目标图片全路径
        repeat_file_full_path = repeat_file_path + '/' + image_name
        # 从原路径复制至目标路径
        shutil.copyfile(image, repeat_file_full_path)
```

此处引入了 os.makedirs()方法，os.makedirs()方法用于创建多层目录。

同时也引入了 shutil 模块，shutil 模块提供了许多关于文件和文件集合的高级操作，特别是提供了支持文件复制和删除的功能。

copyfile(src, dst)是将 src 文件内容复制至 dst 文件。其中 src 为源文件路径，将 src 文件复制至 dst 文件，若 dst 文件不存在，将会生成一个 dst 文件；若存在将会被覆盖。

相同图片检测的完整代码如下（repeat_img.py）：

```
# 图片重复检测
import os
import time
import shutil
import hashlib

from PIL import Image

FILE_SUFFIX_PATH = 'images'


def image_read_and_repeat_check():
    """
    图片读取并做重复检测
    :return:
    """
    # 取得指定目录下所有文件
    image_list = os.listdir(FILE_SUFFIX_PATH)
    image_read_key_id_dict = dict()
    id_image_full_path_dict = dict()
    # 遍历文件
    for img_name in image_list:
        try:
            # 图片全路径
```

```
            full_image_path_name = os.path.join(FILE_SUFFIX_PATH, img_name)
            # 图片路径中的字符替换
            full_image_path_name = full_image_path_name.replace("\\", "/")
            if full_image_path_name is None or full_image_path_name.find('_') < 0:
                continue

            # 字符串截取并取得最后一位
            key_id_str = full_image_path_name.split('_')[-1]
            # 字符串截取取得倒数第二个
            key_id = int(key_id_str.split('.')[-2])
            # 字典数据添加
            id_image_full_path_dict[key_id] = full_image_path_name
            tt = time.time()
            # 文件是否破损检查
            Image.open(full_image_path_name).verify()
            # Image.open(full_image_path_name).load()
            with open(full_image_path_name, 'rb') as f:
                # 用 hash 加密
                sha1obj = hashlib.sha1()
                sha1obj.update(f.read())
                # 取得加密结果
                i_img_str = sha1obj.hexdigest()
            # 字典中是否存在 hash 加密结果
            key_id_list = image_read_key_id_dict.get(i_img_str)
            print(i_img_str)
            if key_id_list is None or len(key_id_list) == 0:
                # 不存在 hash 加密结果，将 hash 加密结果与对应 id 集合以键值对存入字典
                no_key_id_list = list()
                no_key_id_list.append(key_id)
                image_read_key_id_dict[i_img_str] = no_key_id_list
                continue
            # 存在相同 hash 结果，将 id 加入 id 集合
            key_id_list.append(key_id)
            image_read_key_id_dict[i_img_str] = key_id_list
        except Exception as ex:
            print(f'read error:{ex}')
            continue

    # 找到并更新重复图片
    find_and_update_repeat_image(image_read_key_id_dict,
id_image_full_path_dict)
```

```
    def find_and_update_repeat_image(image_read_key_id_dict,
id_image_full_path_dict):
        """
        找到并更新重复图片
        :param image_read_key_id_dict:
        :param id_image_full_path_dict:
        :return:
        """
        if image_read_key_id_dict is None or len(image_read_key_id_dict) <= 1:
            return

        update_id_list = list()
        id_images_dict = dict()
        cycle_num = 0
        # 遍历字典
        for repeat_id_list in image_read_key_id_dict.values():
            # 遍历键值对中的值，值为 None 或值长度小于 1，则表示没有重复图片
            if repeat_id_list is None or len(repeat_id_list) <= 1:
                continue

            min_id = min(repeat_id_list)
            print(f'该批次的所有相似图片：{repeat_id_list}')
            id_images_dict[min_id] = set(repeat_id_list)
            # 将重复图片分别保存到不同文件夹
            repeat_file_store(str(cycle_num), repeat_id_list,
id_image_full_path_dict)
            cycle_num += 1


    def repeat_file_store(cycle_num, repeat_id_list, id_image_full_path_dict):
        """
        重复图片存储
        :param cycle_num:
        :param repeat_id_list:
        :param id_image_full_path_dict:
        :return:
        """
        # 重复文件全路径
        # repeat_file_path = os.path.join('D:/public lession/files/repeat/',
cycle_num)
        repeat_file_path = os.path.join('repeat', cycle_num)
        try:
            # 如果对应文件不存在，则创建
```

```
        if os.path.exists(repeat_file_path) is False:
            os.makedirs(repeat_file_path)
    except Exception as ex:
        print(f'error:{ex}')
    # 遍历 id 集合
    for key_id in repeat_id_list:
        # 取得对应图片
        image = id_image_full_path_dict.get(key_id)
        image_name = image.split('/')[-1]
        # 目标图片全路径
        repeat_file_full_path = repeat_file_path + '/' + image_name
        # 从原路径拷贝至目标路径
        shutil.copyfile(image, repeat_file_full_path)


if __name__ == "__main__":
    start_time = time.time()
    image_read_and_repeat_check()
    spend_time = time.time() - start_time
    print(f'total spend:{spend_time}s')
```

执行该示例代码，可以看到类似如下的输出结果：

```
该批次的所有相似图片：[1, 3, 50, 54, 6]
该批次的所有相似图片：[10, 14, 21, 26, 45, 58, 61, 9]
该批次的所有相似图片：[11, 30, 5, 53, 59, 8]
```

该示例中，将相同图片的 id 号都打印出来了，并且执行完该示例代码后，会生成一个名为 repeat 的文件夹，repeat 文件夹下有多个文件夹，每个文件夹下存放的是识别出来的相同的图片，读者可以执行该示例代码查看具体的执行效果。

特别是在商业应用上，随着图片量的不断增加，非常容易出现存在大量相同图片的情形，读者也可借用该示例代码，对自己保存的图片进行相同图片的排查，从而将冗余图片清除。

21.5　项目小结

本章简单介绍了一些图片处理的基础知识及方法，通过这些知识，可以继续扩展到一些图片处理的更深的领域，有兴趣的读者，可以尝试编写判断相似图片的代码，以及判断两张图片的相似度有多高等。

第 22 章

不同格式文件处理

控制复杂性是计算机编程的本质。

——Brian Kernighan

在实际应用中，经常需要操作文档，如从文档中读取数据或将数据保存到文档中。本章将介绍如何从文档中读取数据，如何将数据写入文档中，如何将从文档中读取的数据写入到数据库中，以及如何将数据库中读取的数据写入到文档中等操作。

本章将从 TXT 文件读写、CSV 文件读写、xlsx 文件读写、JSON 文件读写、Word 文档读写、XML 文件读、CSV 文件读取写入数据库中、数据库数据读取写入 CSV 文件这几部分展开讲解。

22.1 TXT 文件读写

TXT 文件，又称纯文本文件，一般指以 txt 为后缀的文件。TXT 文件的读写操作比较简单，直接看示例代码即可明白。

为便于本章内容的讲解，这里提前准备了一些基础数据作为本章各个小节做文本处理展示操作结果使用，基础数据文件路径：chapter22/file_read/files。从 github 把代码 clone 下来后，在该路径下存放提供好的基础数据文件，同时各种文件读写的源码会存放于 chapter22/file_read 文件夹下。

先看读 TXT 文件读的示例代码（read_txt.py）：

```
import os


# 取得文件完整路径
txt_file_path = os.path.join(os.getcwd(), 'files/basic_info.txt')
```

```
# 定义一个函数
def read_txt_file():
    # 检查 txt 文件是否存在
    if os.path.exists(txt_file_path) is False:
        return

    # 以读取方式打开 txt 文件
    with open(txt_file_path, 'r') as r_read:
        # 遍历读取文本内容
        for row in r_read:
            # 打印读取的原始行
            print('分割前数据：{}'.format(row))
            # 对原始行根据空格进行分割
            f_list = row.split(' ')
            # 打印分割的结果列表
            print('根据空格进行分割所得结果为：{}'.format(f_list))
            # 对原始行根据制表符\t 分割
            field_list = row.split("\t")
            print('根据制表符进行分割所得结果为：{}'.format(field_list))
            # 对原始行 " 号用空白替换，对原始行 换行符 \n 用空白替换
            row = row.replace('"', '').replace('\n', '')
            # 替换后的行根据制表符\t 分割
            replace_field_list = row.split('\t')
            print('替换后分割结果：{}'.format(replace_field_list))
            print('列表长度：{}'.format(len(replace_field_list)))
            full_path_id_str = replace_field_list[2]
            print('数字字符串：{}'.format(full_path_id_str))
            len_num_str = len(full_path_id_str)
            print('数字字符串长度：{}'.format(len_num_str))
            num_str_1_list = full_path_id_str.split('|')
            print('数字字符串分割结果：{}'.format(num_str_1_list))
            # # 对数字字符串截取，从第一位截取到倒数第二位
            full_path_id_str = full_path_id_str[1: len_num_str - 1]
            print('截取后数字字符串：{}'.format(full_path_id_str))
            num_str_2_list = full_path_id_str.split('|')
            print('截取后数字字符串分割结果：{}'.format(num_str_2_list))
            # 创建一个 list 对象
            num_list = list()
            for str_i in num_str_2_list:
                num_i = int(str_i)
                num_list.append(num_i)
            print('转换结果：{}'.format(num_list))
```

```
if __name__ == "__main__":
    read_txt_file()
```

该示例代码比较简单，此处不展示执行结果。需要补充说明的一点是，在以下代码行

```
txt_file_path = os.path.join(os.getcwd(), 'files/basic_info.txt')
```

中使用了 os.getcwd()，意为获取当前工作目录路径。

TXT 文件的写也比较简单，以下示例中将先从给定的 txt 文件中读取数据，对指定数据做适当处理后，将处理结果写入到指定 txt 文件中。使用 write()方法向一个文件写入数据。示例代码如下（write_txt.py）：

```
import os

txt_file_path = os.path.join(os.getcwd(), 'files/basic_info.txt')
write_txt_file_path = os.path.join(os.getcwd(), 'files/write_txt_file.txt')


# 定义一个函数
def write_txt_file():
    # 检查 txt 文件是否存在
    if os.path.exists(txt_file_path) is False:
        return

    with open(txt_file_path, 'r') as r_read:
        for row in r_read:
            # 打印读取的原始行
            print(row)
            # 对原始行根据空格进行分割
            f_list = row.split(' ')
            # 打印分割的结果列表
            print('根据空格进行分割所得结果为：{}'.format(f_list))
            # 对原始行根据制表符\t 分割
            field_list = row.split("\t")
            print('根据制表符进行分割所得结果为：{}'.format(field_list))
            # 对原始行 " 号用空白替换，对原始行换行符 \n 用空白替换
            row = row.replace('"', '').replace('\n', '')
            # 替换后的行根据制表符\t 分割
            replace_field_list = row.split('\t')
            print('替换后分割结果：{}'.format(replace_field_list))
            print('列表长度：{}'.format(len(replace_field_list)))
```

```
        full_path_id_str = replace_field_list[2]
        print('数字字符串：{}'.format(full_path_id_str))
        len_num_str = len(full_path_id_str)
        print('数字字符串长度：{}'.format(len_num_str))
        num_str_1_list = full_path_id_str.split('|')
        print('数字字符串分割结果：{}'.format(num_str_1_list))
        # 对数字字符串截取，从第一位截取到倒数第二位
        full_path_id_str = full_path_id_str[1: len_num_str - 1]
        print('截取后数字字符串：{}'.format(full_path_id_str))
        num_str_2_list = full_path_id_str.split('|')
        print('截取后数字字符串分割结果：{}'.format(num_str_2_list))
        # 直接做转换，代码量少，结果不容易一眼看出
        simple_num_list = [int(s) for s in num_str_2_list]
        simple_num_str_list = [s for s in num_str_2_list]
        print('转换结果：{}'.format(simple_num_list))

        # mode='w'，写方式，mode='a'，追加方式打开 json 文件
        with open(write_txt_file_path, mode='a') as w_file:
            # 写入数据
            w_file.write(','.join(simple_num_str_list))
            # 换行
            w_file.write('\n')
            print('write sucess.')


if __name__ == "__main__":
    write_txt_file()
```

执行该示例代码，执行成功后，会在 chapter22/file_read/files 文件夹下生成一个名为 write_txt_file.txt 的文件，并可以看到里面写入了对应格式的数据。

txt 文件是包含极少格式信息的文字文件的扩展名。txt 格式并没有明确的定义，它通常是指那些能够被系统终端或者简单的文本编辑器接受的格式。任何能读取文字的程序都能读取带有 txt 扩展名的文件，因此，通常认为这种文件是通用的、跨平台的。

由于结构简单，文本文件被广泛用于记录信息。在实际生产应用中，更多的是向 txt 文件中写入数据，一般日志文件都以 txt 或 log 文件为多。它能够避免其他文件格式遇到的一些问题。此外，当文本文件中的部分信息出现错误时，往往能够比较容易从错误中恢复出来，并继续处理其余的内容。

22.2 CSV 文件读写

CSV（Comma-Separated Value，逗号分隔值）有时也称为字符分隔值（因为分隔字符也可以不是逗号），其文件以纯文本形式存储表格数据（数字和文本）。

CSV 文件由任意数目的记录组成，记录间以某种换行符分隔。

每条记录由字段组成，字段间的分隔符是其他字符或字符串，最常见的是逗号或制表符。

所有记录都有完全相同的字段序列，通常都是纯文本文件。

CSV 文件格式的规则如下：

（1）开头不留空，以行为单位。

（2）可含或不含列名，含列名则居文件第一行。

（3）一行数据不跨行，无空行。

（4）以半角逗号（即,）作分隔符，列为空也要表达其存在。

（5）列内容如存在半角引号（即"），替换成半角双引号（""）转义，即用半角引号（即""）将该字段值包含起来。

（6）文件读写时引号，逗号操作规则互逆。

（7）内码格式不限，可为 ASCII、Unicode 或者其他格式。

（8）不支持特殊字符。

CSV 文件读取时，开头不留空，以行为单位。可含或不含列名，含列名则放第一行。

CSV 文件读需要导入 csv 模块，示例代码如下（read_csv.py）：

```
import os
import csv
import datetime

# 取得文件完整路径
csv_file_path = os.path.join(os.getcwd(), 'files/basic_info.csv')


# 读取 csv 文件
def read_csv_file():
    # 判断对应路径下文件是否存在
    if os.path.exists(csv_file_path) is False:
        return

    # 以读取方式打开 csv 文件
    with open(csv_file_path, 'r') as r_read:
        # 读取 csv 文件所有内容
        file_read = csv.reader(r_read)
        # 按行遍历读取内容
```

```
        for row in file_read:
            # 查看每行类型及每行长度
            print('csv 文件读取一行的类型为：{}，读取一行长度：{}'.format(type(row),
len(row)))
            print('csv 文件读取一行的内容：{}'.format(row))
            # 取得一行中的第三列元素
            full_path_id_str = row[2]
            print(full_path_id_str)
            print('数字字符串：{}'.format(full_path_id_str))
            # 字符串长度
            len_num_str = len(full_path_id_str)
            print('数字字符串长度：{}'.format(len_num_str))
            # 字符串分割
            num_str_1_list = full_path_id_str.split('|')
            print('数字字符串分割结果：{}'.format(num_str_1_list))
            # 对数字字符串截取，从第一位截取到倒数第二位
            num_str = full_path_id_str[1: len_num_str - 1]
            print('截取后数字字符串：{}'.format(num_str))
            num_str_2_list = num_str.split('|')
            print('截取后数字字符串分割结果：{}'.format(num_str_2_list))
            # 直接做转换，代码量少，结果不容易一眼看出
            simple_num_list = [int(s) for s in num_str_2_list]
            print('代码量少的转换结果：{}'.format(simple_num_list))

            # 创建一个 list 对象
            num_list = list()
            for str_i in num_str_2_list:
                num_i = int(str_i)
                num_list.append(num_i)
            print('代码量多，但代码比较清晰易读，转换结果：{}'.format(num_list))
            #
            # # 取得读取文件中的时间
            create_time_str = row[7]
            # # 打印字符串的值，并打印字符串类型
            print(create_time_str, type(create_time_str))
            # # 对字符串做类型及格式转换
            create_time = datetime.datetime.strptime(create_time_str,
"%Y/%m/%d %H:%M:%S")
            print(create_time, type(create_time))


if __name__ == "__main__":
```

```
    read_csv_file()
```

执行以上 py 文件，即可打印出从指定文件中读取的数据。

CSV 文件写也需要导入 csv 模块，以下示例中将先从给定的 csv 文件中读取数据，对指定数据做适当处理后，将处理结果写入到指定 csv 文件中。示例代码如下（write_csv.py）：

```
import csv
import os


csv_file_path = os.path.join(os.getcwd(), 'files/basic_info.csv')
write_csv_file_path = os.path.join(os.getcwd(), 'files/csv_write.csv')


# 读取 csv 文件
def write_csv_file():
    # 打开文件并读取内容
    with open(csv_file_path, 'r') as r_read:
        # 读取 csv 文件所有内容
        file_read = csv.reader(r_read)
        # 按行遍历读取内容
        for row in file_read:
            # 查看每行类型及每行长度
            print('csv 文件读取一行的类型为：{}，读取一行长度：{}'.format(type(row),
len(row)))
            print('csv 文件读取一行的内容：{}'.format(row))
            # 取得一行中的第三列元素
            full_path_id_str = row[2]
            print(full_path_id_str)
            print('数字字符串：{}'.format(full_path_id_str))
            # 字符串长度
            len_num_str = len(full_path_id_str)
            print('数字字符串长度：{}'.format(len_num_str))
            # 字符串分割
            num_str_1_list = full_path_id_str.split('|')
            print('数字字符串分割结果：{}'.format(num_str_1_list))
            # 对数字字符串截取，从第一位截取到倒数第二位
            num_str = full_path_id_str[1: len_num_str - 1]
            print('截取后数字字符串：{}'.format(num_str))
            num_str_2_list = num_str.split('|')
            print('截取后数字字符串分割结果：{}'.format(num_str_2_list))
            # 直接做转换，代码量少，结果不容易一眼看出
            simple_num_list = [int(s) for s in num_str_2_list]
```

```
        simple_num_str_list = [s for s in num_str_2_list]
        print('代码量少的转换结果：{}'.format(simple_num_list))

        # 创建一个 list 对象
        num_list = list()
        for str_i in num_str_2_list:
            num_i = int(str_i)
            num_list.append(num_i)
        print('代码量多，但代码比较清晰易读，转换结果：{}'.format(num_list))
        csv_data_list = list()
        csv_data_list.append(simple_num_str_list)

        print(simple_num_str_list)
        # mode='w'，写方式，mode='a'，追加方式打开 csv 文件，newline=''，去除空行
        with open(write_csv_file_path, mode='a', newline='') as w_file:
            writer = csv.writer(w_file, dialect='excel')
            for row_item in csv_data_list:
                print(row_item)
                writer.writerow(row_item)

        break


if __name__ == "__main__":
    write_csv_file()
```

执行该示例代码，执行成功后，会在 chapter22/file_read/files 文件夹下生成一个名为 csv_write.csv 的文件，并可以看到里面写入了对应格式的数据。

在实际应用中，CSV 文件的读写都比较多，特别是在数据清洗过程中，会更多地应用 CSV 文件来做数据的载体。

比如从 Hive 导出数据，一般会选择将 Hive 中的数据批量导入到 CSV 文件中，再通过读取 CSV 文件批量导入到数据库中。因为通过一个中间文件作为载体，可以更加快速地向数据库中插入大批量数据。比如笔者之前做过将 5G 数据插入 MySQL，直接使用从 Hive 查询数据导入到 MySQL，耗时要 5 小时以上，而通过中间文件，从 Hive 将数据写入 CSV 文件花费半小时左右；再从 CSV 文件将数据批量导入到 MySQL，耗时半小时左右。整个过程耗时也就一个小时左右，速度提升 80%以上。

22.3　XLSX 文件读写

Excel 是当今最流行的电子表格处理软件，支持丰富的计算函数及图表，如业务质量、资源利用、安全扫描等各类数据报表，同时也是应用系统常见的文件导出格式，其导出的数据可由数据使

用人员做进一步的加工处理。

Python 中已经有大量支持处理 Excel 的第三方库，主流代表有：

（1）xlwings：简单强大，可替代 VBA。

（2）openpyxl：一个读写 Excel 文件的 Python 库。简单易用，功能广泛。

（3）Pandas：使用需要结合其他库，数据处理是 Pandas 立身之本。

（4）win32com：不仅仅是 Excel，可以处理 Office。不过它相当于是 Windows COM 的封装，新手使用起来略有些痛苦。

（5）Xlsxwriter：丰富多样的特性，缺点是不能打开/修改已有文件，意味着使用 xlsxwriter 需要从零开始。

（6）DataNitro：其作为插件内嵌到 Excel 中，可替代 VBA，使得在 Excel 中可优雅地使用 Python。

（7）xlutils：提供了可操作 Excel 文件的 xlrd 模块和 xlwt 模块。其中 xlrd 模块用于实现对 Excel 文件内容的读取，使用 xlwt 模块实现对 Excel 文件的写入。Xlrd 和 xlwt 都是老牌的 Python 包。

本节将介绍通过 xlrd 模块读取 xlsx 文件和使用 openpyxl 模块向 xlsx 文件写入数据。

使用 xlrd 模块之前需要先安装 xlrd，安装语法如下：

```
pip install xlrd
```

22.3.1 使用 xlrd 模块读取 Excel 数据

使用 xlrd 模块读取 xlsx 文件的示例如下（read_xlsx.py）：

```
# coding=UTF-8
import xlrd
import os
import datetime

# 取得文件完整路径
xlsx_file_path = os.path.join(os.getcwd(), 'files/basic_info.xlsx')


def read_xlsx_file(sheet_obj):
    """
    xlsx 文件读
    :param sheet_obj:
    :return:
    """
    # 判断对应路径下文件是否存在
    if os.path.exists(xlsx_file_path) is False:
        return

    for i in range(sheet_obj.nrows):
        row = sheet_obj.row_values(i)
```

```
        # 查看每行类型及每行长度
        print('xlsx 文件读取一行的类型为：{}，读取一行长度：{}'.format(type(row), 
len(row)))
        print('xlsx 文件读取一行的内容：{}'.format(row))
        # 取得一行中的第三列元素
        full_path_id_str = row[2]
        print(full_path_id_str)
        print('数字字符串：{}'.format(full_path_id_str))
        # 字符串长度
        len_num_str = len(full_path_id_str)
        print('数字字符串长度：{}'.format(len_num_str))
        # 字符串分割
        num_str_1_list = full_path_id_str.split('|')
        print('数字字符串分割结果：{}'.format(num_str_1_list))
        # 对数字字符串截取，从第一位截取到倒数第二位
        num_str = full_path_id_str[1: len_num_str - 1]
        print('截取后数字字符串：{}'.format(num_str))
        num_str_2_list = num_str.split('|')
        print('截取后数字字符串分割结果：{}'.format(num_str_2_list))
        # 直接做转换，代码量少，结果不容易一眼看出
        simple_num_list = [int(s) for s in num_str_2_list]
        print('代码量少的转换结果：{}'.format(simple_num_list))

        # 创建一个 list 对象
        num_list = list()
        for str_i in num_str_2_list:
            num_i = int(str_i)
            num_list.append(num_i)
        print('代码量多，但代码比较清晰易读，转换结果：{}'.format(num_list))

        # 取得读取文件中的时间
        create_time_str = row[7]
        # 打印字符串的值，并打印字符串类型
        print(create_time_str, type(create_time_str))
        # 对字符串做类型及格式转换
        create_time = datetime.datetime.strptime(create_time_str, 
"%Y/%m/%d %H:%M:%S")
        print(create_time, type(create_time))


if __name__ == "__main__":
    # 打开 excel 文件读取数据
    book = xlrd.open_workbook('./files/basic_info.xlsx')
```

```
    # 通过名称获取 book 中的一个工作表
    sheet = book.sheet_by_name('basic_info')
    read_xlsx_file(sheet)
```

执行以上 py 文件，即可打印出从指定文件中读取的数据。

22.3.2 使用 openpyxl 模块写数据

Openpyxl 模块专门用来处理 Excel 2007 及以上版本产生的 xlsx 文件。

注　意
如果文字编码是“GB2312”，读取后就会显示乱码，需要先转成 Unicode 格式。

使用 openpyxl 模块之前需要先安装 openpyxl，安装语法如下：

```
pip install openpyxl
```

openpyxl 模块支持以 xlsx、xlsm、xltx、xltm 等为后缀的 excel 文件。

使用 openpyxl 模块向 xlsx 文件写入数据的示例如下（write_xlsx.py）：

```
# coding=UTF-8
import xlrd
 import openpyxl


 def write_xlsx_file(sheet_obj, sheet_name):
    """
    xlsx 文件写入
    :param sheet_obj:
    :param sheet_name:
    :return:
    """
    row_list = list()
    # 按行遍历读取 xlsx 文件内容
    for i in range(sheet_obj.nrows):
        row = sheet_obj.row_values(i)
        row_list.append(row)

    # 实例化 Workbook 对象
    workbook = openpyxl.Workbook()
    # 获取当前活跃的 worksheet 对象
    new_sheet = workbook.active
    # sheet 页命名
    new_sheet.title = 'xlsx_write'
```

```
    # 循环便利 list 集合对象
    for i in range(len(row_list)):
        for j in range(0, len(row_list[i])):
            # 将读取数据插入 sheet 页指定行和列
            new_sheet.cell(row=i + 1, column=j + 1, value=str(row_list[i][j]))
    # 保存工作簿，命名为 xlsx_write.xlsx
    workbook.save(f'./files/{sheet_name}')
    print('xlsx 格式表格写入数据成功！')


if __name__ == "__main__":
    # 打开 Excel 文件读取数据
    book = xlrd.open_workbook('./files/basic_info.xlsx')
    # 通过名称获取 book 中的一个工作表
    sheet = book.sheet_by_name('basic_info')
    sheet_name = 'xlsx_write.xlsx'
    write_xlsx_file(sheet, sheet_name)
```

执行该示例代码，执行成功后，会在 chapter22/file_read/files 文件夹下生成一个名为 xlsx_write.csv 的文件，并可以看到里面写入了对应格式的数据。

在实际应用中，Excel 文件的读写比较多，特别是在数据清洗过程中，会更多地应用 csv 或 xlsx 等格式文件来做数据的载体。

22.4　JSON 文件读写

JSON 是 JavaScript 的子集，专门用于指定结构化的数据。JSON 是轻量级的数据交换方式。JSON 可以人类更易读的方式传输结构化数据。

JSON 对象非常像 Python 的字典。

JSON 文件读操作需要导入 JSON 模块。操作示例如下（read_json.py）：

```
import os
import json

# 取得文件完整路径
json_file_path = os.path.join(os.getcwd(), 'files/basic_info.json')


def read_json_file():
    if os.path.exists(json_file_path) is False:
        return
```

```
    # 以读取方式打开 json 文件
    with open(json_file_path, 'r') as r_read:
        # 从 json 文件中读取内容，并用 json 模块中的 load 函数做转换
        read_result_dict = json.load(r_read)
        # 打印读取 load 所得文本的长度及类型
        print(len(read_result_dict), type(read_result_dict))
        # 取得对应键值
        content_list = read_result_dict.get('RECORDS')
        print(len(content_list), type(content_list))
        # 循环
        for item_dict in content_list:
            print(len(item_dict), type(item_dict))
            print(item_dict)
            full_path_id_str = item_dict.get('full_path_id')
            print(full_path_id_str)
            print('数字字符串：{}'.format(full_path_id_str))
            len_num_str = len(full_path_id_str)
            print('数字字符串长度：{}'.format(len_num_str))
            num_str_1_list = full_path_id_str.split('|')
            print('数字字符串分割结果：{}'.format(num_str_1_list))
            # 对数字字符串截取，从第一位截取到倒数第二位
            num_str = full_path_id_str[1: len_num_str - 1]
            print('截取后数字字符串：{}'.format(num_str))
            num_str_2_list = num_str.split('|')
            print('截取后数字字符串分割结果：{}'.format(num_str_2_list))
            # 直接做转换，代码量少，结果不容易一眼看出
            simple_num_list = [int(s) for s in num_str_2_list]
            print('代码量少的转换结果：{}'.format(simple_num_list))

            # 创建一个 list 对象
            num_list = list()
            for str_i in num_str_2_list:
                num_i = int(str_i)
                num_list.append(num_i)
            print('代码量多，但代码比较清晰易读，转换结果：{}'.format(num_list))


if __name__ == "__main__":
    read_json_file()
```

执行以上 py 文件，即可打印出从指定文件中读取的数据。

JSON 文件写也需要导入 JSON 模块，以下示例中将先从给定的 JSON 文件中读取数据，对指定数据做适当处理后，将处理结果写入到指定 JSON 文件中。

示例代码如下（write_json.py）：

```
import os
import json

json_file_path = os.path.join(os.getcwd(), 'files/basic_info.json')
write_json_file_path = os.path.join(os.getcwd(),
'files/write_json_file.json')


def read_json_file():
    if os.path.exists(json_file_path) is False:
        return

    with open(json_file_path, 'r') as r_read:
        # 从 json 文件中读取内容，并用 json 模块中的 load 函数做转换
        read_result_dict = json.load(r_read)

        # mode='w'，写方式，mode='a'，追加方式打开 json 文件
        with open(write_json_file_path, mode='a') as w_file:
            # 通过 json 中的 dumps 函数将数据转换为 json 格式写入 json 文件
            w_file.write(json.dumps(read_result_dict))


if __name__ == "__main__":
    read_json_file()
```

执行该示例代码，执行成功后，会在 chapter22/file_read/files 文件夹下生成一个名为 write_json_file.json 的文件，并可以看到里面写入了对应格式的数据。

22.5 Word 文件读写

doc 或 docx 文件是我们常见的 Word 文档。

将数据存储在 Word 文档中，一般以文章、新闻报道和小说这类文字内容较长的数据为主。

Python 读写 Word 文件需要第三方库扩展支持，可使用如下方式安装第三方库：

```
pip install python-docx
```

Word 文件读取一般需要如下几个步骤：

（1）生成 Word 对象，并指向 Word 文件。

（2）使用 paragraphs()获取 Word 对象全部内容。

（3）循环 paragraph 对象，获取每行数据并写入列表。

（4）将列表转换为字符串，每个列表元素使用换行符连接。转换后数据的段落布局与 Word 文档相似。

Word 文件读取需要导入 docx 模块。操作示例如下（read_word.py）：

```
import docx
import os

# 取得文件完整路径
file_path = os.path.join(os.getcwd(), 'files/basic_info.doc')


def read_word_file():
    doc = docx.Document(file_path)
    # 遍历所有表格
    for table in doc.tables:
        # 遍历表格的所有行
        for row in table.rows:
            # 一行数据
            row_str = '\t'.join([cell.text for cell in row.cells])
            print(type(row.cells), len(row.cells))
            print(row.cells[2].text)
            print(row_str)

            full_path_id_str = row.cells[2].text
            print('数字字符串：{}'.format(full_path_id_str))
            len_num_str = len(full_path_id_str)
            print('数字字符串长度：{}'.format(len_num_str))
            num_str_1_list = full_path_id_str.split('|')
            print('数字字符串分割结果：{}'.format(num_str_1_list))
            # 对数字字符串截取，从第一位截取到倒数第二位
            full_path_id_str = full_path_id_str[1: len_num_str - 1]
            print('截取后数字字符串：{}'.format(full_path_id_str))
            num_str_2_list = full_path_id_str.split('|')
            print('截取后数字字符串分割结果：{}'.format(num_str_2_list))
            # 直接做转换，代码量少，结果不容易一眼看出
            simple_num_list = [int(s) for s in num_str_2_list]
            print('代码量少的转换结果：{}'.format(simple_num_list))
```

```
        # 创建一个 list 对象
        num_list = list()
        for str_i in num_str_2_list:
            num_i = int(str_i)
            num_list.append(num_i)
        print('代码量多，但代码比较清晰易读，转换结果：{}'.format(num_list))


if __name__ == "__main__":
    read_word_file()
```

执行以上 py 文件，即可打印出从指定文件中读取的数据。

Word 文件写一般需要如下几个步骤：

（1）创建生成临时 Word 对象。

（2）分别使用 add_paragraph()和 add_heading()对 Word 对象添加标题和正文内容。

（3）如果想设置正文内容的字体加粗和斜体等，可以将正文内容对象的属性 runs[0].bold 和 add_run(‘XX’).italic 设置为 True。

（4）如果要插入图片和添加表格，可以在 Word 对象中使用方法 add_picture()和 add_table()。

（5）完成数据写入，需要将 Word 对象保存为 Word 文件。

Word 文件写也需要导入 docx 模块。操作示例如下（write_word.py）：

```
import os
from docx import Document
from docx.shared import Inches


def main():
    # 创建文档对象
    document = Document()

    # 设置文档标题，中文要用 unicode 字符串
    document.add_heading(u'我的一个新文档', 0)

    # 往文档中添加段落
    p = document.add_paragraph('This is a paragraph having some ')
    p.add_run('bold ').bold = True
    p.add_run('and some ')
    p.add_run('italic.').italic = True

    # 添加一级标题
    document.add_heading(u'一级标题, level = 1', level=1)
```

```
    document.add_paragraph('Intense quote', style='IntenseQuote')

    # 添加无序列表
    document.add_paragraph('first item in unordered list', style='ListBullet')

    # 添加有序列表
    document.add_paragraph('first item in ordered list', style='ListNumber')
    document.add_paragraph('second item in ordered list', style='ListNumber')
    document.add_paragraph('third item in ordered list', style='ListNumber')

    # 添加图片，并指定宽度
    document.add_picture(os.path.join(os.getcwd(), 'files/1.jpg'),
width=Inches(1.25))

    # 添加表格：1 行 3 列
    table = document.add_table(rows=1, cols=3)
    # 获取第一行的单元格列表对象
    hdr_cells = table.rows[0].cells
    # 为每一个单元格赋值
    # 注：值都要为字符串类型
    hdr_cells[0].text = 'Name'
    hdr_cells[1].text = 'Age'
    hdr_cells[2].text = 'Tel'
    # 为表格添加一行
    new_cells = table.add_row().cells
    new_cells[0].text = 'Tom'
    new_cells[1].text = '19'
    new_cells[2].text = '12345678'

    # 添加分页符
    document.add_page_break()

    # 往新的一页中添加段落
    p = document.add_paragraph('This is a paragraph in new page.')

    # 保存文档
    document.save(os.path.join(os.getcwd(), 'files/demo.docx'))


if __name__ == '__main__':
    main()
```

执行该示例代码，执行成功后，会在 chapter22/file_read/files 文件夹下生成一个名为 demo.docx 的文件，并可以看到里面写入了对应格式的数据。

22.6　XML 文件读写

XML（Extensible Markup Language，可扩展标记语言）是一个比较老的结构化数据格式，声称是“纯文本”格式，用来表示结构化的数据。

尽管 XML 是纯文本，但如果没有解析器的帮助，XML 几乎难以辨认。

读取 XML 文件需导入 xml.dom.minidom 模块。操作示例如下（read_xml.py）：

```
import os
import xml.dom.minidom

# 取得文件完整路径
file_path = os.path.join(os.getcwd(), 'files/basic_info.xml')


def read_xml_file():
    # 使用minidom解析器打开 XML 文档
    DOMTree = xml.dom.minidom.parse(file_path)
    collection = DOMTree.documentElement
    print(collection)
    if collection.hasAttribute("id"):
        print("Root element : %s" % collection.getAttribute("id"))

    # 获取集合中所有记录
    record = collection.getElementsByTagName("RECORD")
    # 打印每的详细信息
    for item in record:
        print("value:{}, type:{}".format(item.getElementsByTagName('id'),
type(item.getElementsByTagName('id'))))
        print("value:{}, type:{}".format(item.getElementsByTagName('id')[0],
type(item.getElementsByTagName('id')[0])))
        print("value:{},
type:{}".format(item.getElementsByTagName('id')[0].childNodes,
type(item.getElementsByTagName('id')[0].childNodes)))
        print("value:{},
type:{}".format(item.getElementsByTagName('id')[0].childNodes[0],
type(item.getElementsByTagName('id')[0].childNodes[0])))
        print("value:{},
```

```
type:{}".format(item.getElementsByTagName('id')[0].childNodes[0].data,
type(item.getElementsByTagName('id')[0].childNodes[0].data)))

            # getElementsByTagName() 方法返回带有指定名称的所有元素的 NodeList
            # childNodes 返回文档的子节点的节点列表
            key_id = item.getElementsByTagName('id')[0].childNodes[0].data
            print("id: {}".format(key_id))
            product_code =
item.getElementsByTagName('product_code')[0].childNodes[0].data
            print("product_code: {}".format(product_code))
            full_path_id =
item.getElementsByTagName('full_path_id')[0].childNodes[0].data
            print("full_path_id: {}".format(full_path_id))
            en_name = item.getElementsByTagName('en_name')[0].childNodes[0].data
            print("en_name: {}".format(en_name))
            en_full_path_name =
item.getElementsByTagName('en_full_path_name')[0].childNodes[0].data
            print("en_full_path_name: {}".format(en_full_path_name))
            local_file_path =
item.getElementsByTagName('local_file_path')[0].childNodes[0].data
            print("local_file_path: {}".format(local_file_path))
            modify_time_stamp =
item.getElementsByTagName('modify_time_stamp')[0].childNodes[0].data
            print("modify_time_stamp: {}".format(modify_time_stamp))
            create_date =
item.getElementsByTagName('create_date')[0].childNodes[0].data
            print("create_date: {}".format(create_date))

            full_path_id_str = full_path_id
            print('数字字符串：{}'.format(full_path_id_str))
            len_num_str = len(full_path_id_str)
            print('数字字符串长度：{}'.format(len_num_str))
            num_str_1_list = full_path_id_str.split('|')
            print('数字字符串分割结果：{}'.format(num_str_1_list))
            # 对数字字符串截取，从第一位截取到倒数第二位
            num_str = full_path_id_str[1: len_num_str - 1]
            print('截取后数字字符串：{}'.format(num_str))
            num_str_2_list = num_str.split('|')
            print('截取后数字字符串分割结果：{}'.format(num_str_2_list))
            # 直接做转换，代码量少，结果不容易一眼看出
            simple_num_list = [int(s) for s in num_str_2_list]
            print('代码量少的转换结果：{}'.format(simple_num_list))
```

```
        # 创建一个 list 对象
        num_list = list()
        for str_i in num_str_2_list:
            num_i = int(str_i)
            num_list.append(num_i)
        print('代码量多，但代码比较清晰易读，转换结果：{}'.format(num_list))
        break


if __name__ == "__main__":
    read_xml_file()
```

执行以上 py 文件，即可打印出从指定文件中读取的数据。

在实际应用中，一般对 XML 文件的读取比较多一些，通过 Python 代码写 XML 文件的操作非常少，此处不做示例，有兴趣的读者可以自己查阅相关资料进行研究。

22.7　读取 CSV 文件数据并插入 MySQL 数据库

前面几节讲解了文本文件的数据读取及数据写入，本节将介绍如何将从 CSV 文本读取的数据插入 MySQL 数据库。

我们使用 SQLAlchemy 来操作数据库，在 chapter22/database 文件夹下存放数据库表操作对象及数据库连接文件。

数据库表创建文件示例代码如下（model_create.py）：

```
from sqlalchemy import create_engine, Column, String, Integer, func, DateTime,
BIGINT
from sqlalchemy.orm import sessionmaker
from sqlalchemy.ext.declarative import declarative_base


def get_db_conn_info():
    # "mysql+pymysql://用户名:密码@ip 地址/数据库名?charset=UTF8MB4"
    conn_info_r =
"mysql+pymysql://root:root@localhost/data_school?charset=UTF8MB4"
    return conn_info_r


conn_info = get_db_conn_info()
engine = create_engine(conn_info, echo=True)
```

```
db_session = sessionmaker(bind=engine)
session = db_session()
BaseModel = declarative_base()


class BasicInfo(BaseModel):
    __tablename__ = "basic_info"
    id = Column(Integer, primary_key=True)
    image_id = Column(Integer, default=0, nullable=True, comment='图片 id')
    product_code = Column(String(200), default=None, nullable=True, comment='产品代码')
    full_path_id = Column(String(100), default=None, nullable=True, comment='类目结构')
    en_name = Column(String(100), default=None, nullable=True, comment='英文名')
    full_path_en_name = Column(String(200), default=None, nullable=True, comment='全类目英文名')
    file_path = Column(String(300), default=None, nullable=True, comment='路径')
    modify_timestamp = Column(BIGINT, default=0, nullable=False, comment='时间戳')
    create_date = Column(DateTime, default=func.now(), nullable=False, comment='创建时间')
    update_date = Column(DateTime, nullable=True, comment='更改时间')


BaseModel.metadata.create_all(engine)
```

执行该 py 文件，在数据库 data_school 中会创建一个名为 basic_info 的表。

数据库表操作对象示例代码如下（model_obj.py）：

```
from sqlalchemy import Column, String, Integer, func, DateTime, BIGINT
from sqlalchemy.ext.declarative import declarative_base

BaseModel = declarative_base()


class BasicInfo(BaseModel):
    __tablename__ = "basic_info"
    id = Column(Integer, primary_key=True)
    image_id = Column(Integer, default=0, nullable=True, comment='图片 id')
    product_code = Column(String(200), default=None, nullable=True, comment='
```

```
产品代码')
        full_path_id = Column(String(100), default=None, nullable=True, comment='
类目结构')
        en_name = Column(String(100), default=None, nullable=True, comment='英文名
')
        full_path_en_name = Column(String(200), default=None, nullable=True,
comment='全类目英文名')
        file_path = Column(String(300), default=None, nullable=True, comment='路径
')
        modify_timestamp = Column(BIGINT, default=0, nullable=False, comment='时间
戳')
        create_date = Column(DateTime, default=func.now(), nullable=False,
comment='创建时间')
        update_date = Column(DateTime, nullable=True, comment='更改时间')
```

数据库连接示例代码如下（sqlalchemy_conn.py）：

```
    from sqlalchemy import create_engine
    from sqlalchemy.orm import sessionmaker


    # 数据库连接
    def db_conn():
        conn_info =
"mysql+pymysql://root:root@localhost/data_school?charset=UTF8MB4"
        engine = create_engine(conn_info, echo=False)

        db_session = sessionmaker(bind=engine)
        session = db_session()
        return session


    # 数据库查询
    def query_mysql(sql_str):
        session = db_conn()
        return session.execute(sql_str)


    # 数据库更新
    def update_mysql(update_sql):
        session = db_conn()
        session.execute(update_sql)
        session.commit()
```

```
    session.close()


if __name__ == "__main__":
    print('test')
```

按行读取数据插入 MySQL。按行读取，每从 CSV 文件读取完一行数据，就往数据库中插入一条记录。

示例代码如下（sqlalchemy_csv_insert_mysql.py）：

```
import time
import csv
import datetime
import os

from chapter22.database.sqlalchemy_conn import db_conn
from chapter22.database.model_obj import BasicInfo

csv_file_path = os.path.join(os.getcwd(), 'files/query_hive.csv')


# 读取 CSV 文件
def read_csv_file():
    start_time = time.time()
    # 打开文件并读取内容
    with open(csv_file_path, 'r') as r_read:
        # 读取 CSV 文件所有内容
        file_read = csv.reader(r_read)
        # 按行遍历读取内容
        row_count = 0
        # 按行读取 CSV 文件内容，并按行插入 MySQL
        for row in file_read:
            if row_count == 0:
                row_count += 1
                print(row)
                continue

            row_count += 1
            image_id = row[0]
            file_path = row[1]
            modify_timestamp = row[2]
            product_code = row[3]
```

```
            en_name = row[4]
            full_path_id = row[5]
            full_path_en_name = row[6]
            try:
                session = db_conn()
                # 构造插入数据库的语句
                basic_info_obj = BasicInfo(image_id=image_id, 
file_path=file_path,
                                           modify_timestamp=modify_timestamp,
                                           product_code=product_code,
                                           en_name=en_name, 
full_path_id=full_path_id,
                                           full_path_en_name=full_path_en_name,
                                           create_date=datetime.datetime.now())
                # 数据按行插入数据库
                session.add(basic_info_obj)
                session.commit()
                session.close()
            except Exception as ex:
                print('insert error:{}'.format(ex))
        print('插入({0})条记录，花费：{1}s'.format(row_count - 1, time.time() - 
start_time))


if __name__ == "__main__":
    read_csv_file()
```

执行以上 py 文件，得到如下执行结果：

```
['a.imageid', 'a.filepath', 'a.modifytimestamp', 'b.productcode', 'b.enname', 
'b.fullpathid', 'b.fullpathenname']
插入(2000)条记录，花费：254.64556503295898s
```

由执行结果看到，以按行读取插入数据库的方式，读取并插入 2000 条记录耗时在 254 秒左右，即平均每秒不到十条。这个时间和计算机性能有一定关系，但相差不会太大。

批量读取数据插入 MySQL。从 CSV 文件中批量读取到一定量的数据后，如 1000 条，以批量的方式插入到数据库中。

示例代码如下（sqlalchemy_batch_insert_mysql.py）：

```
import time
import csv
import datetime
import os
```

```
from chapter22.database.sqlalchemy_conn import db_conn
from chapter22.database.model_obj import BasicInfo

csv_file_path = os.path.join(os.getcwd(), 'files/query_hive.csv')


def lines_count():
    """
    csv 文件总行数统计
    :return: 总行数
    """
    f_read = open(csv_file_path, "r")
    cline = 0
    while True:
        buffer = f_read.read(8*1024*1024)
        if not buffer:
            break
        cline += buffer.count('\n')
    f_read.seek(0)
    return cline


# 读取 CSV 文件
def read_csv_file():
    start_time = time.time()
    # CSV 文件总行数统计
    total_line = lines_count()
    # 打开文件并读取内容
    with open(csv_file_path, 'r') as r_read:
        # 读取 CSV 文件所有内容
        file_read = csv.reader(r_read)
        # 按行遍历读取内容
        row_count = 0
        basic_info_obj_list = list()
        for row in file_read:
            if row_count == 0:
                row_count += 1
                print(row)
                continue

            image_id = row[0]
```

```
            file_path = row[1]
            modify_timestamp = row[2]
            product_code = row[3]
            en_name = row[4]
            full_path_id = row[5]
            full_path_en_name = row[6]

            basic_info_obj = BasicInfo(image_id=image_id, file_path=file_path,
                                       modify_timestamp=modify_timestamp,
                                       product_code=product_code, en_name=en_name,
                                       full_path_id=full_path_id,
                                       full_path_en_name=full_path_en_name,
                                       create_date=datetime.datetime.now())
            basic_info_obj_list.append(basic_info_obj)
            row_count += 1
            # 每1000条记录做一次插入
            if row_count % 1000 == 0:
                batch_insert_into_mysql(basic_info_obj_list)
                basic_info_obj_list.clear()
                continue

            # 剩余数据插入数据库
            if row_count == total_line:
                batch_insert_into_mysql(basic_info_obj_list)
                basic_info_obj_list.clear()

        print('插入({0})条记录，花费：{1}s'.format(row_count - 1, time.time() -
start_time))


    # 数据批量插入数据库
    def batch_insert_into_mysql(basic_info_obj_list):
        try:
            session = db_conn()
            session.add_all(basic_info_obj_list)
            session.commit()
            session.close()
        except Exception as ex:
            print('batch insert error:{}'.format(ex))


    if __name__ == "__main__":
```

```
    read_csv_file()
```

执行以上 py 文件，得到如下执行结果：

```
    ['a.imageid', 'a.filepath', 'a.modifytimestamp', 'b.productcode', 'b.enname', 'b.fullpathid', 'b.fullpathenname']
    插入(2000)条记录，花费：1.8261044025421143s
```

由执行结果看到，通过批量插入的方式，读取并插入 2000 条记录耗时 1.8 秒左右，比按行读取并插入快了 100 多倍。

在实际应用中，遇到大批量数据需要从文本导入到数据库时，首选批量处理的方式，还可以使用多线程或多进程方式进一步加快导入速度。

22.8 项目小结

本章主要通过对各种文档文件的操作，实现数据的读取和写入，以及文档文件数据和关系型数据库（MySQL）的交互实现。

本章讲解的都是实际操作的内容，读者阅读本章内容时，结合实际操作会更容易理解和掌握。

附录 A

A.1 数学函数

函　数	返回值（描述）
abs(x)	返回数字的绝对值，如 abs(−10) 返回 10
ceil(x)	返回数字的上入整数，如 math.ceil(4.1) 返回 5
cmp(x, y)	如果 x < y 就返回 −1，如果 x == y 就返回 0，如果 x > y 就返回 1
exp(x)	返回 e 的 x 次幂（e^x），如 math.exp(1) 返回 2.718281828459045
fabs(x)	返回数字的绝对值，如 math.fabs(−10) 返回 10.0
floor(x)	返回数字的下舍整数，如 math.floor(4.9)返回 4
log(x)	如 math.log(math.e)返回 1.0，math.log(100,10)返回 2.0
log10(x)	返回以 10 为基数的 x 的对数，如 math.log10(100)返回 2.0
max(x1, x2,...)	返回给定参数的最大值，参数可以为序列
min(x1, x2,...)	返回给定参数的最小值，参数可以为序列
modf(x)	返回 x 的整数部分与小数部分，两部分的数值符号与 x 相同，整数部分以浮点型表示
pow(x, y)	x**y 运算后的值
round(x [,n])	返回浮点数 x 的四舍五入值，如给出 n 值，代表舍入到小数点后的位数
sqrt(x)	返回数字 x 的平方根，数字可以为负数，返回类型为实数，如 math.sqrt(4)返回 2.0

A.2 随机函数

函　数	描　述
choice(seq)	从序列的元素中随机挑选一个元素，如 random.choice(range(10))，从 0～9 中随机挑选一个整数
randrange ([start,] stop [,step])	从指定范围按指定基数递增的集合获取一个随机数，基数默认值为 1
random()	随机生成一个实数，在[0,1)范围内
seed([x])	改变随机数生成器的种子（seed）。如果不了解原理，就不必特意设定 seed，Python 会帮你选择 seed
shuffle(lst)	将序列所有元素随机排序
uniform(x, y)	随机生成一个实数，在[x,y]范围内

A.3 三角函数

函 数	描 述
acos(x)	返回 x 的反余弦弧度值
asin(x)	返回 x 的反正弦弧度值
atan(x)	返回 x 的反正切弧度值
atan2(y, x)	返回给定的 x 及 y 坐标值的反正切值
cos(x)	返回 x 弧度的余弦值
hypot(x, y)	返回欧几里得范数 sqrt(x*x + y*y)
sin(x)	返回 x 弧度的正弦值
tan(x)	返回 x 弧度的正切值
degrees(x)	将弧度转换为角度，如 degrees(math.pi/2)返回 90.0
radians(x)	将角度转换为弧度

A.4 Python 字符串内建函数

序 号	方法及描述
1	capitalize()，将字符串的第一个字符转换为大写
2	center(width, fillchar)返回一个指定宽度 width 居中的字符串，fillchar 为填充的字符，默认为空格
3	count(str, beg= 0,end=len(string))返回 str 在 string 里出现的次数，如果 beg 或 end 指定，就返回指定范围内 str 出现的次数
4	decode(encoding='UTF-8',errors='strict')使用指定编码解码字符串。默认编码为字符串编码
5	encode(encoding='UTF-8',errors='strict')以 encoding 指定的编码格式编码字符串，如果出错，默认报一个 ValueError 异常，除非 errors 指定的是 ignore 或者 replace
6	endswith(suffix, beg=0, end=len(string))检查字符串是否以 obj 结束。如果 beg 或 end 指定，就检查指定的范围内是否以 obj 结束。如果是，就返回 True；否则返回 False
7	expandtabs(tabsize=8)把字符串 string 中的 tab 符号转为空格，tab 符号默认的空格数是 8
8	find(str, beg=0 end=len(string))检测 str 是否包含在字符串中。如果 beg 和 end 指定范围，就检查是否包含在指定范围内。如果是，就返回开始的索引值；否则返回-1
9	index(str, beg=0, end=len(string))跟 find()方法一样，只不过如果 str 不在字符串中，就会报一个异常
10	isalnum()，如果字符串中至少有一个字符并且所有字符都是字母或数字，就返回 True；否则返回 False
11	isalpha()，如果字符串中至少有一个字符且所有字符都是字母，就返回 True；否则返回 False

（续表）

序　号	方法及描述
12	isdigit()，如果字符串中只包含数字，就返回 True；否则返回 False
13	islower()，如果字符串中至少包含一个区分大小写的字符，并且所有字符（区分大小写）都是小写的，就返回 True；否则返回 False
14	isnumeric()，如果字符串中只包含数字字符，就返回 True；否则返回 False
15	isspace()，如果字符串中只包含空格，就返回 True；否则返回 False
16	istitle()，如果字符串是标题化的（见 title()，第 36 个），就返回 True；否则返回 False
17	isupper()，如果字符串中至少包含一个区分大小写的字符，并且所有字符（区分大小写）都是大写的，就返回 True；否则返回 False
18	join(seq)，以指定字符串作为分隔符，将 seq 中所有元素（字符串类型的元素）合并为一个新字符串
19	len(string)，返回字符串长度
20	ljust(width[, fillchar])，返回左对齐的原字符串，并使用 fillchar 填充至长度 width 的新字符串，fillchar 默认为空格
21	lower()，转换字符串中所有大写字符为小写
22	lstrip()，截掉字符串左边的空格
23	maketrans()，创建字符映射的转换表，对于接收两个参数的最简单的调用方式，第一个参数是字符串，表示需要转换的字符；第二个参数也是字符串，表示转换的目标
24	max(str)，返回字符串 str 中最大的字母
25	min(str)，返回字符串 str 中最小的字母
26	replace(old, new [, max])，将字符串中的 old 替换成 new。如果 max 指定，替换就不超过 max 次
27	rfind(str, beg=0,end=len(string))，类似于 find()函数，不过是从右边开始查找
28	rindex(str, beg=0, end=len(string))，类似于 index()函数，不过是从右边开始查找
29	rjust(width,[, fillchar])，返回右对齐的原字符串，并使用 fillchar（默认空格）填充至长度 width 的新字符串
30	rstrip()，删除字符串末尾的空格
31	split(str="", num=string.count(str))，num=string.count(str)) 以 str 为分隔符截取字符串。如果 num 有指定值，就仅截取 num 个子字符串
32	splitlines(num=string.count('\n'))，按照行分隔，返回一个包含各行元素的列表。如果 num 指定，就仅切片 num 行
33	startswith(str, beg=0,end=len(string))，检查字符串是否以 obj 开头，若是就返回 True，否则返回 False。如果 beg 和 end 为指定值，就在指定范围内检查
34	strip([chars])，在字符串上执行 lstrip()和 rstrip()
35	swapcase()，将字符串中的大写转换为小写，小写转换为大写
36	title()，返回“标题化”的字符串，就是所有单词都以大写开始，其余字母均为小写（见 istitle() 第 16 个）
37	translate(table, deletechars="")，根据 str 给出的表（包含 256 个字符）转换 string 的字符，将要过滤的字符放到 deletechars 参数中
38	upper()，转换字符串中的小写字母为大写
39	zfill (width)，返回长度为 width 的字符串，原字符串右对齐，前面填充 0
40	isdecimal()，检查字符串是否只包含十进制字符，如果是就返回 True，否则返回 False
41	removeprefix(prefix)，从字符串中移除前缀
42	removesuffix(suffix)，从字符串中移除后缀

A.5　列表方法

序　号	方　法
1	list.append(obj)，在列表末尾添加新对象
2	list.count(obj)，统计某个元素在列表中出现的次数
3	list.extend(seq)，在末尾一次性追加另一个序列中的多个值（用新列表扩展原来的列表）
4	list.index(obj)，从列表中找出某个值第一个匹配项的索引位置
5	list.insert(index, obj)，将对象插入列表
6	list.pop(obj=list[-1])，移除列表中的一个元素（默认为最后一个），并返回该元素的值
7	list.remove(obj)，移除列表中某个值的第一个匹配项
8	list.reverse()，反向列表中的元素
9	list.sort([func])，对原列表进行排序
10	list.clear()，清空列表
11	list.copy()，复制列表

A.6　字典内置方法

序　号	函数及描述
1	radiansdict.clear()，删除字典内所有元素
2	radiansdict.copy()，返回一个字典的浅复制
3	radiansdict.fromkeys()，创建一个新字典，以序列 seq 中的元素做字典的键，val 为字典所有键对应的初始值
4	radiansdict.get(key, default=None)，返回指定键的值，如果值不在字典中，就返回 default
5	key in dict，如果键在字典 dict 里，就返回 true，否则返回 false
6	radiansdict.items()，以列表返回可遍历的元组数组（键，值）
7	radiansdict.keys()，以列表返回一个字典的所有键
8	radiansdict.setdefault(key, default=None)，和 get()类似，如果键不存在于字典中，就会添加键并将值设为 default
9	radiansdict.update(dict2)，把字典 dict2 的键/值对更新到 dict 里
10	radiansdict.values()，以列表返回字典中的所有值
11	添加合并（|）与更新（|=）运算符，功能类似 radiansdict.update(dict2)

A.7　正则表达式模式

模　式	描　述
^	匹配字符串的开头
$	匹配字符串的末尾

（续表）

模　式	描　述
.	匹配任意字符，除了换行符外。当 re.DOTALL 标记被指定时，可以匹配包括换行符的任意字符
[...]	用来表示一组字符，单独列出：[amk] 匹配 'a' 'm'或'k'
[^...]	不在[]中的字符：[^abc] 匹配除了 a、b、c 之外的字符
re*	匹配 0 个或多个表达式
re+	匹配 1 个或多个表达式
re?	匹配 0 个或 1 个由前面的正则表达式定义的片段，非贪婪方式
re{ n,}	精确匹配前面 n 个表达式
re{ n, m}	匹配 n 到 m 次由前面的正则表达式定义的片段，贪婪方式
a| b	匹配 a 或 b
(re)	匹配括号内的表达式，也表示一个组
(?imx)	正则表达式包含 3 种可选标志：i、m、x。只影响括号中的区域
(?-imx)	正则表达式关闭 i、m、x 可选标志。只影响括号中的区域
(?: re)	类似于(...)，但不表示一个组
(?imx: re)	在括号中使用 i、m、x 可选标志
(?-imx: re)	在括号中不使用 i、m、x 可选标志
(?#...)	注释
(?= re)	前向肯定界定符。如果所含正则表达式以...表示，在当前位置成功匹配时就会成功，否则失败。一旦所含表达式已经尝试，匹配引擎根本没有提高，模式的剩余部分还要尝试界定符的右边
(?! re)	前向否定界定符。与肯定界定符相反，当所含表达式不能在字符串当前位置匹配时成功
(?> re)	匹配的独立模式，省去回溯
\w	匹配字母数字
\W	匹配非字母数字
\s	匹配任意空白字符，等价于[\t\n\r\f]
\S	匹配任意非空字符
\d	匹配任意数字，等价于[0～9]
\D	匹配任意非数字
\A	匹配字符串开始
\Z	匹配字符串结束，如果存在换行，就只匹配到换行前的结束字符串
\z	匹配字符串结束
\G	匹配最后完成的位置
\b	匹配一个单词边界，也就是单词和空格间的位置。例如，'er\b' 可以匹配"never" 中的 'er'，但不能匹配 "verb" 中的 'er'
\B	匹配非单词边界。'er\B' 能匹配 "verb" 中的 'er'，但不能匹配 "never" 中的 'er'
\n、\t	\n 匹配一个换行符，\t 匹配一个制表符
\1...\9	匹配第 n 个分组的子表达式